黄辉 贾丽萍 华燕/著

GUOJIA SHENGTAI WENMING
SHIYANQU LIFA YANJIU

国家生态文明试验区立法研究

中国环境出版集团·北京

图书在版编目 (CIP) 数据

国家生态文明试验区立法研究 / 黄辉，贾丽萍，华燕著
—北京：中国环境出版集团，2021.6

ISBN 978-7-5111-4163-7

Ⅰ.①国… Ⅱ.①黄… ②贾… ③华… Ⅲ.①生态环境建设—实验区—立法—研究—中国 Ⅳ.① D922.684

中国版本图书馆 CIP 数据核字（2021）第 250560 号

出 版 人 武德凯
责任编辑 田 怡
责任校对 任 丽
封面设计 宋 瑞

出版发行 中国环境出版集团
（100062 北京市东城区广渠门内大街 16 号）
网　　址：http: //www.cesp.com.cn
电子邮箱：bjgl@cesp.com.cn
联系电话：010-67112765（编辑管理部）
发行热线：010-67125803，010-67113405（传真）

印　　刷 北京中献拓方科技发展有限公司
经　　销 各地新华书店
版　　次 2021 年 6 月第 1 版
印　　次 2021 年 6 月第 1 次印刷
开　　本 787 × 1092 1/16
印　　张 16.75
字　　数 318 千字
定　　价 85.00 元

序

生态文明建设，是关乎人民福祉和民族未来的重要工作，是关系中华民族永续发展的根本大计。

2012 年 11 月，习近平总书记在党的十八大上首次将生态文明纳入战略部署，强调把生态文明建设放在突出位置，把它融入经济建设、政治建设、文化建设、社会建设的全过程和各方面，努力建设美丽中国。2016 年 8 月，中共中央办公厅、国务院办公厅发布《关于设立统一规范的国家生态文明试验区的意见》，正式提出建立统一规范的国家生态文明试验区。

国家生态文明试验区建设是生态文明建设的伟大尝试和重要战略规划，在其制度体系构建中，以法治为本质特征的现代制度体系将起到核心及决定性的作用。生态文明试验区立法为我国生态文明试验区建设提供法律依据，只有把生态文明建设纳入制度化和法治化的轨道，才能真正建立起保护生态环境的长效机制。

自 2016 年《国家生态文明试验区（福建）实施方案》、2017 年《国家生态文明试验区（江西）实施方案》和《国家生态文明试验区（贵州）实施方案》实施以来，已有几年时间，这段时期，三个生态文明实验区积极进行生态文明建设的立法尝试与制度创新，成效显著，但也产生了一些问题。目前，总结前一阶段立法成效，提炼经验、明确问题，针对问题确定生态文明建设下一阶段立法方向与主要任务，从而为国家生态文明试验区攻坚阶段的建设提供更加科学完善的法制保障，为当前生态文明法治保障制度建设的重要任务，《国家生态文明试验区立法研究》一书即为此目的而成。

经本书编写组成员近两年的努力，对国内外生态环境保护立法史及学术研究史进行梳理总结；对福建、江西、贵州三个生态文明试验区的二十几个地市进行实地走访调查，召开数十场生态文明立法调研论证会，形成立法调研报告；顺利完成《福建省生态文明建设促进条例》立法草案的修改论证任务（该条例已于 2018 年 11 月 1 日实施）；在以上工作的基础上最终形成《国家生态文明试验区立法研究》。

本书除绪论外，共有六章内容：

绪论主要介绍国家生态文明试验区设立的背景、定位以及意义。

第一章为生态文明立法研究综述。本章主要对国际条约以及美国、日本、德国等国生态环境保护方面的立法理念、立法原则、立法形式、生态法律责任等制度建设成果的学术研究史及立法史进行梳理总结，通过参考借鉴国际上先进的生态环境保护立法理念，以实现我国生态文明试验区建设的科学立法。

第二章为生态文明试验区立法概述。本章主要阐明生态文明试验区立法基础理论、立法要素以及立法要求等基本问题，为我国生态文明试验区立法奠定理论基础。

第三章为生态文明试验区立法现状。本章主要基于福建、江西、贵州三省进行生态文明建设的实践基础、发展阶段等区域性差异，明确三个生态文明试验区立法的价值取向与战略定位，以及结合国家对其定位的不同，梳理总结三个生态文明试验区立法的重点及工作的推进情况。

第四章为生态文明试验区立法的主要内容。本章是对三个生态文明试验区立法的基本原则、管理体制以及立法的制度设计、生态法律责任等内容的介绍，是对自 2016 年国家发布第一个《国家生态文明试验区（福建）实施方案》至今的几年，三个生态文明试验区立法工作及成效的全面梳理总结。

第五章为生态文明试验区立法的成效。本章总结三个生态文明试验区立法在法律制度完善、生态司法、生态执法方面取得的成绩，进而产生的生态效益、经济效益与社会效益。通过总结制度建设成效，凸显创新性制度设计与制度实施效果，充分发挥生态文明试验区法律制度建设的引领示范效应。

第六章为生态文明试验区立法的问题与完善。本章在总结、提炼、肯定生态文明试验区立法取得成效的基础上，指出生态文明试验区立法在生态化、系统性、实操性以及趋同性等方面的问题，针对性地提出“加强人大立法引领、补齐立法短板、立足立法实效、加强协同避免趋同”等立法完善建议。

生态文明试验区要进一步深化改革，还需不断完善激励约束机制，通过制度化和法制化的方式将试验区的探索成果予以确认和保留，改变立法思想，将制度创新和绿色发展新理念贯穿立法活动的始终，完善各项政治、经济制度体系，以进一步贯彻落实人与自然和谐发展的理念。

本书能够顺利完成，感谢福建省人民政府法制办、中国法学会、福建省法学会、江西省人大法工委、江西省生态环境厅，贵州省人大法工委、贵州省人民政府法制办在实地调查研究、数据资料收集等方面给予的大力支持与帮助；感谢研究生陈益泓、孙艺喆、方颖、张冰杰、许肖腾、宋一鑫同学的辛苦付出。

感谢中国环境出版集团为本书顺利出版的辛苦付出！

目录

绪　论

一、国家生态文明试验区建设背景

（一）国家生态文明试验区建设的现实条件

生态文明试验区建设是基于对我国现实条件和生态需求的准确判断做出的伟大尝试。生态文明建设是关乎民生福祉和民族未来的大计，生态文明试验区的建设正是中国生态文明建设的重大制度探索。

1. 国家生态文明试验区建设的迫切性

2017 年 10 月，习近平总书记在党的十九大报告中指出，中国特色社会主义进入新时代，我国社会主要矛盾已经转化为人民日益增长的美好生活需要和不平衡不充分的发展之间的矛盾。生态环境作为公共资源，是人民对美好生活需求的重要基础。人民对于舒适的生态环境有着迫切需求，国家生态文明试验区建设坚持以人为本原则，旨在为人民营造舒适宜居的生态环境。让人民活得更有尊严、更加美好，是国家亟待解决的任务。

就目前而言，我国生态文明建设水平相较于世界领先水平仍有差距，生态环境污染形势严峻，生态资源消耗快，日益严峻的生态问题同时制约了经济发展，而一些民众生态保护意识淡薄，国家各项生态文明工作仍然处于探索阶段，各项体制机制都亟待确立与规范。党的十八届三中全会指出，深化生态文明体制改革，加快建立生态文明制度，健全国土开发、资源节约利用、生态环境保护的体制机制。党的十九大报告指出，生态环境监管体制亟待确立与更新。2018 年，全国生态环境保护大会指出，中国必须及时调整区域流域产业布局机制，完善节能环保产业、清洁生产产业和清洁能源产业的管理体制，建立经济发展新模式。相关环境制度亟待建立、健全。

习近平总书记强调，形势在发展，时代在前进，法律体系必须随着时代和实践发展而不断发展。尊重自然、顺应自然、保护自然是新时代生态文明思想的中心，也是新时代生态文明立法工作的主线。因此，迫切需要改变立法思想，高度重视生态文明建设和生态文明体制改革。可以说，生态文明试验区的建设，正是通过深化改革，将制度创新和绿色发展理念贯穿立法活动的始终，完善各项政治、经济制度体系，以贯彻落实人与自然和谐发展的理念。推进我国生态文明建设的思路是尽快建立生态文明体系的基础。只有把生态文明建设纳入制度化和法治化的轨道，才能真正建立起保护生态环境的长效机制。

2. 国家生态文明试验区建设的必要性

首先，国家层面、社会层面和群众个体层面生态环境保护意识的普遍觉醒，形成了共同的问题意识，为生态文明试验区的建设奠定了协作基础。

社会各界都普遍意识到我国生态文明建设水平明显落后于当前经济社会发展的步伐，生物多样性减少，环境污染形势严峻，生态系统功能退化，经济发展与人口、资源和环境的矛盾日益突出。生态环境问题已成为社会和经济可持续发展的主要制约因素，这是一个不容忽视的现实问题，也是我国生态文明建设中难以避免的。与此同时，随着经济水平和公民科学文化素养的提高，社会各界都普遍意识到生态是一个整体，需全社会共同努力，各界人士均应贡献出自己的力量，并为生态文明试验区建设建言献策。国际组织、非政府组织、社会绿色团体、各类科学研究机构、民营企业、社区以及个人采取了各种形式的交流和互动，以多元化方式参与和支持生态文明和生态文明试验区的建设和管理，不断扩大生态文明试验区的影响力，拓展生态补偿资金的来源和渠道。

其次，国家生态文明试验区是我国生态文明建设的重要尝试和战略规划。2012 年 11 月，在党的十八大上，习近平总书记首次将生态文明纳入战略部署，强调要求把生态文明建设放在突出位置。把它融入经济建设、政治建设、文化建设、社会建设的全过程和各方面，努力建设美丽中国。

作为生态文明建设的重要尝试和战略规划，生态文明试验区的建设也极具必要性。生态文明试验区要深化改革，建立激励制度，完善约束机制，通过规范化、制度化和法治化的方式将试验区的探索成果予以确认和保留，尽快建立生态文明体系的“四梁八柱”，推动生态文明建设。

（二）国家生态文明试验区制度建设

国家生态文明试验区的具体名称与法律定位随着时代进步不断发生变化。中央及各部委先后印发出台了 30 余部相关的政策文件，这些政策中对生态文明试验区的名称和定位，前后作出了部分调整。下文按照时间顺序对相关政策进行了梳理。

国家生态文明建设试点的实践初探是“国家生态文明先行示范区”。2013 年 8 月，《国务院关于加快节能环保产业发展的意见》提出，拟在全国选择 100 个代表性地区开展国家生态文明示范区建设，探索符合中国国情的生态文明建设模式。

党的十八届三中全会明确提出推进深化生态文明体制改革，建立生态文明体系。这有利于健全国土空间开发、资源节约和利用、生态环境保护的体系和机制，促进人与自然和谐发展新格局的形成。2013 年 12 月，国家发展改革委、财政部、国土资源部、水利部、农业部和国家林业局制定了《国家生态文明先行示范区建设方案（试行）》，在该文件中提出选择具有不同发展阶段、不同资源和环境禀赋的区域，以及发展生态文明第一示范区的不同功能要求，要求各省、自治区、直辖市申报不超过 2 个地区，并做好建设实施方案的编制工作，报经省级人民政府同意后，报国家发展和改革委员会备案（环资司）。国家发展改革委、财政部、国土资源部、水利部、农业部、国家林业局将根据申报情况，确定生态文明先行示范区建设第一批名单。

2014 年 3 月，国务院确定支持福建省建设生态文明先行示范区，加强示范的主导作用，深入实施生态省战略。[1] 2014 年 6 月，《贵州省生态文明先行示范区建设实施方案》经中央有关部门审批通过。

中国共产党第十八次全国代表大会中将生态文明建设纳入中国特色社会主义事业“五位一体”的总体布局。党中央，国务院作出了一系列加快生态文明建设的决策安排。2015 年 10 月，中共十八届五中全会上首次正式提出建立统一规范的国家生态文明试验区。会议指出，全国生态文明试验区建设是对生态文明体制改革进行综合试验，规范各种试点示范，探索改善生态文明体系的途径和经验。

2016 年 8 月，中共中央办公厅、国务院办公厅印发《关于设立统一规范的国家生态文明试验区的意见》，正式提出建立统一规范的国家生态文明试验区，确定了生态文明试验区建设政策的基本框架。该意见指出，有必要将中央顶层设计与当地具体实践相结合，重点关注生态文明体制改革的综合测试，规范各种试点示范，完善生态文明体系，促进生态文明领域国家治理体系和治理能力的现代化。随后，中央按照《关于加快推进生态文明建设的意见》《生态文明体制改革总体方案》和《关于设立统一规范的国家生态文明试验区的意见》，宣布福建省成为第一个建设国家生态文明试验区的试点。[2]

2017 年 10 月，江西省和贵州省共同成为国家生态文明试验区建设的试点，与福建省共同成为生态文明试验区示范对象。[3]

自此，中国生态文明试验区建设的基本框架、政策和第一批试点地区已基本

[1]《关于支持福建省深入实施生态省战略加快生态文明先行示范区建设的若干意见》。

[2] 2016 年 8 月中共中央办公厅、国务院办公厅印发《国家生态文明试验区（福建）实施方案》。

[3] 2017 年 10 月中共中央办公厅、国务院办公厅印发《国家生态文明试验区（贵州）实施方案》、2017 年 10 月中共中央办公厅、国务院办公厅印发《国家生态文明试验区（江西）实施方案》。

建立。

2018 年 4 月,《中共中央、国务院关于支持海南全面深化改革开放的指导意见》提出对海南省国家生态文明试验区的战略定位，为推进全国生态文明建设探索新经验。

2018 年 5 月，在全国生态环境保护大会上，习近平总书记提出全面推动绿色发展的重点任务，深刻阐述了新时代推进生态文明建设必须坚持的六大原则：坚持人与自然和谐共生、坚持绿水青山就是金山银山、坚持良好生态环境是最普惠的民生福祉、坚持山水林田湖草是生命共同体、坚持用最严格制度最严密法治保护生态环境、坚持共谋全球生态文明建设。习近平总书记在全国生态环境保护大会上提出，“要加快构建生态文明体系”，并详细阐述了生态文化体系、生态经济体系、目标责任体系、生态文明制度体系、生态安全体系等五大生态体系。

通过对国家政策的梳理，可以看出国家生态文明试验区的建设是在党中央、国务院的统一部署下，“适应当地条件，大胆探索，大胆实验”循序渐进的过程。

（三）推进生态文明建设的重点领域

2017 年 10 月，党的十九大报告提出改革生态环境监管体系、解决突出环境问题、加强生态系统保护、促进绿色发展的措施等生态文明建设等内在要求。根据当前的社会需求和相关政策，促进生态文明建设的关键领域可分为以下几个方面：

第一，科学的空间发展模式。加强城市功能区的合理布局，包括城市化模式、农业发展模式和生态安全模式，走一条以人为本、方便舒适、绿色低碳的新型城市化道路。

第二，清洁充足的自然资源。加强对自然生态系统的保护，通过重点保护耕地来确保粮食产量、保护洁净水资源来维系人们正常生活和工业生产，扩大森林、草原、湖泊和湿地面积，保护生物多样性。

第三，充足的能源供应。确保石油、电力、天然气和低碳环保的非化石能源，如水电、核电、风能、太阳能和生物质能等能源供应。

第四，水土保持和节约利用。做好资源环境承载力监测预警，建立健全生态环境损害补偿和生态补偿，积极探索构建第三方环境污染治理等市场化机制。

第五，加强污染综合防治，解决大气污染、水土污染等问题。做好散装固体废物、厨余垃圾、农村生产和生活垃圾、秸秆和粪便的资源化利用，建立覆盖整个社会的资源循环系统。

第六，建立生态文化体系。倡导尊重自然、顺应自然、保护自然的生态文明理念，培育社会主流价值观。加强生态文明、公共教育和专业培训的普及，做好生态文化与区域传统文化的有机结合。

第七，加强基础能力建设。建设生态文明，基础能力建设必不可少。

二、国家生态文明试验区的定位

（一）国家生态文明试验区的价值定位

自2013年以来，我国出台印发了30余部关于国家生态文明试验区建设的政策文件，其中数次提到“价值观”这个词。可以看出，生态文明的价值取向是国家生态文明试验区建设的关键定位。

国家生态文明试验区的价值取向是将生态保护和可持续发展放在第一位。注重创新，鼓励创新，加强经济建设、政治建设、文化建设、社会建设、生态文明建设“五位一体”建设，拥有长远眼光和全局规划，不能“谋一时而毁一世”，要走创新、协调、绿色、开放、共享的绿色发展道路。具体来说，即从生态文明建设的指导思想和科学发展观的角度出发，全面贯彻党的十八大和党的十九大精神，大力推进党的十八大的总体布局，牢固树立“创新、协调、绿色、开放、共享”的发展理念。[4]促进生态文明主流价值观形成，完善全民生态文明意识的体制机制；促进资源的全面保护和循环利用，倡导简单、温和、绿色、低碳的生活方式，尊重自然、适应自然；广泛动员全民参与生态文明建设，提高公众的生态环境保护意识，坚决做好污染防治工作。

（二）国家生态文明试验区的战略定位

生态文明建设要在全国范围内建立起国土空间科学开发制度、生态产品价值与绿色经济产业效益制度、环境治理体系及绿色发展评价导向体制，要促进多元化监管，实现统一规划、有序开发、合理利用自然生态空间。据此，国家生态文明试验区的战略定位有四个：土地和空间科学发展的“试验区”，实现生态产品价值的“先锋区”，环境管理体制改革的“示范区”和绿色发展评价导向的“实践区”。通过国家生态文明试验区建设的试点，探索道路和积累经验。

1. 土地和空间科学发展的“试验区”

国家要求建立自然资源产权制度，明确所有权以及权利和责任，编制自然资源资产报告，有效监督生态文明试验区。构建协调优化的国土空间开发模式，进一步

[4] 中共中央办公厅、国务院办公厅印发《关于设立统一规范的国家生态文明试验区的意见》。

完善主体功能区系统，并在主体功能区规划的基础上协调各种空间规划。同时，要建立国家土地空间规划和利用控制系统，先开展省级空间规划试点示范。推进全省覆盖“多管制”，加强国家土壤空间开发和保护体系，划定并严格坚持生态保护红线。加快建立以空间规划为基础、以控制为主要手段的国土空间治理体系。

2. 实现生态产品价值的“先锋区”

国家生态文明试验区的试点之一是推动供给侧结构改革，建立健全为企业和群众提供更多、更好的生态产品和绿色产品的体系。国家生态文明试验区通过探索建立生态保护和生态修复及技术支持保障机制，建立绿色金融体系，发展绿色产业，促进绿色消费，建立先进的科学技术研究应用和推广机制。如在生态产品的天然存量方面，一方面要通过经济科学手段评估其价值，全面推进资源节约，提高综合利用水平，大力发展循环经济；另一方面，通过实施环境生态补偿，调动相关领域生态环境保护的积极性，完成生态价值的实现。在对生态产品和绿色产品的市场供给中，推进供给侧结构性改革，建立先进的科技研究应用和推广机制。

同时，还必须探索在科技、金融、司法、市场等层面实现生态产品价值的途径，积极推进自然资源产权制度的建立，推行生态产品市场化改革，建立健全多元化的生态补偿制度，加快建立反映生态产品价值的更多制度体系，并利用经济杠杆促进环境治理和生态保护。

3. 环境管理体制改革的“示范区”

环境治理是整个生态文明建设最为基础又最为重要的工程。对国家生态文明试验区，中央政府明确指出，要解决关系人民群众切身利益的大气、水、土壤污染等突出问题，建立和完善资源利用和生态保护补偿机制，反映生态环境的价值，使保护者受益，并建立统一、高效、联合防控、终身问责的生态环境监督机制。环境管理体制改革主要有以下五个方面。

第一，完善流域治理机制和海洋生态环境保护机制。通过建立“河长”体系，实施全流域生态补偿，建立山海合作，促进流域上下游、山区和沿海的联合，将环境资源治理保护与区域经济发展相结合。

第二，建立“筹资金、抓建设、保运行”农村环境治理体系。制定农村污水和垃圾处理设施建设专项规划，根据当地情况选择污水处理技术，建立不同类型的具体运行机制，加强监督和评估，评估结果要与财政补贴、绩效惩罚、经济奖惩相关联。

第三，健全防灾减灾体系。主要针对台风、暴雨、山火、泥石流等常见自然灾害及其造成的破坏，有效预防、抗灾和修复。

第四，完善环境管理制度。建立统一的生态环境保护组织领导体制和工作宣传机制，并严格落实生态环境保护党政主体责任制，强化考核制度。

第五，完善环境资源司法保护机制。加强生态环境管理与司法协调，实现区域生态环境法庭的全面覆盖。充分发挥国家生态文明试验区功能，完善工作机制，率先推进国家生态秩序的完善。

4. 绿色发展评价导向的“实践区”

传统区域发展评价指标体系不能充分反映绿色发展的水平和价值。因此，在绿色发展新理念的指导下，将反映生态文明建设状况的新指标，如自然价值量化、生态产品量化、绿色产品质量、人民福祉、环境质量量化、能源消耗、环境破坏和生态效益，共同纳入经济社会发展评价体系，并将生态指标放置在突出位置，使其成为推动生态文明建设的重要动力。

（三）国家生态文明试验区的功能定位

国家生态文明试验区主要有五大功能：

第一，合理规划、有效监督。在国家生态文明试验区的建设中，必须确保方向不偏离既定轨道，始终遵循生态文明的正确方向。只有确保方向正确，才能充分发挥政府的领导和监管作用，充分发挥企业的积极性和自律性，发挥社会组织和公众的参与监督作用，为生态文明建设积累经验。

第二，完善制度、有效约束。通过市场化、制度化、法治化，逐步实现生态文明建设各方面的发展、完善，形成激励与约束的良好机制。支持绿色发展、循环发展、低碳发展的利益导向机制，从源头上全面防范、严格管理、落实责任，对各种市场实体形成有效约束。

第三，立足国内、放眼国际。国家生态文明试验区的建设不仅需要立足我国国内的实际情况，还必须借鉴国际先进经验技术，特别是节能减排方面的先进技术。我国既是崛起的大国，也是负责任的大国，我国积极参与全球环境治理，承担并履行与发展中国家相应的国际责任，与全球生态文明建设同步，这也要求我们必须加强参与国际生态建设合作的主动性和积极性。

第四，先行实践、示范引领。国家生态文明试验区的建立，也是我国探索生态立法、地方立法的一大重要实践，将为生态文明制度创新做出贡献和示范。在国家统一部署下，按照计划确定的基本方向，先行先导，全面协调配合，科学规划空间发展模式，调整优化产业结构，努力推进绿色循环和低碳发展。每个国家生态文明试验区都应循序渐进，根据当地情况探索、试验。

第五，提升意识、增强使命。国家生态文明试验区能帮助人们充分认识加快生态文明建设的重要性和紧迫性，切实增强责任感和使命感，牢固树立尊重自然、顺应自然、保护自然和“绿水青山就是金山银山”的理念，开创社会主义生态文明建设的新思路。

我国把生态文明建设放在突出的战略地位，按照“五位一体”的总体布局要求，促进生态文明建设和经济、政治、文化和社会建设的高度一体化，这不仅是绿色发展的应有之义，也是高质量、高效率发展的保障。

三、国家生态文明试验区立法的意义

（一）为我国生态文明建设提供制度依据

党的十八届三中全会提出建设美丽中国，深化生态文明体制改革，加快建立中国生态文明体系的要求。要建设多方面齐头并进的现代化文明新格局，需要依靠制度来规范。中国目前已在节能评估审查、水资源保护、气候变化、生态补偿、湿地保护、生物多样性保护和土壤环境保护等领域制定了相关法律法规，其中《中华人民共和国土地管理法》(以下简称《土地管理法》)、《中华人民共和国大气污染防治法》(以下简称《大气污染防治法》)、《中华人民共和国水污染防治法》(以下简称《水污染防治法》)、《中华人民共和国节约能源法》(以下简称《节约能源法》)、《中华人民共和国循环经济促进法》(以下简称《循环经济促进法》)、《中华人民共和国矿产资源法》(以下简称《矿产资源法》)、《中华人民共和国森林法》(以下简称《森林法》)、《中华人民共和国草原法》(以下简称《草原法》)和《中华人民共和国野生动植物保护条例》(以下简称《野生动植物保护条例》)等近20部现行法律法规已进行修订和更新。

目前，我国仍有部分地区的生态保护不尽如人意，国家生态文明建设的顶层设计需要法律依据和政策规范，为生态文明建设进一步提供明确的指导。例如，在发展区，受益区和生态保护区，流域的上游和下游之间，缺乏从国家层面设立的有效的生态补偿谈判平台和协调机制。又如，资源税改革存在法律短板，目前尚未覆盖煤炭等主要矿产品种。除上述的几项问题外，我国诸如碳汇交易、排污权交易、水权交易等市场化补偿方式仍然处于探索阶段，没有明确的法律规范指引，这种法制滞后严重制约了我国生态文明建设。同时，关于生态文明建设的有关现行法律法规也多分散在各部门法和单行法中，缺乏系统性和可操作性。尽管近年来有关部门出台了一些政策文件和部门规章，但其权威性和约束性不够、针对性不强，指导执法实践的立法明显不足。

国家生态文明试验区建立后的立法探索将填补这方面的空白，为生态文明建设的实践提供坚实的法律制度基础。

（二）完善我国生态文明建设的法治框架

国家生态文明试验区立法不仅为我国生态文明建设提供了法律依据，而且在制度层面为我国生态文明法治框架的构建奠定了坚实基础。从目前来看，构建生态文明的法治框架包括以下内容：

其一，全面清理现行法律法规，弥补不足和漏洞。建立规范的国家生态文明试验区，有必要清理现行法律法规中与生态文明建设不相适应的内容，加强法律法规的实操性和先进性。

其二，完善生态文明建设中行政系统的配合。行政部门要根据生态文明试验区的相关需要来统筹规划、健全制度。完善生态环境监测的环境法律法规、标准和技术规范，统一规划和监测网络。[5]建立健全区域环境监督管理体系，落实生态环境保护责任。加强法律监督和行政监督，对各类环境违法行为实施“零容忍”，加大查处力度，严厉打击违法违规行为。组织领导各级生态环境部门和试点地区生态补偿政策的试点工作，结合当地实际，制定或完善立法和行政权力范围内的有关规章制度，将环境建设与建立生态补偿机制相结合。

其三，建立健全国家和地方各级责任分配的框架体系。如环境污染责任保险涉及环境部门、保险监管部门、保险公司等部门，为规范管理，生态环境和保险监管部门要积极推进相关领域的立法工作，确定环境污染责任保险的法律条件。各省、自治区、直辖市和有立法权的城市可以在当地环境保护相关法律中加入“环境污染责任保险”条款。

其四，在生态文明试验区建设中协调和完善司法制度。这一工作主要包括以下三点：一是建立和完善环境资源侵权损害赔偿诉讼规则。各地人民法院应当依照有关法律法规的规定，依靠现有法院资源，由环境资源审判庭审理生态环境损害赔偿的环境案件。二是建立生态环境损害案件所需的审前证据保全、执行和监督制度。三是做好生态环境损害赔偿制度与环境公益诉讼之间衔接的问题。

（三）为后续生态文明建设立法积累经验并提供示范

党的十八届五中全会提出要建立统一规范的国家生态文明试验区，重点是生态文明体制改革的综合试验。规范各类试点示范，探索路径，积累经验，完善生态文明体系。建设国家生态文明试验区，对于聚力改革，探索生态文明建设的有效模式具有重要意义。

从类型上划分，生态文明试验区的相关立法更多属于地方创制性法规而非地方

[5] 2015年7月国务院办公厅《关于印发生态环境监测网络建设方案的通知》（国办发〔2015〕56号）。

实施性法规。生态文明试验区的立法原则是在不违反现行宪法和法律、行政法规的情况下，实施地方性的探索性立法。这种立法对于现有法律未规定的事项进行立法创新，具备较强的创新性。[6]

目前，我国生态文明试验区建设选择在不同发展水平、不同资源禀赋和不同功能要求的地区。我们可以总结不同地区的有效实践成果，创新生态文明建设的方式方法，探索生态文明建设的实践经验，进一步归纳总结，以便推广到全国。为了改善生态文明，这一政策机制和战略部署将以试验—总结—推广的方式促进生态文明建设。

通过建设生态文明试验区，可以研究建设过程中不同发展阶段、不同资源环境禀赋和不同功能区域的生态文明建设的不同模式。研究制约不同地区生态文明建设的“瓶颈”，找到因地制宜的办法，同时总结共通的成功经验，形成全国有效的模式，努力在生态文明体制创新的积极实践中取得重大突破。

同时，建立规范的国家生态文明试验区，有利于在社会中建立合理的、积极的舆论导向，加强环境保护的宣传，普及生态文明科学知识与法律法规，提高公众的生态意识，形成全民共建生态文明的风气。

[6] 阮荣祥 . 地方立法的理论与实践 . 北京：社会科学文献出版社，2008.

第一章　生态文明建设立法研究综述

一、生态文明建设立法是对环境资源立法的提升与统合

生态文明试验区是我国为了进一步推进生态文明体系建设而开展的一项具有中国特色的系统性工程。在生态文明试验区制度体系构建中，以法治为本质特征的现代制度体系将起到关键性作用，而法治的基础是立法，“有法可依”是社会主义法律制度体系的基本前提，落实在生态文明试验区立法工作中，就是在与生态文明建设息息相关的各个方面，将生态文明的理念融入法律条文当中。因理念的不断更新发展，国内对相关的称谓并未统一，基于国家政策层面生态文明理念与生态文明建设目标的提出，本书将与此有关的立法活动统称为生态文明建设立法。

我国早期对环境法的调整范围限制较狭窄，且与自然资源法分立，但经过几十年的理论研究与实践发展，学术研究所涉及的对象范畴发生了一定变化，与生态环境相关的法学学科发生了融合，产生了大环境法的概念。易言之，今天的环境资源法律体系的组成部分包括环境基本法、污染防治法、自然资源保护法、生态保护法、能源法、气候变化法、专项环境管理制度法[7]。这几部分的法规又可初步划分为环境法、自然资源法和国土法[8, 9]。生态文明建设立法是在大环境法这一概念基础上的进一步的提升，包括污染防治法、自然资源法和生态破坏法等环境资源法等内容，此外，以生态整体观为指导，以资源利用、环境污染、生态破坏行为为规制对象，以人与自然和谐共生为目的，对现行环境法、自然资源法等进行了高度统合与提升，进行顺应时代需求的创新与发展。环境资源法是生态文明建设立法的缘起与基础，生态文明试验区立法是生态文明建设立法的核心与具体实践。

因此，对生态文明建设立法进行学术研究以及立法历程的梳理总结，借鉴经验，吸取教训，保证我国生态文明试验区立法的科学性和理论性，以便更好地指导我国生态文明试验区的立法实践。

---

[7] 王灿发．论生态文明建设法律保障体系的构建．中国法学，2014（3）：34-53.

[8] 曹明德．生态法的理论基础，法学研究，2002（5）：98-107.

[9] 杜群．环境法融合论——环境・资源・生态法律保护一体化．北京：科学出版社，2003.

二、环境资源立法研究学术史述评

从环境保护到生态文明建设理念提出的发展过程来看，环境法在生态文明建设立法的早期担当重要作用，也是近现代立法进程中的核心主导。因此，在梳理生态文明试验区建设立法学术史的过程中，不可避免地要将重心置于环境法方面，同时兼顾与资源利用等方面相关的环境资源立法，主要分为立法理论基础、立法内容以及立法形式三个部分，回顾域外与域内环境资源立法的发展历程，最后对相应梳理结果进行分析评价，以便从中总结规律、吸取经验。

（一）主要研究议题

1. 环境资源立法的理论回顾

环境资源立法的理论基础是起支撑、指导作用的学术理论，是构筑环境资源法制体系的重要基石，直接影响着环境资源立法的理念、原则乃至制度设计，进而对其未来发展与完善方向起到直接指引作用。在环境资源立法的发展过程中，各领域的相关学术成果被认为是支撑起这一立法体系的理论基础，这些学术成果主要包括：伦理学领域，将生态环境与公平正义相结合，进而产生环境伦理学；经济学领域，将环境保护与资源利用的思想相结合，进而产生生态经济学；自然科学领域，将生态环境保护与各门自然学科相结合，产生环境科学。其中，环境伦理学、生态经济学与法学同属社会科学，起到了更为重要的理论支撑作用；环境科学的作用则主要体现在具体制度细则的设计上。在此部分，我们主要对环境伦理学与生态经济学理论进行梳理，同时将环境伦理学中与环境资源立法关系最为紧密的公平正义理论作为梳理重点。

（1）环境资源立法的伦理学基础——环境正义

环境资源立法的伦理学基础在学术研究方面主要体现在两方面：一是关于环境正义内涵的研究，二是环境伦理学与环境立法的关系。

1）关于环境正义内涵的发展演化

环境正义理论的根源是对公平正义的追求，因此，在环境资源立法理论基础中，不仅将公平正义等法律的基本价值追求作为内涵，更指在环境资源立法当中所特有的环境正义。环境正义最早出现在美国，由民权运动而引发[10]，是指环境利益或负担在人群中的分配正义[11]，其内涵主要体现在代内公平、代际公平与自然公平

[10] Tory W. Hartley. Environmental justice：An Environmental Civil Rights Value Acceptable to All World Views，Environmental Ethics 277-278 vol.17（Fall1995）.

[11] Andrew Dobson. Justice and the Environment. London：Oxford University Press，20（1998）. 转引自马晶．环境正义的法哲学研究，吉林大学，2005.

三个命题上[12]。而在这三个命题中，代内公平、代际公平是基于人类内部的公平正义而提出的；自然公平是从非人类中心主义出发，将人类视为自然生态之中的一环，探讨人类与其他物种如何平衡生态利益与生态责任。虽然这一理念起源于生态哲学范畴，有着非常浓厚的社会正义属性[13]，但如欲实现正义向法的转化，需经国家和社会的选择，选择的结果便是法律正义[14]，因具有了法律正义的属性，成为环境立法的指导理念与基础。

代内公平是环境正义中最早提出的命题与诉求，由美国 20 世纪 80 年代兴起的环境正义运动发展而来，也是为较多学者所认同的内涵，被称为狭义的环境正义。在探讨一代人内部环境利益与责任的范畴内，既包括当代国家之间在自然资源利益分配上的公平问题，也包括国内居民之间自然资源利益分配上的公平问题[15]。代内公平在立法指导层面的内涵更加强调的是，在各层级的法律规范设置上平等地保障和设置公民与生态环境相关的权利与义务。

代际公平则是环境法所特有的一个命题[16]，该理念认为，人类行为活动对环境资源有非常大的影响，因此可以决定能被后代利用的环境资源相较于当代是持平的还是有所减少的；而基于各代人之间具有的延续关系，使每一代人都至少应当保障下一代人拥有相当于祖辈水平的生存资源，否则就违反了代际公平。环境法上的代际公平理念来源于环境伦理这一哲学领域，而该理念是由美国国际法学家爱蒂丝·布朗·魏伊丝（Edith Brown Weiess）教授于 1984 年发表在《生态法季刊》杂志当中的《行星托管：自然保护与代际公平》一文中提出的，在其后续出版的著作《公平地对待未来人类》中，她对这一理论进行了较为细致的阐述，提出了代际公平的三项原则，即保存选择、保存质量和保存接触与使用[17]。同时，魏伊丝教授认为该项权利不独属于某一个人，而应属于人类集体，也可称之为代权（generational rights）。

自然公平，也称为种际公平，是在环境伦理哲学研究逐渐发展过程中产生的对环境正义的新认识，这一观点是环境伦理学上的深层生态学、动物的权利论、盖娅假说等非人类中心主义伦理观在法律上的体现[18]。该理念认为，尽管只有人类能够分配利益和负担，但自然的其他部分仍可以看作这些利益与负担的合法接受

[12] 郑少华. 生态主义法哲学. 北京：法律出版社，2002：156.
[13] 马晶. 环境正义的法哲学研究. 吉林大学，2005.
[14] 周旺生. 论作为第三种规范的法律正义. 政法论坛，2003（8）：34.
[15] 陈泉生. 可持续发展与法律变革. 北京：法律出版社，2000：213.
[16] 赵俊. 论环境法的理论基础. 华中科技大学学报（社会科学版），2005（3）39-43.
[17] 爱蒂丝·布朗·魏伊丝. 公平地对待未来人类：国际法、共同遗产与世代间衡平. 汪劲，于方，王鑫海译. 北京：法律出版社，2000.
[18] 汪劲. 环境法律的理念与价值追求. 北京：法律出版社，1999：191-205.

者[19]，应当对自然给予同人类一样的尊重，因此，其基本内容包括立法层面的生物人道主义和对自然规律的遵循。

围绕环境资源立法中的环境正义理论，域外主要的研究焦点在早期主要围绕法学、行政学、社会学等领域，对环境正义的践行价值与实现途径进行探索，同时在国家、政府以及立法层面上提出了相应要求。此外，基于此理念，也有不少基于各个国家中的不同种族而进行的实证研究。

环境正义是代内公平理论的缩影。在理论发展初期，正义实现的最可行路径就是通过法律手段进行保障，所以哲学理论与法学研究的联系较为紧密。但到了后期，随着环境正义这一内涵广泛的概念的出现，尤其是自20世纪90年代以来，环境伦理学在理论上暴露了一些缺点且发展停滞不前[20]，进入21世纪之后，随着生态伦理领域对环境正义内涵的扩展，其在法学研究中的实际运用及价值与意义，既包括对于代际公平理论的再思考，也包括对于自然公平理论的反思，因此，对于如何接纳这些哲学思想进入法学领域，研究者们的争鸣不止。其中非常典型的观点是从工具价值角度出发，认为盲目而粗放地将哲学上的思想套用至法学领域将导致理论建构上的缺陷。哲学与法学之间的区别不仅表现在对具体的权利内容、客体本质等问题上的久争未决，而且影响了法律具体制度设置。哲学理论的高度抽象性以及假设性，更使得其如作为理论与制度的基础将过于不稳定[21]，而且哲学因难以反映实际中的特定物质生活基础而游离于司法实践和需求之外[22]。但同时有学者认为，目前的研究现状中非常突出的问题是对环境伦理学内在价值与工具价值之间研究成果存在显著不平衡，这样一种现状来源于实用主义对环境伦理学的消极影响[23]。也就是说，环境伦理学在环境法学中的工具价值需要也开始影响环境伦理学的研究。

在域内，环境正义理念在得到许多学者支持的同时，也有部分学者持批判态度，并开始对该理念，尤其是其中蕴含的代际公平与自然公平理念进行反思。在这一领域主要的研究方向有两个：一是支持的观点，论证环境正义理论的重要性，以

[19] Andrew Dobson.Justice and the Environment. London：Oxford University Press，20（1998）. 转引自马晶. 环境正义的法哲学研究，吉林大学，2005.

[20] 巩固. 环境伦理学的法学批判. 中国海洋大学，2008.

[21] 不稳定性主要来源于哲学理论的假设性，尤其体现在代际公平理论方面，无论是生发了许多代际公平理论的罗尔斯的《正义论》中，从“无知之幕”而作出的逻辑推导，还是后续克里斯丁·西沙德·弗莱切特的后代权利契约假设，再到魏伊丝对于各代人类之间伙伴关系的认定，还有后代人权利的假设和虚构，其间的逻辑递进规律是不断进行抽象和虚构的，而这种研究方式必然导致谬误可能性、脱离实际性的增大以及说服力的减弱，进而导致越来越多学者对广义的环境正义论，也就是生态正义论进行批判思考。

[22] 此顾虑的争议焦点所在正是对法律应然状态的不同观点。应然状态的导向应该更偏向实践功利性，还是偏向对正义价值的追求，将会很大程度上影响生态正义理论在立法层面的实际体现形式。

[23] 郭辉. 环境伦理学的过去与未来——尤金·哈格洛夫教授访谈录，晋阳学刊，2018（2）：3-8.

及进一步研究如何将环境正义理论融入我国环境资源立法实践，其中尤其着重于代际公平理论方面的研究；二是持批判的观点，基于理论与实践论证其不赞成继续以环境正义理论作为立法导向和指导理念。

首先，持支持观点的研究者，主要采取的论证思路往往还是从环境伦理等哲学（或生态学）理念出发。研究者们普遍认为，代际公平理论的重要性之一就在于，这一理论所强调的不对后代人满足其需要的能力构成危害的公平正义观念，既与法律应有的公平正义价值目标融合，又从人类良知的角度出发，体现了环境资源立法所应有的价值追求。因此，以法律社会价值的选择与判断为基础出发，在社会历史的共时性和历时性维度中，代际公平说是彰显法律价值精神、实现利益衡量的理论基础[24]。对于该理论在环境法领域的重要性，有研究者从法律强制性规定的重要性出发，认为为了有效地防止当代人以后代人的利益为代价滥用环境资源，在法律上承认代与代之间在环境资源开发和利用上的权利和当代人对下一代人的义务是至关重要的[25]。

而由于代际公平理论源于生态学与哲学领域，在作为一种立法理念为学术界所接受的同时，其在具体实践中存在的问题也引起了一些研究者的注意。不少研究者都认为，这一理念不能只停留在观念指引层面，还应将其应用于环境保护的实践以及具体制度的构建当中[26]。为此，有研究者借鉴罗尔斯的《正义论》，从无知之幕理论出发，将“作为公平的正义”作为论证的途径与思路[27]，进而对代际公平理论的基本原则进行论证[28]。该研究者提出，罗尔斯将代际公平的实现寄托于代际间的相互理解与当代人的判断之上，这一结论无疑大大损伤了其论证的说服力。因此结合正义的储存原则讨论范围的广泛性，该研究者提出如果将环境资源和物质财富、知识财富综合考察，那么代际之间就可以找到大致平等和公平的基础平台，从而发现代际公平的基本原则，代际公平的原则应为任何时代消耗的财富[29]都不应当超过其创造的财富[30]，并由此将代际公平转化为代内公平，将抽象的、跨时间维

[24] 郭武，郭少青．并非虚妄的代际公平——对环境法上“代际公平说”的再思考．法学评论，2012（4）：70-77.

[25] 陈泉生．环境时代宪法对环境资源公平享用的确认．现代法学，2004（6）：133-139.

[26] 刘长兴．论环境法上的代际公平——从理念到基本原则的论证．武汉理工大学学报（社会科学版），2006（1）：50-54.

[27] 约翰·罗尔斯．正义论．何怀宏，何包钢，廖申白译．北京：中国社会科学出版社，1988.

[28] 刘长兴．论环境法上的代际公平——从理念到基本原则的论证．武汉理工大学学报（社会科学版），2006（1）：50-54.

[29] 此处的财富泛指物质财富、知识财富和自然财富，而三者之间是可以相互替代的，一类财富的减少可通过另一类财富来进行弥补。

[30] 刘长兴．论环境法上的代际公平——从理念到基本原则的论证．武汉理工大学学报（社会科学版），2006（1）：50-54.

度的代际公平理念落实至具体的、可操作性强的当代人的权利义务分配中，以体现公平。

近年来，与域外理论界的研究发展趋势类似，不止是伦理学界开始对这一理论进行重新审视，法学界对于应当如何看待环境正义理论也提出了新的看法。其中，既包括对环境正义理论整体的再探讨，也有单独对代际公平理论与自然公平理论的反思。研究者们首先从环境伦理这一哲学角度出发，直接从根源着手，释明环境正义理论固有的缺陷。有研究者就从概念辨析入手，认为魏伊丝教授提出的代际公平理论中，混淆了两个人类概念，导致其构筑的多个人类并存并以地球环境为继承对象的理论既不合乎逻辑，也不符合客观事实，是“荒诞的理论虚构”[31]。更有研究者在理论研究的基础上，联系立法实际和司法实践，进一步论证对环境正义理论的观点和看法。另有研究者从环境正义理论的发端着手，在明确环境伦理学起源于西方民权运动的特定时代社会背景，故具有非普适性的基础上，进一步指出环境伦理学作为一种缺乏实践性的伦理思潮本质上具有“不可法律化”的特性[32]，进而对司法实践进行分析，进一步佐证论点，最后提出解决途径。有研究者从环境正义理论出发，对各个发展阶段的数个内涵逐个分析，并对环境正义理论的实践情况进行分析，对权利导向的学术和立法进行批判，最终提出环境领域不同于经济领域，环境利益是公益而非私益，环境正义实质是特殊领域的分配正义，保护公共利益的关键在于义务和责任的分配而非利益和权利的分配，因此现有环境正义理论应当被重新定义[33]。

但从学科发展的历程来分析，在从环境保护到生态文明建设理念的变迁中，公平正义的内涵不断发生变换，从代内公平、代际公平再到自然公平，体现出从过去当代人之间的人与人的平等，到不同代际人类之间的平等，到超越人类中心主义的所有物种的平等理念，是实现生态文明建设的当代人与当代人、当代人与后代人、人与自然和谐共生理念的必然要求与体现。

2）环境伦理学与环境立法的关系研究

作为环境立法出现的最主要理论基础，环境伦理学无疑起到过非常重要的作用，因此从美国环境法创立伊始，再到后续的不断发展过程中，环境法在立法以及司法过程中与环境伦理之间的关系都是一个不断被学者们讨论的议题。从美国环境法学奠基人克里斯托弗·D. 斯通（Christopher D. Stone）的《树应有诉讼资格吗——迈向自然物的法律权利》这一经典论文开始，环境伦理权利与法律框架的融

[31] 徐祥民，刘卫先．虚妄的代际公平——以对人类概念的辨析为基础驳“代际公平说”．法学评论，2012（2）75-82.

[32] 巩固．环境伦理学的法学批判．中国海洋大学，2008.

[33] 苑银和．环境正义论批判．中国海洋大学，2013.

合的议题就已进入人们的视野。尽管斯通教授在这篇论文中所提出的自然实体成为合法的权利拥有者所应具备的三个要素标准[34]在实践中并没有被切实地推行，但却引起了一些变化，包括一系列针对自然环境与资源的立法成果，大大拓宽了法庭在判决过程中进行利益考量的范围。但在美国环境立法的高峰期（20 世纪 70 年代）之后，学者们开始逐渐反思环境伦理在环境立法中的作用和地位。1992 年，美国环境法学家丹·塔洛克（Dan Tarlock）甚至提出，环境法和环境管理应当主要从科学出发而不是从伦理中获得政治权力和合法性[35]。这样的思考也反映出了在 20 世纪 90 年代，由于美国已不再对重大环境议题进行立法，进而促使许多学者开始思考环境伦理是否真的在环境法中处于不可或缺的地位。同样产生了类似思考的还有美国环境法教授霍莉·多利摩斯（Holly Doremus），针对当时环境法与环境伦理之间似有若无、貌合神离的联系状态[36]，2003 年 4 月，在美国加利福尼亚大学戴维斯分校法学院召开了一次针对此问题的会议，题为“环境伦理与政策：让哲学脚踏实地”。与会专家不仅包括法律学者和哲学学者，还有不少实务部门的专家，产生了精彩的思想争鸣。在会议期间，各个学者都对该看法提出了观点并进行了探讨，最后达成的共识是，尽管分歧依然存在，但环境伦理理应在公共政策，乃至环境法律以及政策选择与制定之中起到推动作用，同时沟通与弥合不同意识和价值观之间的分歧，起到公共政策应有的引导、促进作用。

近年来，对于这个问题又产生了新的讨论，杜克大学的杰迪戴亚·普迪（Jedediah Purdy）教授分析了环境法诞生以来关于环境伦理与环境立法两者关系的讨论历程，认为需要对环境伦理与环境法的关系进行重新定位，即围绕人在自然世界中的位置来建构伦理命题和法律制度[37]。在文章中，普迪教授试图将抽象的、哲学性的思考转化并融入法制领域。从中反映的是学者们对于环境法并未从环境伦理中获得更多理论支持的实然状态的思考，以及希望两者联系能更加紧密的应然状态的态度。

（2）环境资源立法的经济学基础——生态经济学

经济学目前是人类社会和人类对生物物理环境的使用之间的主要媒介[38]，同

[34] Christopher D. Stone. Should Trees Have Standing? — Toward Legal Rights for Natural Objects [J]. 45 S. CAL. L. REV. 450 (1972).

[35] Dan Tarlock. Environmental Law：Ethics or Science? 7 Duke Envtl. L. & Pol' y F. 193 (1996).

[36] Holly Doremus. Environmental Ethics and Environmental Law：Harmony，Dissonance，Cacophony，or Irrelevance，27Environs：Envtl. L. & Poly J. 1 (2003).

[37] Jedediah Purdy. Our Place in the World：A New Relationship for Environmental Ethics and Law，62 Duke Law Journal (2013)：857-932.

[38] Simmons I G. Humanity and environment：a cultural ecology [J]. Addison Wesley Longman. 1997：204. 转引自 Karen Morrow. Environmental Law，the Economy，and Sustainable Development [J]. Journal of Environmental Law，Vol. 14 Issue 2 (2002)：270-272.

时法律的制定必然以社会政治经济等各方面因素为基础。从早期的经济学研究成果中，就能提取出非常多的、对环境资源立法具有重要价值的理论。一是在学术理论层面，从制度架构理念和导向上进行跨学科性的研究，例如2003年出版的《环境法的经济动力》中，就从这一角度阐释了经济动力影响环境法与环境政策的机制。该作者提出，缺乏管制的市场不能产生足够的环境创新，传统的环境管制虽然也促进了技术创新，但还远远不够[39]，因此需要环境法和环境政策的激励。二是结合实践进行具体制度的探索，例如通过研究经济的外部性与立法之间的联系，从经济刺激手段、生态税制度，乃至环境资源立法层面探讨如何对循环经济社会的整套体系进行建构探索等。而在这一领域具有代表性的研究成果有20世纪20年代出版的《福利经济学》中庇古税方案，该方案首次将环境污染作为外部性问题进行分析；还有罗纳德·科斯提出的通过环境产权配置制度解决环境问题以及经济学家戴尔斯在此基础上提出的排污权交易理论。基于这样的认识，生态经济学可以被认为是环境资源立法的经济学基础[40]。

生态经济学在环境资源立法领域的运用意义与价值在于：指出了经济发展与生态保护之间并非绝对的矛盾状态，自然规律与社会经济发展之间存在着互相协调、共存的紧密联系，而人类可以并且应当为了更长远的发展以科技的发展为契机和手段，达到两者的平衡。生态经济学的研究成果，一是解决了人类社会最根本的发展需求与环境保护之间存在矛盾的迷思，进而明确了环境资源立法之中切实存在的社会经济基础，即人类发展与社会运行不会因为保护生态环境而就此停滞；二是为环境资源立法具体制度的制定提供了跨学科的研究视角与探索思路。

域内对生态经济学与法学交叉领域的研究也有不少的成果，主要研究发展的脉络是结合一般经济学理论进行研究，再细化结合生态经济学的学术成果进行分析。由于我国环境法学主要是依托和服务于国家环境保护行政管理，并从中不断发展形成的，因此在早期的研究当中进行环境法学与生态经济学之间跨学科研究的比例并不是很大。而到了20世纪中后期，随着社会主义市场经济制度的发展，越来越多的人意识到生态经济学与环境资源立法之间存在的紧密联系，学者们从行政管理的角度出发，进行环境资源立法对法律实效性影响的研究，并从经济角度探索如何制定更切实有效的环境资源法律制度。例如，从一般市场经济理论着手，从市场、成本、效益等角度分析制度合理性，以及社会主义市场经济发展对立法提出的要

[39] Benjamin J. Richardson. The economic dynamics of environmental law by David M. Driesen [J]. Journal of environmental law. 15. J. Envtl. L. s22 (2003), 3. 转引自张百灵正外部性理论与我国环境法新发展. 武汉大学，2011.

[40] 曹明德. 生态法的理论基础. 法学研究，2002 (5): 98-107.

求[41]；还有从制度理念出发，基于当时工作重心以经济发展为主的背景，强调协调发展与可持续发展的重要性，同时提出应当继续加强运用有利于协调经济发展与环境保护的政策手段[42]；更有研究者开始运用经济分析手段，结合环境资源产权制度，对如何在环境保护领域更好地发挥法律与政府的作用进行了研究[43]。进入21世纪之后，开始有学者更加深入地对生态经济学与环境资源立法的结合之处进行研究，尤其体现在学术层面上对法学方法以及理念发展的关注，实践运用层面上对循环经济立法的关注。

（3）环境资源立法的思想理论基础——可持续发展

可持续发展理念的基本内涵是指为了确保人类的持续生存和发展，必须把环境保护与社会经济活动全面、有机地结合起来，并按照生态持续性、经济持续性和社会持续性的基本原则来组织和规范人类的一切活动[44]。可持续发展理论强调既满足当代人的需要，又不危害子孙后代需求能力的发展[45]，为了公平地满足今世后代在发展与环境方面的需要以及必须实现求取发展的权利[46]。一般认为，代际公平、代内公平、可持续利用、环境与发展一体化是可持续发展原则的四个基本要素[47]。

可持续发展理念最初萌芽于1893年的白令海仲裁案[48]。在该案的最终裁决中，为了保护公海海域的海豹，仲裁庭规定了一系列的专门措施，其中反映了对自然资源的可持续利用的思想。而1972年于斯德哥尔摩召开的联合国人类环境会议是一次具有重要思想启蒙意义的国际会议，其成果《人类环境宣言》中就明确规定为了这一代和将来的世世代代，保护和改善人类环境已经成为人类一个紧迫的目标，这个目标将同争取和平以及全世界的经济与社会发展这两个既定的基本目标共同并协调地实现，其中就体现了发展与环保相协调的可持续发展理念。而到了1987年，布伦特兰夫人领导的世界环境与发展委员会在《我们共同的未来》中正式提出了可持续发展的战略以及理论，影响了世界各国环境保护的指导理念，推动了世界各国环境立法的风潮，可持续发展也随之成为国际环境法以及许多国家的基本发展目标之一。

作为继经济优先的偏重被动污染治理、环境优先的限制发展论与零增长观点

[41] 毛庆国．市场经济与环境法制若干问题．中国环境管理，1994（6）：18-21.

[42] 张梓太．论环境与发展——关于《环境保护法》“协调发展”原则的几点认识．学海，1994（2）：63-67.

[43] 毛庆国．环境法和环境管理的经济分析．中国环境管理，1995（5）：23-27.

[44] 陈泉生．当代环境法理论基础初探．云南法学，1998（3）：1-14.

[45] 联合国环境与发展委员会．我们共同的未来．1987.

[46] 联合国．关于环境与发展的里约宣言．1992.

[47] 王曦．论国际环境法的可持续发展原则．法学评论，1998（3）：73-78.

[48] 1893 Bering Sea Fur-Seals Case.

之后出现的新环境资源立法理念，可持续发展理论成了追求环境保护与经济发展兼顾目标的研究者们的重点研究领域。在该理论发展的初期，为了实现可持续发展的目标，就有学者提出能够挖掘经济发展与环境治理之间广泛协同效应的“双赢”政策，或许是最清晰明确的途径[49]。也有研究者直接指出，可持续发展要求国家必须制定环境政策以承担其应尽的义务，在国际框架下每个单独的国家也需要颁布法律来促进本国的环境健康，并以切实可行的方式促进该国社会的发展[50]。因此，在后续其他领域对于可持续发展理论的实际应用探索中，他们不约而同地提到了制度保障的必要性，也就是要求法律和行政层面的理念导向需要进行相应的转变。因此，后期的域外学术研究，主要将可持续作为一个法律原则进行理论研究。

域内的学术领域对可持续发展这一概念主要还停留在认为其属于国家战略、社会建设层面的宏观指导思想的阶段，大多将可持续发展作为思想理论基础进行研究，因而在环境资源立法中，主流学说一般将体现可持续发展思想的原则表述为协调发展。我国对可持续发展理论的研究以时间为线索，根据其研究重点大体可以分为两个阶段：

第一个阶段是 20 世纪 80—90 年代，主要从可持续发展理论的战略层面、发展理念、资源保护等方面展开研究。如 1988 年的一篇探讨可持续发展理论与儒家哲学理论关联的文章，研究讨论了可持续发展理论的传统理论来源[51]。1992 年发表的《21 世纪议程》与《里约环境与发展宣言》成为激发可持续发展理论研究的关键点，20 世纪 90 年代的研究主要以介绍各份国际会议文件及其内涵为主，1992 年，多份杂志共同对《里约环境与发展宣言》进行了刊登介绍，《中国 21 世纪议程》中，可持续发展理论作为我国发展战略，受到了着重笔墨的集中表述[52]。1993 年，可持续发展理念作为中国钨工业回顾与展望研讨会上发布的论文中的被多次使用的主题，被视为一种新的资源观[53]而进入环境法领域。1994 年有学者针对可持续发展理论的自身内涵以及在林业方面的运用，在《北京林业大学学报》上

[49] Andrew Steer，Will Wade-Gery. Sustainable development：Theory and practice for a sustainable future [J]. Sustainable development Vol.1 No.3 . 1992：23-35.

[50] Robert A. Rubin，Bettina Carbajal-Quintas. Sustainable Development and National Laws [J]. Journal of Professional Issues in Engineering Education and Practice，1993，119 (3)：241-245.

[51] 蒙培元 . 人对自然界有没有义务 ?——从儒家人学与可持续发展谈起 . 国际儒学联合会 . 国际儒学研究（第六辑）[C]. 国际儒学联合会，1988：15.

[52] 邓楠 . 实施可持续发展保护全球生态环境促进全人类的共同繁荣——在《中国 21 世纪议程》国际研讨会开幕式上的讲话 . 中国人口 · 资源与环境，1993 (4)：1-2.

[53] 黄定堂 . 树立新的资源观 走可持续发展的钨业之路 . 中国钨业协会、中国稀有稀土金属集团公司 . 中国钨工业回顾与展望研讨会论文集 [C]. 中国钨业协会、中国稀有稀土金属集团公司，1993：5.

发表了研究文章[54]。而在同年有学者就提出，应当通过法制建设保障可持续发展战略落到实处[55]。正如1998年的一篇综述类文章中指出的，从20世纪80年代以来，可持续发展理念对各个领域，尤其是环境法（狭义）与自然资源保护法领域，具有强烈影响[56]。

第二个阶段是20世纪90年代后半段至今，可持续发展理论研究的重点迅速发展为从实践层面的制度保障角度着手探索如何保障可持续发展理念的实现[57]。1999年，有学者提出了可持续发展法的概念[58]。2000年，有学者提出，从指导思想、基本原则到宪法、环境法、行政法等各部门法的制度都有可完善和调整之处[59]。可见，此阶段可持续发展理论的研究具有以下几个特点：一是在学理方面，进一步对可持续发展理论的基础及内涵进行研究。有学者选择从法哲学角度深入挖掘该理论的基础与内涵，从道德导向等立法价值与伦理理论层面的角度，论证将该理论作为新环境资源立法理念的正当性与合理性[60]。有学者基于环境伦理学方面，对作为可持续发展理论基础和内涵之一的代际公平理论的发展以及如何继续将可持续发展理论与法学融合等课题进行论证[61]；二是将该理念放置于具体的区域下进行研究，例如对不可再生资源的消耗[62]、西部开发[63]、海洋管理与保护[64]，甚至是具体城市的可持续发展问题等进行了探索；三是将该理论与具体制度联系，例如环境评价制度、环境犯罪刑事规则制度、生态补偿制度等，可见，进入21世纪，越来越多的学者开始关注具体实施层面上对可持续发展理念的贯彻问题。

---

[54] 潘存德 . 实践可持续发展的哲学观基础 . 北京林业大学学报，1994（S1）：15-21.

[55] 孙佑海 . 法制建设：可持续发展的重要保障 . 中外法学，1994（3）：32-34.

[56] 蔡守秋 . 论当代环境法学的发展 . 法商研究，1998（3）：22-30.

[57] 如：蔡守秋 . 论加强可持续发展的法制建设 . 中国人口・资源与环境，1998（4）：58-62；丁元竹 . 可持续发展战略与经济政策的结合：问题与对策 . 社会学研究，1998（3）：108-120；李挚萍 . 论实施可持续发展战略对完善我国环境立法的影响 . 中山大学学报（社会科学版），1998（2）：99-105；陈泉生 . 论可持续发展与我国环境法制建设 . 亚太经济，1997（4）：63-68；庞淑萍 . 可持续发展战略下的环境立法 . 山西财经学院学报，1996（4）：31-34；张世秋 . 可持续发展环境指标体系的初步探讨 . 世界环境，1996（3）：8-9；王静芝 . 强化环境法制保障经济和社会的可持续发展 . 经济经纬，1996（2）. 66-67.

[58] 倪振峰 . 可持续发展法应成为独立法律部门 . 法学杂志，1999（6）：45-47.

[59] 陈泉生 . 论可持续发展与我国立法体系的重新架构 . 现代法学，2000（5）：130-133.

[60] 蔡守秋，万劲波，刘澄 . 环境法的伦理基础：可持续发展观——兼论“人与自然和谐共处”的思想 . 武汉大学学报（社会科学版），2001（4）：389-394.

[61] 傅剑清 . 论代际公平理论及其对环境法发展的影响，国家环境保护总局武汉大学环境法研究所、福州大学法学院 . 探索・创新・发展・收获——2001年环境资源法学国际研讨会论文集（上册）[C]. 国家环境保护总局武汉大学环境法研究所、福州大学法学院，2001.

[62] 胡真真 . 我国矿产资源开发生态补偿法律制度研究 . 四川省社会科学院，2015.

[63] 史玉成 . 西部生态环境建设的法律思考——兼论我国环境立法的完善 . 兰州大学学报，2002（4）：24-28.

[64] 谭柏平 . 我国海洋资源保护法律制度研究 . 中国人民大学，2007.

2. 环境资源立法原则

基本原则既反映了环境资源立法的立法理念与立法目的，又指导了生态文明法律制度和规范的确立与实施，这样承上启下的重要作用使其被认为是环境资源立法中的关键内容，因此在域外与域内都是十分重要的研究议题。

（1）域外研究

域外对环境资源立法原则的研究主要集中在以下几个原则的提出和发展上：环境公平原则、可持续发展原则、风险预防与损害预防原则、污染者负担原则。

1）环境公平原则

环境公平原则的确立是立法领域对环境正义理念的回应。因此，在域外一开始该原则的确立也是作为立法指导理念而出现的，这也是当时在环境正义运动影响下开展的对弱势族群的公共健康以及人权保障的关注，但到了后来，随着环境伦理学的发展，环境公平原则的内涵也随之变化，从单纯关注人权的代内公平扩展到了关注后代人类发展的代际公平以及与其他物种和谐共存的自然公平。域外对这一原则进行研究的成果当中，主要有以下四个方面：一是20世纪80—90年代的理论发展前期，基于阐述为什么立法应当确立环境公平原则，对如何将生态伦理的理念与内涵融入生态文明立法当中进行探索；二是基于环境公平原则而对各国制度以及实践情况进行分析；三是结合适用环境公平原则的相关的具体案件判决，对原则适用的具体内涵与范围进行分析；四是环境伦理学的最新研究成果，开始对环境资源立法领域中环境公平原则的应有内涵进行再思考。

2）可持续发展原则

可持续发展原则源于可持续发展理念，与环境公平原则有着紧密联系，20世纪90年代起，域外许多国家都将这一理念上升为国家发展战略，并进行了立法与行政制度改革的实践尝试，其中最典型的实践方式为：将其确立为一国环境立法的基本原则之一。

由于可持续发展（sustainable development）的理念是世界环境与发展委员会发布报告之后正式进入主流视野的，因此对这一概念的基础认识就来源于文本中的定义，对于其应有的具体内涵的解释有一个引人注意的发展过程，主要体现在应该如何处理经济、环境与社会三者之间的关系及其侧重程度，体现了人类中心主义与非人类中心主义之间不同的价值取向。早期大多数国家所采取的是弱可持续性的思路，就是将可持续发展弱化为更加侧重发展并对资本存量的形式漠不关心[65]。在此

[65] D. Pearce，Blueprint 3 – Measuring sustainable development（1993）at 15. 转引自 Andrea Ross. Modern Interpretations of Sustainable Development. Journal of Law and Society Vol.36，Issue1（2009）.

解释中，弱化了可持续发展原则要求人文与环境关怀的思想，直接将环境作为另一种资本形式进行考量。对此，有不少研究者指出，如单纯地认为交易和弱保护的方式可以保证发展的可持续性，将会造成非常严重的后果，并认为必须把我们的重点从管理资源转变为管理人类自身，并学会以自然的一分子的状态生存[66]。将可持续发展原则的内涵向侧重环境保护方面的调整，被越来越多的学者所接受，推动了可持续发展原则在立法中具体适用内涵的变化，进而影响了如环境影响评价制度等诸多制度的诞生与发展。

在理论研究方面，域外对这一原则的研究从 20 世纪 90 年代开始出现，21 世纪之后进入蓬勃发展时期，主要的研究方向为：一是对可持续发展原则本身的内涵的探究，主要集中在环境公平原则范畴之外的相关问题；二是如何在各领域实践可持续发展原则，例如水法的制定、有毒有害物质的管理、海洋污染管理等。

3）风险预防与损害预防原则

环境公平原则与可持续发展原则作为较抽象的指导性原则，其理念导向价值要高于其在具体事务上的可实施性，而风险预防与损害预防原则作为在实务中运用到的价值极高的原则，也成了立法原则研究的热点之一。该原则中的风险预防要求虽然尚未从科学上予以确切证实，但其要求对潜在的、可能造成的不可逆转的环境损害风险或危险采取广泛措施加以预防。

这一原则内涵起源于德国，而后引入海洋管理方面的国际法领域，在《里约环境与发展宣言》中提出之后，正式进入国际法层面的主流视野[67]。原则中的损害预防要求对可能或正在实际发生的环境损害采取预防或制止其恶化的措施。该原则被认为是基于对可持续发展原则以及环境公平原则内涵的延伸而产生的，并在《里约发展与环境宣言》当中得到体现。风险预防与损害预防两大原则的内涵存在着一定的联系，但也存在固有区别，区别主要在两个方面，一是适用目的不同，二是适用对象不同[68]。但由于各国国情以及不同领域的需要，目前无论是在国际法层面还是各国立法文件当中，对于如何处理这两个原则的关系都有着较为复杂的做

[66] M. Wacknergel and W.E. Rees，Our Ecological Footprint—Reducing Human Impact on the Earth（1996）at 4. 转引自 Andrea Ross. Modern Interpretations of Sustainable Development. Journal of Law and Society Vol.36，Issue1（2009）.

[67] 金慧华 . 预防原则在国际法中的演进和地位 . 华东政法学院学报，2005（6）：48-53.

[68] 胡德胜 . 论环境与资源保护法的基本原则［A］. 国家林业局政策法规司、中国法学会环境资源法学研究会、东北林业大学 . 生态文明与林业法治——2010 全国环境资源法学研讨会（年会）论文集（下册）. 国家林业局政策法规司、中国法学会环境资源法学研究会、东北林业大学：2010：9. 适用目的上：风险预防原则重在采取预防措施以避免环境恶化的可能性；而损害预防则重在采取措施以制止或阻碍环境损害的发生。适用对象上，风险预防原则所针对的是严重或不可逆转的，在科学上尚未得到最终明确的证实，但如等到科学证实时才采取防范措施就会为时已晚的环境损害的威胁或风险；而损害预防则主要针对实际发生的或即将发生的，完全具有现实可能性的环境损害。

法[69]。而在域外的学术领域，主要将二者归为同一个原则——风险预防与损害预防原则（Precautionary Principle）。

风险预防与损害预防原则的内涵还包括成本效益以及污染者责任[70]。由于德国的影响，该原则在欧盟环境保护方面的立法当中得到了非常彻底的落实，因此在对风险预防原则的研究中，最为突出的特点就是：有很大一部分研究成果集中于欧盟以及欧洲国家对该原则的具体运用和贯彻的研究方面。其中，关于风险预防内涵的研究在核能资源管理领域有较大的研究价值，尤其是与适度性内涵相结合，探讨如何在危险程度尚未确定的时候制定符合成本效益的措施。对损害预防内涵的研究则分散于各个领域，主要与污染者责任这一内涵相结合，讨论对具体环境问题进行预防以及相应责任的承担。

4）污染者负担原则

污染者负担原则也是污染综合控制制度、环境影响评价制度等环境监督管理领域主要适用制度的直接指导原则。污染者负担原则要求污染者在一定程度上承担政府为清除污染与恢复生态而支付费用的责任。在原则内涵方面，这一原则原本作为经济原则及政策原则在国际层面被确立，目的是避免因国家承担污染预防和控制费用而导致国际贸易的不正当竞争，确保共同市场和经济一体化的发展[71]，而随着环境问题的不断凸显、环境资源立法的不断发展，该原则逐渐演变为环境资源立法领域具有政策倡导性的一项法律原则，并且从单纯讨论如何计算治理污染成本的个体分担，演变到将污染者责任范围扩大为对环境的维护以及提前防治污染的区域性责任，更扩张至直接对污染受害者进行民事赔偿。在经济合作与发展组织（简称经合组织，OECD）发布的《关于在环境政策中使用经济手段的建议》《污染者负担原则：经合组织的分析与建议》和《污染者负担原则与国际贸易关系的报告》中对污染者负担原则内涵的逐步深化解释，充分体现了对污染者主体以及污染者责任范围的扩大化。在原则的具体实施手段方面，目前国际上较为主流的实施手段是环境税制度、环境押金制度、环境责任保险制度等。

污染者负担原则内涵的发展是在各国际组织与国家立法的探索过程中不断深化的。污染者负担原则具有很强的张力和包容性，并逐步成为一个符号，代表着责任

[69] 钟小琴．论环境法预防原则与风险防范原则的关系．广西大学，2015.

[70] Riley，P.The precautionary principle and its practice environmental law. Engineering Management Journal，2000，10（6）：281-287.

[71] 柯坚．论污染者负担原则的嬗变．法学评论，2010（6）：82-89.

派生的源头和依据[72]。因此在不同国家以及不同领域的具体实施模式中该原则的贯彻情况也一直备受关注，例如在印度、厄瓜多尔、智利、哥斯达黎加、肯尼亚等发展中国家实践中，出现了允许国家或地方政府这样的公共机构对污染者造成的环境损害承担连带责任，并在可行时进行代位赔偿，以保证在污染者无法确定或无力赔偿时，能高效及时地对受害者进行赔偿与救济。有研究者运用经济学的方式，建立经济模型并对这种模型进行研究，他们认为在普遍存在贫困、高利率、司法拖延和审判不确定性的环境下，这种制度具有一定的可行性[73]。

（2）域内研究

立法基本原则的确定，必须既能体现立法理念的前瞻性、科学性，又应具备一定的基本性、普遍性，同时还要符合我国环境资源立法与环境资源保护实践等多方面的具体需求，更要从立法体例、形式上契合我国的立法体例与立法惯例。尽管经过了三十多年的讨论，域内学界对于环境资源立法的基本原则仍然没有具体定论[74]，但域内学者对“立法理念属性”“制度规范指导属性”“基本普遍属性”三种性质具体内涵的认识在不断发展和加深。具体而言，国内对于环境资源立法基本原则的研究有着较为鲜明的阶段性特征，主要分为以下几个阶段。

1）研究初期阶段（20 世纪 70 年代末至 80 年代初）

20 世纪 70 年代末至 80 年代初，环境资源立法研究处在初期阶段。这一阶段，大多相关的论著主要论述狭义的环境保护法，并主要将环境保护法基本原则概括为“32 字原则”：全面规划、合理布局、综合利用、化害为利、依靠群众、大家动手、保护环境、造福人民[75]。

2）研究发展阶段（20 世纪 80 年代后期至 90 年代）

20 世纪 80 年代后期，学者们对立法基本原则的概括开始有了一些变化。1989 年，罗典荣先生将我国的环境保护法基本原则归纳为：经济建设与环境保护协调发展的原则；全面规划、合理布局的原则；预防为主、防治结合的原则；“谁污染谁治理”的原则；依靠群众的原则。在这一阶段，自然资源法与环境保护法仍被认为是两个独立的学科，在自然资源法领域，沈乐平先生则将其基本原则概括为：自然资源国有原则、自然资源有偿利用原则、自然生态平衡原则、统一规划综

[72] 李挚萍．环境基本法比较研究．北京：中国政法大学出版社，2013：86.

[73] Luppi B，Parisi F，Rajagopalan S. The rise and fall of the polluter-pays principle in developing countries. International Review of Law & Economics，2012，32（1）：135-144.

[74] 具体分歧可参见金瑞林，汪劲．20 世纪环境法学研究述评．北京：北京大学出版社，2003：155-156.

[75] 中国环境法学三十年（1978—2008）．北京大学宪法与行政法研究中心．中国法学三十年（1978—2008）．北京大学宪法与行政法研究中心，2008：28.

合利用原则[76]。

3）可持续理念阶段（20 世纪 90 年代至 21 世纪）

20 世纪 90 年代是域内学界对基本原则研究历程中非常关键的阶段，可持续发展理念在研究发展中起到了非常显著的作用。以 1992 年《里约环境与发展宣言》为契机，越来越多的学者开始将“可持续发展”的思想融入基本原则之中，同时结合 1997 年年底自然资源保护法等被国务院学位委员会并入原环境法学科并将其更名为“环境与资源保护法学”（后简称“环境法”）的时代背景，许多学者开始结合原环境保护法与原自然资源法两个学科的基本原则，提出了新环境法范畴的基本原则。最典型的观点有 1998 年陈泉生教授以可持续发展的思想为指导表述的环境法基本原则：环境同经济、社会持续发展相协调原则；预防为主、防治结合、综合治理原则；全面规划、合理利用自然资源原则；污染者负担原则；国家干预原则[77]。其中体现的综合环境资源保护思想与可持续发展理念都标志着这一问题的研究进入了新的阶段。

4）生态理念阶段（21 世纪至今）

进入 21 世纪，“生态”二字的影响开始产生并逐渐扩大，不断演化成又一种基本思想。典型的观点有 2002 年曹明德教授结合“生态法”概念的提出，以其蕴含的非人类中心主义法律观为出发点，总结的生态法基本原则包括：物种平等原则、代际公平原则、生态优先原则、预防为主原则、合理开发利用原则、污染者付费原则、公众参与原则等[78]。2007 年，党的十七大明确提出生态文明建设目标，以及后续国家层面对生态文明建设法治保障体系的逐渐重视，使越来越多研究者以生态文明建设为立法语境对基本原则进行研究，并更倾向于关注“生态化”转变，以及在制度规范指导性层面的新发展。典型观点有李挚萍教授于 2013 年提出的基本原则：协调发展原则、系统化管理原则、风险预防原则、污染者负担原则、环境公平原则、节约资源原则等[79]。在这期间，随着这一问题的基本观点与基本内涵趋于稳定，学者们对单独某个基本原则的具体研究也逐渐增多，且更加注重与国际环境立法基本原则研究趋势接轨，采取了许多比较研究的方法，体现了基本原则内涵的新发展，例如协调发展原则中对侧重发展内涵的再思考与环境优先原则的提出、公众参与原则的具体实践、污染者付费原则内涵在国际上的新发展、预防为主原则的国际实践经验和国家干预原则的重新探讨等。

[76] 沈乐平．略论我国自然资源立法的原则和体系．中南政法学院学报，1987（4）：56-58.

[77] 陈泉生．论环境法的基本原则．中国法学，1998（4）：116-121.

[78] 曹明德．论生态法的基本原则．法学评论，2002（6）：60-68.

[79] 李挚萍，叶媛博．我国环境基本法中基本原则的立法探析．政法论丛，2013（5）：56-64.

3. 环境资源立法基础制度

（1）域外研究

环境资源立法的基础制度范畴在域外发展较早，不同国家会基于其实践需求，选择不同的环境制度。在此我们主要关注与我国生态文明建设立法实践需求相关，同时在国际上已经形成一定共识且较为主流的环境资源立法制度，并对它们进行梳理，包括环境许可证制度、污染综合控制制度、环境影响评价制度、生态补偿制度、公众参与制度。

1）环境许可证制度

环境许可证制度于20世纪60年代产生，联邦德国于1972年颁布的《废物处理法》是最早于立法层面规定该制度的法律。经过不断发展，该制度已经成为各国在环境资源立法领域广泛使用的重要基本制度之一。该制度最早是污染防治领域中的排污控制手段，基本思想是以预先防治的"源头治理"代替污染治理为主的"末端治理"，从而提高对工业污染问题的解决与控制效率。随着理论与实践的发展，这一制度的适用范围逐渐扩大，在污染防治、资源保护、有毒有害物质控制等方面都有着非常重要的作用，进而成为大多数环境与资源保护领域中普遍适用的基本制度。该制度既具有一定的强制性，将与生态环境息息相关的行为通过公权力进行控制，从而限制人类行为对自然生态的影响，同时又具有一定的灵活性，在适用领域、使用方式、适用强度等制度设计因素上都可以根据具体实践需要进行调整。由于许可证制度也属于命令—控制模式下的一种政策手段，其构建需要考虑的因素涉及行政学、法学，因此这一制度在学术领域一直有着一定的关注度，许多观点也得到了继承与发展。例如在域外的研究中，如何平衡社会经济发展水平、政府执法行政能力与许可证制度中的程序设计因素很早就被作为一个考量因素[80]。又如立法体系相似，但经济发展和政治体制不尽相同的俄罗斯、德国与奥地利三国在矿业许可证制度的许可证种类以及审批程序设计当中，为更好适应具体实践而存在一定的差异[81]。

2）污染综合控制制度

污染综合控制制度是在许可证制度的基础上，结合实践需要而发展起来的。由于长期施行的分散式"末端控制"模式所需的执法成本已经造成了欧盟巨大的财政

[80] R. Helmer. Socio-Economic Development Levels and Adequate Regulatory Policy for Water Quality Management. Water Science and Technology，1987，19（9）：257-272.

[81] 在这三个国家中，俄罗斯的矿业权许可证分为勘探许可和开采许可两种，矿业权许可证专门且统一的审批程序由《地下资源法》和相关的《地下资源管理许可法》等法规规定；德国和奥地利在许可审批中根据矿产品的种类、可能造成的环境问题进行分类，其中德国仅要求在涉及地下矿产开发时申请相应许可证。

赤字，因此1996年，欧盟理事会通过《综合污染防治指令》确立了欧盟污染综合控制制度，目的是解决工业污染的防治问题。该制度最主要的做法是合并相关许可证，颁发综合排污许可证，通过许可证对各个污染源提出综合性污染防治措施和要求[82]，可以说是许可证制度的进一步发展与运用。污染综合控制制度的基本理念是重视环境风险防范，预防为主、综合防治，重视从源头、从多种环境介质的角度控制污染，重视公众参与，扩大污染控制的方法领域[83]。该制度的特点是对各种形式的污染和各环境因子实行整体的、系统的控制，克服传统环保方法对污染进行分散式控制，而忽略了各种形式的污染之间、各环境因子之间的联系和互动的缺陷[84]。这一制度出现之前，域外对环境保护规范制定的研究思路，主要集中于如何分析环保绩效与强制性规定的效能之间的联系。这一制度的出现，被认为是命令—控制模式的特性、形式灵活性以及科技激励三者的结合[85]。

在域外，诸如英国、德国等欧洲发达国家对该制度的实践和构建有着很高的关注度。目前研究领域对这一制度的分析有两种模式：一是从该制度对各个领域的影响着手，对其建构的合理性与优越性进行分析，例如有学者通过构建Probit回归模型[86]的方式，分析了这一制度中的许可证制度对环境保护设施发展的影响，认为这样一种直接管制模式的环境保护规则在经过合理设计之后，将会覆盖环境保护、科技创新等许多相关的领域，尤其是该模式在刺激环境保护设施层面与环境保护效果的提升上有非常大的潜力；二是结合该制度及其项下“最佳可用技术”的概念与要求，采用跨法学、行政学、经济学以及自然科学等各相关学科的研究模式进行分析。这一研究模式关注欧洲本土各产业的实践情况，例如果蔬加工产业[87]、钢铁与玻璃产业[88]等，以及一些与欧洲在科学技术、社会发展水平、政策法律体系方面不同的国家的具体运用和制度设计情况，例如对阿拉伯国家[89]、地中海

---

[82] 李挚萍．环境基本法比较研究．北京：中国政法大学出版社，2013：138.

[83] 蔡守秋．论欧盟环境政策和法律中的污染综合控制．欧洲，2000（1）：81-88.

[84] 张艳．欧盟环境法律制度及其借鉴意义．辽宁教育行政学院学报，2005（7）：1-3.

[85] Francesco Testa，Tiberio Daddi，Maria Rosa De Giacomo，Fabio Iraldo，Marco Frey. The effect of Integrated Pollution Prevention and Control regulation on facility performance.Journal of Cleaner Production，2014，64：91-97.

[86] probit 模型是一种非线性模型，服从正态分布。

[87] Derden，A.Vercaemst，P；Dijkmans，R. Best available techniques（BAT）for the fruit and vegetable processing industry. Resour. Conserv. Recycl，2002，34，261-271.

[88] Rave，T.；Triebswetter，U. Implementation of the IPPC Directive and its economic impact：Evidence from the EU steel and glass industry. Eur. Environ，2008，18：186-201.

[89] Tiberio Daddi；Maria Rosa De Giacomo；Evelien Dils；Caroline Polders；Gloria Rodríguez Lepe；Víctor Vázquez Calvo. Transferring the Integrated Pollution Prevention and Control（IPPC）Approach and Best Available Techniques（BAT）Concepts to Egypt，Tunisia and Morocco. Sustainability，2013，5（7）：2944-2959.

南部国家[90]采用该制度的经验与问题进行探讨。

3）环境影响评价制度

目前环境影响评价制度被许多国家的环境资源立法确立为基本制度之一。广义的环境影响评价制度是指某项重大活动之前，事先对该项活动可能会给环境带来的影响进行评价，也被称为宏观活动的环境影响评价[91]。狭义的环境影响评价制度是针对具体项目建设的环境影响进行事前预测评估，从而制定具有针对性的防治对策和措施。1969年美国《国家环境政策法》最先于立法层面规定该制度。在该法颁布之前，印第安纳大学的政治学家林顿·戈维尔教授就法案的内容提出“应当包含要求联邦机构‘判断’其行政行为对环境影响”的建议。这一提议得到了议员的支持，并认为应当将这一理念式的要求提升为制度，作为对所有环境相关机构的一般性要求。此后，在参、众两院的妥协下，环境影响评价这一程序得以确立，《国家环境政策法》第102条确定了整个制度最核心的“环境影响报告”这一审查形式[92]，确定了广义的环境影响评价，审查范围覆盖了大多数的政府行为和项目建设。

在环境影响评价制度相关理论的发展与成熟过程中，由于原条文编写得较粗略，具体执行过程中的标准、立法意图等都比较模糊，因此在该制度确立的早期，产生了非常多的相关诉讼以及讨论。除在法律上进行制度规定外，还可以通过国家环境保护委员会颁发指南以及法官判例造法，进而形成一套完整的制度体系。该制度体系的优势在于体现了事前预防而不是事后治理的思想，也是政府承担相应环境责任的体现，该制度体系被欧盟国家、日本、俄罗斯等100多个国家采纳。这一事前审查制度为公众参与环境决策提供了重要平台，能够在损失尚未发生时，使各方达成共识、取得共赢。该制度确立的近几十年来，尽管在许多国家备受青睐，但其价值取向在一定程度上选择了牺牲效率以及经济利益，以对环境进行保护，因此在域外对该制度的研究当中，除了对具体实施细则的讨论外，还有一些针对其根源特性而产生的反对声音。早期有研究者就指出，该制度的弊端之一在于作为对其做出规定的《国家环境政策法》中102条C款：“应该为影响人类环境质量的重大的联邦活动准备环境影响报告”表达不仅模糊，而且带有更多的愿景性质而没有体现法律的强制性，像一种劝诫式的政策声明[93]。同时，有更多的批评者认为该制度对发

[90] Vázquez，Víctor Luis 1（vlvazquez@iat.es）；Rodríguez，Gloria 1；Daddi，Tiberio 2；De Giacomo，Maria Rosa 2；Polders，Caroline 3；Dils，Evelien 3. Policy challenges in transferring the integrated pollution Prevention and control approach to Southern Mediterranean countries：a case study［J］. Journal of Cleaner Production，2015，107：486-497.

[91] 韩德培，陈汉光．环境法教程．北京：法律出版社，1998：44.

[92] 赵绘宇，姜琴琴．美国环境影响评价制度40年纵览及评介．当代法学，2010（1）：133-143.

[93] Houck. Is That All?，11 Duke Envtl. L.&Pol'y F，2000：173.

展产生了不小的阻碍，例如塞拉俱乐部控告内达华运输部门一案中，两者关于道路拓宽工程环境影响评价报告的争议历经巡回法院、上诉法院的完整诉讼流程，在此期间，该项目都不可继续进行，这无疑影响了建设效率和发展进程。但不可否认的是，该制度作为一项环境资源立法制度，其在经济发展、环境保护之间达到了非常好的平衡，并能最终实现可持续发展的目标，目前，域外理论界关于环境影响评价的研究主要集中在环境影响评价制度的具体实践分析，以及规划环境评价与战略环境评价这两个细化领域上。

4）生态补偿制度

生态补偿制度也是目前域外环境资源立法中的重要制度之一。在域外，生态补偿也被称为生态系统服务付费，或环境服务付费，有时也被称为对环境服务的补偿和奖励。生态补偿制度的理论发端是生态服务理论。1997 年发表于《自然》杂志的文章《世界生态系统服务和自然资本的价值》中，作者估算出生态系统服务每年为全球提供了大约 1 万亿美元的价值[94]。尽管这篇文章提出的评估方式和途径并未成为共识，但它第一次提出了生态系统的服务具有价值，甚至可能高过整个世界的经济所提供的价值。在这一观点的基础之上，越来越多的学者开始思考如何定义生态系统服务的价值。目前国外的共识是，生态服务的价值是指源于自然系统、为人类生存与繁荣的必需而提供的各种利益[95]，从最基本的水与空气，到对农业起支撑作用的土壤保持与肥力再生，再到气候的保持等。基于这样一种认识，生态服务的价值受到许多学者的肯定，他们认为生态服务在生活与生产过程中无论消耗与否，为人所具体感知与否，其都始终直接或间接地被使用、投入以及消耗[96]。而生态服务的价值正是生态补偿制度的理论核心和生发点。基于生态系统服务的价值，对由此而进行的补偿和奖励进行激励，实现两者的交换，也就是生态补偿概念的本质。尽管人们对生态补偿的概念内涵已经达成共识，但在域外目前没有一个较为统一的概念内涵。从广义上说，生态系统服务付费（PES）以及对环境服务的补偿和奖励（CRES）就是包括为生态服务付费的机制[97]，这两项制度的主要目的是建构起一套制度机制，为生态系统的服务进行付费，以解决生态系统服务的经济外部性问题，理论基础主要源于科斯与庇古经济学。

[94] James Salzman. The law and policy beginnings of ecosystem services. Journal of land use and environmental law，Spring 2007：160.

[95] Brian C. Steed. Government payments for ecosystem services-lessons from Costa Rica [J]，Journal of Land Use and Environmental Law，fall 2007：180.

[96] 转引自黄润源 . 生态补偿法律制度研究 . 华东政法大学，2009.

[97] Thomas C. Brown;John C. Bergstom. Valuing，and providing ecosystem goods and service. Nature Resource Journal，Spring 2007：338.

理论界还将生态补偿制度作为除国家公园和保护区建立、立法层面增加违法成本之外的第三种政府干预手段，以保障生态服务的持续供给，进而达到平衡人类发展需求与自然生态稳定的目标，实现可持续发展。由于该制度的核心是实现相对可视的经济与较难衡量的生态服务价值之间的交流与循环，因此域外的探索也主要集中在从理论与实践层面探索和构建真正可行且有效的制度上。在理论层面，主要探索生态补偿这一概念的辨析，包括基于科斯理论强调交易的概念内涵；基于庇古理论强调资源转移、激励手段、环境服务商品化的概念内涵；以及基于实践模式而非学术理论提炼出的折中内涵。这些概念的内涵不同，也导致了对不同主体的责任强调有不同的偏向。在此基础之上，以实践当中的具体实施效果为研究对象，通过实证研究的方式，对生态系统服务功能蕴含的经济价值制定评估标准和方法的探究，也是一个非常重要的方向。在这一方向上的意见分歧也主要来自对生态补偿制度概念内涵的不同理解，主要分为基于科斯理论、基于庇古理论以及基于两者之外的既包含了前两种理论特质同时又弱化了新式生态补偿制度中金钱激励因素的唯一性的理论。这些制度的主要区别在于利益相关者、补偿标准、补偿条件与补偿方式的设计不同，同时产生的实践效果也各不相同[98]。

5）公众参与制度

在环境资源立法中，民众对于生态环境保持与公共健康的需求也是其推动力之一，因此民众的意见对环境资源立法有着非常重要的作用。在早期的立法中就将公众参与作为立法理念之一予以贯彻。20 世纪 90 年代后，公众参与由一种理念逐步成为一种制度，并成为各国环境基本法中发展最快的一个领域。公众参与制度不仅作为原则与理念体现在总则中，而且在分则中以专章的形式进行规定[99]。将公众参与要素列入立法层面的制度设计中，核心作用是在涉及民众利益的环境事项中让民众参与决策，这样既有助于推动决策的合理化，也有助于通过民主参与的模式提高决策的实施效果，还可以引导、鼓励民众关注生态环境保护。

公众参与制度不仅是一个独立的制度，而且还贯穿于环境资源立法的各个过程。在域外，公众参与制度作为环境资源立法内容的重要组成部分，在完善其他环境资源立法基本制度的层面具有工具性、辅助性的价值，在环境公益诉讼、环境立法听证等层面又具有独立的价值。正如研究者提出的那样，设置了程序环境权利的国家比不采取行动的国家更有可能实现环境正义[100]。尽管不同学者对公众参与制度

[98] 袁伟彦，周小柯 . 生态补偿问题国外研究进展综述 . 中国人口 · 资源与环境，2014（11）：76-82.

[99] 李挚萍 . 环境基本法比较研究 . 北京：中国政法大学出版社，2013：140.

[100] Ross，A.. It's time to get serious—Why legislation is needed to make sustainable development a reality in the UK. Sustainability，2010，2：1101-1127.

内涵的理解有诸多共通之处，但在域外的研究中，这一制度的术语使用并不统一，参与主体的术语有公众、市民、社区等，形容参与方式的术语有参与、咨询、合作、讨论等。而与该制度的发展过程一致的是，域外的研究也从理念、原则语境下的"公众参与"逐渐发展为对公众参与制度框架设计的研究。这也是由于域外学者在不断的研究中认识到，公众参与在经过法律制度化建构之后，能更好地推动社会和文化的变革[101]，同样，将法律规范建构为法律制度框架将会在很大程度上推动环境资源立法相关事项上的公众参与。

目前在关于公众参与制度的域外研究中有两种较有代表性的研究方向：一是对诸如英国、美国等国家的较成熟的公众参与制度进行介绍与综述；二是基于具体案例对公众参与制度的框架建构进行研究。例如有研究者基于澳大利亚实验项目，对环境治理机制中公众参与制度的法律框架建构进行研究，并认为公众参与制度能有效促进政策规章与程序正义相关法律规章的整合，促进经济的可持续发展[102]；还有研究者通过分析，从海洋保护区划分过程中的问题中发现，尽管英国东南部的渔夫们参与了保护区的划分，但参与形式的设计使得他们对这一过程表示不满。研究者以法学教授朱莉亚·布莱克"厚""薄"程序化的理论为基础对程序设置进行了分析，认为在"薄"的程序化设置过程中，如果能承认各参与方知识的多元化，将有助于公众参与程序化设计"变厚"[103]。

（2）域内研究

从设立环境法学科到生态文明建设立法基本制度逐步建立的数十年间，域内研究主要体现出两个特点：一是随着我国法律制度建立与完善、学术研究发展、国家政策方针变化，环境资源立法基本制度的范围及其具体内涵也发生了一定变化；二是坚持使用比较研究方法，吸纳国际先进的制度设计经验并结合我国实际情况进行研究与探索。

在基本制度范围与内涵的研究方面，我国环境资源立法主要经历了以下几个阶段。

1）较强政策依赖性的通说阶段（20 世纪 70 年代至 20 世纪 90 年代）

20 世纪 70 年代至 80 年代初主要有"老三项"与"新五项"制度。这一时期，我国狭义环境法基本制度主要被归纳为环境影响评价制度、"三同时"制度和排污

[101] Joshua C. Gellers，Chris Jeffords. Toward Environmental Democracy? Procedural Environmental Rights and Environmental Justice［J］. Global Environmental Politics，2018，1（18）：99-121.

[102] Tanya Howard. From international principles to local practices：a sociolegal framing of public articipation research. Environ Dev Sustain，2015，17：747–763.

[103] Margherita Pieraccini. Rethinking Participation in Environmental Decision-Making：Epistemologies of Marine Conservation in South-East England［J］. Journal of Environmental Law，2015，27：45-67.

收费制度，通常被称为“老三项”。随着研究的进一步发展，至20世纪80年代末又确立了限期治理制度、排污许可证制度、污染物集中控制制度、环境保护目标责任制、城市环境综合整治定量考核制度，这些制度被称为“新五项”[104]。可以看出，这一时期的基本制度体现出了较浓厚的政策与行政管理色彩，同时还受计划经济的影响。有研究者认为，计划经济色彩较为浓厚的环境基本制度，在建立时间不同的背景下其协调性较差，可操作性也有待提升，因此需要加快环境基本制度的改革以适应市场经济体制的需要，并改善其协调性、可操作性[105]。

2）学术性逐渐发展阶段（20世纪90年代至21世纪）

20世纪90年代起，基本制度内涵与类型化分析研究不断发展逐渐丰富。随着狭义的环境保护法与自然资源法等相关学科的合并，以及立法理念、指导思想的转变，域内的学术主张也开始产生变化。与第一代环境法学者构筑的基本制度范畴不同的观点开始产生，这些观点不采取具体基本制度的表述形式，而是以类型化的表述阐释基本的制度措施，更加逼近环境法学研究的本质和学术研究的理性[106]。观点的差异体现在这些学者主编的环境法学教材中。在第一代学者的制度主张中，突出代表有韩德培教授的六项基本制度主张[107]；而新一代学者的主张则有吕忠梅教授以环境监督管理制度、保护和改善环境的法律制度、防治环境污染和其他公害的法律制度三大类分别阐述数项法律制度的主张[108]，汪劲教授以环境行政的基本制度与生态保护的基本制度两类分别阐述数项法律制度的主张[109]等。这一时期不但出现了许多不同类型的学理分类主张，学者对基本制度所涵盖的范围也有不同的看法，尤其在1997年学科合并与更名之后，许多第一代学者在编著教材时将学科内涵的新发展融入其中。例如金瑞林教授在1999年修订1990年版《环境法学》时将环境法的基本制度修改为环境保护的基本法律制度与自然资源保护的基本法律制度两大部分[110]；1999年马骧聪教授编著的《环境资源法》教科书中的环境资源基本法律制度、污染防治基本法律制度与自然资源保护利用基本制度等类别的设置。同时，在旧制度的基础上，许多新制度也被不断引入基本制度的讨论范畴。例如2004年蔡守秋教授主编的《环境资源法教程》，在环境资源的监督管理制度中引入一系列十分利于实现信息化、指标化操作的制度概

[104] 中国环境法学三十年（1978—2008）[A]．北京大学宪法与行政法研究中心．中国法学三十年（1978—2008）[C]．北京大学宪法与行政法研究中心，2008：28.

[105] 李挚萍．我国环境法基本制度的总体评价和未来走向．现代法学，1998（1）：81-84.

[106] 汪劲．对我国环境法基本制度由来的回顾与反思．郑州大学学报（哲学社会科学版），2017（5）：25-28.

[107] 韩德培主编．环境保护法教程．北京：法律出版社，2003：78-98.

[108] 吕忠梅．环境法．北京：法律出版社，1997.

[109] 汪劲．中国环境法原理．北京：北京大学出版社，2000.

[110] 金瑞林．环境与资源保护法学．北京：高等教育出版社，1999：73-94.

念[111]，以及汪劲教授主编的2006年版《环境法学》中类型化的创新探索等[112]。而排污收费制度的淘汰与环保税制度的出现、经济刺激制度影响与作用的逐渐扩大等，都是在新的时代背景下出现的基本制度范畴研究的新动态。可以看出，随着国内外理论和学理研究的不断发展、本国立法实践情况的不断变化，早期通说式的基本制度已经不再被学者们统一采用，而是逐渐发展出许多种观点，主要争议围绕基本制度，包括通用性、基础性而产生的对“基本制度”不同的定义与解释，进而影响现存制度的分类及基本制度范畴的不同主张。针对这样的争议根源，有学者提出伴随中国环境法学学科范围不断扩大，以污染控制制度为中心构建的环境法基本制度及其理论解释已不能具体反映当下环境与资源保护法律的共通性和本质性，因此应当重新审视既有的环境法基本制度及其理论[113]。

3）比较研究作用逐步凸显阶段（21世纪至今）

从环境与资源保护法律制度的初步建立，到我国社会主义市场经济法律制度的逐步确立与完善，再到生态文明建设法律制度保障要求的提出，对生态文明建设立法基本制度研究的要求逐步从扎根政策与行政向加强学术理论探索转变，比较研究方法的运用使得该领域结出丰硕的研究成果。从早期对国外基本制度的介绍，到后来集中研究某一项具体制度，研究者在介绍这些制度的内涵、确立意义、实施效果与最新发展的同时，更以此为切入点论述该制度是否应当被确立为我国环境与资源保护法的基本制度的理由与依据，或在实践中我国应如何吸取经验、借鉴其中的有益部分。例如公众参与制度、环境司法制度以及环境影响评价等制度的融合，环境影响评价制度指标构建，生态环境损害赔偿制度与生态补偿制度设计与构建等。随着生态文明试验区的设立，一系列具有前瞻性与划时代意义的制度试点工作逐步开展，可以预见的是在基本制度研究领域，如重点保护区域经济林保护制度、排污权交易制度、生态红线法律制度等都将成为下一阶段的研究热点。

4. 环境法律责任

环境法律责任作为环境资源立法内容当中非常重要的一环，其法理基础的论证、体系化构建，再到具体设计理念的贯彻都关乎立法内容中各基本制度的落实，更是体现一部法律立法技术与可操作性的重点内容。

基于环境资源立法的特殊性，对于如何设计环境资源立法法律责任，域外的许多学者进行了探索与研究。

[111] 具体包括环境资源标准、环境资源监测调查与环境资源管理信息系统。参见蔡守秋．环境资源法教程．北京：高等教育出版社，2004.

[112] 汪劲．环境法学，北京：北京大学出版社，2006.

[113] 汪劲．对我国环境法基本制度由来的回顾与反思．郑州大学学报（哲学社会科学版），2017（5）：25-28.

20世纪80年代，环境法律责任在学术与实践领域都处于发展开端阶段，也因此成为非常重要的研究主题之一。在这个时期，普通法与法定扩大解释在环境法律责任领域的研究与适用形成近似泛滥的态势，以及该领域相关判例法、立法或学术文献方面缺乏坚实的理论基础，这些情况引起了一些学者的担忧：它们很可能会扰乱已经建立的投资企业长期以来的经营方式，以及已有的法律权利和责任，甚至导致重新制定相应规则[114]。也因这一领域研究空间的广阔，“侵权与环境法律责任”这一问题成为休斯顿大学法律中心的主要研究项目之一[115]。在这一时期，值得引起注意的是，在环境保护与私法层面，尤其是侵权法体系的融合方面，应通过制定法律来保障对环境保护行为的激励与对环境侵权、破坏行为的震慑力。

在后续研究过程中，当立法理念和导向层面的问题逐渐得到解决之后，关于环境责任的研究逐渐步入正轨，对于环境责任内涵的主流认识也逐渐从强调私法责任的Liability扩大至带有一定公法性质的Responsibility[116]。但由于环境资源立法的法律责任较整个法律责任体系而言起源较晚，所以在域外，学者们主要还是基于已经形成的法律责任理论基础和研究方法对其进行研究。例如从规制手段上以民事责任、行政责任、刑事责任为界定标准，从主体身份上以政府、个人、企业来划分，从适用领域上限缩为跨界损害、工业污染、资源破坏等角度，进行分类细化的微观研究。而其中，对于美国等支持判例法的国家，研究具体案例是非常重要的研究方式，例如从判例的发展中探寻环境刑事法律责任的认定标准，以及对刑法体系可能存在的冲击与影响等[117]。虽然随着相应问题的不断解决，近年来对于环境法律责任以人类中心视角的研究在域外发达国家已经渐臻完善，但在许多发展中国家仍然仅关注本国法律体系，例如希腊、巴西等国家，相比之下美国等与之处于相同法系的发达国家已建立的较完善的法律责任体系，主要采用比较研究的方法进行讨论[118]，以及采取绩效分析、条件分析等实证研究方法，将其作为政府进行环境资源管理的手段与工具。

在域内，这一领域的研究成果也呈现出不同阶段的时代特征。

---

[114] Kenneth S. Abraham. Environmental Liability and the Limits of Insurance [J]. Columbia Law Review Vol.88 No.5，1988：942-988.

[115] Gaines Sanford E. Rethinking Tort and Environmental Liability Laws：Needs and Objectives of the Late 20th Century and Beyond：Foreword. Houston Law Review，1987，24.

[116] 庄超．环境法律责任制度的反思与重构．武汉大学，2014.

[117] Joshua Safran Reed. Reconciling Environmental Liability Standards after Iverson and Bestfoods [J]. Ecology Law Quarterly，2000，27（3）：673-698.

[118] Monika Hinteregger，Environmental Liability and Ecological Damage in European Law，London：Cambridge university Press，2008.

首先，在环境法学科发展初期——20 世纪 80 年代初期到中期。这一时期主要对法律责任理论中的基础进行讨论，同时针对我国当时环境保护领域的各部法规以及民法、刑法、行政法等其他部门法进行分析，并根据暴露出的立法问题，探讨立法层面的立法建议[119]。随着我国大气、海洋等专门与环境与资源保护相关的法律法规的出台，分析解读法律责任部分的研究也越来越多。同时，对于责任原则的研究与责任构成要件的分析也开始出现，这些研究为后续环境法律责任特殊性的研究打下了一定基础。此阶段研究的主要内容是立法层面与实践层面的问题，研究目的是提出解决途径与立法意见。解决思路包括从现有法律体系框架中获取或以比较研究的方式参考外国已初步形成的法律责任规定。这一时期，学术理论方面的研究尚未发展充分，而这也是学科建立初期普遍存在的现象。

其次，进入 21 世纪初期，立法实践层面的环境法律责任制度理论研究不断发展，从学术理论角度开展的研究也快速发展起来。这一时期，学者们展开了对环境法律责任制度理论中的各个问题的研究与思考，主要包括以下几个方面：构成环境法律责任的前提依据、环境法律责任区别于传统法律责任的特征、环境法律责任的实现途径等[120]。以 2007 年党的十七大报告提出“生态文明建设”为契机，对生态文明法治框架下、环境法律制度中法律责任制度构建与完善的思考成了研究热点，包括政府环境法律责任制度的构建、企业环境法律责任的构建、环境侵权法律责任制度的构建等。其中，环境侵权法律责任制度作为一直以来不断被各学科领域讨论的问题，在新的时代背景下也有了一定的突破。典型的观点有学者针对现行规定散乱、责任强度不够以及法律适用混乱等诸多问题，结合环境侵权的特性与现有制度基础提出的整合性处理思路[121]，还有针对新出台的《中华人民共和国环境保护法》中对于环境侵权原因行为立法突破的分析等[122]。面对环境法律责任研究的快速发展及在研究思路、理念乃至具体制度上的突破，有学者从法律责任理论发展阶段角度，提出了十分具有创新性和前瞻性的理论：以生态法律责任概念的基本理论为基础、通过法律责任对相应权利义务的法律关系的保障、生态法律责任演进过程的论述、生态法律责任在具体研究领域的体现等。该学者提出，法律责任制度研究已

[119] 相关论著如：马骧聪，程正康．违反环境保护法规的法律责任．法学研究，1981（5）：33-38. 罗典荣，吴长德．完善环境保护法中关于权利、义务和法律责任的规定．中国政法大学学报，1984（2）：77-79. 廖经．环境保护法．应补充法律责任条款，法学，1985（1）：36-37.

[120] 关于 21 世纪初期环境法律责任理论、实践以及各已有传统部门法语境下的具体环境法律责任问题的重要研究成果的具体情况可参见以下论著：张梓太．环境法律责任研究．北京：商务印书馆，2004. 中国环境法学三十年（1978—2008）[A]．北京大学宪法与行政法研究中心．中国法学三十年（1978—2008）．北京大学宪法与行政法研究中心，2008：28.

[121] 新宝，庄超．扩张与强化：环境侵权责任的综合适用．中国社会科学，2014（3）：125-141.

[122] 竺效．论环境侵权原因行为的立法拓展．中国法学，2015（2）：248-265.

经进入了与个体法律责任阶段、社会法律责任阶段相对应的最新发展阶段——生态法律责任阶段[123]。而就目前学界的研究成果来看，环境法律责任领域仍然是域内立法内容研究的重要领域，也是热点领域，伴随着生态文明试验区立法工作的开展，这一方面的研究将会更加具有建设性与针对性，例如针对生态文明建设试点制度具体法律责任问题进行具体、深入的研究，从而推动我国生态文明法律责任制度的完善。

5. 环境资源立法形式

虽然各国所属法系不同，但是环境资源立法的形式都是从单行法起源的。后续各国立法形式、学术研究方向的不同，则是在不同的社会发展阶段，由不同的立法需求与固有立法惯例相结合而自然产生的。以美国为例，在环境资源立法的初期阶段，由于联邦与州政府权限分明的立法惯例，在面对社会各界对环境污染、资源破坏进行规制的呼声时，优先采用的正是以单行法令的形式对相应问题进行规制。从立法实效等立法理论方面分析，单行法立法的优势在于缩短制定周期的同时，能够以尽可能细致且具有针对性的条文解决某一领域的规制问题，但是对环境资源立法整体性与体系性的认识有限。在污染防治与资源保护的某一领域问题比较突出的背景下，单行法成为许多国家在环境资源立法的初步探索阶段普遍采用的立法形式，这也是早期“末端治理”立法思想的具体体现之一。随着生态环境研究的发展，环境资源立法的研究步入了环境资源管理层面，事前治理制度的立法数量有所增长，跨学科研究的发展和更多环境问题受到关注，受可持续发展战略的需求、环境问题的整体性特点的影响，生态环境因素逐渐从自然科学领域影响了法学领域，也使得分散的单行法出现立法膨胀、规范冲突、权利扩张等弊端，所以要求各个单行法应形成由上至下的协同配合。此时，不同立法传统的国家所采取的对策与该国学者的研究方向也开始分化，逐渐形成了单行法协同配合式与环境法典式两大方向。

与域外环境资源立法的发展历程不同，我国的环境资源立法最初动因并非是环境污染或资源破坏，而是1972年在瑞典斯德哥尔摩召开的联合国人类环境会议。这次会议提出的环境资源立法理念为我国立法工作奠定了基础：要以体系化的法律制度保障生态环境与资源，不走先污染后治理的老路，而要从源头预防生态环境的恶化。尽管我国也是从单行法开始进行环境资源立法的实践探索，但是在缺乏一般单行法立法情况下，直接以政策基本法的形式开始了一系列的立法工作。我国在立法实践与学术理论之间，始终强调制度建构的体系性、科学性，并且在环境法制工

[123] 黄辉．论生态法律责任，福州大学，2014.

作建立之初，就开始了环境法学科的建设工作[124]。在几十年的发展历程中，单纯的单行法立法模式也带来了与其他国家立法实践中出现的类似问题：规定松散、繁杂导致的适用性问题；部门机构管辖权限混乱问题；立法技术限制及“九龙治水”导致的实施效果问题等。因此，目前学界对于问题的解决有两个方向的思路：一是加强制度构建，巩固现有以单行法为主的立法形式；二是走法典化路径，解决重点问题，以根治现有环境法立法体系的问题。在这之中，比较主流的观点是走环境法法典化道路。

（1）单行法立法模式

单行法立法模式是环境资源立法初期被许多国家采用的立法形式，主要针对的是特定时代背景下的突出环境问题，例如某一特定类型资源的开发限制与维护，或针对某一种污染的防治问题。单行法立法模式具有针对性强的特点，因而在短时间内易取得一定的实施效果，但这样的立法模式会很快暴露出弊端：一是由于早期的环境单行法适用领域狭窄，部分国家立法技术有限，因而导致实施效果不尽如人意；二是由于缺乏统一且体系化的思想与制度的协调，随着单行法数量增多，越来越容易出现内容规定和机构权限上的冲突[125]。面对这样的问题，不同国家开始依据本国已有的法律体系及时间需求，分化出两种不同的环境资源立法模式。

（2）单行法协同配合式

单行法协同配合式立法是许多普通法系国家基于本国立法惯例，解决单行法过于分散问题而采取的对策。其中许多国家采取“政策性立法”的模式来统筹国内环境资源立法体系，即采取单行法的立法模式，并以单行法的模式，颁布一个以政策性、指导性、原则性条款为主要内容的法规，对具体领域进行初步整合。例如，在污染防治、自然资源保护、规划建设等领域制定单行的综合性立法，根据从立法体系上成为“金字塔顶端”的规定，对各单行法进行统领，使立法更为体系化。而在成文法的基础上，判例法成为各个成文单行法项下的细化补充部分，从而构建了一个更为完整的环境资源立法体系。但基于适用的需要，许多普通法系国家都有法律汇编的传统，因此将各单行法进行初步整理并汇编入相应的部分，这也是解决单行法容易产生立法体系内部冲突的方法之一。这些立法惯例使得单行法协同配合领域的学术研究成果，但大部分学者对这一立法形式持接受与赞同的态度，而持相反意见的学者，并不将研究重心放在该领域，而是专注于环境法典立法形式问题的研究。

[124] 中国环境法学三十年（1978—2008）. 北京大学宪法与行政法研究中心. 中国法学三十年（1978—2008）[C]. 北京大学宪法与行政法研究中心，2008：28.

[125] 夏凌. 国外环境立法模式的变迁及中国的路径选择. 南京大学法律评论，2009（1）：246-255.

而由于立法惯例上的区别与相应配套制度方面的问题，目前我国尚未建立完善的单行法协同配合式的环境资源法律制度。结合上文域外环境资源立法形式研究中对单行法协同配合式立法的梳理与介绍，在这一立法形式下，需要以成文法为主干，配合较为完备的行政制度体系及标准制定、判例法的承认与适用或补充性立法，才能保障在这一立法形式下各单行法的高效和协调运作，进而形成较为完善和稳固的法律制度。目前我国建立了环境资源法律体系框架，相应的配套制度、实施细则等有助于法律体系的稳固，但立法内容仍留有许多空白。因此，如需采取这一路径，那么就需要寻找系统性弥补可能出现的制度空白的方法。

（3）环境法典式

大部分大陆法系的欧洲国家将环境法典作为法律体系中环境保护相关法律的基本法，这是欧洲国家环境资源立法的突出特点之一。成文法的立法传统使得欧洲各国立法者和学者都倾向于通过法典化模式来对本国环境法进行整合，以促进环境立法趋向统一化和综合化。基于“法典化”这一词所具有的不同含义，环境法法典化的模式也有所区分。于普通法系而言，由于判例法的存在，往往有着较为繁复、琐碎的判例法和制定法体系，导致在这一语境下，法典编纂往往只是将零散的法律进行较为简单的汇编，没有一定新内容的产生，不能称其为严格意义上的法典。于大陆法系而言，法典编纂不同于法律汇编，这是因为，该过程不仅仅是对法律的整理与集合，关键是对既有法律规范的梳理，构建新的整体框架与体系，同时进行法规清理，将过时的、冲突的部分删去，再增添新的、必要的内容，制定一个内在联系、和谐统一的法典式规范性法律文件。尽管美国的法典编纂兼顾了大陆法系中系统性、确定性的原则，但仍属于普通法系的法律汇编，而非法典编纂。两者的主要区别在于是否对法律进行了实质的内容修改与创新。同时，法典编纂这一做法在大陆法系国家较为常见，因而目前较为广泛地出现在欧洲各国[126]。环境法法典化的一个研究成果是 1995 年 2 月 21—22 日在比利时根特召开的环境法法典化国际会议的论文集（*The Codification of Environmental Law*）[127]。该论文集汇集了欧洲各个国家在环境法法典化过程中所需注意的立法程序以及在实体内容的条文设计方面所需注意的问题，梳理了欧洲大陆在环境法典化研究中的主要成果。

目前，由于两大法系逐渐呈现融合趋势，区别与差异日渐模糊，欧洲国家目前使用“法典化”（Codification）的概念，与传统大陆法系语境下的“法典化”一

---

[126] Hannes Veinia，Codification of Environmental Law：Major Challenges and Options. Juridica，I.58-67（2000）.

[127] H.Bocken and D.Ryckbost ed.，The codification of environmental law，Kluwer Law International，1996. 转引自夏凌 . 环境法的法典化 . 华东政法大学，2007.

词已不甚一致。因而有学者认为，20 世纪 90 年代，欧洲各国兴起的法典化运动中，该词既包含了传统大陆法系语境下的法律汇编，也包含了法律编纂。从目前欧洲各国的立法模式来看，大部分欧洲国家的环境法相关法规的重组活动主要归属于法律汇编，即进行系统化整合或者合并规定，例如法国。而德国、瑞典、爱沙尼亚和佛兰德斯地区进行的法典化工作才能被认为是严格意义上的法典编纂[128]。

环境法典作为许多大陆法系国家采取、推崇的立法形式，自然也激发了域内环境法学者的研究热情。由于我国的法典化传统，以及大量采用以德国为参照的大陆法系制度，因而学术界大部分学者认为需要采取法典化的路径以解决我国环境资源立法实践中的诸多问题。其中具有代表性的是 2004 年教育部发布的重大研究项目——“环境资源法典化基础研究”的一系列研究成果[129]。课题研究结论为：我国环境资源法应当进行适当的法典化工作，即一定程度的法典化，有不少学者也赞同这一观点[130]。综合近年来其他研究者的观点，学者们普遍认为环境资源法的法典化是解决我国环境资源立法实践中诸多问题最具可行性和必要性的路径。但由于该领域在理论发展与立法实践上仍存在不足，尚不适合进行传统且完整的法典化工作。若不吸取已有教训、刻意忽视既有缺陷而贸然进行法典化，则很可能会像德国、俄罗斯等国家一样，在环境资源法法典化的探索中屡战屡败。因此，也有研究者开始针对如何突破困境、实现法典化进行研究与探索[131]。与此观点相对应，有学者认为，随着近几年我国生态文明领域立法实践成果的不断增加以及社会经济水平的持续增长，开展环境法典制定工作的时机以及各方面条件业已成熟，这些学者还提出采用“适度法典化”立法形式的建议[132]。而也有学者提出，民法典制定的时候，并没有进行适度法典化的考虑。同样，我们在环境立法法典化工作开展之前，就用这种理念“自捆手脚”，将不利于法典化工作的开展[133]。还有学者认

[128] 李挚萍．环境基本法比较研究．北京：中国政法大学出版社，2013：20.

[129] 包括由北京大学出版社 2008 年出版的《环境法法典化研究》一书、夏凌博士的博士学位论文《环境法的法典化——中国环境立法模式的路径选择》、彭峰博士的博士学位论文《环境法法典化趋势分析——兼论法国环境法的法典化》、李挚萍教授在《学术研究》2006 年第 12 期发表的《可持续发展原则基石上的环境法法典化——瑞典〈环境法典〉评析》一文、陶蕾等人在《东方法学》2008 年第 2 期发表的《我国环境法典框架设计构想》一文等。

[130] 黄锡生，史玉成．中国环境法律体系的架构与完善．当代法学，2014（1）：120-128.

[131] 如朱艳丽：我国环境法法典化困境及突破研究．环境保护部政策法规司、中国环境资源法学研究会（Chinese Society of Environment and Resources Law（CSERL）、上海财经大学、上海政法学院．2014 年《环境保护法》的实施问题研究——2015 年全国环境资源法学研讨会（年会）论文集．环境保护部政策法规司、中国环境资源法学研究会（Chinese Society of Environment and Resources Law（CSERL））、上海财经大学、上海政法学院，2015：6.

[132] 吕忠梅．用“绿色法典”开启生态文明法治建设新征程．光明日报，2018-01-06（009）.

[133] 刘一鸣．十九大报告提出加快生态文明体制改革专家认为推进我国环境立法法典化恰逢其时．[2018-07-28].http://www.legaldaily.com.cn/zt/content/2017-10/31/content_7372682.htm?node=89301.

为，注释法学方法的运用能较好地解决现有问题，不应贸然进行环境法的法典化工作[134]。但显然，相较于法典化，支持非法典化路径的学者仍属少数，而这些学者主要秉持的观点还是我国目前不具备进行环境法法典化工作的条件，如现有体系不完善、制度构建仍存在弊端、理论基础研究薄弱等，但认为我国从根本上就不适合进行环境法法典化工作的学者占比极低。

（二）学术研究发展趋势

1. 域外环境资源立法学术研究发展趋势

域外环境资源立法研究成果作为环境法立法基础理论，初期支撑着污染防治法、土地管理法等早期形态，又在互相影响中不断推进该领域的研究，诞生出新的理论。环境资源立法理论基础的不断丰富同时又推动了环境资源立法理念、原则、制度、法律责任等的发展与转变。在环境资源立法的具体研究中，域外立法的发展历史与研究现状能为后续研究提供宝贵的经验，是研究过程中不可忽视的一个重要内容。因此，需要从域外立法理论基础的发展演变、基本内容的不断充实和完善、生态法律责任制度的不断发展等方面，综合分析域外环境资源立法发展的原因、取得的进步、存在的问题，评价其发展趋势，同时分析域外立法学术研究对我国生态文明立法学术研究的影响。

（1）立法理论基础不断丰富

从域外环境保护理念的萌芽开始，学者们就逐渐引导人们重视生态环境与人之间不可割裂的联系。在这种观念的推动下，哲学、伦理学领域产生了环境正义理论、非人类中心主义理论，进而发展出生态正义理论；同时，该观念融入经济学领域，推动经济学领域的学者开始研究如何量化人与自然之间相互影响的因素，如何运用经济学的方法使环境保护的方式更加科学化，如何协调人类发展中的经济要求与自然要求。在此过程中，这些领域的理论成果又相互影响，随着代际公平理论、自然公平理论与可持续发展理论的出现，生态经济学应运而生，成为环境资源立法的重要研究领域。在环境资源的立法理论基础不断丰富的同时，行政与管理学等社会科学、与环境资源管理相关的多个自然科学学科的发展更是不断为立法提供理论支撑与思路。可以说，随着立法理论基础的不断丰富，域外环境资源立法的发展揭示了生态环境建设与经济发展之间不可割裂的紧密联系，影响了立法理念与价值取向的变化，即随着环境伦理与生态经济等基础理论的发展，环境资源立法的理念与价值取向开始从注重经济发展到注重生态环境与资源

[134] 于彦梅，耿保江．对中国环境法法典化路径的反思．河北学刊，2014（4）：135-138.

保护转变，进而演变为注重环境保护与经济发展相协调的可持续发展。

（2）立法内容不断充实完善

由于法律具有高度社会性，无论是从环境资源立法原则上还是制度的研究上，都体现出了非常鲜明的时代特征，加之相关理论不断发展，立法内容也不断充实和完善。在域外，立法内容非常鲜明的特点是既注重学术理论层面的探讨，也注重实证研究的价值，这样的结果就是在研究方向上对现实问题的响应。在研究过程中，无论是在立法原则的构建上，还是在法律制度的设置上，都体现了对立法理论基础发展的实时反映以及对实践中出现问题的积极解决：从将环境保护的目的定位为促进经济发展到从非人类中心主义出发呼吁可持续性发展；从单纯的末端治理到综合性、预防性的环境资源管理；从强调政府单方施压的命令—控制模式，到通过经济调节手段与政策制度工具的选择来调动社会各方共同保护环境与自觉守法等。同时，在已经确立的具体制度细节的设计上，不断从具体事例中寻找可供研究的主题，从而不断推进制度的完善，典型代表就是英美法系国家的学者对判例法所确定的各种标准的反复探讨。可以说，域外环境资源立法内容的不断充实和完善，正是得益于这种对实践问题的高度重视以及结合学术理论探索解决方案的研究思路与趋势。

（3）生态法律责任制度不断发展

20 世纪 70 年代至今，生态法律责任制度理论研究取得了非常喜人的成果。无论是早期对于生态法律责任制度与私法层面融合问题的探讨以及环境刑法与行政法规之间关系的处理与探讨，还是后期对法人生态法律责任制度的研究、跨界污染生态法律责任等问题的细致探讨；无论是从制度的基础构建、细节的精心设计，再发展到对其他部门法交叉领域的关注，还是从个体生态法律责任发展到社会生态法律责任，都从民事、行政、刑事三个层面构筑起了一个适用性与科学性兼具的法律责任制度。

（4）域外立法学术研究对我国相关学术研究的借鉴意义

域外立法学术研究的典型特点就是逐渐发展而成的整体性思想，这一思想渗透进了各个层面、各个领域的研究。一是清晰理解到社会与自然的整体性，从而适当运用跨学科的方法，或从跨学科视角汲取思路和灵感以解决本学科框架内的棘手理论问题，同时关注学科交叉领域问题的研究。二是明确认识到学术理论与具体实践之间的整体性，不主观割裂两者的联系，将实践中对理论成果的印证情况作为重要的考量因素，同时从实践的情况中提炼问题并进行学术理论层面的探讨与解决方案的探索，再反馈到实践中进行实证考察。三是在探索问题解决方案的过程中注意整体性，例如跨区域合作中各方的协同性、污染治理制度的综合性、政府政策制定与公众意见表达之间的融合性、政策命令作用与经济调控手段的配合性等，在学术研究过程中不单一考虑某一种因素的作用，而是综合相关因素，进行整体有机结合的思考。这种研究特点对我国相关学术研究具有非常重要的借鉴意义。目前我国生态文明法律制度体系正逐步建立，因此无论是制度设计的理论与思路，还是可供实证研究的具体实践素材，都有一定的局限性，这也是我国生态文明试验区建立的重要意义。探索制度完善的途径是我国生态文明试验区在立法方面的重要任务之一。因此，在进行这方面的研究时，非常有必要吸取整体性的思想，以提升理论研究与实证研究两方面的科学性，扎实推动相关立法工作的开展，提升工作效率。

2. 域内环境资源立法学术研究发展趋势

环境法是一门较为年轻的学科，在不同时期有不同学者对环境法的发展历程进行了总结，并对如何调整环境法的研究方向，将环境法逐步发展为较为统一且成熟并具有完整学科体系与一定规范化研究方法的法学学科进行了总结与分析[135]。

（1）立法理念的提升：从环境法学到生态文明建设立法

纵观我国生态文明建设立法的理论发展历程，从20世纪70年代末环境法学与自然资源法学分立，到20世纪90年代在可持续发展理论的影响下实现学科重组与合并，再到21世纪以生态文明建设为指导理念而诞生的一系列研究成果。其指导思想在多年间经历了数次变化，才最终形成了以生态文明建设立法为主要学术理论的学科发展趋势，同时也促进了生态文明建设思想在立法实践中的体现，实现了理论与实践两个领域立法理念的提升。

（2）研究视角的变化：跨学科研究视角的出现

生态文明建设立法的理论基础以及立法范围决定了环境法在研究方法上有特殊性。环境法学与哲学、经济学、管理学等社会科学以及生态学等自然科学之间有着非常密切的联系，更有学者将环境法的理论基础直接与这些学科进行联系[136]。这也导致了学科研究视角从初期的专注于从法学领域寻找相关问题的解决路径扩展至包括哲学、经济学、生态学、管理学等各相关学科都成为环境法学研究者的研究范畴与知识来源。有学者就从环境法的哲学层面分析和探讨了环境法乃至生态文明建设立法的合理性、正当性以及环境与社会集体保护之间的内在依据[137]。需注意的是，环境法学毕竟是一门法学学科，生态文明建设立法的最后落脚

[135] 比较具有代表性的有汪劲教授2005年发表在《西北政法学院学报》的《中国环境法学研究的现状与问题——1998—2003年中国环境法学研究状况调查报告》中对1998—2003年环境法学研究现状与问题的分析；2008年收录于《北京大学宪法与行政法研究中心会议论文集》的《中国环境法学三十年（1978—2008）》中对1978—2008年环境法学发展的梳理回顾；柯坚、刘志坚教授2018年发表在《南京工业大学学报》的《我国环境法学研究十年（2008—2017年）：热议题与冷思考》中对2008—2017年环境法学研究热点与问题的分析。

[136] 曹明德．生态法的理论基础．法学研究，2002（5）：98-107.

[137] 柯坚．环境法的生态实践理性原理．北京：中国社会科学出版社，2012.

点还是法律制度的构建，其根本属性要求该学科在研究发展的过程中，还是应当保持法学学科应有的特性。以往学科建设过程中引入了许多其他部门法，甚至其他社会科学、自然科学的研究成果和研究方法，这是值得肯定的做法，也大大提升了环境法学科的建设进程与实际适用性。然而也因此产生了方法的混乱，甚至可能产生难以与其他部门法学科沟通对话、进行协同发展的问题，长此以往将不利于环境法理论研究成果进一步融入立法，也不利于我国生态法治体系的建设。因此，有学者指出，盲目地进行学科交叉研究将导致环境法学科难以与其他法学学科进行沟通与协调[138]。可见，现阶段关于我国生态文明建设立法跨学科研究需要更加理性，在保证生态文明建设立法的科学性、客观性的同时，也要保持其法律体系内容的理论性与体系性。

（3）研究落脚点明确：注意本土化的追求

基于研究发展的迫切需要，学者们在研究过程中普遍采取了对国外制度学习、分析以及借鉴的模式，在此过程中本土化处理的程度以及思考深度、广度都有所欠缺。因而有学者指出，基于我国目前的制度框架体系，应当考虑如何协同法律、政策，将国外环境资源立法成果融入我国的生态环境法治体系，而不是机械地搬运[139]，避免出现理论研究与实践需求脱节的情况。

（4）研究方法多样：自然科学与社会科学研究方法的综合运用

环境资源立法研究方法的充实得益于环境资源法学的综合性以及整体性，许多学科的研究方法都能在一定程度上转化为环境法学并将其进行实践。在法学内部其他部门法间，借助民法的理论范式审视环境问题，可以为解决环境问题探寻新的出路；借助行政法的理论与观点，可以对具体制度的构建进行衡量把握与完善途径的探索等。在社会学科间，可以运用经济学的模型建构分析方法以及具体经济理论，对制度设计的合理性进行分析，为生态价值核算、生态损失补偿制度提供研究思路与方法，进而助力生态文明法律制度中经济刺激手段的完善。环境科学更是为标准化体系建设、监测指标体系、环境影响评价制度、环境综合治理制度等关键细节设计提供了科学的研究思路。

（5）立法内容的不断丰富，立法形式的积极探索

生态环境立法内容是整个法律制度体系的重中之重，而这一领域研究成果的不断丰富，正体现了几十年来我国生态文明建设立法研究的发展。先是基本原则方

[138] 刘卫先．我国环境法学研究中的盲目交叉及其克服．郑州大学学报（哲学社会科学版），2015（6）：51-55.

[139] 柯坚，刘志坚．我国环境法学研究十年（2008—2017年）：热议题与冷思考．南京工业大学学报（社会科学版），2018（1）：52-70.

面，从“老三项”“新五项”的通说，发展为以类型化分类为主的制度表述，其中更体现了许多制度的发展以及学者们的独特观点。再是基本制度方面，不仅对基本制度范畴进行了研究，更对域外理论与实践中涌现的新制度、新发展进行了持续的关注与研究，进而进行本土化改造，引入我国生态文明建设立法研究，促进了立法制度不断增多，从制度保障角度推动了法律制度的不断完善。最后是立法形式确立方面，根植于我国理论与实践现状，对如何解决我国现有立法形式所带来的现实问题进行了积极探索。总而言之，正是各个领域中无数研究者的投入与奉献，才推动了我国生态文明建设立法制度的不断完善。

（6）总结

20 世纪 70 年代，我国环境法学学科建立，实现了零起点、跨越式的发展，在发展过程中体现出多样化、复合型的特点。但在此期间存在的突出问题是：当时仍处于学科的奠基发展阶段，研究问题较为零散，而且环境法学涉及许多社会科学、自然科学以及其他部门法领域的交叉问题，研究空间较大，导致出现了忽视与相关交叉学科之间的对话与联系以及研究力量分散的现象。同时，在人才培养方面也有较为明显的不足，除个别学者已经形成了较为清晰的思路外，大部分学者在选题上没有特定的方向，体现出了学者在研究上没有稳扎稳打推进、什么热写什么的现状，从而束缚了学科整体研究深度的纵向发展。

进入 21 世纪，这一情况逐渐得到改善。经过了长足发展，环境法学界的学术成果显著。学者们聚焦学术热点及问题，针对未来如何进一步发展环境法学科提出了自己的看法和建议，引入了其他社会科学及自然科学的研究成果和研究方法，是值得肯定的做法，大大提升了环境法学科的建设进程与实际适用性。

三、域外环境资源立法梳理与分析评价

从立法的阶段性、立法内容及立法渊源、立法形式三个层面，对较具代表性与借鉴意义的国家及区域的立法进行梳理，并进行总结与评价。

（一）域外环境资源立法梳理

1. 美国

美国环境资源立法体系的研究价值在于，作为一个工业化起步较早的国家，美国环境资源立法的发展起步也较早，成功建立了较为完备而细致的法律体系。同时作为一个联邦制国家和普通法系国家，其环境法的发展经历了联邦与州之间关于各自立法权限的协调，以及层级逐渐分明、体系逐渐完备的过程。从发展历程看，美国的环境资源立法史大致可分为三个阶段：初始时期（1776 年—20 世纪 20 年代）、

奠基时期（20 世纪 30—60 年代）、成熟时期（20 世纪 70 年代至今）[140]。在这三个时期，美国的环境资源立法体系的主要发展脉络是：从州政府立法为主导到联邦政府立法为主导；从资源保护、污染防治为主导到综合环境管理为主导；从单行法各自为政为主导到成文法、判例法与配套行政制度相结合为主导。

（1）立法的阶段性

第一，初始时期（1776 年—20 世纪 20 年代）。初始时期，美国从政府到民众都不具备生态保护意识，思想主流和政策导向还是以利用现有自然资源快速发展经济为主。期间，过度的环境破坏也引起了各界的反思，因而环境保护的意识逐渐萌芽并且发展，各州政府以及联邦政府从立法层面保护环境的初步探索也逐步开展，并成为美国环境立法的开端。在该时期的立法过程中一个突出特征就是联邦立法滞后于州立法，导致州与联邦各自为政，缺乏全国范围内统一的保护标准以及社会共识，不能有效地缓解早期环境破坏所产生的既有后果和影响。

第二，奠基时期（20 世纪 30—60 年代）。20 世纪 30 年代，美国正处于“二战”以及战后重建的阶段，在这段时期，国家的重心先是放在了战争上，后又放在了战后的经济恢复上，环境保护仍旧难以成为工作重心，这也使得美国在这一时期发生了多次大规模的环境污染事件。在各方努力之下，环境保护的重要性已经引起了联邦政府的重视，使得这一时期在环境资源立法上有了突破。这一时期联邦政府在立法方面做出了许多的努力，却仍然没有解决一个关键性的问题，即联邦政府与州政府权力之间的协调。联邦政府也因此意识到，在环境资源立法领域尤其需要制定强制性法律规定，推动法律的实际适用和实施，这样才能真正解决现实问题。

第三，成熟时期（20 世纪 70 年代至今）。1969 年《国家环境政策法》的签署标志着美国联邦环境立法步入了成熟时期。该法律被视为美国环境保护法律体系中的基本法。在这一时期，环境资源立法以井喷式的态势得以发展，最大的突破就在于新联邦主义在环境资源立法上的运用取得了成效。这一时期的立法鲜明地体现出了美国环境资源立法的特点，具有十分重要的借鉴意义。政府层面，联邦政府主导立法，同时加强配套实施手段，采取多途径、多层次的方式（如经济、技术等间接手段以及行政、刑事等保障落实手段），从制度设计层面加大对环境的保护力度；公众层面，加强环境保护理念的宣传，保障公民的参与权与知情权，筑牢法律实施的社会基础，促使公众自动、自发遵守法律规定，降低执法成本。

（2）立法内容与立法渊源

在立法内容以及立法渊源层面，美国环境法立法史的非常典型的特点就是立

[140] 尹志军 . 美国环境法史论，中国政法大学，2005.

法重点跟随着社会环境的发展而变化，以及时解决国家和社会所面临的相应问题。在初始时期，环境保护立法更多的是适应当时的经济社会发展而开展的，正如前文所言，此时的经济发展是粗放的、纯粹依靠消耗现有自然资源的模式，因此遭受破坏最严重的正是荒野土地、森林、野生动物这三个部分，所以该时期的立法工作主要针对的也是这三个方面。同时，该时期的立法工作主要依靠的还是单行法令对环境、资源、国土进行的保护和利用。如 1872 年 3 月 1 日签署的《设立黄石国家公园法案》等国家公园立法；1831 年《森林保护法》、1897 年《森林管理法》、1905 年《保护公共森林保留地和国家公园法》等国家森林保护区立法；1900 年《雷斯法案》、1905 年《保护维奇托森林保留地野生动物和鸟类法》等野生动物保护立法。而进入奠基时期，立法内容上既涉及自然资源的继续保护，也将污染防治列入立法重点。在资源以及环境的保护、修复方面，联邦政府的立法成果主要有 1934 年《泰勒放牧法》、1960 年《多重利用——持续产出法》、1964 年《荒野法》、1966 年《动物福利法》、1968 年《天然与景观河流法》等；而在环境污染领域，联邦政府颁布的法律主要有 1946 年《原子能法》、1948 年《水污染控制法》、1955 年《空气污染控制法》、1965 年《固体废物处置法》等。在进入立法成熟时期后，逐渐形成了以环境综合管理为主导的较为完备的环境资源立法体系，实施手段与体系的构建日渐完善，同时成功推行了新联邦主义，使得联邦政府在立法层面的权力得到了扩大，进而为后续各法令中的强制性规定的制定奠定了基础。在污染防治领域，联邦政府的主要立法成果有《清洁空气法》《清洁水法》《噪声控制法》《安全饮用水法》《资源保护与再生法》《有毒物质控制法》《超级基金法》《污染防治法》；在自然资源及环境保护领域，主要立法成果有《海岸带管理法》《濒危物种保护法》《森林和牧场可更新资源规划法》《联邦土地政策和管理法》《鱼类与野生动物协调法》《露天采矿控制和回填复原法》等。在这一时期逐渐发展起来的配套标准的制定，也是完善其立法体系不可或缺的部分，主要涉及空气污染防治、水污染防治、有毒物质控制、土地利用这几个方面[141]，包括国家环境空气质量标准（NAAQS）、国家有害空气污染物排放标准（NESHAP）、新污染源排放标准（NSPS）、明显环境退化的预防（PSD）、国家污染排放消除制度（NPDES）、超 BAT 排放限制、新物质的制造前通知（PMN）计划、《应急计划和社区知情权法案》（EPCRA）等。

（3）立法形式

在立法形式上，由于美国属于普通法系国家，因此其环境资源立法体系一直以来采取的都是以国会环境单行法立法为主，辅以法院相关的案例、行政主管机关大

[141] 肖剑鸣 . 比较环境法专论 . 北京：中国环境科学出版社，2004：162-177.

量的规则和命令组成的立法体系。其环境基本法——《国家环境政策法》采取的是政策法形态，条文政策性明显，主要侧重原则性规定，较为抽象，宣示性作用突出，缺乏强制性高的具体条文，一般没有法律责任条款。而具体的强制性条文和法律责任条款主要存在于专门规制某一领域行为的单行法当中。

2. 日本

日本环境资源立法体系的研究价值在于其较为独特的立法体例与惯例以及多中心框架的环境治理体系。从立法的阶段性来看，日本的环境资源立法主要分为三个阶段：以救济为主的针对性立法时期（1967 年之前）、以健全体系为主的综合治理立法时期（1967 年—20 世纪 80 年代中期）、以环境管理为指导理念的循环经济立法时期（20 世纪 80 年代中期至今）。立法发展的过程中体现出的特点是：立法研究起步晚，早期应急性立法的特征明显；深受早期民众运动的影响，经过了从地方性立法主导到国家立法主导的过程；后期为追求国际地位的提升，在全球环境保护领域有着十分积极的表现。

（1）立法的阶段性

一是以救济为主的针对性立法时期（1967 年之前）。在针对性立法时期，经济的高速增长仍然是政府工作的主要目标。尽管日本在立法方面已有《公害对策基本法》，但该法中的协调条款导致其效力被削弱，加上针对特定区域或特定污染的立法在实施范围上的限制，这一时期的立法作用非常微弱，导致环境问题愈演愈烈，公众抗议活动频繁。

二是以健全体系为主的综合治理立法时期（1967 年—20 世纪 80 年代中期）。进入综合治理时期，为切实解决环境问题，尤其是污染问题，日本国会相继修订了一大批环境与资源相关的法规，更是推出了综合控制污染物排放总量、环境影响评价制度等一系列措施以解决日益严重的工业与化学污染问题。经济合作与发展组织（OECD）于 1977 年公布了一份有关日本环境政策的调查报告，承认日本在消除污染方面的政策是成功的[142]。

三是以环境管理为指导理念的循环经济立法时期（20 世纪 80 年代中期至今）。进入循环经济立法时期，在国内立法方面，日本将重心逐渐转向城市生活类型的污染，并通过将环境保护纳入社会经济活动，逐渐构建循环经济立法模式；在国际问题上，由于气候变化、臭氧层破坏等全球性问题逐渐凸显，日本开始寻求在国际环保领域发挥一定作用，在全球环境保护方面开展了许多工作，也十分重视制定同国际环境条约相配套的法律。

[142] 肖剑茗，欧阳光明等 . 比较环境法专论 . 北京：中国环境科学出版社，2004：125.

（2）立法内容与立法渊源

20 世纪 70 年代以前，日本的环境立法基础薄弱，主要集中在污染控制领域，减少环境中污染物的浓度。除地方公共团体进行相关条例的制定工作外，国家层面的环境立法仅有《公共用水区域水质保护法》《工厂排放水废水控制法》《煤烟控制法》《工业用水法》《限制建筑用地下水采取法》《防止公害企业集团法》等几部法律，环境保护的立法保障缺失问题十分突出。以 1967 年的《公害对策基本法》为标志，日本的环境资源立法开始进入以健全体系为目标的综合治理时期，这一阶段有较多的立法成果，非常著名的就有 1970 年所制定和修订的 14 部环境法规。这一时期主要立法成果有《公害对策基本法》《公害犯罪处罚法》《废弃物处理法》《海洋污染防止法》《水质污浊防止法》《农业用地土壤污染防治法》《公害防止企业费用企业者负担法》的颁布，以及《道路交通法》《农药管理法》《噪音规制法》《大气污染防治法》《自然公园法》《毒物烈性药管制法》等的修订，还有《公害健康被害补偿法》（后于 1987 年修订）。这一时期颁布的法律与 1971 年起制定的管理规章共同形成了一个较为完善的污染防治体系。进入循环经济立法时期，在近 20 年的施行时间中，环境污染防治法律与现实环境问题之间产生了差距，因此日本进行了新的法律体系建设，主要的立法成果是：1993 年制定的新环境政策基本法——《环境基本法》（以替代之前被废除的《公害对策基本法》），以及为构建循环经济立法体系而制定的《循环型社会形成推进基本法》《关于建筑工程用资材的再利用法》《促进食品循环资源的再生利用法》《国家关于推进采购环境物品法》《关于废弃汽车的再资源化法》。此外，同年还有对《关于废弃物的处理及清扫法》《关于促进有效地利用资源法》等法律的修订。

（3）立法形式

在立法形式上，日本主要以国会立法为主，实行的是以基本政策法为主导的单行法协同式立法，同时地方性团体所制定的相关条例也非常完善。其基本政策法《环境基本法》属于基本框架法，主要规定了法律制度体系以及各领域的基本义务等，但并没有较为具体的实施细则。

3. 欧盟

欧盟环境资源立法体系的独特性在于作为欧洲区域跨国家的经济、政治共同体，其立法体系的研究价值在于跨区域合作的推动、综合污染防治制度的建立、风险预防与损害预防原则的适用等。在立法阶段上，欧盟的环境立法与其相应政策相吻合，而由于欧盟在立法方面的独特性，其立法属于区域性国际法，因而在梳理时也会结合相关政策的制定情况。欧盟的立法发展主要经历了 5 个阶段：立法酝酿时期（1958—1972 年）；法律框架形成时期（1972—1987 年）；立法一体化初始时期（1987—1992年）；立法一体化推进时期（1992—2000年）；全面发展时期（2000年至今）。在立法的发展历程中，欧盟环境资源立法从各成员国自行规制到共同体法律行动、从控制污染为主到保护生态环境、从事后治理到事先预防、从国家到区域的整体性行动的过程，环境法已经成为欧盟立法体系的重要组成部分[143]。

（1）立法的阶段性

其一，立法酝酿时期（1958—1972年）。在立法酝酿时期，欧盟层面并未将环境保护作为政策决策的优先事项，也没有进行强制而统一的立法或立法要求，而在政策制定上仍然是以实现共同市场为出发点，但这些政策指令也在一定程度上对改善环境起到了作用。

其二，法律框架形成时期（1972—1987年）。进入法律框架形成时期，以巴黎峰会为标志，欧盟开始在内部形成共同的环境保护政策框架，但这一时期的政策仍然缺乏专门的环境权限条约作为其法律基础，大部分依据的是已有共同体条约中的"共同宗旨"性兜底条款。

其三，立法一体化初始时期（1987—1992年）。进入立法一体化初始时期，《单一欧洲法》的颁布，将《欧洲经济共同体条约》正式确立为欧盟环境资源立法的渊源，成为欧盟环境立法中非常重要的一个阶段。同时，在这一时期颁布的新环保行动规划也反映了一些新出现的环境政策与立法的观念，例如污染综合控制以及环境影响评价等方面的发展与突破等。在这一时期，欧盟循环经济立法的雏形已经出现。

其四，立法一体化推进时期（1992—2000年）。进入立法一体化推进时期，欧盟环境资源立法的一体化不断加强，"共同责任"的概念对欧盟各国的相关标准提出了更严格的要求，同时还有环境政策与立法中可持续发展思想的进一步确立。

其五，全面发展时期（2000年至今）。进入全面发展时期，欧盟层面对环境立法的精细化以及体系的"协调化"有了更高、更广的要求，对环境保护的各方面继续提出改善要求，同时强调各领域环境保护意识的提升，继续推动可持续发展。

（2）立法内容与立法渊源

欧盟在立法内容与立法渊源方面，立法酝酿时期并无较为正式的法律层面的立法，仅有一些相关指令产生了一定的环境保护效果，如1967年《有关危险制品的分类、包装盒标签的67/548指令》、1970年《有关机动车允许噪声声级和排气系统的70/157指令》等。

[143] 蔡守秋．欧盟环境法发展的历程与趋势．中国欧洲学会欧洲法律研究会．中国欧洲学会欧洲法律研究会2008年年会论文集．中国欧洲学会欧洲法律研究会，2008：12.

进入法律框架形成时期，非常重要的是1973年的欧共体第一个环境行动计划、1977年的欧共体第二个环境行动计划以及1983年的欧共体第三个环境行动计划的实行。环境行动计划以递进的模式大大促进了欧盟层面法律框架的形成。随着这3个环境规划的工作推进，一些针对重要环境问题的政策指令也得以出台，例如1976年《关于共同体的水环境因某些危险物质排放而造成的污染的指令》、1978年《关于有毒和危险废物的78/319指令》、1982年《关于某些工厂的重大事故危害的82/501指令》、1984年《关于工厂源空气污染防治的84/360指令》。

进入立法一体化初始时期，除了明确环境保护立法渊源的1987年的《单一欧洲法》，1987年通过的欧共体第四个环境行动计划也起到了非常重要的作用。在立法一体化推进时期，1992年的《欧洲联盟条约》加强了《单一欧洲法》中环境保护相关立法的规定，1992年的欧共体第五个环境行动计划的通过明确了可持续发展思想主导的政策与立法成为了主要方向。在全面发展阶段，在2002年的欧盟第六个环境行动计划的推动下，在大气污染（尤其是气候变化控制相关方面）控制、噪声污染控制、化学品污染控制、核安全与放射性废物管理、水保护与管理、动植物保护、废物管理与清洁技术、土壤污染防治以及环境责任方面都有许多指令出台。2012年欧盟第七个环境行动计划还在实施当中，其确定的9个优先课题直指低碳经济、气候变化控制及可持续性发展，但是尚未有比较重要的立法成果产生。

（3）立法形式

在立法形式上，欧盟环境立法属于区域国际法，因此在立法形式上是以共同签订的条约为基础，规定欧盟层面的具体立法权限以及各成员国的相应义务，从而形成相应指令构成体系。而其中，环境行动计划中的法律效力强制性已大大增强，统领某一时期的相关立法工作，拥有非常重要的法律地位，是欧盟环境资源立法中的重要组成部分。

（二）国外环境资源立法分析评价

国外环境资源立法的实践有着较为丰富的类型化特征，不同国家及区域的发展历程与体系架构所体现出的一些特点值得进行分析。

1. 立法层面对现实问题的快速反应

在日本的环境资源立法过程中，早期由于对经济增长的盲目追求而导致对环境问题现状的忽视，直到环境污染问题严重恶化，数起影响恶劣的污染事件爆发以及民众的频繁抗议，日本国家层面才开始针对现状开展相关立法工作。这一教训使得日本在后期面对环境治理现实需求的变化时，以较快的速度采取以可持续发展思想为指导、向循环经济立法转变的立法工作方向，进而使得日本以环境立法缺失、环境污染公害频发的现状为起点，迅速成长为在环境资源立法实践领域具有先进性与代表性的国家。这一立法意识也在许多国家的立法实践中受到重视，例如美国针对田纳西河流域治理所颁布的一系列法令以及相应政策的制定，以及欧盟针对污染治理存在的困境而制定的综合污染防治制度，都体现出立法层面所应当具备的对现实问题的高度敏感性和快速反应能力。

2. 注意法律政策制度体系建构的合理性与完整性

无论在哪一个国家，环境资源立法体系的制度建设过程都是极受重视的，而不同的国家及区域对于这一问题所采取的解决方法也有所不同，但总的来说都必须强调制度建构的合理性与完整性。合理性主要指结合社会经济发展水平、现有制度、立法体系、执法能力，综合判断制度内容的设计。完整性则主要体现在完善制度的具体实施细节方面，进行立法精细化工作，目的是保证制度的顺畅运行。因此，无论是美国国家所颁布的各类标准、日本深入每一领域与行业的细致立法模式，还是欧盟在行动计划推动下颁布的无数指令，都是基于已有的法律宏观体系以及现实的基础条件下，进一步完善制度框架所进行的工作。

3. 及时吸纳相关理论与实践成果

无论是美国、日本还是欧盟，在其立法发展过程中都非常注重对新理论及实践成果的吸纳，因此不仅在制度设计上有较高的合理性，更是许多制度的创立者。如可持续发展理论的融入，还有对经济学、自然科学等领域研究成果的运用，污染综合治理制度、环境影响评价制度、生态价值核算与生态损害补偿制度、循环经济立法等的创立、完善以及传播都体现出在制度设计过程中纳百家之长的重要性。

4. 选择符合实际条件的立法形式

虽然在此进行分析的国家及区域中并没有采取以法典为立法形式的立法体系，但这不代表单行立法协同式的立法模式是最佳的解决途径，只是因为这几个国家及区域由于立法管理与立法基础的特性，只有采取这样的立法形式，才能更有效地进行立法体系建设。如许多欧盟成员国正是选择法典作为本国的立法形式，只是由于法典化对立法技术水平与理论研究基础的要求较高，目前成功进行环境资源法法典化的国家屈指可数，大部分国家在这方面的工作及研究仍在进行阶段，条件也尚不成熟。但从目前各国的实践情况来看，立法形式的适合与否，也是决定法律制度构建水平与具体运行效果的重要因素，从美国、日本以及欧盟的立法实践来看，立法形式的合理性直接影响制度构建的合理性，同时决定了制度细节完善的难易程度以及完善水平，因此必须结合多方因素进行立法形式的选择。

四、国内生态文明建设立法梳理及分析评价

对国内环境资源立法的发展进行梳理，结合目前生态文明建设基本指导思想、重点领域与方向进行分析，总结经验教训，对后续生态文明试验区立法理论发展与实践具有非常重要的意义，为进一步的生态文明建设立法提供方向与指引。

（一）域内环境资源立法梳理

我国生态文明立法历程同样也有着非常鲜明的时代特点，在立法阶段上，我国生态文明立法的主要阶段有：立法孕育时期（中华人民共和国成立至20世纪70年代）；立法初步探索时期（20世纪70—90年代）；立法发展时期（20世纪90年代至21世纪初）；生态文明建设立法时期（21世纪初至今）。

1. 立法的阶段性

其一，立法孕育时期（中华人民共和国成立至20世纪70年代）。立法孕育时期，对自然环境及资源的保护主要出现在相关文件和行政规定中，尚未进行立法。那个时期，“重行政手段、轻法律手段”，限制了环境法制建设的产生与开展，一定程度上造成环境污染及生态破坏的日益严重。

其二，立法初步探索时期（20世纪70—90年代）。进入立法初步探索时期，立法工作的一个重要特征是“由上至下”式的立法。由此带来的影响是，经济发展水平有限导致的环境问题尚不突出，加之缺乏单行法的立法实践基础，产生了早期环境立法与实际存在一定脱节的情况，进而影响了立法实施的效果。

其三，立法发展时期（20世纪90年代至21世纪初）。进入立法发展与体系初步形成的时期，立法工作以可持续发展为主要指导思想和发展方向，这体现了我国当时明确的理念导向，1994年《中国21世纪议程》的制定和发布正是对此发展趋势的集中表述。

其四，生态文明建设立法时期（21世纪初至今）。到了生态文明建设立法时期，立法工作从环境法制建设迈入生态文明法制建设，不仅在对生态文明建设的推进、循环经济立法的探索、立法决策科学性的要求上有着长足的进步与发展，更为全球生态保护工作贡献出可观的力量。

2. 立法内容与立法渊源

在立法孕育时期，我国基于社会主义国家的自然资源归属国家及集体所有的产权制度，制定了一系列文件和单行规定。1957年《关于注意处理工矿企业排出有毒废水、废气问题的通知》、1957年《中华人民共和国水土保持暂行纲要》、1963年《森林保护条例》、1964年《城市工业废水、生活污水管理暂行规定（草案）》、

1964 年《放射性同位素工作卫生防护管理办法（试行）》等。

1972 年，我国派代表参加瑞典斯德哥尔摩召开的人类环境会议是我国立法初步探索时期的重要事件。此次会议上所传达的生态保护思想以及对国家相应立法保障的要求，直接促成了我国环境法制建设工作的起步，其标志是国务院于 1973 年召开的第一次全国环境保护会议及在会上通过的《关于保护和改善环境的若干规定（试行草案）》。该规定作为我国第一个综合性的环境保护行政法规，确立了国家层面在环境保护领域的方针政策，对后续立法及制度建设工作产生了深远的影响。同时，在立法层面，1978 年召开的十一届三中全会通过的宪法修正案，在我国根本法层面将环境保护工作列为国家基本职责，确定了环境保护工作的重要地位，成为我国生态文明法律制度体系的根本性法律依据及立法渊源。同时，1979 年《中华人民共和国环境保护法（试行）》作为我国环境立法的基本政策法得以通过和实施，自此我国的环境立法工作正式迈入起步阶段。立法初步探索时期的主要立法成果有：在污染防治领域有 1982 年的《中华人民共和国海洋环境保护法》(以下简称海洋环境保护法)、1984 年的《中华人民共和国水污染防治法》(以下简称《水污染防治法》)、1987 年的《中华人民共和国大气污染防治法》(以下简称《大气污染防治法》）的制定；在自然资源保护领域有 1984 年的《中华人民共和国森林法》（以下简称《森林法》)、1985 年的《中华人民共和国草原法》(以下简称《草原法》)、1986 年的《中华人民共和国渔业法》、1986 年的《中华人民共和国矿产资源法》(以下简称《矿产资源法》)、1986 年的《中华人民共和国土地管理法》(以下简称《土地管理法》)、1988 年的《中华人民共和国水法》(以下简称《水法》)、1988 年的《中华人民共和国野生动物保护法》(以下简称《野生动物保护法》）的制定。修改完善后的《中华人民共和国环境保护法》(以下简称《环境保护法》）于 1989 年正式实施，10 年间，我国初步形成了以《环境保护法》为统领的，包括上述 10 部专门性环境资源保护法规的环境法律体系，同时在《中华人民共和国民法》《中华人民共和国行政法》等传统部门法的修订中，也一定程度上增加了与环境保护相关的规定。

1992 年联合国环境与发展大会的召开，推动我国进入了生态立法发展时期。联合国环境与发展大会提出的可持续发展思想成为世界生态环境立法的主要发展方向，也深刻影响了我国战略政策的制定。同时，我国经过十几年改革开放带来的经济高速发展，生态问题也随之不断凸显，亟须在发展与保护生态之间寻求平衡。在这两方面主要因素的推动下，我国的环境立法工作也进入了高速推进时期，以可持续发展为导向，诞生了大量的立法成果与配套法规制度，初步建立了我国较为完整的环境法制体系。这一时期的立法成果主要有：1995 年的《中华人民共和国固体废物污染环境防治法》(以下简称《固体废物污染环境防治法》)、1996年的《中华人民共和国环境噪声污染防治法》(以下简称《环境噪声污染防治法》)、1991年的《中华人民共和国水土保持法》(以下简称《水土保持法》)、1996年的《中华人民共和国煤炭法》(以下简称《煤炭法》)、1997年的《中华人民共和国节约能源法》(以下简称《节约能源法》)、2001年的《中华人民共和国海域使用管理法》(以下简称《海域使用管理法》)、2001年的《中华人民共和国防沙治沙法》(以下简称《防沙治沙法》)、2002年的《中华人民共和国清洁生产法》(以下简称《清洁生产法》)、2002年的《中华人民共和国环境影响评价法》(以下简称《环境影响评价法》)、2003年的《中华人民共和国放射性污染防治法》(以下简称《放射性污染防治法》)、2005年的《中华人民共和国可再生能源法》(以下简称《可再生能源法》)等的制定与颁布，以及1995年及2000年的《中华人民共和国大气污染防治法》(以下简称《大气污染防治法》)、1996年的《中华人民共和国水污染防治法》(以下简称《水污染防治法》)、1999年的《中华人民共和国海洋环境保护法》(以下简称《海洋环境保护法》)、1996年的《中华人民共和国矿产资源法》(以下简称《矿产资源法》)、1998年的《中华人民共和国森林法》(以下简称《森林法》)、1998年的《中华人民共和国土地管理法》(以下简称《土地管理法》)、2000年的《中华人民共和国渔业法》(以下简称《渔业法》)、2002年的《中华人民共和国草原法》(以下简称《草原法》)、2002年的《中华人民共和国水法》(以下简称《水法》)等的修订。同时，在1997年对《中华人民共和国刑法》(以下简称《刑法》)的修订工作中，增设了“破坏环境保护罪”和“环境保护监督管理失职罪”的规定。

生态文明建设立法时期。2007年党的十七大、2012年党的十八大与2017年党的十九大报告中对生态文明建设的提出、推进和要求的不断提高，环境立法工作在21世纪初正式进入了生态文明建设立法阶段。这一阶段的立法工作推进有着非常鲜明的时代特征，在生态文明建设的要求下，“生态化”要求不仅局限于环境与资源保护立法，更是拓展到了各部门法领域，对现有的社会主义立法体系的生态文明建设保障能力有了整体上的要求。同时，对立法决策的科学性也有了非常大的提升，开始对循环经济立法进行探索。生态文明建设立法时期的立法成果有：2005年的《中华人民共和国可再生能源法》(以下简称《可再生能源法》)、2007年的《中华人民共和国节约能源法》(以下简称《节约能源法》)、2007年的《中华人民共和国城乡规划法》(以下简称《城乡规划法》)、2008年的《中华人民共和国循环经济促进法》(以下简称《循环经济促进法》)、2017年的《中华人民共和国环境保护税法》(以下简称《环境保护税法》)、2017年的《中华人民共和国标准化法》(以下简称《标准化法》)的制定，以及2005年的《中华人民共和国固体废物污染环境防治法》(以下简称《固体废物污染环境防治法》)、2014年的《中华人民共和国环境保护法》(以下简称《环境保护法》)、2015年的《中华人民共和国大气污染防治法》(以下简称《大气污染防治法》)、2016年的《中华人民共和国环境影响评价法》(以下简称《环境影响评价法》)、2016年的《中华人民共和国节约能源法》(以下简称《节约能源法》)、2016年的《中华人民共和国水法》(以下简称《水法》)、2018年的《中华人民共和国水污染防治法》(以下简称《水污染防治法》)、2018年的《中华人民共和国海洋环境保护法》(以下简称《海洋环境保护法》)的修订，以及2011年的《中华人民共和国行政强制法》(以下简称《行政强制法》)相关部分的修改，以及2017年的《中华人民共和国民法总则》(以下简称《民法总则》)中的生态文明条款。基于2001年中国加入世贸组织后产生的全球环境保护合作的要求，我国在全球环境保护领域更是作出了突出贡献，在环境资源相关的国际条约、双边合作协议或谅解备忘录等方面产生了大量的成果，更是提出了"人类共同体"的概念，在国际环境保护合作中力求承担大国责任。

3. 立法形式

在立法形式上，我国仍处于类似单行法协同配合式的立法形式，但同时也向着生态法典化的路径进行着积极的探索。

(二)生态文明试验区立法梳理

我国生态文明试验区的设立，是遵循2015年9月中共中央、国务院联合印发的《生态文明体制改革总体方案》中提出的"坚持鼓励试点先行和整体协调推进相结合"的要求，将此前各部门自行开展的综合性生态文明试点统一为国家试点试验，规范各类试点示范并进行综合体制层面探索的重要工作，进而从制度上保障了生态文明体制改革科学有序、顺利高效地推进。因此，生态文明试验区的设立是现阶段我国生态文明体制改革过程中非常重要的环节。而立法工作作为试点过程中的重点内容，其基础是自提出生态文明建设起，国家及省市层面已经开展的生态文明立法实践。除了国家层面相关的生态文明立法实践以外，基于我国幅员辽阔、各地区自然环境与社会经济发展水平多样化的特性，在生态文明领域以完善具体适用性为目的的地方性立法也呈现出非常活跃的态势，例如作为国家首批生态文明试验区的福建省、贵州省以及江西省，各自出台的相关立法中仅地方政府规章层级以上的就达几十件之多。同时，以"生态文明建设"或"生态文明促进"为标题的生态文明建设基本法，体现了地方综合性生态文明立法思路。相关地方立法有：2018年的

《福建省生态文明建设促进条例》、2014 年的《贵州省生态文明建设促进条例》（2018 年修正）、2013 年的《贵阳市建设生态文明城市条例》、2014 年的《珠海经济特区生态文明建设促进条例》、2014 年的《厦门经济特区生态文明建设条例》、2015 年的《青海省生态文明建设促进条例》、2016 年的《杭州市生态文明建设促进条例》、2016 年的《湖州市生态文明先行示范区建设条例》、2018 年的《十堰市生态文明建设条例》。在生态文明试验区的具体立法探索方面，随着福建省、贵州省、江西省 3 个首批国家生态文明试验区实施方案的全部获批，标志着我国生态文明试验区建设已经完成了起步工作，进入全面铺开和加速推进阶段。[144] 在这一阶段，3 个试验区在立法实践上都进行了积极的探索，结合国家对各个试验区不同的定位，针对各个方面的生态文明建设工作，于各个立法层级都出台了具有重要意义的法律规范。在总体的立法内容及立法渊源方面，生态文明试验区立法除了国家层面现有生态文明立法成果以外，还包括国家相关政策方针，以及各试验区内所制定的地方性法规和地方政府规章等，而其中最主要的是中共中央及国务院于 2016 年 8 月批准下发的《国家生态文明试验区（福建）实施方案》、2017 年 9 月批准下发的《国家生态文明试验区（贵州）实施方案》《国家生态文明试验区（江西）实施方案》，以及已经出台的《福建省生态文明建设促进条例》《贵州省生态文明建设促进条例》。同时，依据 2018 年 4 月《中共中央 国务院关于支持海南全面深化改革开放的指导意见》，海南省也将设立国家生态文明试验区以进行新一轮的体制改革探索，届时将会有更多相关试点领域的立法实践成果出现。

（三）域内生态文明建设立法分析评价

我国作为一个发展中国家，在经济发展持续推进的过程中，紧跟世界立法潮流，及时开展了生态环境资源方面的立法工作及相应法学学科的建设，经过近 40 多年的发展，我国的生态文明建设立法对控制环境污染和生态破坏、合理开发利用资源起到了非常积极的作用，为更好地推进本阶段立法实践工作的开展与立法理论研究，需要对这一发展历程进行分析与评价。总体而言，我国的生态文明建设立法历程是一个不断总结经验教训，进而探索出高度适应我国实际需求、具有我国鲜明特色的立法体系的过程。

1. 与实际要求相吻合的立法理念

在我国生态文明建设立法的发展过程中，立法理念的作用尤为重要，这体现在两个层面。

[144] 顾阳 . 我国生态文明试验区建设进入加速推进阶段 . 经济日报，2017-10-03（001）.

一是具体内涵层面。在具体内涵层面，我国立法发展阶段正是根据立法理念的发展而变化的，从经济发展为主，到环保意识的觉醒，再到可持续发展以及生态文明建设，每一阶段的立法理念都与现实要求紧密结合。二是决策推进层面。在决策推进层面，"试点"模式的运用极大地促进了我国立法的科学性及稳定性。"试点"模式在我国政策制定与立法工作中一直起着非常重要的作用。20世纪70年代末，环境立法工作的初步探索阶段，第一步正是出台了《中华人民共和国环境保护法（试行）》，并依据试行情况对条文进行相应修改完善，最后颁布正式的《中华人民共和国环境保护法》。而这也正是设立相应试验区对于立法工作的意义所在，以试验区的形式进行立法实践探索，充分满足了国家层面立法的创新性、实效性与稳定性的高质量立法要求。立法理念在这两个层面上与实际要求的高度吻合，正是我国生态文明建设立法快速发展的决定性因素。

2. 与现实条件相协调的立法形式

目前，我国生态文明建设立法实行的是以环境基本法为统领的单行法协同配合式立法形式。这一立法模式是依据我国当代的立法惯例所产生的，因而与我国既有的法律体系整体架构相协调，具有内在统一、多层次以及动态、开放、发展的特征。基于生态文明建设的推进对未来立法所提出的整体性、系统性要求，加上我国目前环境立法体系中单行法数量繁多、体系化协调运行困难的现状，以及在法律储备、理论研究、社会经济发展等各方面条件的趋于成熟，我国学术界也在积极推动着环境资源法典化的工作。因此，无论是静态上立法形式的现有状态，还是动态上立法形式的发展趋势，都体现出与现实条件相协调的特征。

3. 与实际国情相适应的立法内容

我国幅员辽阔，社会经济发展水平的区域差距较大，自然人文条件丰富多样，因而对于立法内容中原则、制度以及责任的具体设计上，有着较为复杂的要求。为此，我国的生态文明建设立法在内容设计上体现出较为鲜明的共同特征。生态文明建设立法的共同特征体现在国家层面立法中具有强制性的立法内容，例如原则、制度的共性部分以及法律责任体系的设计，这些内容决定了我国生态文明法律制度体系的基本框架内涵，也直接决定了我国生态文明法律体系的建设水平。生态文明建设立法在国家层面立法中对于一些制度的执行上设置了可选的拔高要求，以及在法律责任的具体承担方式设计上，将种类与幅度的设置权限部分下放。在生态文明试验区的设立上充分体现了这一特征，3个试验区虽然都是进行整体性、系统性的生态文明体制改革试点，存在许多共性制度，但每个试验区依其特征，在制度与领域上有着不同的侧重，这既是出于对当地实际的充分考量，更便于试验区的成熟经验在全国不同地区的全面铺开。

小结

综上所述，回溯环境资源立法的发展史，是一个内容不断丰富、体系不断完善，逻辑不断严密的演化过程。习近平总书记从国家战略层面、人与自然和谐共生的生态整体观高度对环境资源立法进行高度抽象与统合，形成了体系完备、逻辑严密的生态文明思想。在生态文明思想的引领下，环境资源立法的不断完善、蜕变和进化为生态文明建设立法夯实了法治基础，生态文明思想则为环境资源立法提供了思想引领。随着经济建设、政治建设、文化建设、社会建设、生态文明建设“五位一体”指导思想的不断深入与发展，生态文明思想指引下人与自然和谐共生理念不断融入环境资源立法，孕育并滋养了环境资源立法的“生态”底色，使之成为生态文明建设立法的根源与基础，生态文明试验区立法是生态文明建设立法的核心与具体实践，其建设与发展需立足于环境资源立法，在继承与发展中不断革新，内容不断丰厚。

第二章　生态文明试验区立法概述

一、立法基础

（一）宪法依据

宪法是我国的根本大法，是所有法律基本原则的指南。生态文明试验区的建设，是在基本法的指导下，探索体制机制创新和制度建设的实践，建立生态文明法律制度体系，走上现代化法治之路。

《中华人民共和国宪法》(以下简称《宪法》)第26条第1款明确规定“国家保护和改善生活环境和生态环境，防止污染和其他公共危害”。2018年3月，《宪法》修正案审议通过，将《宪法》序言部分第7段的表述修改为：“促进物质文明、政治文明、精神文明、社会文明和生态文明的协调发展，把中国建设成为一个强大、民主、文明、和谐、美丽的社会主义现代化大国，实现中华民族伟大复兴”。《宪法》强调要坚持绿色发展，把生态文明建设纳入经济建设、政治建设、文化建设和社会建设。加大生态环境保护力度，促进生态文明全面进步，取得重大突破。

将“生态文明”“美丽”等新表述写入《宪法》，体现了当下对人与自然和谐共生、倡导绿色发展的追求，同时，它也反映了中国转变“先污染后治理”经济发展模式的决心和勇气，为中国生态文明试验区的建设提供了根本保障。建立统一规范的国家生态文明试验区，体现了国家的总体要求，实现生态环境管理部门治理体系和治理能力现代化的突破。

（二）地方立法固有权限

从理论上分析，生态文明试验区立法来源有二：一是作为地方立法机关基于《宪法》和《中华人民共和国立法法》(以下简称《立法法》)，依职权本身就享有的立法权限；二是基于特定授权，就本应由全国统一立法的事项，进行创新性立法；或基于特定授权，对某些事项有权做出与统一立法不同的规定。

1. 省级地方立法固有权限的分析

关于省级地方立法权限，有正反两方面规定，三个要求。这三个要求是不抵触上位法、满足三种立法需求情况和排除11项专属立法权限。

从正面规定来看，对省级地方立法权提出最低要求——不违背宪法、法律、行政法规，概括为不抵触上位法原则。《宪法》第100条和《立法法》第72条第1款同时规定："省、自治区、直辖市的人民代表大会及其常务委员会根据本行政区域的具体情况和实际需要，在不同宪法、法律、行政法规相抵触的前提下，可以制定地方性法规。"《立法法》明确了根据本行政区域的具体情况和实际需要，可以行使地方立法权的情况。即"省级和设区的市人大及其常委会，可以在下列三种情况下制定地方性法规：一是在有上位法的情况下，根据本地实际情况和需要制定实施性的规定；二是根据需要对本地区的地方性事务进行立法；三是对全国人大及其常委会专属立法权之外的事项，国家没有制定法律或者行政法规的，根据本地区实际需要可以先行立法"。在此概括为三种立法需求情况。

从反面排除权限来看，地方立法权被排除了11项专属立法权限。根据修改后的《立法法》，这11类只能由全国人大及其常委会享有立法权限的事项为国家主权的事项；各级人民代表大会、人民政府、人民法院和人民检察院的产生、组织和职权；民族区域自治制度、特别行政区制度、基层群众自治制度；犯罪和刑罚；对公民政治权利的剥夺，限制人身自由的强制措施和处罚；税种的设立、税率的确定和税收征收管理等税收基本制度；对非国有财产的征收、征用；民事基本制度；基本经济制度以及财政、海关、金融和外贸的基本制度；诉讼和仲裁制度；必须由全国人大及其常委会制定法律的其他事项。

综上所述，省级地方立法机关是需要同时满足三个要求，即不抵触上位法、满足三种立法需求情况和排除11项专属立法权，才可以依职权立法。

2. 设区的市级立法权限

设区的市级立法权限，在符合省级地方立法机关立法权限设置的同时，需要满足更多的限制性要求。

限制性要求之一，限制了立法事项，范围缩小。《立法法》第72条第1款和《中华人民共和国地方组织法》(以下简称《地方组织法》)同时规定："设区的市的人民代表大会及其常务委员会根据本市的具体情况和实际需要，在不同宪法、法律、行政法规和本省、自治区的地方性法规相抵触的前提下，可以对城乡建设与管理、环境保护、历史文化保护等方面的事项制定地方性法规，法律对设区的市制定地方性法规的事项另有规定的，从其规定。"

限制性要求之二，增加了立法程序和流程，需要向上级人大常委会报批。《地方组织法》规定："在不同上位法相抵触的前提下，较大的市级人大及其常委会可以制定地方性法规，报省级人大常委会批准后施行。"

（三）特别授权

1. 授权的可能性

在中共中央办公厅 国务院办公厅印发《关于设立统一规范的国家生态文明试验区的意见》中提到："试验区重大改革措施突破现有法律、行政法规、国务院文件和国务院批准的部门规章规定的，要按程序报批，取得授权后施行。"[145]这段话在福建、江西和贵州三省的实施方案中均重复了一遍。据此，福建省在《国家生态文明试验区（福建）建设法治保障工作方案》中明确规定，"二、根据需要申请暂停实施部分法律、行政法规。省直相关部门、各设区市人民政府根据生态文明试验区建设推进过程中的实际需要，研究提出需要在我省暂停实施的法律、行政法规、国务院文件和国务院批准的部门规章，按法定程序报批，取得授权后施行。"

值得关注的是，自2013年出台的生态文明试验区相关的行政法规、部门规章以及其他中央规范性文件共计30余份14万字，仅有8处提到"授权"一词，其中三处均是重复政策精神的概述。在中共中央办公厅　国务院办公厅印发《国家生态文明试验区实施方案》只是提出"需要法律授权的按法定程序办理"。[146]生态文明试验区的授权立法的内容，从中央到地方的认知均不是十分明确，然而这又是极其重要的基础性工作。国家政策的支持明确了福建、江西和贵州三省作为先行先试的生态文明试验区，就是为三省提供机会和空间，让三省在允许变通的情况下进行探索试点，突破以往，创建生态文明建设的新制度和新方向。生态文明试验区的建设，难点在于突破，重点也在于突破，而授权立法就是为生态文明试验区制度突破提供先行立法保障的。

在《国家生态文明试验区（福建）建设法治保障工作方案》中，允许福建省政府及相关部门根据生态文明试验区建设推进过程中的实际需要，对现行法律进行暂停适用。这其实是一种变通。我国之前有经济特区为发展需要对现行法律进

[145]《中共中央办公厅　国务院办公厅关于设立统一规范的国家生态文明试验区的意见》(二）加强指导支持。"各有关部门要根据工作职责，加强对试验区各项改革试验工作的指导和支持，强化沟通协作，加大简政放权力度。涉及机构改革和职能调整的，中央编办要会同有关部门指导省级相关部门统筹部署推进……试验区重大改革措施突破现有法律、行政法规、国务院文件和国务院批准的部门规章规定的，要按程序报批，取得授权后施行。

[146]《中共中央办公厅　国务院办公厅关于设立统一规范的国家生态文明试验区实施方案》(五十三）积极开展试点试验。"充分发挥中央和地方两个积极性，鼓励各地区按照本方案的改革方向，从本地实际出发，以解决突出生态环境问题为重点，发挥主动性，积极探索和推动生态文明体制改革，其中需要法律授权的按法定程序办理。将各部门自行开展的综合性生态文明试点统一为国家试点试验，各部门要根据各自职责予以指导和推动。"

行暂停适用和变通，且最后获得成功的先例。[147] 由于生态文明试验区是全新的大胆尝试，各个层面均是探索，因此我们可以借鉴之前经济特区授权立法成功经验。

建设生态文明试验区，依据的是《立法法》第6条第1款和第13条的规定，全国人大及其常委会可以根据实际情况，在部分地方制定调整性、临时性的法律，进行适当的立、改、废，以适应经济社会发展和全面深化改革的要求。[148]

特别需要说明的是，2015年《立法法》修正案颁布实施之后，早期如经济特区授权立法的方式已由“一揽子”授权方式转变为专项授权或称为一事一授权，且受5年授权时间的限制。故福建、江西和贵州三省生态文明试验区的授权立法方式不能采用早期经济特区“一揽子”授权方式。必须采用“一事一授权”的形式具体进行，但具体的操作模式还未有可以借鉴的实践经验，还有待去创新和探究。

2. 授权的必要性

其一，授权立法的驱动力——生态文明试验区具有殊性

首先，生态文明试验区是在福建、江西和贵州三省设立的，在此基础上总结实施经验、创新实施模式，构建科学的实施制度。在加快推进生态文明建设是加快转变经济发展方式的时代大背景下，生态文明试验区又异于现存的经济特区以及自由贸易区，其兼具经济体制改革使命和生态环境体制探索创新使命的国家级试点，授权立法是生态文明试验区健康发展的法制保障。

其次，无论是《关于加快推进生态文明建设的意见》《生态文明体制改革总体方案》还是中共中央办公厅 国务院办公厅印发《关于设立统一规范的国家生态文明试验区的意见》均确定了生态文明试验区先行先试的功能，而先行先试作用的有效发挥除了政策的支撑外，更需要法律的保障。

目前，生态文明试验区建设主要由中央、省的政策支持，法律制度相对欠缺，而随着生态文明试验区建设的不断展开，迫切需要法律制度的保驾护航，迫切要求地方立法主体不再拘泥于僵化的职责权限，而应该有所突破和创新，出路就是得到中央的授权立法 。

---

[147]《立法法》第74条：经济特区所在地的省、市的人民代表大会及其常务委员会根据全国人民代表大会的授权决定，制定法规，在经济特区范围内实施；第90条第2款：经济特区法规根据授权对法律、行政法规、地方性法规做变通规定的，在本经济特区适用经济特区法规的规定。

[148]《立法法》第6条第1款：立法应当从实际出发，适应经济社会发展和全面深化改革的要求，科学合理地规定公民、法人和其他组织的权利与义务、国家机关的权力与责任；第13条：全国人民代表大会及其常务委员会可以根据改革发展的需要，决定就行政管理等领域的特定事项授权在一定期限内在部分地方暂时调整或者暂时停止适用法律的部分规定。

其二，授权立法的需求性——地方职权立法具有固有局限性

地方性法规是在遵守宪法、法律、行政法规的情况下结合本行政区域的特点将其加以落实，但生态文明试验区具有的经济性与政治性，导致地方立法权无法满足其开发建设中法律需求。现行的地方立法权立法根本无法为国家级试点的制度创新和法制需求提供有效的立法资源，而要保护这些立法空白地带所涉及的利益，关键是通过授权立法方式满足生态文明试验区建设的法制需求。

其三，授权立法的供给性——授权立法具有天然适应性

生态文明试验区自从设立以来，各省在生态建设、绿色经济、环境保护、旅游、自然资源开发、文化、教育等各方面发生巨大的变化，面对如此迅速的变化，政策必须跟上，并及时将成熟的政策上升为法律。只有将易变的政策固化为法律，才有利于形成全民知法、守法、信法的良好社会氛围。

因为授权立法，尤其是特别授权立法，天然具有高度的便捷性、高效性、适应性和灵活性，在遵循宪法的规定以及法律和行政法规的基本原则的前提下，可以根据实际需要对已有相关立法的具体规定做出变通和补充，即在已有立法基础上的超越与突破。有学者对此称为“突破性创新”。因此，充分运用先行先试立法权除了丰富和充实职权立法之外，还应积极争取授权立法，将“突破性创新”与一般性创新紧密结合在一起，共同促进生态文明试验区的先行先试深入开展。

3. 授权的规范性

（1）生态文明试验区授权立法的主体

全国人民代表大会是国家最高权力机关，全国人大常委会是其常设机关，由两者行使国家立法权。虽然在《宪法》并没有关于授权立法的规定，但规定了全国人大及其常委会享有的最高位阶的国家立法权 。

基于中央政策明确了福建、江西和贵州三省作为先行先试的生态文明试验区，关于授权立法主体的研究，我们可以借鉴经济特区的授权立法的规定，探究生态文明试验区授权立法主体问题 。

授权立法主体的规定主要体现在《立法法》第 9 条、第 13 条、第 74 条的规定。其中第 9 条是授权国务院，对还未制定法律的，可以根据实际需要，对其中部分事项先制定行政法规的权限，第 13 条“对行政领域的特定事项授权在一定期限内在部分暂时调整或暂时停止适用法律的部分规定”，第 74 条中的经济特区根据全国人大及其常委会授权，制定法规的规定。

从权力源头性来看，生态文明试验区是国家层面的制度探索，这个授权来自中央，这点毋庸置疑。作为国家最高权力机关，全国人大及其常委会作为生态文明试验区的授权立法主体，也是毫无争议的。

虽然目前全国人大及其常委会并没有出台相关法律来明确赋权生态文明试验区进行突破性立法。我们目前建设生态文明试验区所依据的文件是中央政策和国务院出台的行政法规、国务院部属出台的部门规章以及中央的规范性文件，国务院是目前在可溯文件上出现的最高级别的国家机关。

我们认为，这里面涉及一个授权立法及时跟进的问题。我国往往是国家政策先行，那么政策出来之后，配套的法律总要及时出台跟上。在我国，政策往往是立法的先行储备。由于法律天然自带保守性、严谨性和稳健性的要求，因此立法工作并不能像政策出台那样，可以及时发现问题、进行调整和灵活变动。在国家生态文明试验区立法上，也是同样道理。国务院出台的相关政策文件，是为立法奠定基础，为地方具体实践提供指引和方向；后续的立法工作，应当在总结实践经验的基础上，及时跟进，最终以法律的形式予以确认和制度化保证。

综上分析，根据《宪法》及《立法法》的规定，在我国授权立法主体为全国人大及其常委会。

（2）生态文明试验区被授权立法的主体

根据《宪法》第 100 条规定省、直辖市的人民代表大会和它们的常委会，在不同宪法、法律、行政法规相抵触的前提下，可以制定地方性法规，并报全国人大常委会备案。此条规定了省、直辖市人大及其常委会立法的权限。

对于地方人大及其常委会立法权的规定主要体现在《立法法》第 72 条规定省、自治区、直辖市的人民代表大会及其常务委员会根据本行政区域的具体情况和实际需要，在不同宪法、法律、行政法规相抵触的前提下，可以制定地方性法规。

同时，《立法法》对于地方立法权进一步下放，取消了“较大的市”这一限制，规定了设区的市的人民代表大会及其常务委员会也享有对于城乡建设与管理、环境保护、历史文化保护等方面的事项制定地方性法规的权限。由于生态文明试验区的区域划分与我国的行政区域划分完全重合，那么被授权主体从理论上讲就是福建、江西和贵州三省人大及其常委会，以及福建、江西和贵州三省中设区的市的人民代表大会及其常务委员会。

由此可以看出，存在两级人大及其常委会均可以作为被授权主体的问题。生态文明试验区建设如果需要授权，被授权主体究竟应该是一级还是两级，应该是哪一级，再或者是两级同时作为被授权主体，都是需要研究的问题。而《立法法》对地方立法权进行了明确的划分，到底应该由哪一级的人大及其常委会来进行授权立法还存在争议，需要进一步辨析。

我国最初进行授权立法实践的是广东省及福建省，1981 年第五届全国人大常委会第二十一次会议中，《全国人民代表大会常务委员会关于授权广东省、福建省人民代表大会及其常务委员会制定所属经济特区的各项单行经济法规的决议》里，授权立法理由是“为了使广东省、福建省所属经济特区的建设顺利进行，使经济特区的管理充分适应工作需要，更加有效地发挥经济特区的作用”。随后，广东省人民代表大会制定了《广东省经济特区条例》，并由第五届全国人民代表大会常务委员会第十五次会议批准施行，该条例中第三章“优惠办法”中第 12 条至第 18 条关于特区土地的使用年限、使用费数额和缴纳办法，进出口生产所需设备税收的减征或免征，客商在缴纳所得税后的合法利润的汇出，对于来往特区的外籍人员、华侨和港澳同胞出入境手续的简化等涉及土地管理、税收优惠、金融、海关、出入境管理等方面的规定极大促进了广东省经济特区吸引外资的需要。在随后几年，得到授权的经济特区也相继出台针对特区具体情况需要的地方性法规，如《厦门经济特区台胞投资保障条例》《深圳市保障性住房条例》《海南省旅游条例》等，而这些法规在当时并没有全国统一的立法，经济特区的先试先行的立法授权符合经济特区发展的实际需要。

由此可见，生态文明试验区作为我国生态文明建设的先行试点区域，在中共中央办公厅 国务院办公厅印发《关于设立统一规范的国家生态文明试验区的意见》中，正式提出了设立统一规范的国家生态文明试验区，提到了“要将中央顶层设计与地方具体实践相结合，集中开展生态文明体制改革综合试验，规范各类试点示范，完善生态文明制度体系”。为了适应生态文明试验区改革创新的工作需要，更有效地发挥生态文明试验区作用，应该授予生态文明试验区较大、较为灵活广泛的立法权，因此可以参照经济特区的授权立法的模式，以保障生态文明试验区建设先行先试的实际需要。

（3）生态文明试验区授权立法的事项范围

在现行《立法法》出台之前，全国人大或人大常委会对经济特区的立法授权都只是做一个原则性的规定，并未做出具体的规定，经济特区享有“一揽子”授权的立法权限，即基于此概括性授权导致授权决定中对于授权立法范围的规定不明确。生态文明试验区授权立法问题我们可以参照经济特区授权立法的立法经验与立法实践，然而关于授权立法的范围方面，存在两个问题：

一是经济特区立法主体可就全国人大及其常委会立法权限范围内哪些具体事项进行立法难以界定。经济特区立法主体享有全国人大及其常委会所享有的部分立法权，可以在全国人大及其常委会的立法权限范围内进行立法，这在理论上是明确的，但在实际操作中，由于全国人大及其常委会授权决定没有明确经济特区立法主体的具体立法权限范围，经济特区立法主体究竟可就全国人大及其常委会立法权限范围内哪些事项进行立法也就难以把握。

二是经济特区立法主体对立法范围难以界定。在立法依据上，全国人大及其常委会授予经济特区立法权的决定，仅是规定“遵循宪法的规定以及法律和行政法规的基本原则，制定法规”，这种模糊的规定也影响了经济特区立法主体对立法范围的把握。

《立法法》实施之后对于授权立法的授权方式加以改变，以期借“一事一授权”的立法授权方式来限制地方的立法权限，由于初试授权立法方式，经济特区对于何种范围及事项可以申请授权立法并未给予明确指引，也还没有相应的实践经验，故生态文明试验区类似经济特区的授权立法也没有可以借鉴的经验，故其申请授权立法的范围及具体事项还有待进一步的研究、解决。

对于地方人大及其常委会立法权的事项范围及其相关要求，《宪法》并没有进行详细规定，其具体要求规定在《立法法》第 8 条、第 72 条及第 73 条，第 73 条规定了地方性法规可以做出规定的事项，主要有“（一）为执行法律、行政法规的规定，需要根据本行政区域的实际情况做出具体规定的事项；（二）属于地方性事务需要制定地方性法规的事项”。同时其第 2 款规定的“除本法第 8 条规定的事项外，其他事项国家尚未制定法律或者行政法规的，省、自治区、直辖市和设区的市、自治州根据本地方的具体情况和实际需要，可以先制定地方性法规”，第 2 款明确赋予了省、自治区、直辖市和设区的市、自治州根据地方发展需要的先行立法的权力。

福建、江西和贵州三省的人大及其常委会作为生态文明试验区所在地的省级人民代表大会及其常务委员会除了可以根据授权制定生态文明试验区法规外，还享有根据授权对法律、行政法规、地方性法规做出变通的权限。[149]

对于立法变通权中“变通”的理解，《现代汉语词典》的解释是指“依据不同情况，做非原则性的变动”。《辞海》解释是“灵活运用，不拘常规”。著名学者宋方青教授认为，立法变通权的基本内涵是享有立法变通权的主体有权根据不同情况和时代发展的要求，对上位法进行一定范围的突破。新旧《立法法》虽然规定了经

[149] 前文已经提到，在《国家生态文明试验区（福建）建设法治保障工作方案》中，允许福建省政府及相关部门根据生态文明试验区建设推进过程中的实际需要，对现行法律进行暂停适用。这其实是一种变通。由于福建、江西、贵州三省同为生态文明试验区，且在国家扶持支持的力度上并没有差别待遇，我们据此可以认为江西、贵州两省没有出台规范性文件明确指出“可以依据授权暂停法律、法规实施”的做法，是基于疏漏，并非出于国家政策的偏倚性。

详见《国家生态文明试验区（福建）建设法治保障工作方案》：二、根据需要申请暂停实施部分法律、行政法规。“省直相关部门、各设区市人民政府根据生态文明试验区建设推进过程中的实际需要，研究提出需要在我省暂停实施的法律、行政法规、国务院文件和国务院批准的部门规章，按法定程序报批，取得授权后施行。责任单位：省直相关部门、各设区市人民政府、省法制办。”

济特区立法变通的权力，但是并没有明确地规定哪些是可以被授权变通的，只是在第 8 条列举式地规定了只能制定法律的事项。而有关授权决定采用的是笼统地表述“根据具体情况和实际需要，遵循《宪法》的规定及法律和行政法规的基本原则，制定法规”。

根据有关授权决定和《立法法》的规定，理论上生态文明试验区不享有立法变通权的事项如下：①《宪法》的规定及法律和行政法规的基本原则；②只能制定法律的事项，主要指《立法法》第 8 条规定的，涉及国家主权、民族区域自治制度、犯罪与刑罚等涉及基本制度的事项。③没有明确授权的目的、事项、范围、期限以及授权原则的事项，也即通常所说的一揽子授权[150]。综上分析，可以得出生态文明试验区除此三项外，可以根据具体实践的要求，授权对法律、行政法规及地方性法规做出变通规定，在生态文明试验区范围内适用。

根据以上地方立法事项及范围的分析及《立法法》第 13 条“全国人民代表大会及其常务委员会可以根据改革发展的需要，决定就行政管理等领域的特定事项授权在一定期限内部分地区暂时调整或者暂时停止适用法律的部分规定”及第 6 条“立法应当从实际出发，适应经济社会全面发展和深化改革的要求”“法律规范应当明确、具体，具有针对性和可执行性”。根据这两条规定并结合国务院对生态文明试验区建设的相关政策意见，生态文明试验区作为生态文明建设开发的先行试点区域，应该允许在相关方面给予立法授权，制定符合生态文明试验区先试先行的法律法规。

2015 年 9 月发布的中共中央 国务院印发《生态文明体制改革总体方案》，对于完善相关法律法规和进行制度创新试点做了初步规划，主要包括以下三个方面：①关于自然资源资产在保有公有制基础上的创新产权制度的立法；[151]②关于

---

[150]《立法法》第 10 条规定：“授权决定应当明确授权的目的、事项、范围、期限以及被授权机关实施授权决定应当遵循的原则等。”这条立法的修改就是为了明确规范授权行为，彻底杜绝之前不规范的大包大揽操作。

[151]在 2015 年 9 月发布的中共中央 国务院印发《生态文明体制改革总体方案》中，指出生态文明试验区的设置目标——“坚持自然资源资产的公有性质，创新产权制度，落实所有权，区分自然资源资产所有者权利和管理者权力，合理划分中央地方事权和监管职责，保障全体人民分享全民所有自然资源资产收益。”在“二、健全自然资源资产产权制度”中，做了详细的分类：“（五）建立统一的确权登记系统。坚持资源公有、物权法定，清晰界定全部国土空间各类自然资源资产的产权主体。（六）建立权责明确的自然资源产权体系。制定权力清单，明确各类自然资源产权主体权利。（七）健全国家自然资源资产管理体制。组建对全民所有的矿藏、水流、森林、山岭、草原、荒地、海域、滩涂等各类自然资源统一行使所有权的机构，负责全民所有自然资源的出让等。（八）探索建立分级行使所有权的体制。中央政府主要对石油天然气、贵重稀有矿产资源、重点国有林区、大江大河大湖和跨境河流、生态功能重要的湿地草原、海域滩涂、珍稀野生动植物种和部分国家公园等直接行使所有权。（九）开展水流和湿地产权确权试点。探索建立水权制度，开展水域、岸线等水生态空间确权试点，遵循水生态系统性、整体性原则，分清水资源所有权、使用权及使用量。”

建立国土空间开发保护制度；[152]③健全资源有偿使用和生态补偿制度。[153]

以上这三项内容，是中央文件中可以找到的授权立法的明确内容依据。

除此之外，我们可以根据中央的系列文件政策，整理罗列出在生态建设、绿色经济、环境保护、旅游、自然资源开发、文化、教育等数个方面的授权立法清单；因为生态文明试验区的建设是一个宏观的主体，各方面均需要配合努力，各项制度均有待建立和改善。

需要说明的是，关于以上的扩展内容在此块阐述中不做详细展开，我们仅根据中共中央 国务院印发《生态文明体制改革总体方案》的三部分要求开出来一个初步的清单目录，具体如表 2-1 所示。

表 2-1　国家生态文明试验区需要授权立法的初步清单目录

一级目录	二级目录
一、关于自然资源资产在保有公有制基础上的创新产权制度的立法	1. 各省、市自行进行确权登记系统、创新产权制度的立法
	2. 各省、市自行进行权责明确的自然资源产权体系、制定权力清单的立法
	3. 组建对全民所有的矿藏、水流、森林、山岭、草原、荒地、海域、滩涂等各类自然资源统一行使所有权的机构设立的立法
	4. 地方探索建立对除石油天然气、贵重稀有矿产资源、重点国有林区、大江大河大湖和跨境河流、生态功能重要的湿地草原、海域滩涂、珍稀野生动植物种和部分国家公园以外的自然资源进行分级行使所有权的体制
	5. 地方探索建立水流和湿地产权确权试点工作。探索建立水权制度，开展水域、岸线等水生态空间确权试点，在水资源所有权、使用权及使用量三方面进行立法规划

[152] 在 2015 年 9 月发布的中共中央 国务院印发《生态文明体制改革总体方案》"三、建立国土空间开发保护制度"中，做了详细的分类："(十) 完善主体功能区制度。统筹国家和省级主体功能区规划，健全基于主体功能区的区域政策，根据城市化地区、农产品主产区、重点生态功能区的不同定位，加快调整完善财政、产业、投资、人口流动、建设用地、资源开发、环境保护等政策。(十一) 健全国土空间用途管制制度。简化自上而下的用地指标控制体系，调整按行政区和用地基数分配指标的做法。将开发强度指标分解到各县级行政区，作为约束性指标，控制建设用地总量。(十二) 建立国家公园体制。改革各部门分头设置自然保护区、风景名胜区、文化自然遗产、地质公园、森林公园等的体制，对上述保护地进行功能重组，合理界定国家公园范围。加强对国家公园试点的指导，在试点基础上研究制定建立国家公园体制总体方案。构建保护珍稀野生动植物的长效机制。(十三) 完善自然资源监管体制。将分散在各部门的有关用途管制职责，逐步统一到一个部门，统一行使所有国土空间的用途管制职责。"

[153] 中共中央 国务院印发《生态文明体制改革总体方案》"六、健全资源有偿使用和生态补偿制度 (五十四) 完善法律法规"中，做了详细的分类："制定完善自然资源资产产权、国土空间开发保护、国家公园、空间规划、海洋、应对气候变化、耕地质量保护、节水和地下水管理、草原保护、湿地保护、排污许可、生态环境损害赔偿等方面的法律法规，为生态文明体制改革提供法治保障。

续表

一级目录	二级目录
二、关于建立国土空间开发保护制度	6. 地方探索建立完善主体功能区制度的授权立法工作。统筹国家和省级主体功能区规划，健全基于主体功能区的区域政策，根据城市化地区、农产品主产区、重点生态功能区的不同定位，加快调整完善财政、产业、投资、人口流动、建设用地、资源开发、环境保护等政策
	7. 地方探索建立健全国土空间用途管制制度的授权立法工作。简化自上而下的用地指标控制体系，调整按行政区和用地基数分配指标的做法。将开发强度指标分解到各县级行政区，作为约束性指标，控制建设用地总量
	8. 地方探索建立国家公园体制的授权立法工作。改革各部门分头设置自然保护区、风景名胜区、文化自然遗产、地质公园、森林公园等的体制，对上述保护地进行功能重组，合理界定国家公园范围。加强对国家公园试点的指导，在试点基础上研究制定建立国家公园体制总体方案。构建保护珍稀野生动植物的长效机制
	9. 地方探索建立完善自然资源监管体制的授权立法工作。将分散在各部门的有关用途管制职责，逐步统一到一个部门，统一行使所有国土空间的用途管制职责
三、健全资源有偿使用和生态补偿制度	10. 地方探索制定完善生态文明试验区内的自然资源资产产权的授权立法工作
	11. 地方探索生态文明试验区内的国土空间开发保护的授权立法工作
	12. 地方探索生态文明试验区内的国家公园的授权立法工作
	13. 地方探索生态文明试验区内的空间规划的授权立法工作
	14. 地方探索生态文明试验区内的海洋的授权立法工作（福建、广西两省区）
	15. 地方探索生态文明试验区内的应对气候变化的授权立法工作
	16. 地方探索生态文明试验区内的耕地质量保护的授权立法工作
	17. 地方探索生态文明试验区内的节水和地下水管理的授权立法工作
	18. 地方探索生态文明试验区内的草原保护的授权立法工作
	19. 地方探索生态文明试验区内的湿地保护的授权立法工作
	20. 地方探索生态文明试验区内的排污许可的授权立法工作
	21. 地方探索生态文明试验区内的生态环境损害赔偿的授权立法工作

（四）生态文明试验区授权立法的方式

对比新旧《立法法》可以发现旧《立法法》“一揽子”授权，其授权方式往往是概括的、笼统的，没有对其具体的授权范围及具体事项加以明确或罗列（表 2-2）。

表 2-2　新旧立法法对照表

《立法法》修改前	《立法法》修改后
第 10 条 授权决定应当明确授权的目的、范围。 被授权机关应当严格按照授权目的和范围行使该项权力。 被授权机关不得将该项权力转授给其他机关	第 10 条 授权决定应当明确授权的目的、事项、范围、期限、被授权机关实施授权决定的方式和应当遵循的原则等。 授权的期限不得超过五年，但是授权决定另有规定的除外。 被授权机关应当在授权期限届满的六个月以前，向授权机关报告授权决定实施的情况，并提出是否需要制定、修改或者废止法律的意见；需要继续授权的，可以提出相关意见，由全国人民代表大会及其常务委员会决定

但是修订后《立法法》明文规定立法授权必须明确授权的期限、事项、最长期限等，对有关地方性法规和经济特区特别授权立法做了更加明确的规定，然而，“一事一授权”的方式是一个文件中就对一个事项加以授权还是对需要授权的事项加以罗列制作成授权立法事项的详细清单，何者更为合适，或者是否还有更好的其他形式，有待进一步的明确。

目前从实践来看，清单目录是较为妥当的做法。需要进行单项立法授权的生态文明试验区三省人大及其常委会开出授权清单目录，再由全国人大及其常委会通过，授权福建、江西和贵州三省地方人大及其常委会进行立法。

二、立法要素

（一）立法目的

根据《宪法》[154]以及中共中央 国务院印发《生态文明体制改革总体方案》[155]、中共中央办公厅 国务院办公厅印发《关于设立统一规范的国家生态文明试验区的意见》[156]、中共中央办公厅 国务院办公厅印发《国家生态文明试验区（福建）实施方案》[157]、中共中央办公厅 国务院办公厅印发《国家生态文明试验区（江西）实施方

[154] 第 26 条第 1 款规定“国家保护和改善生活环境和生态环境，防治污染和其他公害。”

[155] “坚持节约资源和保护环境基本国策，坚持节约优先、保护优先、自然恢复为主方针，立足我国社会主义初级阶段的基本国情和新的阶段性特征，以建设美丽中国为目标，以正确处理人与自然关系为核心，以解决生态环境领域突出问题为导向，保障国家生态安全，改善环境质量，提高资源利用效率，推动形成人与自然和谐发展的现代化建设新格局。”

[156] “党的十八大把生态文明建设纳入中国特色社会主义事业“五位一体”总体布局，党中央、国务院就加快推进生态文明建设做出一系列决策部署，先后印发了《关于加快推进生态文明建设的意见》和《生态文明体制改革总体方案》。党的十八届五中全会提出，设立统一规范的国家生态文明试验区，重在开展生态文明体制改革综合试验，规范各类试点示范，为完善生态文明制度体系探索路径、积累经验。开展国家生态文明试验区建设，对于凝聚改革合力、增添绿色发展动能、探索生态文明建设有效模式，具有十分重要的意义。”

[157] “进一步发挥福建省生态优势，深入开展生态文明体制改革综合试验，建设国家生态文明试验区，制定本实施方案。”

案》[158]、中共中央办公厅 国务院办公厅印发《国家生态文明试验区（贵州）实施方案》[159]等相关政策文件的精神，并结合上位法《环境保护法》的规定[160]和《中共中央、国务院关于加快推进生态文明建设的意见》等法律、政策的规定[161]，生态文明试验区立法的目的：为进一步发挥生态文明试验区的生态优势，深入开展生态文明体制改革综合试验，为我国生态文明建设提供立法和实践经验，建设国家生态文明试验区，以促进经济社会可持续发展。

（二）立法类型

目前，我国的两种重要的地方立法可以大致分为地方创制性立法和地方实施性立法。地方创制性立法与地方实施性立法的异同主要体现在以下几个方面：

第一，相同点都是坚持贯彻宪法和法律、行政法规的精神。地方实施性立法在宪法和法律、行政法规的范围内进行具体、细化。地方创制性立法是在与宪法和法律、行政法规不抵触的情况下进行地方立法。

第二，不同点主要体现在地方性法规的条款设置和内容方面。实施性法规主要是对已有的法律、行政法规进行具体和细化，因此地方实施性法规多数以实施细则或是条例的形式出现在人们面前，条款设置相对较为简单。而地方创制性法规主要是对上位法尚无规定的事项进行立法创新，因此在条款设置方面必须要全面。在内容方面，地方创制性法规是对于中央尚未立法的但同时属于地方事务进行立法，内容比较全面，创新性较强。生态文明试验区的立法是国家无相应上位法规定的情况下，进行制度性创新实践。

（三）立法形式

法律法规的建立、改革和废除是保障生态法律制度统一的重要立法活动和重要手段。为了增强生态文明试验区立法的针对性、时效性和可操作性，就必须加强立法评估，坚持立、改、废同时并举的手段。生态文明试验区的立法工作必须始终坚持“立、改、废、释”并举的原则。

---

[158]“为贯彻落实党中央、国务院关于生态文明建设和生态文明体制改革的总体部署，依托江西省生态优势和生态文明先行示范区良好工作基础，建设国家生态文明试验区，根据中共中央办公厅、国务院办公厅印发的《关于设立统一规范的国家生态文明试验区的意见》，制定本实施方案。”

[159]“为贯彻落实党中央、国务院关于生态文明建设和生态文明体制改革的总体部署，推动贵州省开展生态文明体制改革综合试验，建设国家生态文明试验区，根据中共中央办公厅、国务院办公厅印发的《关于设立统一规范的国家生态文明试验区的意见》，制定本实施方案。”《环境保护法》第1条：“为保护和改善环境，防治污染和其他公害，保障公众健康，推进生态文明建设，促进经济社会可持续发展。”

[160]《环境保护法》第一条：“为保护和改善环境，防治污染和其他公害，保障公众健康，推进生态文明建设，促进经济社会可持续发展。”

[161]“以保障人体健康为核心、以改善环境质量为目标、以防控环境风险为基线的环境管理体系。”

目前我国的生态文明建设已经进入全面纵深的攻坚阶段，开始触碰到体制机制转变、利益格局调整等一系列层面，它越来越多地涉及经济，社会和资源环境中更加困难和热门的问题。地方立法不仅要保证生态文明建设的合法性，还要防止过时的法规束缚实践过程。这就要求试验区应顺应新的改革，进行新的探索，把地方性法规评估、创设、修改和废止摆在目前立法工作的重要位置。

1. 生态文明试验区立法的修改、废止与制定

清理、解释、修改、废止地方法规是社会发展的内在要求，符合社会主义法治建设的需要。地方人大应坚持地方立法“立改废释”并举原则，建立相应机制，及时清理。对不符合地方经济社会发展要求，与上位法相抵触、不一致，或者相互之间不协调的法规，特别是对含有地方保护和行业保护内容的法规，要及时修改或者废止。对针对性不强、适应性差的法规进行解释，使其适应社会实际。对已实施的法规，当地人民代表大会、执行机构或牵头执行机构应当定期实施评估，并将评估意见作为修改和废除的重要依据。在清理条例之后，有必要向公众宣布继续有效、废除和失效的当地法律。未列入继续有效目录的地方法规，不得作为其进行行政管理的依据。三个生态文明试验区有责任根据不断变化的环境形势和上位法情况，对已不适应实践需要的法规、规章适时予以修改或者废止。行政法律规范的修改和废除也是政府立法的重要活动。生态文明试验区的立法，同样需要做到及时制定、及时修改、及时废除和及时解释。

总之，生态文明试验区要通过生态环境地方性法规“立、改、废、释”的并举，全面清理和修订地方性法规中不符合推动绿色发展、建设生态文明的内容；要适时以立法巩固探索的成果，即在更高层次上形成共识。这样才能为顶层设计提供标靶，担负起生态文明建设国家样本之责，形成严密、严谨、严格的法律法规体系。

2. 生态文明试验区立法的解释

需要说明的是，此处的解释是立法解释而非行政解释。本书的讨论语境始终是放在生态文明试验区立法的立场上，因此对于生态文明试验区的法律解释，只限定在立法解释而非行政解释。[162]

对于地方性法规的解释主体为地方性法规的制定者，即相应的地方人大；而对

[162] 我国地方性立法的行政解释，存在两个较大的问题。一是我国行政解释权的规范渊源过于庞杂、混乱，缺乏高效力层级法律规范的统一规定。1981 年《决议》未涉及行政法规、市级地方性法规、单行条例及规章的解释权问题，前述法律规范仅部分设置了解释权条款，部分未做明确规定，其行政解释权的法律依据缺失。实践中存在依照无效内部规范性文件行使行政解释权等问题。部分地方性法规与 1981 年《决议》关于省级政府是否具有省级地方性法规解释权的规定不一致。

二是学界对于行政解释权的规范渊源也存在极大分歧。目前可以作为依据的 1981 年《决议》《行政法规制定程序条例》和《规章制定程序条例》，均存在质疑声，质疑其作为法定依据的合理性，也有对《决议》合宪性、合法性存疑的。

于地方性规章的解释主体为相应的地方政府；即谁制定谁解释。根据《立法法》的规定，对于地方性法规的解释，分为两种情况：①凡属于地方性法规条文本身需要进一步明确界限或做补充规定的，由制定法规的省、自治区、直辖市的人大常委会进行解释或做出规定。②凡属于地方性法规如何具体应用的问题，由省、自治区、直辖市人民政府主管部门进行解释。

对于地方规章的立法解释，目前并没有详细规定。为了解决实际中的立法解释的需要，我们在此可以参照地方性法规的立法解释，认定地方规章的立法主体可以对地方规章进行解释。

生态文明试验区的地方立法主体，可以在条文本身需要进一步明确界限或做补充规定的和如何具体应用这两种情况时，对自身制定的地方性法规或规章进行立法解释，阐明原意，用以指导实践。

三、立法要求

“问题引导立法，立法解决问题”的立法工作思想，旨在提高立法质量，突出立法特色，提高立法可操作性，使地方立法符合当地具体条件和实际需要，为了更好地推进生态文明试验区建设，迫切需要推进法治力量的建设。[163]生态文明试验区的立法应当符合科学性、创新性、可推广性、系统性与地方性相统一的要求。

（一）科学性

党的十九大报告阐述了生态文明试验区立法科学性的要求，明确提出要推进科学立法、民主立法、依法立法，大力推进良法善治。其中，首先提到的就是科学立法。科学性是生态文明立法的首要要求。

基于生态环境各要素的复杂性，立法要秉持一种审慎的态度，依托严谨的立法准备工作（深入调查研究和科学论证），来面对一些复杂艰深的专业问题，立法者需要运用一定的方法和手段来检验和衡量生态文明的发展趋势和未来形势，以应对新时期生态文明建设中的重大立法任务，对生态文明试验区立法的科学性提出了很高的要求。

1. 树立正确的立法指导观念

改变“生态环境保护要与经济发展相协调”的落伍观念，科学立法首先需要正确的立法思想、立法观念的指引，树立“生态环境保护优先”的理念，保证生态文明建设的正确方向。

[163] 孙佑海. 生态文明建设需要法治的推进［J］. 中国地质大学学报（社会科学版），2013（1）：17-20.

过去十几年间，片面追求GDP增长，这个“唯经济至上”观念根深蒂固。传统的国民经济核算体系以单纯经济核算为主，并未把环境污染和资源消耗的代价计算在内。这种片面的做法忽视了生态系统给经济系统提供的服务价值。[164]这种观念上的误导以及实践上的忽视，很大程度上导致生态环境的进一步恶化。

2. 完善立法机制，促进公众参与

创新公众参与立法的方式、方法，扩大立法透明度和公众参与，立法的民主化是地方立法质量的保证。

公众参与是地方立法正当性的基础，同时对民意的普遍接受才能使生态文明试验区的立法得到更好地理解与支持。立法具有民意基础，生态文明试验区的立法作为开路先锋才具有向全国推广普及的可能性。

然而，由于制度保障不完善，公众参与立法的路径、方法和程序相当模糊。当前，民众自身参与积极性不高，参与能力低，参与效果差，对生态文明试点区立法影响有限。

提高公众参与生态文明试验区立法的积极性需要各方努力。第一是建立健全公众参与地方立法的制度，从立项提议、论证，法规起草、听证、审议到立法后评估建立完整的参与链条，明确公众参与的方式、程序、结果；第二是培养公众的主体意识和责任意识。通过宣传、培训等方式，有效地提高民众的权利意识、自主参与意识和参与能力，积极参与地方立法，维护自身合法权益；第三是提高公众参与的组织程度。与纯粹的个人参与相比，大规模的组织参与更加理性，有针对性，具有广泛的社会影响，更有利于维护个人利益，实现群体价值。公众参与立法作为一种重要的制度工具，它起着收集民意和指导立法决策的作用。[165]

3. 运用市场规律，减少行政干涉

生态文明试验区立法要始终遵循健全市场机制原则，尽量避免政府机关运用行政力量强制干预，引导市场进行有效配置，建立健全绿色发展市场机制。

从《生态文明体制改革总体方案》的健全市场机制原则，到《贵州省生态文明建设促进条例》市场激励与法治保障相结合原则与《福建省生态文明建设促进条例》市场调节原则，都传达出在生态文明建设领域应当发挥市场作用。“绿水青山变为金山银山，需要政府推动与市场驱动相结合，通过规划引导、源头管控、环保监督、市场倒逼等多措并举，为生态文明建设保驾护航，不断增强生态优势，实现

[164] 马国霞、赵学涛、吴琼等．生态系统生产总值核算概念界定和体系构建[J]．资源科学，2015（9）：1709-1715.

[165] 黄洪旺．我国公众立法参与的制度化研究[D]．福建师范大学，2012.

经济、社会、生态效益相统一。”[166]

（1）在专业性强、宣传力度大、社会资源投入大，环境安全敏感的地区，应充分引入市场机制。例如，在城市污水处理、污泥无害化处理、城市生活垃圾处理、区域医疗废物危险废物处置、机动车环保检查等方面，专业要求极强，如果由政府直接参与管理，不仅效率低下，也会造成公共开支的增加。

（2）环境权交易市场机制可以依托省级公共资源交易平台，促进环境权益的统一交易和信息共享，探索环境权益和股权质押融资模式。例如，建立温室气体排放控制市场机制、规范碳排放交易活动、农业水价的综合改革及水权交易的试点。

（3）对于大型污染处理等资金周转率低、回收成本时间长的领域，可以采取政府政策扶持、多方共同协作的模式。例如，畜禽粪便资源的利用可采取通过政府与社会资本合作（PPP）模式，调动社会资本的参与积极性，提升肥料资源的利用率。鼓励建立受益人支付机制，确保第三方参与企业和社会服务组织的合法利益。

（4）建立污染责任保险市场机制，全面保障，良好运作，有效防范环境风险，减少环境污染损害，促进环境质量改善。

（二）创新性

从目前来看，生态文明试验区立法的创新在改革中具有越来越重要的地位。一方面，中国是一个大国，需要照顾方方面面的需求，考虑各方不同的利益，因而全国性的立法难免滞后。另一方面，这样的大国如果没有地方试验即进行全局改革往往面临巨大的风险。地方立法的创新试验一方面能够让地方摆脱滞后立法的束缚，为地方发展提供新动力，另一方面又能为全国改革提供样本和经验，因而具有重要的实践效能和正当性。

生态文明试验区立法领域是一个亟须制度创新的领域，福建、江西和贵州三省目前正在推动生态文明试验区的地方立法，立法改革的重要价值是不言而喻的，制度创新不可或缺。生态文明试点区的立法可以进行大胆创新，根据中央政策的核心点向外发散，进行探索拓展。以垃圾分类处理为例。生态文明试验区立法可以积极创新资源循环利用制度，开展循环经济试点，探索建立垃圾处理者责任延伸制度，倡导推广城市生活垃圾分类，提高流通率，减少污染。

如创新生态扶贫机制，将多项政策优惠结合起来，进行综合性管理。支持流域

[166] 黄雪梅．生态产品价值实现——从绿水青山到金山银山［N］．福建日报，2017-09-15（9）．

生态保护补偿专项资金，建立扶贫补偿机制和支持机制，建立绿色技术推广中心，积极发展生态公益性就业岗位，优先发展具有劳动能力的贫困人口就业，开展“绿色培训”，建立绿色创业扶贫基金，培养农村绿色农业发展的领导者。

进行绿色金融改革和创新，探索创新绿色金融，促进绿色经济发展的有效机制。全面推进绿色金融改革创新，鼓励金融机构建立绿色金融部门；创新绿色金融产品和服务；加大绿色信贷布局，完善绿色信贷支持体系，明确贷款人尽职调查要求和环境保护法律责任；稳步有序地探索基于排放权等环境权的融资工具发展，拓宽企业的绿色融资渠道；引导适合公司发行绿色债券；健全绿色保险机制；鼓励保险机构探索发展环境污染责任险、森林保险、农牧业灾害保险等产品。

（三）可推广性

自 2016 年以来，中共中央办公厅、国务院办公厅印发《国家生态文明试验区（福建）实施方案》《国家生态文明试验区（江西）实施方案》和《国家生态文明试验区（贵州）实施方案》，确立了福建、江西、贵州三个省份建立国家生态文明试验区，旨在鼓励各省份进行生态文明建设立法实践，积累制度建设成果，形成示范效应。或者说，生态文明试验区立法工作不仅是为自身进行指路和规范，更要最后形成在全国可推广、可复制的典型经验。因此，生态文明试验区立法必须同时具备可推广性。

三省份发挥地方的主动性，进行有效的改革并总结出成功的经验，找出一般规律，根据其经验做法的成熟度，进行分类和推广，即“成熟一条、推广一条”。如河长制、生态补偿制度、绿色金融制度、党政领导干部生态环境损害责任终身追究制、生态司法保护机制，这五项制度在三个试验区均有所体现，然而各地在开展建设实践时，必然是各有侧重点与特色的。这就要求福建、江西、贵州三省在国家生态文明试验区对于各地实施方案中规定的指导思想、战略定位、主要目标、重点任务、保障措施进行认真学习解读，确定基本路线不偏离，整体基调仍然是以生态文明试验区的高度统一性为主。

三个生态文明试验区建立以来，既要各地大胆尝试，不断完善地方立法、创新特色制度，也始终要把经济建设与生态保护融为一体，既要绿水青山，也要金山银山。生态文明试验区可有针对性地成立检查和评估工作组，对已制定法规的执行情况、实施效果、存在的问题等方面，进行评估、总结可推广的经验。并根据生态文明建设发展的形势和论证评价报告，及时进行修改和完善，必要时可及时废止不符合生态文明建设总体发展需要的法规。

从这个角度来看，三个生态文明试验区的立法工作任重道远。

（四）系统性和地方性有机统一

1. 生态文明试验区的立法应当具备系统性

党的十九大把“着力增强改革系统性、整体性、协同性”作为全面深化改革取得重大突破的一项重要经验，把“更加注重改革的系统性、整体性、协同性”写入党章，这就提出了生态文明试验区立法系统性的要求。

生态文明试验区立法系统性有两层含义：一是目前三个确立的生态文明试验区之间的立法应当具备整体性、系统性和联动统一性，共同为我国生态文明建设做出标杆式的示范作用。二是各个生态文明试验区内部各自的地方立法应该根据各自地方特色，形成一个逻辑严密、体系清晰、权责明确的立法体系，省级、市级乃至最基层的立法工作都应该配套调整。

在建设国家级生态文明试验区的实践中，各地域、各方面的改革，都不可偏离共同建设生态文明社会这一总目标，构建系统完备、科学规范、运行有效的制度体系，进一步激发发展活力，是生态文明试验区立法的一大任务，形成一个全覆盖、多元化、多层次、完整高效的生态治理体系；在治理主体上，应坚持党的领导，充分发挥各级政府、人大、政协、民主党派、社会团体、企事业单位等的作用，调动广大群众参与国家治理的积极性，形成治理合力；在治理手段上，应广泛运用信息网络和智能化平台，建立统一指挥、监测预警系统，提高信息反馈和对突发事件的应变能力。

2. 生态文明试验区的立法应当具备地方性特色

地方性是地方立法的核心内容，生态文明试验区的经济状况、历史发展、文化风俗、社会发展等差异，是其作为独特的地方立法存在必要之所在。生态文明试验区需要在遵循立法基本原则、制度和程序的基础上适当突出生态文明建设的地方性特色，通过完善的配套立法，更好地执行生态文明建设相关法规、规章和政策。

对比三省的方案，我们能明显发现三省定位是存在差异化的试验区模式，这要求试验区应找准各自定位，总结好地方生态文明建设的最佳实践，通过立法创新实践彰显地域特色、突出区域建设重点。如国家生态文明试验区要求建立自然资产在保有公有制基础上的创新产权制度的立法，其中提到“组建对全民所有的矿藏、水流、森林、山岭、草原、荒地、海域、滩涂等各类自然资源统一行使所有权的机构，负责全民所有自然资源的出让等”，在目前确定的国家生态文明试验区中，只有福建一省临海，江西与贵州都是内陆省份，根本无法做到对海洋海域的管理。因此，可以看出目前国家的政策文件只是一些总纲领性质的指导，而三省应根据其地方特色来进行生态文明试验区立法的探索。

另外，立足试验区的不同定位，结合区域定位和区域特色环保模式，针对各个地方存在的薄弱环节和不足之处，可以有针对性地进行地方性修正和改进，从而进一步激发立法的创造活力。

第三章　生态文明试验区立法现状

一、福建省生态文明试验区立法现状

（一）福建省生态文明试验区立法现状概述

福建省生态文明试验区立法工作紧密结合福建省生态文明试验区的立法定位与要求，稳步推进出台《福建省生态文明建设促进条例》，该条例已于2018年11月1日起施行。福建省通过制定、修改的方式印发并迄今有效的生态文明相关地方性法规为6件，地方政府规章为20件，规范性文件为35件。其中，省一级立法文件达到47件，市、县级立法文件达到14件，种类覆盖生态文明建设全方面，包括综合类、农业资源类、矿产资源类、风景名胜类、污染防治类等10余个领域、类别。

（二）福建省生态文明试验区立法定位与创新

为贯彻落实党中央、国务院关于生态文明建设和生态文明体制改革的总体部署，进一步发挥福建省生态优势，深入开展生态文明体制改革综合试验，建设国家生态文明试验区，中共中央办公厅、国务院办公厅于2016年8月制定并发布了《国家生态文明试验区（福建）实施方案》。

在《国家生态文明试验区（福建）实施方案》中，明确了福建省生态文明试验区的立法定位，为国土空间科学开发的先导区、生态产品价值实现的先行区、环境治理体系改革的示范区以及绿色发展评价导向的实践区。福建省通过出台地方性法规、政策性文件等相结合形式，并结合福建省实际情况，力争为实现立法定位提供强有力制度保障。

1. 国土空间科学开发的先导区

（1）开展省级空间规划编制试点

当前，福建省市县空间规划编制办法尚未出台，但已印发了《福建省级空间规划试点工作实施方案》[167]，明确七项试点工作主要任务。此外，提出通过试点形成具有推广价值的省级空间规划编制办法，建立地理国情监测服务于空间规划编制的常态化机制。目前，福建省霞浦县[168]、三明市[169]、永春县[170]积极推进区域空间规划编制试点工作，先后于2016年、2017年出台相应试点方案，积极探索在市、县范围内进行空间规划编制的可行、有效的技术路径。福建省各级政府高度重视国土空间的科学开发，推进城乡规划、土地利用总体规划、空间规划、主体功能区规划、环境保护规划、水资源利用规划“多规合一”，力争2020年12月底前完成福建省域空间规划编制。

（2）建立建设用地总量和强度双控制度

《福建省建设用地总量控制和减量化管理方案》[171]贯彻落实了国家要求，提出了强化规划总体管控、实行用地计划的差别化管理等工作目标与要求，切实提高土地利用率、发展质量与效率。

（3）健全国土空间开发保护制度

《福建省生态功能红线划定工作方案》[172]于2014年出台，其根据福建省地理生态的实际情况，利用生态红线将福建地理生态划分为陆域生态红线与海洋生态红线两种类型，在两类红线下再根据生物多样性、重要湿地保护等方面进行类型划分并实行分区分类严格管理，强化分区域的有效保护。《福建省生态功能红线划定工

[167]根据福建省人民政府网站消息，福建省人民政府于2016年11月25日印发了《福建省级空间规划试点工作实施方案》，明确七项主要任务：开展空间规划试点重大技术专题研究、编制试点县（市）规划、编制试点市空间规划、研究制定省级空间规划编制办法、研究制定空间规划基础信息平台总体框架及软件开发、总结空间规划试点经验、编制省域空间规划。http://www.fujian.gov.cn/zc/zxwj/szfwj/201612/t20161202_1114569.htm，2018年6月10日访问。

[168]根据霞浦县人民政府网站消息，霞浦县人民政府于2016年11月29日印发了《霞浦县空间规划编制试点方案》。http://www.fjxp.gov.cn/content/detail/59a69f7b49039de7039600c9.html，2018年6月10日访问。

[169]根据三明市人民政府网站消息，三明市人民政府于2017年8月9日印发了《三明市空间规划编制试点工作方案》。http://xxgk.sm.gov.cn/smsrmzfbgs/smsrmzf/zfxxgkml/fggzhgfxwj/ 201708/t20170811_742681.htm，2018年6月10日访问。

[170]根据永春县人民政府网站消息，永春县人民政府于2016年12月7日印发了《永春县空间规划编制试点方案》。http://www.fjyc.gov.cn/showxxgk.aspx?Id=130915&ctlgid=51218777，2018年6月10日访问。

[171]根据福建省人民政府网站消息，福建省人民政府于2017年5月5日印发了《福建省建设用地总量控制和减量化管理方案》。贯彻落实了《国家生态文明试验区（福建）实施方案》要求，提出了强化规划总体管控、实行用地计划的差别化管理、严格土地供应标准、盘活存量土地、推进低效用地再开发、推进城乡建设用地增减挂钩、鼓励地下空间开发利用、深化土地资源市场化配置、落实建设用地人地挂钩机制、开展国土资源节约集约模范县（市）创建等工作目标与要求，切实提高福建省土地利用、发展质量与效益。http://www.fujian.gov.cn/zc/zfxxgkl/gkml/jgzz/gtzycxjs/201705/t20170509_1180179.htm，2018年6月10日访问。

[172]根据中国碳排放交易网消息，福建省于2014年年底出台《福建省生态红线划定工作实施方案》，在重要生态功能区、生态敏感区和脆弱区划定生态红线，明确主导生态功能，制定生态保护措施，加强保护与监管。http://www.tanpaifang.com/zhengcefagui/2015/ 012041814.html，2018年6月10日访问。

作方案》还对各县（市、区）以及省直各部门进行了具体分工和细致的工作进度安排。福建省印发《福建省永久基本农田划定工作方案》[173]，切实加强和完善福建省永久基本农田的保护。《福建省海岸带保护与利用管理条例》[174]更进一步加强对于自然岸线保有率和围填海总量控制制度，对福建省海岸线实行分类分级管理。

（4）推进国家公园体制试点

福建省于2016年便已建立武夷山国家公园体制试点工作联席会议制度[175]。此后，福建省人大常委会通过《武夷山国家公园条例（试行）》[176]，南平市出台《关于开展武夷山国家公园体制试点区自然资源统一确权登记的通告》[177]，严格按照《国家生态文明试验区（福建）实施方案》《国家发改委关于武夷山国家公园体制试点区实施方案的复函》的要求并结合当地实际情况和具体问题，积极推进武夷山国家公园体制试点工作，探索国家公园保护管理模式。

2. 生态产品价值实现的先行区

（1）建立自然资源资产产权制度

1）建立统一的确权登记系统

《福建省林权登记条例》[178]出台于2009年，对于福建省行政区域内林权进行登记，旨在加强林权管理，从而保障权利人的合法权益。福建省晋江市[179]积极开展自然资源资产统一确权登记试点工作。《福建省自然资源统一确权登记办法（试

[173] 根据福建省人民政府网站消息，福建人民政府办公厅于2015年7月15日印发了《福建省永久基本农田划定工作方案》，通过开展基本农田划定工作，确保福建省近两千亩的永久基本农田总量不减少、用途不改变、质量有提高，切实加强和完善福建省永久基本农田的保护。http://www.fujian.gov.cn/zc/zfxxgkl/gkml/jgzz/gtzycxjs/201507/t20150724_1179981.htm，2018年6月10日访问。

[174] 根据福建省人大网消息，福建省第十二届人民代表大会常务委员会第三十一次会议于2017年9月30日审议通过《福建省海岸带保护与利用管理条例》，该条例自2018年1月1日起施行。http://www.fjrd.gov.cn/ct/16-126714，2018年6月10日访问。

[175] 根据周宁县人民政府网站消息，福建省办公厅于2016年9月26日下发了《关于建立武夷山国家公园体制试点工作联席会议制度的通知》，为武夷山国家公园体制试点区的实施加以有力的组织和制度保障。http://www.zhouning.gov.cn/xxgk/sjwj/201610/t20161008_63114.htm，2018年6月10日访问。

[176] 根据福建人大网消息，福建省第十二届人民代表大会常务委员会第三十二次会议于2017年11月24日通过了《武夷山国家公园条例（试行）》。http://www.fjrd.gov.cn/ct/63-128481，2018年6月10日访问。

[177] 根据福建省南平市人民政府网站消息，福建省南平市人民政府于2017年5月17日印发了《关于开展武夷山国家公园体制试点区自然资源统一确权登记的通告》。http://www.np.gov.cn/cms/html/npszf/2017-05-19/655747284.html，2018年6月10日访问。

[178] 根据法律图书馆网站消息，福建省第十一届人民代表大会常务委员会第十二次会议于2009年11月26日审议通过《福建省林权登记条例》。http://www.law-lib.com/law/law_view.asp?id=346020，2018年6月10日访问。

[179] 根据晋江市人民政府网站消息，晋江市人民政府于2017年1月9日印发了《晋江市自然资源统一确权登记试点工作规则》。http://www.jinjiang.gov.cn/zfshow.aspx?Id=42528，2018年6月10日访问。

行）》[180]对福建省范围内的自然资源确权登记进行规范，积极探索建立统一的确权登记系统。

2）建立自然资源产权体系

《福建省全民所有自然资源资产有偿使用制度改革实施方案》[181]推进了福建省全民所有自然资源资产有偿使用制度改革。福建省高度重视加快推进自然资源产权制度改革，《福建省自然资源产权制度改革实施方案》[182]已经出台。

3）开展健全自然资源资产管理体制试点

《福建省全民所有自然资源资产有偿使用制度改革实施方案》[183]为各类自然资源资产的各项制度改革明确了责任单位，但尚未实现中央要求"所有者和监管者分开、一件事情由一个部门负责的原则[184]"，而是采取了多部门联动的方式进行改革探索。

（2）推进生态产品市场化改革

1）培育环境治理和生态保护市场主体

《关于福建省培育发展环境治理和生态保护市场主体的实施意见》[185]积极探索推行市场化环境治理和生态保护模式，加快培育环境治理和生态保护市场，营造公平竞争的市场环境，健全政策支持体系，为培育发展环境治理和生态保护市场主体提供强有力的实施保障方案。

[180]根据福建省国土资源厅网站消息，福建省省国土资源厅、福建省委编办、福建省财政厅、福建省环境保护厅、福建省农业厅、福建省林业厅、福建省水利厅、福建省海洋渔业厅于2017年5月18日联合印发《福建省自然资源统一确权登记办法（试行）》，以规范全省自然资源统一确权登记。2018年6月10日访问。

[181]根据福建政府法制信息网站消息，福建省人民政府于2017年9月7日印发了《福建省全民所有自然资源资产有偿使用制度改革实施方案》，维护国家所有者权益，促进自然资源保护和合理利用。http://fjfzb.gov.cn/cms/html/sfzb/2017-10-17/1212230023.html，2018年6月10日访问。

[182]根据福建省人民政府网站消息，福建省人民政府办公厅于2018年7月3日印发《福建省自然资源产权制度改革实施方案》。http://www.fujian.gov.cn/zc/zfxxgkl/gkml/jgzz/gtzycxjs/201807/t20180706_3415003.htm，2018年7月30日访问。

[183]根据福建政府法制信息网站消息，福建省人民政府于2017年9月7日印发了《福建省全民所有自然资源资产有偿使用制度改革实施方案》。http://www.fujian.gov.cn/zc/zxwj/szfwj/201709/t20170913_1180208.htm，2018年6月10日访问。

[184]《国家生态文明试验区（福建）实施方案》明确要求开展健全自然资源资产管理体制试点，应按照所有者和监管者分开、一件事情由一个部门负责的原则，明确由一个部门并授权其代表国家对同一国土空间的全民所有的各类自然资源资产统一行使所有权。

[185]根据福建省人民政府网站消息，福建省人民政府办公厅于2016年11月30日印发了《关于福建省培育发展环境治理和生态保护市场主体的实施意见》。http://www.fujian.gov.cn/zc/zfxxgkl/gkml/jgzz/hjnyzcwj/201612/t20161209_1186333.htm，2018年6月10日访问。

2）建立用能权交易制度

2017年出台《福建省用能权有偿使用和交易试点实施方案》[186]，积极推动福建省用能权分配和有偿使用制度建设。

3）建立碳排放权交易市场体系

《福建省碳排放权交易管理暂行办法》[187]《福建省碳排放权交易市场建设实施方案》[188]《福建省碳排放权抵消管理办法（试行）》[189]《福建省碳排放权交易市场调节实施细则（试行）》[190]《福建省碳排放配额管理实施细则（试行）》[191]《福建省碳排放权交易规则（试行）》[192]相继出台，为支持福建省开展林业碳汇交易试点，福建省还出台了《福建省林业碳汇交易试点方案》[193]，要在顺昌、永安[194]、长汀、德化、华安、霞浦[195]、洋口国有林场、五一国有林场等20个县（市、区）、林场积极开展

[186] 根据福建省人民政府网站消息，福建省人民政府于2017年12月28日印发了《福建省用能权有偿使用和交易试点实施方案》，积极推动福建省用能权分配和有偿使用制度建设，培育、发展用能权交易市场，推动完成福建省能源消费总量和强度"双控"目标任务，推动扩大试点范围，推动建立用能权交易制度，推动实现开展跨区域用能权交易。http://www.fujian.gov.cn/zc/zfxxgkl/gkml/jgzz/jmgjgz/201801/t20180108_1180669.htm，2018年6月10日访问。

[187] 根据福建省人民政府网站消息，福建省人民政府第68次常务会议于2016年9月18日通过了《福建省碳排放权交易管理暂行办法》，自2016年9月22日起施行。http://www.fujian.gov.cn/zc/zfxxgkl/gkml/jgzz/fgfz/201610/t20161002_1135886.htm，2018年6月10日访问。

[188] 根据福建省人民政府网站消息，福建省人民政府于2016年9月26日印发了《福建省碳排放权交易市场建设实施方案》。http://www.fujian.gov.cn/zc/zxwj/szfwj/201610/t20161002_1186289.htm，2018年6月10日访问。

[189] 根据南平市发展与改革委员会网站消息，福建省经济和信息化委员会于2016年11月28日印发了《福建省碳排放权抵消管理办法（试行）》。http://www.npfgw.gov.cn/cms/html/fgw/2016-12-26/154340102.html，2018年6月10日访问。

[190] 根据福建省人民政府网站消息，福建省发展和改革委员会、福建省财政厅于2016年11月30日印发了《福建省碳排放权交易市场调节实施细则（试行）》。http://www.fujian.gov.cn/xw/ztzl/qyjrdd/bmwj/sfgw/201612/t20161206_1309085.htm，2018年6月10日访问。

[191] 根据福建省人民政府网站消息，福建省发展和改革委员会于2016年12月2日印发了《福建省碳排放配额管理实施细则（试行）》。http://www.fujian.gov.cn/xw/ztzl/qyjrdd/bmwj/sfgw/201612/t20161206_1309112.htm，2018年6月10日访问。

[192] 根据南平市发展与改革委员会网站消息，海峡股权交易中心于2016年12月26日发布了《福建省碳排放权交易规则（试行）》。http://www.npfgw.gov.cn/cms/html/fgw/2016-12-26/2140432817.html，2018年6月10日访问。

[193] 根据福建省人民政府网站消息，福建省人民政府办公厅于2017年5月17日印发了《福建省林业碳汇交易试点方案》。http://www.fujian.gov.cn/zc/zxwj/szfbgtwj/201705/t20170525_1477209.htm，2018年6月10日访问。

[194] 根据搜狐网消息，永安市于2017年12月18日实现全国首批福建省首单VCS林业碳汇交易，这是实施福建省生态文明试验区建设的具体实践。http://www.sohu.com/a/211404684_349413，2018年6月10日访问。

[195] 根据宁德新闻网站消息，2017年7月10日，在霞浦县杨梅岭林场江西岭林区，来自福建四维林景生态工程设计院的工作人员正为霞浦县林业碳汇项目的碳汇测算收集数据。目前，霞浦县林业碳汇试点工作正按项目节点顺利推进。http://www.ndwww.cn/xw/ndxw/2017/0713/53089.shtml，2018年6月10日访问。

林业碳汇交易试点，深化福建省碳排放权交易试点，推动福建省碳排权交易市场体系的建立。

4）完善排污权交易制度

《关于全面实施排污权有偿使用和交易工作的意见》[196]，将排污权有偿使用和交易的实施对象由行业试点扩大为福建省范围内工业排污单位，完善福建省排污权交易制度。

5）构建绿色金融体系

《福建省绿色金融体系建设实施方案》[197]旨在建立健全绿色金融体系，支持和促进生态文明建设。《关于推行环境污染责任保险制度的意见》[198]是在高风险领域建立环境污染责任保险制度，提升处置能力、引导企业加强风险管理，推动企业守法自律、履行环境保护责任。

（3）建立完善多元化的生态保护补偿机制

1）完善流域生态保护补偿机制

《福建省重点流域生态保护补偿办法（2017年修订）》[199]进一步加大了对于流域生态保护补偿力度。此外，福建省与广东省开展的汀江—韩江跨省流域生态保护补偿试点工作[200]成效初显，福建省生态保护补偿机制正日渐完善。

---

[196] 根据福建省人民政府网站消息，福建省人民政府于2016年11月16日出台了《关于全面实施排污权有偿使用和交易工作的意见》。http://www.fujian.gov.cn/zc/zxwj/szfwj/201611/t20161123_1109023.htm，2018年6月10日访问。

[197] 根据福建省经济和信息化委员会网站消息（详见2018年6月10日百度快照），福建省人民政府于2017年5月19日印发了《福建省绿色金融体系建设实施方案》，大力发展绿色信贷、推动资本市场支持绿色投资、积极发展绿色保险、动员社会资本支持生态文明试验区建设、丰富绿色金融产品和工具、完善支撑绿色金融发展的配套政策体系，发挥金融市场优化资源配置、服务实体经济的重要功能，支持和促进福建省生态文明建设。http://jxw.fujian.gov.cn/xw/jxyw/201706/t20170601_2107044.htm，2018年6月10日访问。

[198] 根据福州市环保局网站消息，福建省人民政府于2016年11月11日印发了《关于推行环境污染责任保险制度的意见》，在环境高风险领域建立环境污染责任保险制度，提升对于突发环境事件防范和处置能力、引导企业加强风险管理，推动企业守法自律、履行环境保护责任。旨在福建省构建保障齐全、运行良好的污染责任保险市场机制，有效防范环境风险，降低环境污染损害，促进环境质量改善。http://www.fuzhou.gov.cn/zgfzzt/shbj/zz/hjzc/201711/t20171115_1838036.htm，2018年6月10日访问。

[199] 根据莆田市人民政府网站消息，福建省人民政府于2017年8月12日印发了《福建省重点流域生态保护补偿办法（2017年修订）》，进一步加大对于流域生态保护补偿力度，推进流域生态保护补偿机制全覆盖，加快建设机制活、产业优、百姓富、生态美的新福建。http://www.putian.gov.cn/zwgk/zxwjs/fjszfwj/201708/t20170818_662900.html，2018年6月10日访问。

[200] 根据新华网消息，在福建武平县象洞镇闽粤交界处，象洞溪一如既往南流广东。不同的是，汩汩流淌的不再是昔日黑臭污浊的劣Ⅴ类水，而是游鱼可见的一泓清流。象洞溪变清，是我国跨省流域生态补偿机制试点——闽粤汀江—韩江流域试点的缩影。http://www.xinhuanet.com/local/2017-05/11/c_1120957784.htm.

2）完善生态保护区域财力支持机制

福建省出台了《福建省综合性生态保护补偿试行方案》[201]，积极开展综合性生态保护补偿，完善福建省生态保护补偿制度体系，加快推进国家生态文明试验区建设。福建省闽江、九龙江、汀江源头和以武夷山—玳瑁山山脉为核心的区域内有关县（市）调整纳入国家重点生态功能区[202]的工作有序进行，中央财政转移支付政策[203]初见成效。

3）完善森林生态保护补偿机制

《关于健全生态保护补偿机制的实施意见》[204]明确将福建省林业厅、财政厅作为责任单位，必须要完善生态公益林补偿机制。《关于持续深化集体林权制度改革六条措施的通知》[205]进一步明确相关制度改革目标。《福建省重点生态区位商品林赎买等改革试点方案》[206]更是积极探索建立多元化赎买资金筹集机制，武夷山市[207]、三明

[201] 根据福建省人民政府网站消息，福建省人民政府办公厅于2018年3月14日印发了《福建省综合性生态保护补偿试行方案》。http://www.fujian.gov.cn/zc/zxwj/szfbgtwj/201803/t20180327_2254392.htm，2018年6月10日访问。

[202] 根据搜狐网消息，财政部明确从2017年起，将福建省永泰、永春、华安、屏南、寿宁、周宁、柘荣7个县纳入国家重点生态功能区转移支付范围。加上从2015年起财政部先行将武夷山—玳瑁山山脉涉及的13个县（市）纳入国家重点生态功能区转移支付范围，至此，福建省列入国家重点生态功能区转移支付范围的县（市）数量扩大到20个。http://www.sohu.com/a/196893878_263868，2018年6月10日访问。

[203] 根据中华人民共和国财政部网站消息，财政部于2017年8月2日印发了《中央对地方重点生态功能区转移支付办法》的通知。http://yss.mof.gov.cn/ybxzyzf/zdstgnqzyzf/201708/t20170814_2672098.html，2018年6月10日访问。

[204] 根据福建省人民政府网站消息，福建省人民政府于2016年12月6日印发了《关于健全生态保护补偿机制的实施意见》。http://www.fujian.gov.cn/zc/zfxxgkl/gkml/jgzz/hjnyzcwj/201612/t20161212_1186340.htm，2018年6月10日访问。

[205] 根据福建省人民政府网站消息，福建省人民政府办公厅于2016年6月16日印发了《关于持续深化集体林权制度改革六条措施的通知》。明确大力培育新型林业经营主体、加大金融支持林业发展力度、完善林权抵押贷款风险防控机制、推进重点区位森林资源管护、科学发展林下经济、健全林业服务体系的改革目标与方向。http://www.fujian.gov.cn/zc/zfxxgkl/gkml/jgzz/nlsyzcwj/201606/t20160628_1477118.htm，2018年6月10日访问。

[206] 根据福建省人民政府网站消息，福建省人民政府办公厅于2017年1月12日印发了《福建省重点生态区位商品林赎买等改革试点方案》。http://www.fujian.gov.cn/xw/ztzl/gjcjgxgg/zc/201701/t20170122_1477179.htm，2018年6月10日访问。

[207] 根据南平市人民政府网站消息，南平市人民政府办公室于2017年2月21日印发了《关于全面推进重点生态区位商品林赎买等改革试点工作的通知》。http://www.np.gov.cn/cms/html/npszf/2017-03-07/367644257.html，2018年6月10日访问。

市[208]、沙县[209]、武平县[210]、东山县[211]、柘荣县[212]等都开展了商品林赎买试点工作。

3. 环境治理体系改革的示范区

（1）完善流域和海洋生态环境治理机制

1）完善流域治理机制

《福建省全面推行河长制实施方案》[213]推动构建有效河流保护管理机制，为“再上新台阶、建设新福建”提供支撑保障。《福建省流域水环境保护条例》[214]是积极探索构建流域水环境保护协作机制有效成果。福建平潭综合实验区[215]是将任务分工，把试点责任落实到各个政府部门，积极开展按流域设置环境监管和行政执法

[208] 根据三明市人民政府网站消息，三明市农业局于 2018 年 4 月 11 日印发了《关于分解重点生态区位商品林赎买改革试点工程包任务的通知》。http://xxgk.sm.gov.cn/szfgzjg/lyj/zfxxgkml/gfwj/201804/t20180424_1100172.htm，2018 年 6 月 10 日访问。

[209] 根据沙县人民政府网站消息，福建省重点生态区位商品林赎买等改革试点工作会议在沙县召开。2015 年，沙县被列入全省首批重点生态区位商品林赎买改革试点单位，自试点以来，成立重点生态区位商品林赎买等试点工作领导小组，采取直接赎买、定向收储、提升改造三种模式进行赎买。对被赎买的区位林，由县国有生态林场管理，并纳入森林生态（防火）巡护大队巡护范围，将防火、防盗、防虫与巡河相结合，实现绿水青山一起护，形成了一套完整的赎买工作体系。2017 年 1 月，福建省政府发文，将沙县的改造提升模式在全省推广。2017 年 5 月 6 日，《人民日报》生态周刊版以“森林添绿 林农增收”为标题，肯定了沙县提升改造模式的创新做法。http://www.fjsx.gov.cn/zwgk/jjsx/jrqc/201709/t20170908_798179.htm，2018 年 6 月 10 日访问。

[210] 根据百家号网站消息，武平县于 2016 年启动了重点生态区位商品林赎买试点工作，并被列为全省首批重点生态区位商品林赎买试点县。试点工作开展以来，武平县制定了《武平县重点生态区位商品林赎买试点工作方案》，明确赎买任务、赎买原则和工作措施，坚持有利于保护、自愿、公开、“四优先”的赎买“四项原则”，深入开展调查摸底，积极与林权所有者沟通协商，争取林权所有者的支持。截至 2017 年 3 月，共完成重点生态区位商品林赎买面积 4 001.76 亩，签订合同 6 份；完成租赁形式面积 15 235 亩，签订租赁合同 82 份，有效化解了重点生态区位商品林保护与林农利益的矛盾，更好地保护生态，改善民生，保障林权所有者的利益。https：//baijiahao.baidu.com/s?id=1562127684313503&wfr=spider&for=pc，2018 年 6 月 10 日访问。

[211] 根据漳州市人民政府网站消息，漳州市人民政府办公室于 2017 年 4 月 26 日印发了《漳州市重点生态区位商品林赎买等改革试点方案》。http://www.zhangzhou.gov.cn/cms/html/zzsrmzf/2017-08-02/1596809017.html，2018 年 6 月 10 日访问。

[212] 根据宁德网消息，2015 年 6 月，柘荣县作为重点区位商品林赎买试点县，在全省率先推行。两年来，该县在实施重点生态区位商品林赎买试点工作中，立足林业实际，实施后续补偿、推进整村赎买等改革举措，为全省商品林赎买试点提供了经验。http://www.ndwww.cn/xspd/zrxw/2017/0503/47408.shtml，2018 年 6 月 10 日访问。

[213] 根据中华人民共和国水利部网站消息，福建省委办公厅、政府办公厅于 2017 年 2 月 27 日印发了《福建省全面推行河长制实施方案》，推动构建责任明确、协调有序、监管严格、保护有力的河流保护管理机制，维护河流健康生命，实现河流功能永续利用，为“再上新台阶、建设新福建”提供支撑保障。http://www.mwr.gov.cn/ztpd/2016ztbd/qmtxhzzhhghkxj/gzfa/201708/t20170802_972565.html，2018 年 6 月 10 日访问。

[214] 根据福建人大网站消息，福建省第十一届人民代表大会常务委员会第二十七次会议于 2011 年 12 月 2 日通过《福建省流域水环境保护条例》。http://www.fjrd.gov.cn/ct/16-13378，2018 年 6 月 10 日访问。

[215] 根据福建省平潭综合实验区网站消息，平潭综合实验区经济发展局于 2016 年 10 月 31 日印发了《关于征求《平潭综合实验区贯彻落实〈国家生态文明试验区（福建）实施方案〉任务分工方案（征求意见稿）》意见的通知》。http://www.pingtan.gov.cn/jhtml/ct/ct_2936_55965，2018 年 6 月 10 日访问。

机构试点，探索建立水量水质综合调度机制。

2）完善海洋环境治理机制

《福建省海岸带保护与利用管理条例》[216]探索建立海岸带污染防治海陆联动机制。为完善陆源污染物排海总量控制和溯源追究制度，《九龙江—厦门湾污染物排海总量控制试点工作方案（2017—2020年）》，在重点海湾对污染物排海总量进行控制试点[217]。福建省印发了《关于〈平潭综合实验区污染物排海总量控制目标任务及减排分解方案（2017—2020）〉的通知》[218]，为福建省在全省范围内制定污染物排海总量控制目标任务及减排分解方案进行了探索与尝试。此外，福建省探索建立海洋资源环境承载能力监测评价与预警机制[219]，国家海洋局环保司明确《厦门市国家级海洋生态文明示范区建设基本原则》[220]，推动厦门开展污染物入海减排治理、海洋生态保护与修复、海洋文化宣传教育等示范工作。

（2）建立农村环境治理体系

福建省积极展开试点与尝试探索建立农村环境综合整治长效机制，泰宁县、安溪县、厦门同安区、福州马尾区、闽侯县上街镇、南平武夷山市、南平邵武市等多

[216]根据福建人大网站消息，福建省第十二届人民代表大会常务委员会第三十一次会议于2017年9月30日通过《福建省海岸带保护与利用管理条例》。探索建立海岸带污染防治的海陆联动机制，加强海岸带管理，有效保护海岸带生态环境，合理利用海岸带资源，充分发挥海岸带在经济、社会、文化及生态文明建设中的重要作用。http://www.fjrd.gov.cn/ct/16-126714，2018年6月10日访问。

[217]根据福建省人民政府网站消息，福建省人民政府办公厅于2017年9月8日印发了《九龙江—厦门湾污染物排海总量控制试点工作方案（2017—2020年）》。http://www.fujian.gov.cn/zc/zxwj/szfwj/201709/t20170914_1477226.htm，2018年6月10日访问。

[218]根据福建省平潭综合实验区网站消息，平潭综合实验区管委会办公室于2018年1月30日印发了《关于〈平潭综合实验区污染物排海总量控制目标任务及减排分解方案（2017—2020）〉的通知》。http://www.pingtan.gov.cn/jhtml/ct/ct_2964_71107，2018年6月10日访问。

[219]根据中国海洋食品网站消息，2017年4月13日，福建省海洋环境与渔业资源监测中心举办了“海洋资源环境承载能力监测预警技术方法及长效机制”专题讲座，此次讲座是在省海洋与渔业厅与国家海洋环境监测中心签订的战略合作协议框架下进行的一次技术培训，既有较高的理论水准，又有很强的现实针对性，深入浅出、通俗易懂，对今后福建省全面开展海洋资源环境承载能力监测预警工作将起到积极的推动作用。http://www.oeofo.com/news/201704/17/list211298.html，2018年6月10日访问。

[220]根据国家海洋局网站消息，国家海洋局生态环境保护司于2016年4月15日公布了《厦门市国家级海洋生态文明示范区建设基本原则》。http://www.soa.gov.cn/xw/ztbd/ztbd_2016/gjjhystwmsfq/sfqzs/xm/sthy/201604/t20160415_50980.html，2018年6月10日访问。

地[221]试点均有所成效。福建省出台了《福建省培育发展农村污水垃圾处理市场主体方案》[222]，把农村污水垃圾治理作为政府基本公共服务的重要内容，坚持“政府主导、社会参与、市场化运作”，提高农村污水垃圾治理水平和效率。此外，《福建省水土保持条例》[223]是持续深入推广“长汀经验”[224]的有效实践，为加强建设生态文明、促进经济社会可持续发展提供政策支持和保障。

[221]根据东方网新闻频道消息，泰宁县制定《村级生活污水处理设施运行维护管理暂行办法》，即从财政年度预算统筹一点、从征收排污费适当考虑一点以及从生态补偿资金中安排一点，目前这种模式已在三明等地推开。二是“第三方运营”模式。安溪县出台《乡镇生活污水处理设施第三方运行管理暂行规定》实行设施委托第三方运行管理制度。三是“财政全额补贴”模式。厦门同安区、福州马尾区设立后期运行管理专项资金，全部由县级财政按照现行财政体制承担，纳入年度财政预算。四是“市政统管”模式。福州闽侯县将上街镇垃圾中转站统一纳入上街镇市政管理中心统一管理，运行资金由县财政统一拨款。五是“景区补助”模式。南平武夷山市充分利用景区优势，在市级财政预算和乡镇自筹的基础上，从景区补助经费中考虑一部分，共同用于保障农村环境基础设施长效运行。六是“社会共管”模式。南平邵武市综合考虑当地部分乡镇工业企业较发达、村民收入较高自愿出资等因素，实行“镇、村、企业、民间协同管护”机制，落实运行经费。http://news.eastday.com/eastday/13news/auto/news/china/u7ai1478131_K4.html，2018 年 6 月 10 日访问。

[222]根据福建省人民政府网站消息，福建省人民政府办公厅于 2017 年 3 月 31 日印发了《福建省培育发展农村污水垃圾处理市场主体方案》，把农村污水垃圾治理作为政府基本公共服务的重要内容，坚持“政府主导、社会参与、市场化运作”，推进供给侧结构性改革，加快培育农村污水垃圾处理市场体系，提高农村污水垃圾治理水平和效率。http://www.fujian.gov.cn/zc/zxwj/szfbgtwj/201704/t20170406_1180173.htm，2018 年 6 月 10 日访问。

[223]根据宁德市水利局网站消息，福建省第十二届人民代表大会常务委员会第九次会议于 2014 年 5 月 22 日通过《福建水土保持条例》，自 2014 年 7 月 1 日起施行。1995 年 1 月 13 日福建省第八届人民代表大会常务委员会第十四次会议通过，1997 年 10 月 25 日经福建省第八届人民代表大会常务委员会第三十五次会议修订的《福建省实施〈中华人民共和国水土保持法〉办法》同时废止。《福建水土保持条例》为了预防、治理水土流失，保护和合理利用水土资源，减轻水、旱、风沙灾害，改善生态环境，建设生态文明，促进经济社会可持续发展提供政策支持和保障。http://www.ndsl.gov.cn/portal/news16406，2018 年 6 月 10 日访问。

[224]根据人民网福建频道消息，长汀曾是我国南方红壤区水土流失最为严重的县之一，其历史之长、面积之广、程度之重、危害之大，居全省之首。早在 20 世纪 40 年代，长汀就与陕西长安、甘肃天水一起，被列为当时全国三个重点水土保持试验区。据 1985 年遥感普查，全县水土流失面积达 146.2 万亩，占国土面积近三分之一。从 1949 年 12 月成立“福建省长汀县河田水土保持试验区”开始到 1983 年，长汀县对水土流失进行了初步治理和治理模式的探索，取得了一定成效。1983 年，时任福建省委书记的项南同志到长汀河田视察水土保持工作时，总结出水土保持“三字经”，在他的亲自推动下，省委、省政府把长汀列为全省水土流失治理试点，拉开了大规模水土流失治理的序幕。1999 年和 2001 年，时任福建省长的习近平同志先后两次专程到长汀视察、指导水土流失治理工作，并做出“再干 8 年，解决长汀水土流失问题”的重要批示，在他的亲自倡导和关心下，省委、省政府 2000 年开始将长汀水土流失治理工作列入为民办实事项目，每年补助 1 000 万元。从此，长汀水土流失治理迈上了规范、科学、有效的道路。截至 2012 年年底，长汀县累计治理水土流失面积 128.19 万亩，治理度达 87.7%，其中彻底治理面积达 101.08 万亩，水土流失面积下降到 45.12 万亩，治理成功率达 69%。http://fj.people.com.cn/changting/n/2014/0512/c355599-21185878.html.

（3）健全防灾减灾体系

《福建省环保机构监测监察执法垂直管理制度改革实施方案》[225]意味着福建省环保垂直管理制度改革试点省正式进入实施阶段。《福建省“十三五”环境保护规划》[226]推动完善跨部门环保协调机制，《福建省环境保护督察实施方案（试行）》[227]旨在建立环保督察制度，《福建省建立网格化环保监管体系指导意见（试行）》[228]则是大力推行环境监管网格化管理。此外，《福建省建设“食品放心工程”三年行动方案（2014—2016）》[229]是旨在探索建立健全食品安全监管、农产品和水产品质量安全监管体系的重要尝试。

（4）完善环境管理制度

《福建省大气污染防治行动计划实施细则》[230]明确指出要严格执行相关行业企业环境信息强制公开制度，推动环境信息公开。《2018年福建省环境宣传教育工作要点》[231]明确指出要在福建省内建立健全环境新闻发言人制度，泉州市[232]积极开展相关试点工作。目前，福建省已搭建重点污染源信息综合发布平台[233]，正积极探索建立环境数据分级分类开放共享制度。福建省开通“12369环保举报”微信平

[225]根据人民网消息，福建省委办公厅、福建省政府办公厅于2017年12月印发《福建省环保机构监测监察执法垂直管理制度改革实施方案》。http://legal.people.com.cn/n1/2017/1220/c42510-29717755.html，2018年6月10日访问。

[226]根据中国水网站消息，福建省环保厅于2016年12月6日印发了《福建省“十三五”环境保护规划》。http://www.h2o-china.com/news/256836.html，2018年6月10日访问。

[227]根据福建省屏南县政府网站消息，福建省委办公厅、福建省政府办公厅于2016年3月联合印发《福建省环境保护督察实施方案（试行）》。《实施方案》提出，从今年开始，每两年对全省各设区市、平潭综合实验区进行一遍督察，督察结果作为领导干部任免和生态环境损害责任终身追究、自然资源资产离任审计的重要参考。http://www.pingnan.gov.cn/xxgk/zcjd/zcwjjd/201604/t20160405_55392.htm，2018年6月10日访问。

[228]根据中国电子政务网站消息，福建省环保厅于2015年2月27日印发了《福建省建立网格化环保监管体系指导意见（试行）》。http://www.e-gov.org.cn/article-155440.html，2018年6月10日访问。

[229]根据莆田市人民政府网站消息，福建省人民政府于2014年7月4日就印发了《福建省建设“食品放心工程”三年行动方案（2014—2016）》。http://www.putian.gov.cn/zwgk/zxwjs/fjszfwj/201407/t20140714_199647.html，2018年6月10日访问。

[230]根据福建省人民政府网站消息，福建省人民政府于2014年1月5日印发了《福建省大气污染防治行动计划实施细则》。明确指出要严格执行重污染行业企业环境信息强制公开制度，推动环境信息公开。http://www.fujian.gov.cn/zc/zfxxgkl/gkml/jgzz/hjnyzcwj/201401/t20140114_1186014.htm，2018年6月10日访问。

[231]根据南平市人民政府网站消息，南平市环保局于2018年3月15日印发了《关于转发福建省环保厅关于印发〈2018年福建省环境宣传教育工作要点〉的通知》。http://www.np.gov.cn/cms/html/npszf/2018-03-16/2096794486.html，2018年6月10日访问。

[232]根据中华人民共和国国务院新闻办公室网站消息，泉州市环境保护局于2017年8月22日印发了《泉州市环境保护局新闻发言人制度（试行）》。http://www.scio.gov.cn/xwfbh/zdjs/Document/1562517/1562517.htm，2018年6月10日访问。

[233]根据福建省重点污染源信息综合发布平台信息，自2016年起，福建省环保厅将原有“企业自行监测数据发布平台”整合为“重点污染源信息综合发布平台”，新平台面向公众实时、同时发布企业污染物自行监测各项指标信息、政府部门开展污染源监督性监测各项指标信息。http://wryfb.fjemc.org.cn/，2018年6月10日访问。

台[234]与原有的环保 12369 电话举报以及传统的信访举报投诉渠道共同作用，以健全环境问题举报制度。《福建省建设项目环境影响评价文件分级审批管理规定》[235]早已出台，但相关信息公开制度仍有待完善。

（5）健全环境资源司法保护机制

福建省对外公布了生态环境司法保护工作 16 项机制的意见，标志着福建省已在全国率先建立起生态环境司法保护工作体系[236]，全力支持社会公益组织和检察机关提起环境公益诉讼，不断提升环境资源专门化审判，努力健全环境资源司法保护机制，更在全国范围内首创"三位一体"的福建生态检察模式[237]以推进生态恢复性司法应用。《福建省高级人民法院关于进一步深化多元化纠纷解决机制改革的实施意见》[238]则深化完善了福建环境资源多元化纠纷解决机制。

4. 绿色发展评价导向的实践区

（1）建立生态文明建设目标评价考核制度

《福建省生态文明建设目标评价考核办法》[239]及其配套的《福建省绿色发展指标体系》《福建省生态文明建设考核目标体系》，要求对各设区市党委政府、平潭综合

[234] 根据福建新闻频道网站消息，福建省、市环保部门于 2015 年 6 月 5 日全面开通"12369 环保举报"微信公众平台。市民可通过"12369 环保举报"微信公众平台发送文字、图片定位等信息，举报福建省境内的环境污染情况。12369 环保微信举报，通俗地讲就是污染举报"随手拍"，拍完通过微信直接发送到"12369 环保举报"微信公众号向环保部门举报投诉，环保部门在规定的时间内审核、受理、转办、办理、调查处理并通过微信答复举报人。http://fjnews.fjsen.com/2015-06/04/content_16191147.htm，2018 年 6 月 10 日访问。

[235] 根据泉州市环境保护局网站消息，福建省环境保护厅于 2014 年 7 月 8 日印发了《福建省建设项目环境影响评价文件分级审批管理规定》。http://www.qzepb.gov.cn/xxgk/zfxxgkzl/zfxxgkml/fgwj/201407/t20140724_40405.htm，2018 年 6 月 10 日访问。

[236] 根据央广网福州网站 2017 年 9 月 11 日消息，福建法院已在全国率先建立覆盖省、市、县三级的生态环境审判机构，共有生态环境审判庭 73 个、专门合议庭 10 个、生态法官和审判辅助人员 300 余人，近 10 年来累计审结涉生态环境各类案件 2 万余件，福建法院生态环境审判机构数、生态法官和司法辅助人员人数、办结生态环境案件数均居全国法院首位。http://news.cnr.cn/native/city/20170911/t20170911_523944524.shtml，2018 年 6 月 10 日访问。

[237] 根据福建检察微信公众号消息，2013 年以来，福建省检察机关生态检察部门深入学习贯彻习近平总书记系列重要讲话精神和治国理政新理念、新思想、新战略，紧紧围绕建设"机制活、产业优、百姓富、生态美"的新福建，在探索中创新、在实践中规范、在服务大局中发展，首创"专业化法律监督＋恢复性司法实践＋社会化综合治理"——"三位一体"的福建生态检察模式，成为福建检察工作的特色和亮点，三次在全国检察会议上作经验介绍并被纳入中央《国家生态文明试验区（福建）实施方案》和写入最高检 2017 年工作报告全国推广。http://k.sina.com.cn/article_5053469079_v12d35d197019002obk.html，2018 年 6 月 10 日访问。

[238] 根据新华网福建频道网站消息，福建省高级人民法院于 2016 年 11 月制定下发了《福建省高级人民法院关于进一步深化多元化纠纷解决机制改革的实施意见》。福建省高级人民法院 2016 年 11 月 2 日上午召开新闻发布会，发布全省法院深化多元化纠纷解决机制改革基本情况。http://www.fj.xinhuanet.com/yuanchuang/2016-11/02/c_1119836409.htm，2018 年 6 月 10 日访问。

[239] 根据福州本地宝网站消息，福建省委办公厅、省政府办公厅于 2017 年 6 月 18 日印发了《福建省生态文明建设目标评价考核办法》及其配套的《福建省绿色发展指标体系》《福建省生态文明建设考核目标体系》。http://fz.bendibao.com/wei/201768/181711.shtm，2018 年 6 月 10 日访问。

实验区党工委和管委会开展绿色发展进行年度评价和生态文明建设目标五年考核。

（2）开展自然资源资产负债表编制

《福建省编制自然资源资产负债表试点实施方案》[240]已经出台，长乐市[241]、晋江市[242]积极开展试点，深入探索编制全省自然资源资产负债表。

（3）领导干部自然资源资产离任审计

《贯彻落实开展领导干部自然资源资产离任审计试点方案的实施意见》[243]，拉开“生态审计”帷幕。此后，莆田市[244]、闽清县[245]、光泽县[246]多地积极开展试点工作，切实加强对自然资源资产审计监督，强化审计与各业务部门间协作联系。

[240] 根据莆田市人民政府网站消息，福建省人民政府办公厅于2016年6月8日印发了《福建省编制自然资源资产负债表试点实施方案》。在推进土地、林木、水以及海洋4种主要自然资源资产核算工作，探索建立实物量核算账户，深入探索编制全省自然资源资产负债表。http://www.putian.gov.cn/zwgk/zxwjs/fjszfwj/201606/t20160617_477395.html，2018年6月10日访问。

[241] 根据福州新闻网消息，2016年长乐率先在全省开展自然资源资产负债表编制试点工作，重点推进土地、林木、水以及海洋4种主要自然资源资产负债编制工作，摸清自然资源“家底”。2016年12月15日编制完成的《2015年长乐自然资源资产负债表》。http://news.fznews.com.cn/shehui/20171217/5a35b03d67ed5.shtml，2018年6月10日访问。

[242] 根据东南网消息，2016年12月晋江开展编制自然资源资产负债表试点工作已完成前期工作，现进入数据填报阶段。本次土地资源资产负债表试点主要包括耕地、林地、草地等土地利用情况，耕地质量等别分布及其变化情况，表式有土地资源存量及变动表和耕地质量等别及变动表；林木资源资产负债表包括天然林、人工林、其他林木的蓄积量和单位面积蓄积量，表式有林木资源存量及变动表和森林资源质量及变动表；水资源资产负债表包括地表水、地下水资源情况，水资源质量等级分布及其变化情况，表式有水资源存量及变动表和水环境质量及变动表；海洋资源资产负债表包括海域面积、海水质量等资源情况，表式有海域资源存量及变动表和海水质量及变动表。http://qz.fjsen.com/2016-12/01/content_18783575.htm，2018年6月10日访问。

[243] 根据中华人民共和国审计署网站消息，2016年2月福建省委办公厅、省政府办公厅结合地方实际，制定出台了《贯彻落实开展领导干部自然资源资产离任审计试点方案的实施意见》，提出今后开展领导干部自然资源资产离任审计试点的目标与计划、试点主要内容和配套保障，要求各市、县（区）党委和政府及省直各单位要支持配合审计试点，加强组织协作，确保试点工作顺利开展。http://www.audit.gov.cn/n4/n19/c82655/content.html，2018年6月10日访问。

[244] 根据新浪新闻网站消息，2017年8—9月，莆田市审计局开展了荔城区党政主要领导干部自然资源资产离任审计试点。结合当地实际，审计组重点选取土地、森林、水、海洋等自然资源资产的管理情况和污染防治情况作为突破口，重点反映在遵守法律法规、重大决策部署、资金征管用、项目建设运行、完成约束性指标及目标责任制、履行监督责任以及贯彻执行中央生态文明建设方针政策和决策部署等方面存在的43个问题。http://news.sina.com.cn/o/2018-05-03/doc-ifzyqqiq3816583.shtml，2018年6月10日访问。

[245] 根据福州市审计局网站消息，福州市审计局于2016年10月起探索开展了闽清县领导干部自然资源资产离任审计试点工作。这次试点审计以摸清被审计领导干部任职前后闽清县矿产、森林等主要自然资源资产实物量（含数量和质量）及生态环境质量状况相关指标变化情况为基础，以掌握领导干部任职期间闽清县主要自然资源资产管理和生态环境保护相关职责权限、项目运行及资金使用情况为主线，审查自然资源资产开发利用中重大资源环境事件、环境风险隐患及预警机制建立和执行情况，依法评价2012年12月至2016年6月领导干部任职期间履行主要自然资源资产管理和生态环境保护责任的情况，客观分析原因，合理界定责任。http://sjj.fuzhou.gov.cn/zz/ztzl/sjzx/201610/t20161012_11308.htm，2018年6月10日访问。

[246] 根据南平市人民政府网站消息，光泽县人民政府于2017年3月14日印发了《关于建立关泽县领导干部自然资源资产离任审计联席会议制度的通知》。http://www.np.gov.cn/cms/html/npszf/2017-04-07/393956733.html，2018年6月10日访问。

2017年6月，在充分总结前期审计试点经验的基础上，福建省出台《福建省党政领导干部自然资源资产离任审计实施方案（试行）》[247]。

（4）生态系统价值核算试点

福建省出台了《福建省生态系统价值核算试点方案》[248]，武夷山市[249]、厦门市[250]均已启动地区试点工作。

（5）构建生态文明绩效评价考核体系

福建省于2014年就已开展了党政领导干部政绩差别化考核试点[251]，因地制宜地进行干部政绩考察。

二、江西省生态文明试验区立法现状

（一）江西省生态文明试验区立法现状概述

《鄱阳湖生态经济区环境保护条例》于2012年生效实行。鄱阳湖生态经济区是

[247] 根据中华人民共和国审计署网站消息，2017年9月福建省委办公厅、省政府办公厅出台《福建省党政领导干部自然资源资产离任审计实施方案（试行）》（以下简称《方案》）。《方案》继续深化党政领导干部自然资源资产离任审计工作，在总结福建省试点经验的基础上，构建审计评价指标体系，优化创新审计方式方法，构建自然资源资产大数据共享服务平台，明确推进建立结果运用制度，充分发挥资源环境审计在服务生态文明建设中的监督和保障作用，推动各项生态文明建设的改革任务顺利实施，确保生态文明建设各项决策部署落到实处。http://www.audit.gov.cn/n4/n19/c102659/content.html，2018年6月10日访问。

[248] 根据福建人大网站消息，福建省政府于2016年12月7日召开常务会议通过了《福建省生态系统价值核算试点方案》，在厦门市和武夷山市启动开展地区生态的核算试点，在2017年12月形成阶段性试点成果。将生态系统价值不降低作为经济发展的约束条件，实现发展与生态环境的平衡，实现百姓富、生态美的有机统一。注重改革创新，拓宽眼界思路，更加注重实效，学习借鉴先进的理念经验，结合试点地区的特点和定位，探索建立生态系统价值核算技术体系，摸清试点地区生态系统价值家底，提高生态系统价值业务化核算能力，形成试点地区生态系统价值制度保障体系，真正形成可复制、可推广的经验，为完善我国生态文明制度体系建设提供示范。http://www.fjrd.gov.cn/ct/44-120141，2018年6月10日访问。

[249] 根据中国环境报电子版网站消息，2016年12月，福建省政府印发《福建省生态系统价值核算试点方案》，提出在沿海的厦门市、山区的武夷山市启动地区尺度的核算试点，并要求对标国际前沿，学习借鉴先进的理念和经验，广泛邀请国内外知名专家参与试点研究。武夷山市政府成立武夷山市国家生态文明试验区建设领导小组与生态系统价值核算试点工作领导小组。http://news.cenews.com.cn/html/2018-01/04/content_68855.htm，2018年6月10日访问。

[250] 根据厦门市人民政府网站消息，厦门市环保局开展生态系统价值核算试点工作。一是建立生态系统价值实物量核算模型。探索海洋生态系统价值核算方法并建立与陆地生态系统价值的转换关系。二是建立具有特色的生态资源分类和系统流量价值核算指标体系。确定功能类别、一级二级指标的陆地、海洋生态系统流量价值核算指标体系及生态资源分类。三是形成生态系统价值核算技术体系，编制技术导则。四是初步摸清生态系统价值家底。分析生态系统价值的时空动态变化及其成因，以及陆地和海洋生态系统价值（GEP）与国民经济核算GDP的关系，核算单位面积和人均生态系统价值，并与国内其他区域研究结果进行对比分析。http://www.xm.gov.cn/zwgk/zwxx/201802/t20180226_1850862.htm，2018年6月10日访问。

[251] 根据人民网消息，2010年福州市取消了对永泰县的GDP考核。指挥棒变了，考核不再是“一刀切”，而是根据各乡镇特色，建立差异化考核评价体系。2014年8月，福建省决定对永泰等34个县（市）取消地区生产总值考核，代之以农业优先和生态保护优先的考核方式。根据不同功能区特点和生态文明要求的市县党政领导干部政绩考核办法，突出绿色发展指标和生态文明建设目标完成情况考核，加大资源消耗、环境损害、生态效益等指标权重。http://politics.people.com.cn/n/2015/0616/c70731-27160152.html，2018年6月10日访问。

由国务院批准，江西省开展的生态文明立法尝试的重要实践。

江西省生态文明试验区立法工作紧密结合其立法定位与要求，已将《江西省生态文明建设促进条例》列入立法调研项目。目前，江西省通过制定、修改的方式印发并现行有效的生态文明相关地方性法规为2件，地方政府规章为20件，规范性文件多达82件。其中，省一级立法文件达到86件，市、县级立法文件达到18件，种类更是覆盖生态文明建设全方面，包括综合类、农业资源类、矿产资源类、风景名胜类、污染防治类等10余个领域、种类。

（二）江西省生态文明试验区立法定位与创新

为贯彻落实党中央、国务院关于生态文明建设和生态文明体制改革的总体部署，进一步发挥江西省生态优势，深入开展生态文明体制改革综合试验，建设国家生态文明试验区，中共中央办公厅、国务院办公厅于2017年9月制定并发布了《国家生态文明试验区（江西）实施方案》。

《国家生态文明试验区（江西）实施方案》明确了江西省生态文明试验区的立法定位，使之成为山、水、林、田、湖、草综合治理样板区、中部地区绿色崛起先行区、生态环境保护管理制度创新区、生态扶贫共享发展示范区。之后，江西省通过地方性法规、地方政府规章、政策性文件等形式，结合江西省生态文明建设的实际情况，力争为立法定位的实现提供制度保障。

1. 山水林田湖草综合治理样板区

（1）建立健全自然资源资产产权制度

推动全省自然资源统一确权登记。《江西省自然资源统一确权登记试点实施方案》[252]积极探索建立统一的确权登记系统，新建区[253]、贵溪市[254]、高安

[252] 根据江西省人民政府网站消息，2017年4月17日，《江西省自然资源统一确权登记试点实施方案》获国土资源部和省政府联合批复。江西省自然资源统一确权登记试点内容是：围绕开展生态文明体制改革综合试验，在开展全要素的自然资源统一确权登记工作基础上，探索国家所有权和代表行使国家所有权登记的途径和方式。重点研究国务院、各层级国家公园管理机构、各层级湿地公园管理机构及政府代表行使自然资源国家所有权分别包含的范围内容和边界划分，合理确定自然资源国家所有权代表行使主体及行使范围，形成《全要素自然资源统一确权登记操作指引》。根据全省自然资源分布状况，江西省确定新建区、庐山市、贵溪市、高安市和南城县五县（市、区）作为试点地区，率先在全省开展自然资源统一确权登记试点工作，全省自然资源统一确权登记试点工作从2017年1月开始到2018年6月底结束。http://www.jiangxi.gov.cn/zzc/azt/td/201705/t20170516_1335909.htm，2018年7月1日访问。

[253] 根据新建区人民政府网站消息，新建区于2017年10月31日召开自然资源统一确权登记试点工作部署。http://www.xinjian.gov.cn/Item/69722.aspx，2018年7月1日访问。

[254] 根据鹰潭市人民政府网站消息，贵溪市于2017年11月13日召开自然资源统一确权登记试点工作会。http://www.yingtan.gov.cn/dtxx/gzdt/ztxq/201711/t20171128_445736.htm，2018年7月1日访问。

市[255]、南城县[256]均开展试点工作，积极探索国家所有权和代表行使国家所有权登记的有效途径和可行方式。

（2）加快完善国土空间开发保护制度

1）落实主体功能区制度

《中共江西省委 江西省人民政府关于实施乡村振兴战略的意见》[257]明确要求应细化主体功能空间分布。《江西省第一批国家重点生态功能区产业准入负面清单》[258]《江西省第二批重点生态功能区产业准入负面清单》[259]已相继出台。《江西省主体功能区规划》[260]就针对不同区域的财政、投资、资源开发、环境保护等领域制定了相关政策。但江西省对于资源环境承载能力监测预警正式评价和环境功能区划编制工作尚未进行相关立法工作。

2）加快推进全省多规合一

《江西省空间规划试点工作实施方案》[261]《江西省空间规划（2016—2030）》[262]《关于编制〈江西省空间规划（2016—2030年）〉推进全域空间"多规合一"工作实

[255] 根据江西省地质灾害应急中心网站消息，高安市强力推进自然资源统一确权登记试点工作，制定了《高安市自然资源统一确权登记试点实施方案》。http://www.jxgtt.gov.cn/dzzhfzw/News.shtml?p5=73118798，2018年7月1日访问。

[256] 根据江西省国土资源厅网站消息，2017年4月11日下午，江西省国土资源厅党组成员、副厅长许建平一行到南城县国土资源局调研指导自然资源统一确权登记试点工作并座谈。江西省国土资源厅副巡视员、抚州市国土资源局党组书记、局长罗光华，南城县政府、南城县国土资源局相关负责同志等陪同调研。座谈会上，江西省（南城）自然资源统一确权登记试验办公室工作人员等汇报了南城县自然资源统一确权登记试验前期调查情况、试点工作进展情况以及遇到的问题。http://www.jxgtt.gov.cn/News.shtml?p5=62642378，2018年7月1日访问。

[257] 根据江西省人民政府网站消息，中共江西省委、江西省人民政府于2018年2月13日印发了《中共江西省委 江西省人民政府关于实施乡村振兴战略的意见》。http://www.jiangxi.gov.cn/xzx/tzgg/201803/t20180327_1435320.html，2018年7月1日访问。

[258] 根据江西省发展和改革委员会网站消息，江西省发展改革委办公室于2017年4月28日印发了《江西省第一批国家重点生态功能区产业准入负面清单》。http://www.jxdpc.gov.cn/departmentsite/ghc/gsgg_ghc/gg_ghc/201705/t20170509_199698.htm，2018年7月1日访问。

[259] 根据江西省发展和改革委员会网站消息，江西省发展改革委办公室于2018年1月30日印发了《江西省第二批国家重点生态功能区产业准入负面清单》。http://www.jxdpc.gov.cn/departmentsite/ghc/dtxx/sfgw/hbgz/201802/t20180201_215911.htm，2018年7月1日访问。

[260] 根据江西省人民政府网站消息，江西省人民政府于2013年2月6日印发了《江西省主体功能区规划》。http://xxgk.jiangxi.gov.cn/fzgh/fzgh/201302/t20130217_845622.htm，2018年7月1日访问。

[261] 根据江西省人民政府网站消息，江西省抓紧推进空间规划编制工作，江西省空间规划编制工作领导小组第二次全体会议研究讨论并原则通过了《江西省空间规划试点工作实施方案》。http://xxgk.jiangxi.gov.cn/bmgkxx/sjst/gzdt/zwdt/201706/t20170630_1344868.htm，2018年7月1日访问。

[262] 根据江西省人民政府网站消息，江西省抓紧推进空间规划编制工作，江西省空间规划编制工作领导小组第二次全体会议研究讨论并原则通过了《江西省空间规划（2016—2030）》。http://xxgk.jiangxi.gov.cn/bmgkxx/sjst/gzdt/zwdt/201706/t20170630_1344868.htm，2018年7月1日访问。

施方案的通知》[263]相继出台，赣州市[264]、宜丰县[265]等地率先开展试点，探索自上而下与自下而上相结合的省域空间规划与实现空间规划编制模式。

3）全面划定生态保护红线

《江西省生态保护红线校核调整完善工作实施方案》[266]的出台是江西省积极开展生态保护红线勘界定标工作，是保障生态保护红线优先地位的重要举措。

4）实行最严格的耕地保护制度

《关于严格保护耕地严守耕地红线的意见》[267]《关于加强耕地保护和改进占补平衡的实施意见》[268]是江西省严守耕地保护红线重要实践，同时严格依据《江西省人民政府办公厅关于印发江西省市县政府耕地保护责任目标考核实施意见的通知》[269]对各级政府进行考核。《江西省耕地草地河湖休养生息规划（2016—2030年）》[270]是江西省积极探索开展耕地休养生息工作的重要成果。

---

[263] 根据江西省人民政府网站消息，江西省政府已印发实施《关于编制〈江西省空间规划（2016—2030年）〉推进全域空间“多规合一”工作实施方案的通知》并成立了推进省域空间规划编制工作领导小组。http://www.jiangxi.gov.cn/xzx/jxyw/tjyw/201701/t20170119_1310033.html，2018年7月1日访问。

[264] 根据赣州市人民政府网站消息，赣州市人民政府办公厅于2018年3月26日印发了《赣州市城市总体规划（2017—2035年）编制工作方案》。http://xxgk.ganzhou.gov.cn/c100444/201803/2c94b317acdf486384618571ac41e883.shtml，2018年7月1日访问。

[265] 根据宜丰县人民政府网站消息，宜丰县已启动了《宜丰县城市总体规划（2018—2035年）暨“多规合一”》的编制工作，并委托江西省城乡规划设计研究总院进行编制，目前已完成2006版城市总体规划实施评估报告，并通过了专家组论证。http://xxgk.jxyf.gov.cn/yfxjsj/zfxxgk_41266/gzdt_41269/zwdt_41270/201803/t20180323_418185.html，2018年7月1日访问。

[266] 根据江西省环境保护厅网站消息，江西省生态保护红线领导小组于2017年6月30日印发了《江西省生态保护红线校核调整完善工作实施方案》。http://www.jxepb.gov.cn/zwgk/ztzl/hdhxhjbhzl/zcwj/2017/e518fbcc2cb542a282eeaeeaf884bf89.htm，2018年7月1日访问。

[267] 根据江西省人民政府网站消息，江西省人民政府办公厅于2016年5月17日印发了《关于严格保护耕地严守耕地红线的意见》。http://www.jiangxi.gov.cn/zzc/azt/td/201610/t20161018_1293303.htm，2018年7月1日访问。

[268] 根据中国江西网站消息，中共江西省委、江西省人民政府于2017年12月6日印发了《关于加强耕地保护和改进占补平衡的实施意见》。http://jiangxi.jxnews.com.cn/system/2018/01/08/016683255.shtml，2018年7月1日访问。

[269] 根据江西省人民政府网站消息，根据《江西省人民政府办公厅关于印发江西省市县政府耕地保护责任目标考核实施意见的通知》(赣府厅发〔2012〕28号）精神，省国土资源厅、省农业厅、省统计局组织开展了2016年度市、县政府耕地保护责任目标考核，并按耕地保有量、基本农田保护、耕地占补平衡、耕地保护制度措施四个方面进行了考核评分。http://xxgk.jiangxi.gov.cn/bmgkxx/sbgt/gzdt/zwdt/201707/t20170721_1349997.htm，2018年7月1日访问。

[270] 根据江西省发展和改革委员会网站消息，江西省发展改革委、江西省财政厅、江西省国土厅、江西省环保厅、江西省水利厅、江西省农业厅、江西省林业厅、江西省粮食局于2018年3月28日印发了《江西省耕地草地河湖休养生息规划（2016—2030年）》。http://www.jxdpc.gov.cn/departmentsite/njc/tztg/gztz/201803/t20180330_217351.htm，2018年7月1日访问。

5）探索自然生态空间用途管制制度

江西省出台的《江西省自然生态空间用途管制试点实施方案》[271]在制度上为新建区[272]、高定市[273]等地的自然生态空间用途管制试点提供了实施依据，赣州市[274]、全南县[275]率先开展对山、水、林、田、湖、草进行统一整治试点工作。

（3）积极探索流域综合管理制度

1）建立流域综合修复制度

江西省深入总结推广“山江湖”[276]系统治理经验并融入生态文明建设[277]。《2017年江西省水污染防治工作计划》[278]明确指出要推动赣江流域水生态环境功能分区管理试点，《江西省自然保护区建设与发展规划（2012—2030年）》[279]也强调对生态系统脆弱、环境容量较小流域进行保护与修复。目前，江西已在安福县[280]等10余

[271] 根据新建区人民政府网站消息，江西省国土资源厅于2017年编制了《江西省自然生态空间用途管制试点实施方案》。http://www.xinjian.gov.cn/Item/78178.aspx，2018年7月1日访问。

[272] 根据新建区人民政府网站消息，新建区人民政府于2018年2月18日印发了《新建区自然生态空间用途管制试点实施方案》。http://www.xinjian.gov.cn/Item/78178.aspx，2018年7月1日访问。

[273] 根据江西省国土资源厅网站消息，高安市被确定为全省自然生态空间用途管制试点县，探索自然生态空间用途管制方法。http://www.jxgtt.gov.cn/News.shtml?p5=76958571，2018年7月1日访问。

[274] 根据中华人民共和国财政部网站消息，赣州市探索构建山、水、林、田、湖、草生命共同体。2017年以来，赣州市坚决贯彻习近平总书记“山水林田湖草是一个生命共同体”的重要理念，按照《国家生态文明试验区（江西）实施方案》战略要求，对山、水、林、田、湖、草进行整体保护、系统修复和综合治理，着力构建山、水、林、田、湖、草综合治理样板区，着力推进国家生态文明试验区建设，争做打造美丽中国“江西样板”的排头兵。http://www.mof.gov.cn/xinwenlianbo/jiangxicaizhengxinxilianbo/201805/t20180514_2893830.htm，2018年7月1日访问。

[275] 根据江西省人民政府网站消息，全南县山水林田湖草生态保护修复显成效。http://www.jiangxi.gov.cn/xzx/jxyw/sxyw/201805/t20180518_1446433.html，2018年7月1日访问。

[276] 根据百度百科网站消息，山江湖工程是1983年江西省政府组织600多名专家对鄱阳湖及赣江流域进行多学科综合考察后，提出把三面环山、一面临江、覆盖全省辖区面积97%的鄱阳湖流域视为整体，系统治理的理论，同时创造性地提出：“治湖必须治江、治江必须治山、治山必须治穷”的治理理念。https：//baike.baidu.com/item/%E5%B1%B1%E6%B1%9F%E6%B9%96%E5%B7%A5%E7%A8%8B/9967516?fr=aladdin，2018年7月1日访问。

[277] 根据江西省山江湖开发治理委员会办公室网站消息，江西省山江湖办融入江西省国家生态文明试验区建设工作，参与组建江西省国家生态文明试验区建设办公室（筹）。江西山江湖综合开发治理工程经过30年的持续实施，为全省生态文明建设探索了经验和模式，打下了良好的基础。新时期山江湖工程的中心任务是继续按照山水林田湖一体化的要求，推进流域生态文明建设。http://mrl.jxdpc.gov.cn/xwdt/201709/t20170908_210112.html，2018年7月1日访问。

[278] 根据江西省环境保护厅网站消息，江西省人民政府办公厅于2017年印发《2017年江西省水污染防治工作计划》。http://www.jxepb.gov.cn/ZWGK/shjbhc/swrfzjh/2017/bb12cfa7f7e0411db64401414669728f.htm，2018年7月1日访问。

[279] 根据人民网网站消息，在《江西省自然保护区建设与发展规划（2012—2030年）》中，江西省还专门针对赣江等河流的生态系统及水生生物保护加大了规划设置力度，在赣江流域内新增了吉安鲥鱼、仙女湖、桃江刺鲃产卵场、濊水特有鱼类、上犹江水库鳡鯮鱼产卵场等8处自然保护区。http://env.people.com.cn/n1/2018/0130/c1010-29794744.html，2018年7月1日访问。

[280] 根据江西省水利厅网站消息，安福县“三措并举”开启生态清洁型小流域项目建设新模式。http://www.jxsl.gov.cn/dtxx/jczc/2016/30e43df9449d441b9ef3663bc5bcffa5.html，2018年7月1日访问。

处展开生态清洁型小流域综合治理试点，积极推动水土保持监测评价工作[281]，并取得了初步成效[282]。赣州市已经深入开展生态保护修复工程试点[283]，效果显著。

2）健全流域生态保护补偿制度

《健全生态保护补偿机制的实施意见》[284]《江西省流域生态补偿办法》[285]相继出台，积极构建覆盖江西省、统一规范的全流域生态保护补偿制度。《东江流域上下游横向生态补偿协议》[286]的签订更是探索跨区域流域生态保护长效机制的积极尝试。《江西省水功能区监督管理实施细则》[287]的出台是江西省积极探索建立水功能区生态保护补偿制度的重要举措。此外，《关于调整江西省水资源费征收标准的通

[281] 根据江西省水利厅网站消息，2017 年 11 月 24 日，江西省 2017 年度生产建设项目水土保持监测工作会议在南昌市召开，省水土保持监督监测站、省水土保持学会、各设区市水土保持部门负责人以及所有在江西开展省部级以上批复生产建设项目水土保持监测工作的技术服务单位共 40 余人参加了会议。http://www.jxsl.gov.cn/zwgk/SZJC/gzdt/2017/87249e77bc38499e9287b5c1dd817da1.html，2018 年 7 月 1 日访问。

[282] 根据江西省水利厅网站消息，2017 年 10 月 20 日至 24 日，水利部水土保持司在江西调研水土保持监测成果应用情况。调研组一行充分肯定了江西水土保持监测与信息化工作取得的成绩，认为江西高度重视水土保持各项工作，水土保持监测与科研工作走在全国前列；要求江西一要加强水土保持监测成果的应用，提升行业影响力；二要加强水土流失消长变化监测评价，特别要加强重点敏感区域水土流失消长变化监测评价，并与河长制结合起来；三要优化水土保持监测网络，加强监测网络规范化、标准化、自动化和信息化建设，扩展监测成果应用范围；四要加大投入，提升水土保持监测服务能力。http://www.jxsl.gov.cn/dtxx/jxslxw/2017/b7626d44b4714c0ca98fc2132583dbc8.html，2018 年 7 月 1 日访问。

[283] 根据江西省人民政府网站消息，2017 年赣州将组织实施市山、水、林、田、湖生态保护修复工程项目 28 个，项目涉及 20 个县（市、区）及两个单位，集中开工仪式预计于 6 月上旬组织开展。目前赣州已出台制定了《关于做好赣州市山水林田湖生态保护修复资金筹措工作的指导意见》《赣州市山水林田湖生态保护修复资金管理暂行办法》《赣州市山水林田湖生态保护修复项目管理办法》等，确保生态保护修复工程建设有序进行。赣州将针对生态系统存在的主要矛盾和问题，高起点、高质量进行项目规划设计；坚持自然修复与工程措施并重，改变治山、治水、护田各自为政的工作格局，把山、水、林、田、湖看作生命共同体来推进；动员各方力量，形成以政府投入为主体，引导社会筹措资金参与的多渠道、多层次、多元化投资机制，推动生态系统整体保护、系统修复和综合治理。http://www.jiangxi.gov.cn/xzx/jxyw/sxyw/201705/t20170508_1334121.html，2018 年 7 月 1 日访问。

[284] 根据江西省人民政府网站消息，江西省人民政府办公厅于 2017 年 5 月 26 日印发了《关于健全生态保护补偿机制的实施意见》。http://www.jiangxi.gov.cn/zzc/ajg/sbgt/201706/t20170608_1340087.htm.

[285] 根据江西省人民政府网站消息，江西省人民政府于 2018 年 1 月 29 日印发《江西省流域生态补偿办法的通知》。http://xxgk.jiangxi.gov.cn/gddt/zwdt/201802/t20180211_1428788.htm，2018 年 7 月 1 日访问。

[286] 根据中华人民共和国财政部网站消息，2016 年 10 月 19 日，财政部、环境保护部在江西省南昌市举行东江流域上下游横向生态补偿机制协议签署仪式。江西、广东两省人民政府签署了《东江流域上下游横向生态补偿协议》。http://jjs.mof.gov.cn/zhengwuxinxi/gongzuodongtai/201610/t20161019_2438644.html，2018 年 7 月 1 日访问。

[287] 根据中华人民共和国水利部网站消息，江西省水利厅印发《江西省水功能区监督管理实施细则》。按照《水功能区监督办法》，结合江西省实际，分为总则、水功能区划分与调整、水功能区管理与保护、水功能区限制排污管理、水功能区监测与监督及附则六章，进一步细化了有关管理要求，包括明确了省、市、县三级水功能区管理的范围，水功能区划分的原则、层级关系、调整的程序与权限等，将对江西进一步落实水功能区限制纳污制度，助力江西生态文明建设产生积极作用。http://www.mwr.gov.cn/xw/dfss/201801/t20180119_1020602.html，2018 年 7 月 1 日访问。

知》[288] 为完善水资源费征收标准做出积极尝试。

3）创新流域综合管理模式

江西省积极创新流域综合管理模式，出台《江西省实施河长制工作方案》[289]，切实在赣江流域开展按流域设置环境监管和行政执法机构试点[290]，建立赣江流域水环境保护协调机制，组建赣江流域环境监管和行政执法机构[291]。此外，江西省通过出台《鄱阳湖生态环境综合整治三年行动计划（2018—2020 年）》[292] 积极探索建立鄱阳湖流域综合管理协调机制。

（4）健全生态系统保护与修复制度

1）加强水土流失综合防治

《江西省水土保持规划（2016—2030 年）》[293] 旨在加强综合防治，健全生态补偿机制。

2）健全森林保护与管理制度

《江西省推进生态保护扶贫实施方案》[294] 明确指出要健全森林管理保障制度，并

[288] 根据江西省发展和改革委员会网站消息，江西省发展改革委、江西省财政厅、江西省水利厅于 2013 年 7 月 11 日印发了《关于调整全省水资源费征收标准的通知》，进一步加强水资源的保护和管理，充分发挥价格杠杆的调节作用，促进水资源的节约和可持续利用。积极完善水资源费征收标准，严格征收管理，确保应收尽收。http://www.jxdpc.gov.cn/departmentsite/sfc/xzsp/fxzxk/xzsysf/qtsfgl/201307/t20130715_97166.htm，2018 年 7 月 1 日访问。

[289] 根据江西省水利厅网站消息，江西省委办公厅、江西省政府办公厅于 2015 年 11 月 1 日印发《江西省实施河长制工作方案》。http://www.jxsl.gov.cn/jxshcbgs/zcwj/2016/ba288c44fa4541a4b20c88d6998b565c.html.

[290] 根据江西省水利厅网站消息，江西省于 2017 年就出台了《关于征求〈在赣江流域开展按流域设置环境监管和行政执法机构试点实施方案〉（征求意见稿）》。http://jxwrd.gov.cn/ggl/2018/ec592b1f7f8d4918824dcbd5a91f1c69.html，2018 年 7 月 1 日访问。

[291] 根据江西政法网站消息，江西省人大常委会公布了《江西省人民政府关于落实开展 2017 年环保赣江行活动情况报告及省人大常委会审议意见情况的报告》。报告提到，在国家出台按流域设置环境监管和行政执法机构工作的指导意见后，江西省将尽快修改完善改革方案并提交省委深改组审议，建立赣江流域水环境保护协调机制，组建赣江流域环境监管和行政执法机构。http://www.jxzfw.gov.cn/2018/0619/201806198234.html，2018 年 7 月 1 日访问。

[292] 根据江西省人民政府网站消息，江西省人民政府办公厅于 2018 年 5 月 30 日印发《鄱阳湖生态环境综合整治三年行动计划（2018—2020 年）》。为进一步改善鄱阳湖生态环境，提升鄱阳湖水质，推动国家生态文明试验区建设，根据《江西省湖泊保护条例》的规定，制定本行动计划。http://xxgk.jiangxi.gov.cn/bmgkxx/sbgt/fzgh/gzjh/201806/t20180605_1450175.htm，2018 年 7 月 1 日访问。

[293] 根据江西省水利厅网站消息，江西省人民政府于 2016 年 12 月 9 日原则同意印发了《江西省水土保持规划（2016—2030 年）》。旨在加强江西省水土流失综合防治，加大重要生态保护区、水源涵养区、江河源头区的生态修复和保护力度，完善水土保持监测网络，开展水土保持监测评价，健全水土保持生态补偿机制。http://www.jxsl.gov.cn/zwgk/ghjh/gh/2017/9ac89599f02041e9a382e9f22e324df8.html，2018 年 7 月 1 日访问。

[294] 根据江西省发展和改革委员会网站消息，江西省发展改革委、江西省扶贫和移民办、江西省林业厅于 2017 年 9 月 29 日印发《江西省推进生态保护扶贫实施方案》。http://www.jxdpc.gov.cn/tztg/gztz/201710/t20171012_211412.htm，2018 年 7 月 1 日访问。

将任务细化分解到各个责任单位。赣州市[295]积极开展禁伐补贴和非国有森林赎买（置换）以及协议封育的试点工作，进一步加强东江源[296]自然保护区生态保护。《江西省林木种子条例》[297]《江西省近自然森林经营试点工作方案》[298]充分说明江西省目前已经开始近自然森林经营制度试点工作，《关于进一步做好天然林保护管理工作的通知》[299]是积极完善天然林管护体系的重要举措。《江西省建档立卡贫困人口生态护林员选聘细则》[300]建立生态护林员制度，《江西省推进生态保护扶贫实施方案》[301]则明确应进一步提高对森林生态的补偿水平。由江西省林业厅牵头、江西省财政厅配合，探索生态公益林"以效益论补偿"的新机制，逐步提高生态公益林补偿标准，探索建立古树名木保护补偿机制。《江西省人民政府办公厅关于完善集体林权制度的实施意见》[302]为深化

[295] 根据定南县人民政府网站消息，中共定南县委、定南县人民政府于2018年1月2日印发了《关于纵深推进赣南苏区振兴发展实现与全国同步全面小康的实施意见》。http://www.dingnan.gov.cn/zwgk/zwwj/xwwj/201803/t20180321_515217.html，2018年7月1日访问。

[296] 根据定南县人民政府网站消息，《关于纵深推进赣南苏区振兴发展实现与全国同步全面小康的实施意》明确指出要实施重要生态系统保护和修复重大工程，实行最严格水资源管理和耕地保护，构筑绿色生态屏障。加强东江源生态保护，将东江源自然保护区纳入国家生态补偿试点，推动东江流域上下游横向生态补偿机制落实，设立东江源国家级湿地保护示范区，改善流域源头水环境质量。扎实开展山水林田湖生态保护修复试点、田园综合体建设试点，加强对河湖、山地、森林等保护修复与生物多样性保护。http://www.dingnan.gov.cn/zwgk/zwwj/xwwj/201803/t20180321_515217.html，2018年7月1日访问。

[297] 根据江西省人大常委会提供的调研材料显示，江西省第十二届人大常委会第三十六次会议于2017年11月30日审议通过了《江西省林木种子条例》。

[298] 根据江西省人民政府网站消息，江西省林业厅于2018年6月28日印发了《江西省近自然森林经营试点工作方案》。http://xxgk.jiangxi.gov.cn/bmgkxx/slyt/gzdt/zwdt/201807/t20180703_1455879.htm，2018年7月1日访问。

[299] 根据江西省人民政府网站消息，江西省林业厅于2017年10月18日印发了《关于进一步做好天然林保护管理工作的通知》。http://xxgk.jiangxi.gov.cn/bmgkxx/slyt/fgwj/gfxwj/201711/t20171129_1413645.htm，2018年7月1日访问。

[300] 根据江西省人民政府网站消息，江西省林业厅按照生态扶贫和资源管护两者兼顾的原则，综合各地生态护林员需求情况进行总量平衡，研究确定了分县生态护林员选聘指标；并结合江西省实际，制定并于2016年9月8日印发了《江西省建档立卡贫困人口生态护林员选聘细则》。http://xxgk.jiangxi.gov.cn/bmgkxx/slyt/fgwj/qtygwj/201609/t20160908_1287334.htm，2018年7月1日访问。

[301] 根据江西省发展和改革委员会网站消息，江西省发展改革委、江西省扶贫和移民办、江西省林业厅于2017年9月29日印发了《江西省推进生态保护扶贫实施方案》。明确指出。在贫困地区探索生态公益林和天然林"以效益论补偿"新机制，适时提高生态公益林补偿标准和天然林管护补助标准，建立古树名木保护补偿机制。在"五河"及东江源头等地区探索"禁伐"补贴和非国有森林赎买（租赁）、协议封育试点。从2017年起，新增的生态护林员指标优先安排贫困县。http://www.jxdpc.gov.cn/tztg/gztz/201710/t20171012_211412.htm，2018年7月1日访问。

[302] 根据江西省人民政府网站消息，江西省人民政府办公厅于2017年9月18日印发了《江西省人民政府办公厅关于完善集体林权制度的实施意见》，明确指出要牢固树立创新、协调、绿色、开放、共享发展理念，以进一步巩固和完善农村基本经营制度、落实林权权益为核心，以加快新型林业经营体系建设、促进多种形式适度规模经营为重点，以推进林业供给侧结构性改革、培育发展新动能为动力，积极探索在生态保护前提下融合发展的新模式，着力构建集体林业良性发展机制，推进林业提质增效，为建设国家生态文明试验区和富裕美丽幸福江西注入强大活力。http://xxgk.jiangxi.gov.cn/bmgkxx/sbgt/fgwj/gfxwj/201709/t20170922_1396962.htm，2018年7月1日访问。

集体林权制度改革提供了具体实施方案。

3）建立健全湿地生态系统保护、恢复与补偿制度

《江西省湿地保护条例》[303]于2012年出台，2017年5月出台的《江西省人民政府办公厅关于健全生态保护补偿机制的实施意见》[304]明确牵头单位，建立健全湿地（水库）生态系统保护、恢复与补偿制度，同时明确了具体实施方案。《湿地保护修复制度实施方案》[305]要求严格实行湿地面积总量管控。笔者执笔之际，江西省《鄱阳湖湿地监测评价预警机制项目建议书》[306]《湿地生态系统损害鉴定评估办法研究方案》[307]正处于专家论证阶段。

4）完善生物多样性保护制度

江西省重视对于长江江豚、候鸟、水生生物资源保护[308]，努力健全生物安全防范机制[309]，切实完善江西省生物多样性保护制度。

[303] 根据江西省人大常委会提供的调研材料显示，江西省第十一届人大常委会第三十次会议于2012年3月29日审议通过了《江西省湿地保护条例》。

[304] 根据江西省人民政府网站消息，江西省人民政府办公厅于2017年5月26日印发了《江西省人民政府办公厅关于健全生态保护补偿机制的实施意见》。实行湿地资源总量管理，将所有自然湿地纳入保护范围。建立鄱阳湖湿地监测评价预警机制和生态功能警戒线制度。探索建立湿地生态系统损害鉴定评估办法和损害赔偿标准，探索以农作物和渔业受损、社区生态修复和环境整治、各类水库（人工湿地）退出人工养殖等为主要内容的湿地（水库）补偿模式。（省林业厅、省水利厅牵头负责）http://www.jiangxi.gov.cn/zzc/ajg/sbgt/201706/t20170608_1340087.htm，2018年7月1日访问。

[305] 根据江西省人民政府公报网站消息，江西省人民政府办公厅于2017年8月15日印发了《湿地保护修复制度实施方案》。http://www.jiangxi.gov.cn/xzx/jxyw/tjyw/201709/t20170904_1393400.html，2018年7月1日访问。

[306] 根据中国林业网消息，江西省林业厅湿地办于2018年1月4日在南昌组织召开了《鄱阳湖湿地监测评价预警机制项目建议书》专家论证会。http://www.forestry.gov.cn/main/102/content-1066030.html，2018年7月1日访问。

[307] 根据中国林业网消息，江西省林业厅湿地办于2018年1月4日在南昌组织召开了《湿地生态系统损害鉴定评估办法研究方案》专家论证会。http://www.forestry.gov.cn/main/102/content-1066030.html，2018年7月1日访问。

[308] 根据江西省人民政府网站消息，"护"好水生生物资源，大力保护江豚的栖息环境。经省政府批准，江西省成立了鄱阳湖长江江豚省级自然保护区，禁止在保护区采砂、非法捕捞等作业。江西省坚持禁渔禁港制度、人工增殖放流，近三年投放各类鱼苗12亿尾，江豚食物数量大为增加。严厉打击偷捕行为，保护了湖区渔业生态多样性。在长江经济带"共抓大保护"攻坚行动中，江西省完善了长江江豚救护体系，在全省35个水生生物保护区，开展"四牌一标"（保护区门牌、宣传牌、警示牌、指示牌和界标）建设活动；建立健全江豚巡护救护网络体系，完善珍稀水生野生动物保护救护奖励制度；加强水生生态环境监测研究，建立水生生物种群恢复机制，推进长江重要物种遗传基因库和档案库建设。http://www.jiangxi.gov.cn/xzx/jxyw/tjyw/201804/t20180425_1441415.html，2018年7月1日访问。

[309] 根据中华人民共和国国务院新闻办公室网站消息，2017年4月14日，江西省政府新闻办、江西出入境检验检疫局联合召开江西国门生物安全工作新闻发布会，防范物种资源丧失和外来物种入侵，切实完善江西省生物多样性保护制度。http://www.scio.gov.cn/xwfbh/gssxwfbh/xwfbh/jiangxi/Document/1548591/1548591.htm，2018年7月1日访问。

2. 中部地区绿色崛起先行区

（1）创新有利于绿色产业发展的体制机制

1）探索绿色生态农业推进机制

《江西省农业生态环境保护条例》[310]《2017年绿色生态农业十大行动工作要点》[311]积极探索绿色生态农业推进机制，推进农业供给侧结构性改革[312]。《关于加快推进养殖水域滩涂规划编制工作的通知》[313]是江西省为全面推进养殖水域滩涂规划工作、规范发展渔业养殖做出的重要尝试。

2）探索新兴产业发展推进机制

《江西省创新驱动发展纲要》[314]《加快县域创新驱动发展的意见》[315]相继出台，是江西省积极探索新兴产业发展推进机制的重要举措。

3）探索服务业发展引导机制

《2017年全省服务业发展提速重点工作》[316]是江西省大力推动发展低消耗、低污染的现代服务业，推动服务主体绿色化、服务过程清洁化的重要实践成果。《江

[310]根据铅山县人民政府网站消息，2017年3月21日江西省第十二届人民代表大会常务委员会第三十二次会议通过了《江西省农业生态环境保护条例》。http://www.jxyanshan.gov.cn/doc/2017/12/15/190054.shtml，2018年7月1日访问。

[311]根据江西省农业厅网站消息，江西省绿色生态农业十大行动领导小组于2017年6月1日印发《2017年绿色生态农业十大行动工作要点》。http://www.jxagri.gov.cn/News.shtml?p5=331670，2018年7月1日访问。

[312]根据中华人民共和国中央人民政府网站消息，江西：推进农业供给侧结构性改革建设现代农业强省。http://www.gov.cn/xinwen/2017-01/19/content_5161124.htm，2018年7月1日访问。

[313]根据江西省农业厅网站消息，2017年12月21日江西省农业厅印发了《关于加快推进养殖水域滩涂规划编制工作的通知》。http://www.jxagri.gov.cn/News.shtml?p5=346400，2018年7月1日访问。

[314]根据江西省人民政府网站消息，中共江西省委、江西省人民政府于2017年10月印发了《江西省创新驱动发展纲要》。http://www.jiangxi.gov.cn/xzx/tzgg/201710/t20171017_1400882.html，2018年7月1日访问。

[315]根据江西省人民政府网站消息，江西省人民政府办公厅于2018年1月20日印发了《加快县域创新驱动发展的意见》。

[316]根据江西省发展和改革委员会网站消息，江西省服务业发展领导小组办公室于2017年5月10日印发了《2017年全省服务业发展提速重点工作》。文件要求：2017年，全省服务业工作要认真贯彻落实省第十四次党代会精神和省委、省政府关于加快发展服务业的决策部署，把握新常态下服务业发展新任务新要求，着力贯彻新理念培育新动能，深化服务业供给侧结构性改革，全面推进服务业发展升级，持续推动服务业发展提速、比重提高、水平提升，实现2017年全省服务业增加值增速保持高于GDP增速，占GDP比重力争超过41%，全面完成服务业发展提速三年行动计划目标任务。http://www.jxdpc.gov.cn/departmentsite/jmc/dtxx/sfgw/qtbd/201705/t20170525_200063.htm，2018年7月1日访问。

西省标准化体系建设发展规划（2016—2020 年）》[317] 旨在在江西省内推广生态旅游标准体系，目前已在江西靖安三爪仑旅游区 [318] 建设生态旅游示范区。江西省积极推广“生态 + 大健康”产业模式，出台了《江西省“十三五”大健康产业发展规划》[319]，宜春市 [320] 积极开展大健康产业发展试点工作。

（2）建立有利于产业转型升级的体制机制

《江西省绿色制造体系建设实施方案》[321] 是健全传统产业转型促进机制的重要举措，赣江新区 [322] 积极展开试点工作。《江西省国民经济和社会发展第十三个五年规划纲要》[323] 明确要推进工业化和信息化融合及制造业智能化。江西省全面落实环境影响评价制度 [324]，探索建立承接产业转移示范区 [325]。第四届世界绿色发展投资贸

[317] 根据江西省人民政府公报网站消息，江西省人民政府办公厅于 2016 年 4 月 29 日印发了《江西省标准化体系建设发展规划（2016—2020 年）》。积极落实《中共江西省委 江西省人民政府关于推进旅游强省建设的意见》（赣发〔2013〕11 号），结合江西省旅游业生态旅游和红色旅游的特点和发展需求，大力开展旅游标准化试点示范工作，推进旅游品牌化建设，积极开展全国旅游标准化试点示范项目、全国旅游服务质量标杆单位等创建活动，加强旅游地方标准制修订工作，建立健全江西省旅游标准体系，重点研制旅游业基础标准；旅游区、旅游产品、旅行社、旅游住宿、旅游餐饮、旅游交通、旅游购物、旅游文化娱乐等旅游业要素标准；旅游资源保护、旅游信息服务、旅游公共设施、旅游安全等旅游业支持标准；旅游人力资源、旅游投诉处理、旅游统计管理、游客行为管理、旅游目的地评价、旅游企业诚信评价、游客满意度等旅游业工作标准，为江西省实现旅游强省提供更为丰富的标准支撑。积极筹建江西省旅游标准化技术委员会。

[318] 根据江西省人民政府网站消息，江西省将靖安三爪仑旅游区推荐为“国家生态旅游示范区”。http://xxgk.jiangxi.gov.cn/bmgkxx/shbj/gzdt/gggs/201705/t20170527_1338392.htm，2018 年 7 月 1 日访问。

[319] 根据江西省人民政府网站消息，江西省人民政府于 2017 年 3 月 17 日印发《江西省“十三五”大健康产业发展规划》。http://xxgk.jiangxi.gov.cn/gddt/zwdt/201707/t20170710_1347358.htm，2018 年 7 月 1 日访问。

[320] 根据中国江西新闻网站消息，2018 年 6 月 6 日，宜春市召开生态 + 大健康产业发展规划编制座谈会。http://jxyc.jxnews.com.cn/system/2018/06/07/016950865.shtml，2018 年 7 月 1 日访问。

[321] 根据江西省萍乡市工业和信息化委员会网站消息，江西省萍乡市工业和信息化委员会印发了《江西省绿色制造体系建设实施方案》。http://bm.pingxiang.gov.cn/gxw/article/201701/462963.html，2018 年 7 月 1 日访问。

[322] 根据江西省人民政府网站消息，《赣江新区经开组团绿色制造体系建设试点实施方案》已经出台，为贯彻绿色发展新理念，努力构建江西省绿色制造体系，推动江西省工业绿色循环低碳发展，2018 年省级“中国制造 2025”专项安排绿色制造专题资金，按照“突出重点、扶优扶强，强化能力、完善体系”的原则，扶持一批绿色制造项目。http://xxgk.jiangxi.gov.cn/bmgkxx/sjmw/fgwj/qtygwj/201806/t20180611_1451244.htm，2018 年 7 月 1 日访问。

[323] 根据江西省人民政府网站消息，江西省人民政府于 2016 年 3 月 1 日印发了《江西省国民经济和社会发展第十三个五年规划纲要》。http://www.jiangxi.gov.cn/zzc/ajg/szf/201608/t20160830_1285675.htm，2018 年 7 月 1 日访问。

[324] 根据江西省环境保护厅网站消息，江西省环境保护厅于 2016 年 7 月 25 日印发《江西省建设项目环境影响评价机构监督管理办法（试行）》。http://www.jxepb.gov.cn/id_c50c0fd2f86957359d8072e893128d4c/news.shtml，2018 年 7 月 1 日访问。

[325] 根据江西省发展和改革委员会网站消息，赣州市将建设“赣南承接产业转移示范区”。http://www.jxdpc.gov.cn/zdgzdd/gnsq/zxdt/201309/t20130926_99229.htm，2018 年 7 月 1 日访问。

易博览会[326]在江西省举办，大力推动江西省的产业转型升级。

（3）建立有利于资源高效利用的体制机制

1）强化节能降耗制度落实机制

《江西省“十三五”节能减排综合工作方案》[327]出台进一步强化节能减排制度约束，开展重点用能单位节能低碳行动[328]。《江西省建筑节能与绿色建筑发展“十三五”规划》[329]明确江西省将严格执行建筑节能标准，发展装配式建筑，推广绿色建筑。《江西省人民政府关于城市优先发展公共交通的实施意见》[330]，大力发展公共交通，《江西省人民政府办公厅关于加快推进新能源汽车产业发展的实施意见》[331]《江西省2016年新能源汽车补贴方案》[332]等进一步促进了新能源汽车产业的发展。

[326]根据江西省人民政府网站消息，经中央批准举办的第四届世界绿色发展投资贸易博览会将于2016年11月24—28日在中国江西南昌召开。http://www.jiangxi.gov.cn/xzx/xwfbh/201611/t20161123_1299021.html，2018年7月1日访问。

[327]根据江西省人民政府网站消息，江西省人民政府于2017年6月14日印发《江西省“十三五”节能减排综合工作方案》。http://www.jiangxi.gov.cn/zzc/ajg/szf/201706/t20170614_1341202.htm，2018年7月1日访问。

[328]根据江西省人民政府网站消息，江西省人民政府于2017年6月14日印发《江西省“十三五”节能减排综合工作方案》。文件指出，要强化重点用能单位节能管理。根据国家统一部署开展重点用能单位“百千万”行动，按照属地管理和分级管理相结合原则，分别对“百家”“千家”“万家”重点用能单位进行目标责任评价考核。重点用能单位要围绕能耗总量控制和能效目标，对用能实行年度预算管理。推动重点用能单位建设能源管理体系并开展效果评价，健全能源消费台账。按标准要求配备能源计量器具，进一步完善能源计量体系。依法开展能源审计，组织实施能源绩效评价，开展达标对标和节能自愿活动，采取企业节能自愿承诺和政府适当引导相结合的方式，大力提升重点用能单位能效水平。严格执行能源统计、能源利用状况报告、能源管理岗位和能源管理负责人等制度。http://www.jiangxi.gov.cn/zzc/ajg/szf/201706/t20170614_1341202.htm，2018年7月1日访问。

[329]根据江西省人民政府网站消息，江西省住房和城乡建设厅于2017年6月12日印发《江西省建筑节能与绿色建筑发展“十三五”规划》。文件指出，推进建筑节能和绿色建筑发展是建设资源节约型和环境友好型社会的重要内容，是促进江西省城乡建设模式转变和建筑产业转型发展的重要途径。“十三五”期间，江西省将以建设“美丽中国‘江西样板’”为主题，持续推进建筑节能和绿色建筑工作。http://xxgk.jiangxi.gov.cn/bmgkxx/sjst/fzgh/fzgh/201706/t20170612_1340705.htm，2018年7月1日访问。

[330]根据江西省民政厅网站消息，江西省人民政府于2013年12月3日印发《江西省人民政府关于城市优先发展公共交通的实施意见》。http://www.jxmzw.gov.cn/system/2015/01/27/014403286.shtml，2018年7月1日访问。

[331]根据江西省人民政府网站消息，江西省人民政府办公厅于2018年5月20日印发《江西省人民政府办公厅关于加快推进新能源汽车产业发展的实施意见》。http://xxgk.jiangxi.gov.cn/bmgkxx/sbgt/fgwj/gfxwj/201805/t20180525_1447770.htm，2018年7月1日访问。

[332]根据江西省人民政府网站消息，江西省财政厅会同省工信委等部门发布《江西省2016年新能源汽车补贴方案》。http://www.jiangxi.gov.cn/xzx/jxyw/tjyw/201610/t20161031_1295065.html，2018年7月1日访问。

2）落实资源节约利用制度

《关于进一步推进工业园区节约集约用地的若干措施》[333]优化土地利用方式，提高土地利用效率，促进工业园区转型升级。江西省出台《实行最严格水资源管理制度实施方案》[334]。江西省大力推广萍乡市海绵城市建设试点[335]经验，努力建设海绵城市。《江西省矿产资源总体规划（2016—2020年）》[336]积极完善江西省矿产资源节约和综合利用制度。《江西省发展绿色矿业创建绿色矿山工作指南》[337]出台后，赣州市[338]、德兴市[339]积极开展试点工作，旨在全面展开绿色矿山建设。目前，为建立气候资源保护与合理开发利用制度，2018年7月27日，江西省十三届人大常委会第四次会议审议通过了《江西省气候资源保护和利用条例》。该条例从气候资源的保护利用规划、气候资源探测、气候资源保护利用和法律责任等方面进行了制度设计，共37条，于2018年10月1日正式施行。

[333]根据江西省人民政府网站消息，江西省人民政府办公厅于2015年4月7日印发《关于进一步推进工业园区节约集约用地若干措施》，努力推进江西省节约集约用地，优化土地利用方式，提高土地利用效率，落实单位地区生产总值建设用地使用面积下降目标任务，促进工业园区转型升级。http://www.jiangxi.gov.cn/zzc/ajg/sbgt/201506/t20150626_1172802.htm，2018年7月1日访问。

[334]根据江西省水利厅网站消息，制定了《实行最严格水资源管理制度实施方案》，迈出了实行最严格水资源管理制度、推进“净水”行动新步伐。http://www.jxsl.gov.cn/slgz/SZJC/zhzf/2015/6360607f02c54e9284a8a286aea113c8.html，2018年7月1日访问。

[335]根据人民网消息，2015年4月，萍乡市通过竞争性评审，被确定为全国首批海绵城市试点建设城市。截至2015年4月底，试点区已完工面积16.628平方千米，占50.42%；正在开工面积16.352平方千米，占49.58%。全市海绵项目已完工43个，在建74个，待建42个，完成投资46.53亿元，投资完成比73.86%，投资执行十分迅速。http://jx.people.com.cn/GB/381953/index.html，2018年7月1日访问。

[336]根据中华人民共和国自然资源部网站消息，江西省人民政府于2017年7月同意并印发了《江西省矿产资源总体规划（2016—2020年）》。http://www.mlr.gov.cn/kczygl/kcgh/ 201707/t20170726_1545173.htm，2018年7月1日访问。

[337]根据中华人民共和国自然资源部网站消息，江西省国土资源厅于2011年1月31日印发《江西省发展绿色矿业创建绿色矿山工作指南》。http://www.mlr.gov.cn/kczygl/zhgl/201102/t20110212_815766.htm，2018年7月1日访问。

[338]根据江西省人民政府网站消息，赣州市大力开展绿色矿山建设，建设绿色矿业发展示范区，全面推进矿产资源综合利用产业示范基地、共伴生矿及尾矿资源综合利用示范基地实施进度。2016年，兴国县画眉坳钨业有限公司等7个国家绿色矿山建设试点单位通过评估验收，其中大余县下垄钨矿樟斗矿区获全省第一名。http://www.jiangxi.gov.cn/xzx/jxyw/sxyw/201703/t20170309_1316549.html，2018年7月1日访问。

[339]根据德兴市人民政府网站消息，德兴市积极探索打造绿色矿业发展示范区。按照江西省生态办要求，启动绿色矿业发展示范区建设，出台了《关于建立德兴市矿山环境综合执法机制的实施意见》，探索建立矿山环境保护综合执法机制。http://xxgk.dxs.gov.cn/bm/content/gzbg/2018/02/27/171698.htm，2018年7月1日访问。

3）完善循环经济引导机制

江西积极开展循环经济试点[340]，《江西省贯彻落实生产者责任延伸制度实施方案》[341]是江西省的重要成果，也是加快生态文明建设和绿色循环低碳发展的努力实践和内在要求。此外，江西省出台《江西省生活垃圾分类制度具体实施方案》[342]，南昌市[343]、宜春市[344]都开展了垃圾强制分类试点，建立生活垃圾分类收运回收处理体系。

3. 生态环境保护管理制度创新区

（1）健全生态环境监测网络和预警机制

《江西省环保机构监测监察执法垂直管理制度改革实施方案》[345]强化省级环境

[340] 根据江西省发展和改革委员会网站消息，江西省发展和改革委员会下发了《关于转发〈中国循环经济典型模式案例（简本）〉及开展江西省第二批省级循环经济试点工作的通知》。要求试点单位要按照《中华人民共和国循环经济促进法》精神，根据《江西省循环经济试点标准（试行）》要求，积极落实试点单位的循环经济建设条件，有步骤地积极推进实施《循环经济试点实施方案》，江西省发展和改革委员会将在适当时候对试点单位的试点工作成效进行评估，对其中试点成绩突出、特色优势明显、具有典型性和示范性的，列为省级循环经济建设示范单位。具备条件的，推荐为国家循环经济示范单位。http://www.jxdpc.gov.cn/departmentsite/hjbh/tztg/gztz/201205/t20120507_72681.htm，2018 年 7 月 1 日访问。

[341] 根据江西省人民政府网站消息，江西省人民政府办公厅于 2017 年 9 月 6 日印发《江西省贯彻落实生产者责任延伸制度实施方案》。生产者责任延伸制度是指将生产者对其产品承担的资源环境责任从生产环节延伸到产品设计、流通消费、回收利用、废物处置等全生命周期的制度。实施生产者责任延伸制度，是加快生态文明建设和绿色循环低碳发展的内在要求，对推进供给侧结构性改革和制造业转型升级具有积极意义，对完善绿色发展制度、建设国家生态文明试验区具有重要作用。为进一步推行落实生产者责任延伸制度，根据《国务院办公厅关于印发生产者责任延伸制度推行方案的通知》（国办发〔2016〕99 号）精神，结合江西省实际，制订本实施方案。http://xxgk.jiangxi.gov.cn/bmgkxx/sbgt/fgwj/gfxwj/201709/t20170913_1395429.htm，2018 年 7 月 1 日访问。

[342] 根据铅山县人民政府网站消息，江西省人民政府办公厅于 2017 年 7 月 25 日印发《江西省生活垃圾分类制度具体实施方案》。

[343] 根据中国江西网消息，南昌市出台《城市生活垃圾分类制度工作实施方案》，提出全市各城区选定共计 60 个垃圾分类试点居民小区，2019 年全市范围内推广，要求到 2020 年，全市生活垃圾回收利用率达到 35% 以上。http://jiangxi.jxnews.com.cn/system/2017/12/27/ 016660681.shtml，2018 年 7 月 1 日访问。

[344] 根据中国新闻网消息，2017 年 6 月江西官方召开会议发布了该省 2017 年生态文明建设工作要点，其中包括启动南昌市、宜春市、赣江新区生活垃圾强制分类试点；推动建立垃圾分类投放、分类收集、分类运输、分类处理体系，建立并逐步完善垃圾分类管理制度。http://www.jx.chinanews.com/news/2017/0615/10329.html，2018 年 7 月 1 日访问。

[345] 根据江西省人民政府网站消息，江西省制定出台《江西省环保机构监测监察执法垂直管理制度改革实施方案》，正式启动环保机构垂直管理改革。这意味着，市、县环保部门的环境监察职能和生态环境质量监测、调查评价和考核职能上收，由江西省环保厅统一行使。强化省级环境质量监测事权，下移重点污染源监督性监测和监管重心。此举有利于推进江西省生态环境治理体系及治理能力现代化和国家生态文明试验区（江西）建设。http://www.jiangxi.gov.cn/xzx/jxyw/jrjx/201801/t20180109_1421755.html，2018 年 7 月 1 日访问。

质量监测事权。江西省开展“生态云”大数据平台[346]建设工作，环保厅还召开了《江西省生态环境大数据建设项目总体设计方案》[347]专家评审会，并出台了《江西省生态环境监测网络建设实施方案》[348]，推动建立分析和预警机制，健全环境监测统计和评估体系。

（2）建立健全以改善环境质量为核心的环境保护管理制度

《鄱阳湖生态环境综合整治三年行动计划（2018—2020年）》[349]明确督导、协调的相关责任单位，大力推动鄱阳湖环保问题的解决。《江西省环境保护厅关于开展火电造纸行业排污许可证管理工作的通知》[350]积极探索、启动固定污染源的排污许可证核发工作。《江西省土壤污染防治工作方案》[351]则用于推动土壤保护工作。《江西省突发环境事件应急预案》[352]明确要求建立组织指挥体系，强调做好危险废物的收集、运输和安全处置工作。目前，江西省已经启动县级集中式饮用水水源地环境

[346] 根据江西新闻网站消息，江西省靖安县像保护眼睛一样保护生态环境，森林覆盖率高达84.1%，成为全省第一个国家级生态县。2015年年底，该县在江西省率先启动“生态云”建设，将其列为生态文明建设体制机制创新示范项目。“生态云”建设涵盖了生态云管理平台、在线监测点和传输系统，设计了生态农业、生态旅游、大健康等产业转化路径，一期总投资1 495万元，基本数据已集成上线，走在了全国前列。http://www.jxnews.com.cn/jxrb/system/2017/03/12/015866266.shtml，2018年7月1日访问。

[347] 根据江西省环境保护厅网站消息，2018年6月7日下午，省环保厅召开了《江西省生态环境大数据建设项目总体设计方案》专家评审会。会议邀请了生态环境部、福建省环保厅、清华大学生态文明研究中心、江西省发改委、江西省公安厅的五名专家参加。与会专家对《总体设计方案》进行了质询与讨论，一致认为该方案内容完整、设计合理，基本达到本阶段工作目标，可作为下一阶段《江西省生态环境大数据建设可行性研究报告暨初步设计方案》编制的指导性文件，同意通过评审。http://www.jxepb.gov.cn/hjzx/stdt/2018/85aea37d20214b76b75b6302055d1912.htm，2018年7月1日访问。

[348] 根据江西省人民政府政府网站消息，江西省人民政府办公厅于2017年5月27日印发《江西省生态环境监测网络建设实施方案》，推动建立生态环境质量趋势分析和预警机制，健全以流域为单位的环境监测统计和评估体系。http://www.jiangxi.gov.cn/zzc/ajg/sbgt/201706/t20170608_1340093.htm，2018年7月1日访问。

[349] 根据江西省人民政府网站消息，江西省人民政府于2018年5月30日印发了《鄱阳湖生态环境综合整治三年行动计划（2018—2020年）》。明确由河长办负责对鄱阳湖保护工作进行督导和协调，推动环保问题解决。江西省环保厅负责统筹协调推进鄱阳湖水环境目标管理，完善鄱阳湖环境监管网络，对重要水断面水质实施监测预警，开展污染源分析排查，加大执法力度，督促实施全流域水质提升、污染治理与整改相关工作。http://xxgk.jiangxi.gov.cn/bmgkxx/sbgt/fzgh/gzjh/201806/t20180605_1450175.htm，2018年7月1日访问。

[350] 根据南城县环境保护局网站消息，江西省环境保护厅于2017年3月20日印发了《江西省环境保护厅关于开展火电造纸行业排污许可证管理工作的通知》，实行对污染源的一证式管理，落实企事业单位污染物排放许可制。http://www.jxnchb.gov.cn/content/?1615.html，2018年7月1日访问。

[351] 根据信州区人民政府网站消息，江西省人民政府于2016年12月26日印发了《江西省土壤污染防治工作方案》。推动江西省建立耕地土壤环境质量类别划定分类清单、污染地块名录及其开发利用的负面清单，建立建设用地调查评估制度、土壤污染治理及风险管控制度。按照谁开发、谁保护，谁污染、谁治理的原则，建立生态环境损害赔偿和责任追究制度。http://www.jxxz.gov.cn/srxz/zwgk/fggw/webinfo/2017/01/1478415642404580.htm，2018年7月1日访问。

[352] 根据江西省人民政府网站消息，江西省人民政府办公厅于2016年1月修订、印发了《江西省突发环境事件应急预案》。http://www.jiangxi.gov.cn/zzc/ajg/sbgt/201605/t20160527_1268809.htm，2018年7月1日访问。

问题排查整治工作[353]，旨在在全省范围内尽快建立覆盖城乡的集中式饮用水水源地保护机制。

（3）创新环境保护督察和执法体制

江西省高度重视环境保护督查工作[354]，强化对地方的督政问责。探索建立生态环境综合执法机制，在江西省安远县[355]率先展开试点工作。目前，江西省金溪县[356]率先开展建立公安、环保行政执法的联动机制和区域协作机制的试点工作，积极创新环境保护督察和执法体制实施路径。

（4）完善生态环境资源保护的司法保障机制

江西省积极推动开展生态环境公益诉讼[357]，《江西省环境损害司法鉴定机构登记评审工作实施办法》[358]《江西省环境损害司法鉴定机构登记评审专家库管理办法》[359]是江西省积极规范环境损害司法鉴定管理工作，努力满足环境诉讼需要的重要举措。《关于建立环保专家库的通知》[360]推动了建立环境资源领域专家库的工作，

[353] 根据江西省人民政府网站消息，江西省全面启动县级集中式饮用水水源地环境问题排查整治工作，确保在2018年年底前全面完成县级集中式饮用水水源地环境保护专项整治工作，切实保障饮用水安全。http://www.jiangxi.gov.cn/xzx/jxyw/jrjx/201804/t20180412_1438696.html，2018年7月1日访问。

[354] 根据江西省人民政府网站消息，江西省出台了《江西省贯彻落实中央环境保护督察组督察反馈意见整改方案》。http://www.jiangxi.gov.cn/xzx/jxyw/jrjx/201704/t20170428_1332620.html，2018年7月1日访问。

[355] 根据江西省人民政府法制办公室网站消息，安远县审议通过《安远县深化生态环境综合执法体制改革试点工作实施方案》。http://www.jxfazhi.gov.cn/yfxz/yfxzdt/201703/t20170302_ 1315518.htm，2018年7月1日访问。

[356] 根据正义网消息，为进一步打击环境违法行为，加大惩罚力度，江西省金溪县检察院、法院、公安局、环保局联合建立了四部门常态联动机制，着力推进环境质量的不断改善，近日，四部门联合出台《关于建立环境保护执法联动机制的暂行规定》，建立了检察机关、法院、公安机关、环境保护行政执法机关之间高效、快捷的办案联动机制。http://www.jcrb.com/procuratorate/jckx/201503/t20150302_1481650.html，2018年7月1日访问。

[357] 根据江西高级人民法院网站消息，2018年1月29日上午，备受社会关注的江西首例由检察机关提起的环境公益诉讼案在资溪开庭审理。抚州市中级人民法院环境资源审判团队就被告同一行为引发的刑事诉讼案与该案进行了“二合一”审理。http://jxfy.chinacourt.org/article/detail/2018/01/id/3195506.shtml，2018年7月1日访问。

[358] 根据江西省人民政府网站消息，江西省司法厅、江西省环境保护厅于2017年8月17日印发《江西省环境损害司法鉴定机构登记评审工作实施办法》。http://xxgk.jiangxi.gov.cn/bmgkxx/ssft/fgwj/qtygwj/201708/t20170822_1391032.htm，2018年7月1日访问。

[359] 根据萍乡市环境保护局网站消息，江西省环保厅于2017年6月10日印发了《江西省环境保护厅关于建立环保专家库的通知》。http://www.pxhbj.gov.cn/content/?5499.html，2018年7月1日访问。

[360] 根据新华网消息，江西省高级人民法院制定出台《关于锻造环境资源司法江西模式的实施意见》。提出，要推动“公众参与环境资源司法保护机制”的建立，人大代表、政协委员、环境资源专家以陪审员、特约调解员、公众代表等身份参与案件审理；组建环境资源保护巡回法庭；推进“联动性环境资源司法”制度建设，由地方政府或政法委牵头，凡享有环境执法权的行政部门与公检法系统，联合银行、电力等单位共同参与衔接互动机制。http://www.xinhuanet.com/legal/2016-12/28/c_129422940.htm，2018年7月1日访问。

《关于锻造环境资源司法江西模式的实施意见》[361]则积极保护环保专家参与环境资源司法活动。江西省积极探索、完善环境资源执法和司法的衔接机制，出台了《江西省行政执法与刑事司法衔接工作办法》[362]，这也是推动构建环境资源纠纷多元化解决机制的重要成果。

（5）健全农村环境治理体制机制

江西积极发展生态循环农业[363]，出台《江西省农业生态环境保护条例》[364]，建立健全绿色生态农业技术和循环农业模式推广机制，《江西省人民代表大会常务委员会关于农作物秸秆露天禁烧和综合利用的决定》进一步完善江西省农作物秸秆综合利用补助机制。《江西省规模化养殖粪便有机肥转化补贴暂行办法》[365]已经出台，并在铜鼓县[366]展开试点。《江西省生活垃圾分类制度具体实施方案》[367]《江西农村生活垃圾分类收集处理试点工作实施方案》[368]相继出台，积极探索农村生活垃圾分类和资源化利用。江西省率先在德兴市、靖安县、宁都县开展农村环境整治政府购买服务试点[369]。赣州市出台《赣州市党政领导干部生态环境损害责任追究实施细则

[361] 根据江西省人民政府网站消息，中共江西省委办公厅、江西省人民政府办公厅于2015年2月9日印发了《江西省行政执法与刑事司法衔接工作办法》。http://www.jxfazhi.gov.cn/fzjd/zfzd/201505/t20150519_1156395.htm，2018年7月1日访问。

[362] 根据搜狐网消息，江西牢固树立“保护生态环境就是保护生产力”这一理念，转变农业发展方式，一手抓农业生产，一手抓农业生态保护与资源循环利用，努力探索产出高效、产品安全、资源节约、环境友好的现代农业绿色崛起的强省之路。http://www.sohu.com/a/130345768_118918，2018年7月1日访问。

[363] 根据江西省人大常委会提供的调研材料显示，江西省第十二届人大常委会第三十二次会议于2017年3月20日审议通过了《江西省农业生态环境保护条例》。

[364] 根据人民网消息，江西省第十二届人民代表大会常务委员会第三十六次会议于2017年11月30日通过《江西省人民代表大会常务委员会关于农作物秸秆露天禁烧和综合利用的决定》。http://jx.people.com.cn/n2/2017/1205/c186330-30994748.html，2018年7月1日访问。

[365] 根据铜鼓县人民政府网站消息，江西省农业厅、江西省财政厅《关于印发〈江西省规模化养殖粪便有机肥转化补贴暂行办法〉的通知》(赣农字〔2017〕83号)。http://xxgk.tonggu.gov.cn/tgxnyj/zfxxgk_30172/fgwj_30185/gfxwj_30187/201806/t20180612_429735.html，2018年7月1日访问。

[366] 根据铜鼓县人民政府网站消息，铜鼓县农业局、铜鼓县财政局于2018年5月20日印发《铜鼓县规模化养殖粪便有机肥转化补贴试点工作实施方案》，加快推进化肥、农药减量化以及畜禽养殖废弃物资源化和无害化处理。http://xxgk.tonggu.gov.cn/tgxnyj/zfxxgk_30172/fgwj_30185/gfxwj_30187/201806/t20180612_429735.html，2018年7月1日访问。

[367] 根据江西省人民政府网站消息，江西省人民政府办公厅于2017年7月20日印发《江西省生活垃圾分类制度具体实施方案》。http://xxgk.jiangxi.gov.cn/bmgkxx/sbgt/gzdt/zwdt/201707/t20170725_1351447.htm，2018年7月1日访问。

[368] 根据江西省人民政府网站消息，江西省住房和城乡建设厅、江西省环保厅、江西省新村办、江西省发改委、江西省商务厅于2017年8月10日印发《江西农村生活垃圾分类收集处理试点工作实施方案》。http://xxgk.jiangxi.gov.cn/bmgkxx/sjst/fgwj/qtygwj/201709/t20170929_1398523.htm，2018年7月1日访问。

[369] 根据江西省环境保护厅网站消息，2017年12月21日，江西省环境保护厅、江西省财政厅、江西省发改委联合印发《德兴市、靖安县、宁都县农村环境整治政府购买服务试点方案》，启动江西省农村环境整治政府购买服务试点工作。http://www.jxepb.gov.cn/hjzx/stdt/2018/a0bbffc196a64ce8b1ebe07f27a5a8cc.htm，2018年7月1日访问。

（试行）》[370]中就明确指出党委、政府及有关部门生态环境与资源保护工作职责。

（6）加快培育环境治理和生态保护市场主体

《江西省推进环境污染第三方治理工作实施细则》[371]是江西省开展环境治理和生态保护市场化改革的重要举措，是政府和社会资本合作模式的有效尝试，在南昌市和鹰潭市[372]率先开展环境污染三方治理试点。江西省积极推进生态环保领域国有资本投资运营平台建设[373]，推动国有资产加大对环境治理和生态保护方面的投入。

（7）逐步完善环境治理和生态保护市场化机制

江西省积极探索建立排污权交易制度，出台《全省排污权有偿使用和交易试点工作方案》[374]，更在造纸等行业开展试点工作[375]。《江西省落实全国碳排放权交易市场建设工作实施方案》[376]《江西省"十三五"控制温室气体排放工作方案部门分

[370] 根据搜狐网消息，赣州市明确党委、政府及有关部门生态环境与资源保护工作职责，赣州市委办、市政府办于2017年11月联合印发了《赣州市党政领导干部生态环境损害责任追究实施细则（试行）》，其中《党委、政府及有关部门生态环境与资源保护工作职责》作为重要基础材料一并印发。该工作职责的出台对推动当前环保工作具有十分重要的意义。http://www.sohu.com/a/204143876_100014549，2018年7月1日访问。

[371] 根据江西省人民政府网站消息，江西省人民政府办公厅于2018年4月3日印发《江西省推进环境污染第三方治理工作实施细则》。http://www.jiangxi.gov.cn/ccy/zsyzzc/sjzcwj/qt_13516/201804/t20180410_1438336.html，2018年7月1日访问。

[372] 根据网易新闻网站消息，2015年8月15日，国家发改委批复同意江西省鹰潭市和南昌固废处理循环经济产业园开展环境污染第三方治理试点。http://news.163.com/15/0816/06/B14DMC2U00014Q4P.html，2018年7月1日访问。

[373] 根据江西省国有资产管理监督委员会网站消息，江西大成国有资产经营管理有限责任公司要抓住江西的生态文明建设上升为国家战略的机遇期，主动对接《国家生态文明实验区（江西）实施方案》，在内部优化组合生态环保业态资源，在此基础上吸引国内外生态环保领域的优势企业与公司合资合作，把公司改组为生态环保领域国有资本投资运营平台，为打造美丽中国"江西样板"做出积极贡献。http://www.jxgzw.gov.cn/xxgk/qydt/201709/t20170913_31970.htm，2018年7月1日访问。

[374] 根据江西省人民政府网站消息，江西省人民政府办公厅于2014年10月印发《全省排污权有偿使用和交易试点工作方案》。http://www.jiangxi.gov.cn/zzc/ajg/sbgt/201501/t20150106_1110059.htm，2018年7月1日访问。

[375] 根据新华网消息，江西目前确定试点交易的污染物为化学需氧量、氨氮、二氧化硫、氮氧化物四项。试点期间，在全省造纸、印染行业排污单位开展化学需氧量、氨氮排污权有偿使用和交易；在全省火电、钢铁、水泥行业排污单位开展二氧化硫、氮氧化物排污权有偿使用和交易。根据试点进展情况，将适时增补其他污染物，并逐步向全省其他行业或领域拓展。http://www.xinhuanet.com/politics/2016-02/01/c_128689280.htm，2018年7月1日访问。

[376] 根据江西省发展和改革委员会网站消息，江西省发展和改革委员会于2016年7月19日印发《江西省落实全国碳排放权交易市场建设工作实施方案》，积极探索构建科学系统的温室气体排放统计核算体系，落实碳排放权交易制度。http://www.jxdpc.gov.cn/tztg/gztz/201607/t20160727_193535.htm，2018年7月1日访问。

工》[377]均是江西省探索建立碳排放权交易市场体系的重要举措。此外，江西省出台《江西省林业厅办公室关于加强林业碳汇项目开发管理的通知》[378]积极探索林业碳汇等交易模式。《江西省 2018 年应对气候变化工作要点》[379]明确应对气候变化工作目标与工作要点。高安市[380]、新干县[381]、抚州市东乡区[382]三个水资源使用权确权登记试点，探索建立水权交易制度的有效实施路径。山口岩水库水权交易试点[383]也如期展开。《江西省用能权有偿使用和交易制度试点实施方案》[384]也是探索建立用能权交易制度的重要成果。

（8）健全绿色金融服务体系

《江西省企业环境信用评价及信用管理暂行办法》[385]积极完善企业环境信用评价制度。《江西银监局关于印发绿色信贷工作考核评价及差别化监管暂行办法的通

[377] 根据江西省发展和改革委员会网站消息，江西省发展和改革委员会于 2017 年 11 月 13 日印发《江西省“十三五”控制温室气体排放工作方案部门分工》，积极探索构建科学系统的温室气体排放统计核算体系，落实碳排放权交易制度。http://www.jxdpc.gov.cn/departmentsite/qhc/tztg/201711/t20171120_213072.htm，2018 年 7 月 1 日访问。

[378] 根据江西省林业厅网站消息，江西省林业厅于 2017 年 5 月 9 日印发《关于加强林业碳汇项目开发管理的通知》。http://jxly.gov.cn/id_402848b75d1b4283015d2b4ab1c6006d/news.shtml，2018 年 7 月 1 日访问。

[379] 根据江西省发展和改革委员会网站消息，江西省发展和改革委员会于 2018 年 4 月 26 日印发《江西省 2018 年应对气候变化工作要点》，将进一步减缓温室气体排放，提升生态系统的碳汇能力作为工作目标与工作要点。http://www.jxdpc.gov.cn/departmentsite/qhc/tztg/201804/t20180427_218081.htm，2018 年 7 月 1 日访问。

[380] 根据高安市人民政府网站消息，高安市人民政府办公室于 2015 年 9 月 17 日印发《高安市水权试点实施方案》。http://xxgk.gaoan.gov.cn/gaszfb/zfxxgk_20680/fgwj_20693/gfxwj_20695/201602/t20160224_332771.html，2018 年 7 月 1 日访问。

[381] 根据中国吉安网消息，2015 年年初，新干县作为全国水权试点县之一，率先在全省启动了水权试点工作，积极探索以水资源使用权确权登记为核心的水权试点工作。经过两年多努力，该县完成改革试点任务，为正在实施的农业水价综合改革奠定了基础。2017 年 5 月，该县水权试点工作通过省水利厅组织的第三方技术评估，近期又先后通过水利部组织的第三方技术评估，以及水利部、省政府的联合验收。http://www.jgsdaily.com/2017/1218/64702.shtml，2018 年 7 月 1 日访问。

[382] 根据抚州市人民政府网站消息，抚州市于 2017 年 11 月 7 日召开水权确权登记试点调度会。http://xxgk.jxfz.gov.cn/dx/bmgkxx/dx_lfgq_68627/gzdt/zwdt/201711/t20171129_3317542.htm，2018 年 7 月 1 日访问。

[383] 根据萍乡市水务局网站消息，2015 年 10 月萍乡市水务局召开《江西省萍乡市山口岩水库水权交易论证报告（初稿）》征求意见座谈会，为不同类型的水权交易和流转试点工作提供经验。http://www.pxwater.gov.cn/show.asp?id=2256，2018 年 7 月 1 日访问。

[384] 根据江西省产权交易所网站消息，为建立健全江西省用能权分配制度和有偿使用制度，培育和发展用能权交易市场，提出《江西省用能权有偿使用和交易制度试点实施方案》。http://www.jxcq.org/show.aspx?id=10719，2018 年 7 月 1 日访问。

[385] 根据江西省人民政府网站消息，江西省环保厅印发《江西省企业环境信用评价及信用管理暂行办法》，构建环境保护“守信激励”和“失信惩戒”机制，推动环境信用评价体系建设。http://xxgk.jiangxi.gov.cn/bmgkxx/shbj/gzdt/zwdt/201711/t20171103_1405689.htm，2018 年 7 月 1 日访问。

知》[386]是江西省加强对绿色金融业务和产品监管的重要依据。《赣江新区建设绿色金融改革创新试验区实施细则》[387]积极推动赣江新区绿色金融改革创新，《江西省人民政府关于加快绿色金融发展的实施意见》[388]更是探索创新绿色金融推动绿色经济发展的有效机制。

（9）进一步完善生态文明建设评价考核制度

《江西省生态文明建设目标评价考核办法（试行）》[389]《2016年市县科学发展综合考核现代农业发展及农产品安全部分考核办法》[390]均旨在完善市县科学发展综合考核评价指标体系。目前，江西省实行差别化的考核制度[391]，根据《江西省主体功能区规划》，对不同主体功能区采取不同的考核方式、设置不同的考核重点。

（10）探索编制自然资源资产负债表

《江西省编制自然资源资产负债表试点方案》[392]指导萍乡市[393]、吉安市[394]、宜

[386] 根据江西省人民政府网站消息，江西银监局下发了《江西银监局关于印发绿色信贷工作考核评价及差别化监管暂行办法的通知》，实施绿色金融差别监管。根据每年对各机构绿色信贷发展战略及组织管理、政策制度及能力建设、业务流程和内部管理、绿色信贷增幅及风险控制、绩效考核和问责等方面，采取机构自评与银监部门复评相结合的办法，开展定性与定量考核评价，实施差别化监管措施。对于考评不合格的机构，视情况采取责令暂停部分业务、停办新业务、停设分支机构和约见谈话、通报批评等监管措施，有利于推动绿色金融发展。http://www.jiangxi.gov.cn/xzx/jxyw/tjyw/201708/t20170816_1380634.html，2018年7月1日访问。

[387] 根据江西省人民政府网站消息，江西省人民政府于2018年1月2日印发《赣江新区建设绿色金融改革创新试验区实施细则》。http://xxgk.jiangxi.gov.cn/gddt/zwdt/201801/t20180108_1421493.htm，2018年7月1日访问。

[388] 根据江西省人民政府网站消息，江西省人民政府政府于2017年11月16日印发《关于加快绿色金融发展的实施意见》。http://www.jiangxi.gov.cn/ccy/zsyzzc/sjzcwj/jr_13510/201711/t20171121_1411479.html，2018年7月1日访问。

[389] 根据江西省人民政府网站消息，2017年6月14日，江西省政府新闻办、省发展改革委、省统计局、省环保厅、省委组织部联合召开《江西省生态文明建设目标评价考核办法（试行）》新闻发布会，增加生态文明建设考核权重，强化指标约束。http://www.jiangxi.gov.cn/xzx/xwfbh/201706/t20170614_1341224.html，2018年7月1日访问。

[390] 根据江西省农业厅网站消息，江西省农业厅于2016年7月26日发布《2016年市县科学发展综合考核现代农业发展及农产品安全部分考核办法》，增加生态文明建设考核权重，强化指标约束。http://www.jxagri.gov.cn/News.shtml?p5=305033，2018年7月1日访问。

[391] 根据中国新闻网消息，江西推出差别化分类考核，生态环境列入一级指标。对重点开发区域重点考核经济转型升级方面指标，对限制开发区域实行农业优先和生态保护优先的绩效评价，取消对限制开发区域和生态脆弱国家扶贫开发工作重点县的地区生产总值考核。http://www.chinanews.com/ny/2014/01-16/5745466.shtml，2018年7月1日访问。

[392] 根据江西省人民政府网站消息，江西省人民政府办公厅于2016年7月8日印发《江西省编制自然资源资产负债表试点方案》，推进主要自然资源资产核算工作，完善自然资源资产相关统计制度，探索建立实物量核算账户，科学反映自然资源规模和质量变化。http://xxgk.jiangxi.gov.cn/fzgh/gzjh/201607/t20160719_1278000.htm，2018年7月1日访问。

[393] 根据萍乡统计信息网消息，为做好萍乡市编制自然资源资产负债表试点工作，2017年10月20日萍乡市成立萍乡市编制自然资源资产负债表试点工作领导小组。http://tjj.pingxiang.gov.cn/dtyq/ggtz/201710/t20171025_1653888.html，2018年7月1日访问。

[394] 根据吉安市统计局网站消息，吉安市统计局配合做好国家在吉安开展的自然资源资产离任审计试点工作。在指导安福县抓好自然资源资产负债表编制试点的同时，切实做好了吉安市自然资源资产负债表编制工作，完成了报表编制和上报，为下一步全面铺开打下坚实基础。http://tj.jian.gov.cn/news-show-284.html，2018年7月1日访问。

春市[395]、抚州市兴国县[396]等地率先开展自然资源资产负债表编制试点。

（11）开展领导干部自然资源资产离任审计

江西萍乡市[397]、吉安市[398]开展党政领导干部自然资源资产离任审计试点，探索并逐步完善领导干部自然资源资产离任审计制度。

（12）建立生态环境损害责任终身追究制度

《江西省党政领导干部生态环境损害责任追究实施细则（试行）》[399]是积极探索建立生态环境损害责任终身追究制度的重要成果。

（13）加强生态文明考核与责任追究的统筹协调

江西省在生态文明建设过程中，努力加强生态文明考核与责任追究的统筹协调[400]。

（14）完善社会参与机制

江西省出台《江西省环保厅关于建立环保系统新闻发言人制度的通知》[401]建立

[395] 根据宜春市发展和改革委员会网站消息，2017 年 11 月 10 日，宜春市政府召开了国家生态文明试验区改革试点任务调度会。其中编制完成了宜春市 2013—2015 年度自然资源资产负债表，初步建立了主要自然资源的资产负债核算体系和实物量核算账户，为开展领导干部自然资源资产和环境责任离任审计提供有效依据。目前，正在编制宜春市 2016 年度自然资源资产负债表，同时启动了靖安县自然资源资产负债表编制工作。http://www.ycfgw.gov.cn/article3144.html，2018 年 7 月 1 日访问。

[396] 根据抚州新闻网消息，2016 年 8 月 23 日，抚州市自然资源资产负债表编制试点启动会议在市行政中心视频会议室召开，市委副书记、常务副市长于秀明出席会议并部署工作。http://www.zgfznews.com/dianzibao/A/A1/2016/0824/1449771.shtml，2018 年 7 月 1 日访问。

[397] 根据中国江西网消息，萍乡市开展了领导干部自然资源资产离任审计试点，以此促进领导干部树立科学的发展观和正确的政绩观。http://jxfzb.jxnews.com.cn/system/2016/09/19/015205033.shtml，2018 年 7 月 1 日访问。

[398] 根据井冈山市人民政府网站消息，吉安市出台《领导干部自然资源资产离任审计暂行办法》。http://www.jgs.gov.cn/html/2018/6-14/n67257318.html，2018 年 7 月 1 日访问。

[399] 根据江西省环境保护厅网站消息，2017 年 3 月 23 日，江西省委办公厅、江西省政府办公厅印发《江西省党政领导干部生态环境损害责任追究实施细则（试行）》。明确了各级党委和政府及有关部门生态环境保护工作职责，将造成或可能造成生态环境损害的责任，与未完成生态环境和资源保护任务的责任一并列为生态环境损害责任类型。建立生态环境损害分级制度，确定各类生态环境损害的分级调查权限，实现精准追责。对领导干部离任后出现重大生态环境损害并认定其需要承担责任的，实行终身追责。http://www.jxepb.gov.cn/hjzx/zxzx/2017/fc2e2ce005084f51a5c15774695a77a9.htm，2018 年 7 月 1 日访问。

[400] 课题组在江西省环保厅调研中得知，以大气污染防治为例，江西省每月通报全省空气质量。对空气质量排名靠后的重点地市进行现场督查，对连续三个月空气质量排名后十的县区组织约谈。

[401] 根据江西省环境保护厅网站消息，江西省建立健全环保系统新闻发言人制度。2016 年 5 月 24 日专门下发《江西省环境保护厅关于落实“421”新闻发布模式做好新闻发布工作的通知》，实现了江西省环境保护厅新闻发布工作的制度化、规范化和常态化。2016 年 9 月 18 日，下发了《江西省环保厅关于建立环保系统新闻发言人制度的通知》，在市县两级环保部门都设置了专门的新闻发言人，并于 10 月 11—12 日组织全省环保系统部分新闻发言人进行专题培训，邀请了省委宣传部舆情处、新闻发布处两位处长给学员们授课，增强了新闻发言人运用新媒体沟通交流和舆论引导的能力。http://www.jxepb.gov.cn/ZWGK/bgs/gzjhzj/2017/4473d483fb4c443f994d498619655129.htm，2018 年 7 月 1 日访问。

环境保护新闻发言人制度；出台《江西省环境信息公开管理办法（试行）》[402]完善建设项目环境影响评价信息公开机制。《江西省举报环境违法行为有功人员奖励办法》[403]是江西省积极完善环境违法举报制度，保障人民群众依法有序行使环境监督权的重要实践成果。

（15）健全生态文化培育引导机制

江西省在九江市[404]、赣州市[405]积极试点生态环境监督员制度，努力健全生态文化培育引导机制。

4. 生态扶贫共享发展示范区

（1）创新生态扶贫机制

《江西省人民政府办公厅关于健全生态保护补偿机制的实施意见》[406]设置牵头单位与责任单位并进行合理分工，积极健全生态保护补偿机制。此外，江西省还积

[402] 根据江西省人民政府网站消息，《江西省环境保护厅2017年度政府信息公开工作年度报告》中指出，江西省环境保护厅出台了《江西省环境信息公开管理办法（试行）》，规定了政府环境信息公开的范围、方式和程序，明确了企业环境信息公开的要求，制定了环境信息公开的监督与责任，在项目立项、实施、后评价等环节，有序提高公众参与程度。http://xxgk.jiangxi.gov.cn/bmgkxx/shbj/ndbg/201802/t20180222_1429492.htm，2018年7月1日访问。

[403] 根据中华人民共和国生态环境部网站消息，江西省环境保护厅、江西省财政厅于2015年2月9日印发《江西省举报环境违法行为有功人员奖励办法》。http://www.zhb.gov.cn/gzfw_13107/zcfg/hjjzc/gjfbdjjzc/qtjjzc/201606/t20160623_355894.shtml，2018年7月1日访问。

[404] 根据江西新闻网消息，2017年10月，九江市首次聘任生态环境保护社会监督员。近年来，全市上下牢固树立“生态优先，绿色发展”理念，加强了环境综合治理，把环境保护与经济发展、改善民生相协调，不断加大环保工作力度，主要污染物排放总量明显下降，环保基础设施进一步完善，环境执法水平显著提升，全市城乡生态环境质量得到持续改善。为进一步加强九江市生态环境建设，充分发挥社会监督作用，市人大城环委和市环保局在全市范围内聘请一批生态环境保护社会监督员，这在九江市尚属首次。http://jj.jxnews.com.cn/system/2017/09/21/016415643.shtml，2018年7月1日访问。

[405] 根据江西新闻网消息，赣州市会昌县紧紧围绕乡村振兴战略的决策部署，大力推进生态文明建设，打赢污染防治攻坚战，探索新的乡村环境整治管护体系和良好机制，实行最严格的生态环境保护和治理制度。在每个乡镇设立了生态环境监督站，每个村配备了生态环境监督员，实现了生态环境监管全覆盖。乡镇生态环境监督站负责人由乡镇一名领导班子成员担任，对乡镇府和县生态环境综合执法大队负责，村级生态环境监督员由村党支部书记担任，负责本行政区域内生态环境领域的日常巡查、日常管理、发现问题并及时向乡镇生态环境监督站汇报，配合开展相关执法工作。组建乡村生态环境监督机构和人员，加强了乡村生态巡查检查力度和环境监管力度，为建设和谐秀美乡村提供了重要保障。http://jxgz.jxnews.com.cn/system/2018/03/21/016815220.shtml，2018年7月1日访问。

[406] 根据江西省人民政府网站消息，江西省人民政府办公厅于2017年5月26日印发《江西省人民政府办公厅关于健全生态保护补偿机制的实施意见》。由江西省财政厅、江西省发改委牵头负责加大对省内重点贫困区域的流域生态保护补偿专项资金支持力度，建立补偿资金与扶持贫困人口脱贫挂钩机制；由江西省发改委牵头负责在贫困地区开展水电和矿产资源开发资产收益扶贫改革试点；由江西省扶贫和移民办牵头负责深入实施贫困地区生态移民行动计划，开展自然保护区核心区和缓冲区生态移民工作；由江西省发改委牵头负责在贫困地区开展水电和矿产资源开发资产收益扶贫改革试点；由江西省科技厅、江西省人社厅牵头负责组建江西绿色技术推广中心，建设1 000个绿色技术扶贫示范点。积极开发生态公益性岗位，优先安排有劳动能力的贫困人口就业。开展“绿色培训”，建立绿色创业扶贫基金，培养农村地区绿色农业发展带头人。http://www.jiangxi.gov.cn/zzc/ajg/sbgt/201706/t20170608_1340087.htm，2018年7月1日访问。

极开发生态公益性岗位，优先安排有劳动能力的贫困人口就业，开展“绿色培训”，建立绿色创业扶贫基金，培养农村地区绿色农业发展带头人。江西省明确要加大地方政府债券对重大生态修复工程的支持力度[407]。上犹县[408]、遂川县[409]、莲花县[410]等率先开展生态扶贫试验区建设。

（2）建立绿色共享机制

江西省积极建立绿色共享机制[411]，在全国率先实现国家园林城市设区市全覆盖，新增一批全国宜居小镇、宜居村庄，探索建立适应群众健康需求的生态环境指标统计和发布机制。

三、贵州省生态文明试验区立法现状

（一）贵州省生态文明试验区立法现状概述

贵州省生态文明试验区立法工作紧密结合贵州省生态文明试验区的立法定位与要求，《贵州省生态文明建设促进条例》已经出台。此外，贵州省通过制定、修改方式印发并迄今有效的地方性法规为6件，地方政府规章为11件，规范性文件为40件。其中，省一级立法文件达到51件，市、县级立法文件6件，种类覆盖生态文明建设全方面，包括综合类、国土资源类、森林资源类、污染防治类等10余个领域类别。

[407] 根据江西省人民政府网站消息，推进绿色惠民——建立生态补偿扶贫机制，江西省加大对罗霄山集中连片特困地区、“五河一湖”及东江源头地区的流域生态补偿专项资金扶持力度，建立补偿资金与扶持贫困群众脱贫挂钩机制。加大地方政府债券对重大生态修复工程的支持力度。在贫困地区开展水电和矿产资源开发资产收益扶贫改革试点。通过深入实施生态保护扶贫工程，开展生态移民行动，全年搬迁建档立卡贫困群众10万人以上；结合国有林场改革，推动2万伐木工转变为生态“护林员”；全面推进光伏扶贫，争取国家下达光伏扶贫计划62万千瓦；争取江西省列入全国网络扶贫试点，获得金融机构授信200亿元。http://www.jiangxi.gov.cn/xzx/jxyw/jrjx/201706/t20170616_1341508.html，2018年7月1日访问。

[408] 根据江西省农业厅网站消息，江西省发改委、江西省扶贫和移民办、江西省林业厅联合印发了《上犹县生态扶贫试验区建设试点方案》。http://www.jxagri.gov.cn/News.shtml?p5=349646，2018年7月1日访问。

[409] 根据遂川县人民政府网站消息，2017年遂川县制定了《遂川县生态扶贫试验区建设实施方案》，进一步推进贫困地区生态富民、产业脱贫，助力农民增收致富。http://www.suichuan.gov.cn/doc/2018/03/28/33107.shtml，2018年7月1日访问。

[410] 根据莲花县人民政府网站消息，2018年出台了《莲花县生态扶贫试验区实施方案》。http://www.zglh.gov.cn/html/stwm/12599.html，2018年7月1日访问。

[411] 根据江西省人民政府网站消息，建立绿色共享——加快建设绿色城市，江西省开展城镇闲置及裸露土地排查和复绿工作，在全国率先实现国家园林城市设区市全覆盖，新增绿色建筑600万平方米。推进美丽村庄建设，实施“整洁美丽、和谐宜居”新农村建设行动，启动中心村布局选点和规划编制工作，乡村建设规划许可证发放率从35%提升至60%左右，新增一批全国宜居小镇、宜居村庄。同时，探索建立负氧离子含量、硒元素含量等适应群众健康需求的生态环境指标统计和发布机制。推进绿色空间共享，实施城市拆围透绿行动计划，强化城市规划建设绿地配比要求，实现居民300米“见绿”、500米“见园”。http://www. jiangxi.gov.cn/xzx/jxyw/jrjx/201706/t20170616_1341508.html，2018年7月1日访问。

（二）贵州省生态文明试验区立法定位与创新

为贯彻落实党中央、国务院关于生态文明建设和生态文明体制改革的总体部署，进一步发挥贵州省生态优势，深入开展生态文明体制改革综合试验，建设国家生态文明试验区，中共中央办公厅、国务院办公厅于2017年9月制定并发布了《国家生态文明试验区（贵州）实施方案》。

《国家生态文明试验区（贵州）实施方案》明确了贵州省生态文明试验区的立法定位，是要成为长江、珠江上游绿色屏障建设示范区，西部地区绿色发展示范区，生态脱贫攻坚示范区，生态文明法治建设示范区，生态文明国际交流合作示范区。之后，贵州省通过地方性法规、地方政府规章等形式，结合贵州省实际情况，力争为实现立法定位提供了制度保障。

1. 长江、珠江上游绿色屏障建设示范区

（1）健全空间规划体系和用途管制制度

《贵州省省级空间性规划“多规合一”试点工作方案》[412]以主体功能区规划为基础统筹各类空间性规划。贵州省在六盘水市[413]、三都县[414]、雷山县[415]等地开展市县多规合一试点，深入推进荔波县[416]、册亨县[417]国家主体功能区建设试点示范。贵

[412] 根据贵州省人民政府网站消息，贵州省人民政府办公厅于2016年7月18日印发《贵州省省级空间性规划“多规合一”试点工作方案》。http://www.gzgov.gov.cn/xxgk/jbxxgk/fgwj/szfwj_8191/qfbf_8196/201709/t20170925_823923.html，2018年7月20日访问。

[413] 根据中华人民共和国国家发展和改革委员会网站消息，按照《中共中央办公厅 国务院办公厅关于印发〈省级空间规划试点方案〉的通知》（厅字〔2016〕51号）精神，贵州省被纳入省级空间规划国家试点省份，根据《省人民政府办公厅关于印发贵州省省级空间性规划“多规合一”试点工作方案的通知》（黔府办发〔2016〕26号）要求，贵州省将六盘水市列为开展“多规合一”的试点市。为深入推进空间规划体制改革的重要任务，2017年3月13日，国家发改委规划司马强副司长带领国家专家技术团队赴贵州省六盘水市开展调研，并召开六盘水市空间性规划“多规合一”试点工作座谈会。http://xbkfs.ndrc.gov.cn/mzfz/201703/t20170322_841722.htmll，2018年7月20日访问。

[414] 根据三都县人民政府网站消息，2016年7月，贵州省人民政府办公厅印发《贵州省省级空间性规划“多规合一”试点工作方案的通知》（黔府办发〔2016〕26号）文件，将六盘水市、雷山县和三都县列为省级试点。2016年10月10日三都县试点工作正式启动，在县委、县人民政府的领导下，县发改局主动汇报，加强对接和沟通，各部门通力合作，切实做好跟踪服务，目前我县空间性规划“多规合一”试点工作进展顺利。http://www.sdx.gov.cn/html/article/46/17345.shtmll，2018年7月20日访问。

[415] 根据雷山县人民政府网站消息，2016年10月11日，雷山县空间性规划“多规合一”调研座谈会召开。会议的召开，标志着雷山县空间性规划“多规合一”编制工作正式启动。http://www.leishan.gov.cn/xwzx/zwyw/201610/t20161012_1383052.htmll，2018年7月20日访问。

[416] 根据搜狐网站消息，荔波县始终坚持把绿水青山作为立县之本，坚守生态底线，推动绿色发展。荔波县成功列入《左右江革命老区振兴发展规划》《贵州南部生态补偿示范区建设规划》《贵州省创建全国生态文明先行区规划》等，《荔波世界自然遗产地保护与利用专题调研报告》通过国家评审，先后获评中国生态魅力县、国家主体功能区建设试点示范县、国家生态示范县、国家生态旅游示范区等。http://www.sohu.com/a/138750210_1668651，2018年7月20日访问。

[417] 根据黔西南州人民政府网站消息，2014年12月26日，册亨县“国家主体功能区试点示范县”暨“石漠化山头绿起来”三年攻坚军民植树造林誓师启动仪式在岩架镇板弄村举行。http://qxn.gov.cn/ViewGovPublic/QxnInfo.7/108736.htmll，2018年7月20日访问。

州省出台《贵州省生态保护红线管理暂行办法》[418]、制定形成《贵州省生态保护红线划定方案》，发布《贵州省生态保护红线》[419]，积极开展生态保护红线勘界定标和环境功能区划工作，在生态保护红线内严禁不符合规定的各类开发活动。贵州省始终坚持最严格的耕地保护制度，《关于进一步加强五千亩以上坝区耕地保护工作的通知》[420]《非农建设占用五千亩以上坝区耕地实地踏勘和审查方案》[421]相继出台，继2011年《贵州省土地整治条例》[422]成为全国第一部土地整治地方性法规后，《贵州省土地整治项目管理办法》[423]致力于健全城镇建设用地总量控制管理机制。

（2）开展自然资源统一确权登记

贵州省在赤水市[424]、绥阳县[425]、六盘水市钟山区[426]、普定县[427]、思南

［418］根据贵阳市生态文明建设委员会网站消息，贵州省人民政府于2016年12月31日印发了《贵州省生态保护红线管理暂行办法》。http://www.ghb.gov.cn/doc/2017216/848129654.shtmll，2018年7月20日访问。

［419］根据贵州省人民政府网站消息，贵州省人民政府于2018年6月27日发布了《贵州省生态保护红线》，在生态保护红线内严禁不符合规定的各类开发活动，严禁任意改变用途，确保生态保护红线功能不降低、面积不减少、性质不改变，建立健全严守生态保护红线的执法监督、考核评价、监测监管和责任追究等制度。http://www.gzgov.gov.cn/xxgk/jbxxgk/fgwj/szfwj_8191/qff_8193/201807/t20180702_1396225.htmll，2018年7月20日访问。

［420］根据贵州省人大网站消息，2015年7月28日省十二届人大常委会第十六次会议上《贵州省人民政府关于耕地保护情况的报告》明确指出，2014年，贵州省人民政府办公厅印发《关于进一步加强五千亩以上坝区耕地保护工作的通知》(黔府办函〔2014〕125号)，对坝区耕地保护提出“六个严禁”：严禁以调整土地利用总体规划为由改变五千亩以上坝区耕地用途；严禁在五千亩以上坝区设立城市新区和各类开发区、园区；严禁地方城市干道等线性工程通过五千亩以上坝区核心区；严禁在五千亩以上坝区耕地范围批准宅基地；严禁扩大五千亩以上坝区范围内现有建设用地规模；严禁在五千亩以上坝区开展有损农业综合生产能力的活动。实行“三个不能”：不能占用万亩坝区耕地、不能占用五千亩以上坝区集中连片耕地、不能占用千亩坝区核心区耕地。能源、交通、水利、矿山开采、环保、重大民生工程选址确实无法避让的，需实地踏勘，占用万亩坝区报省政府同意，占用五千亩坝区经省国土资源厅同意，方可按程序申报用地。http://www.gzrd.gov.cn/cwhgb/dseg2015ndsh/17474.shtmll，2018年7月20日访问。

［421］根据贵州省国土资源厅网站消息，贵州省国土资源厅于2015年9月30日印发《贵州省非农建设占用五千亩以上坝区耕地实地踏勘和审查方案》。http://www.gzgtzy.gov.cn/zwgk/xxgkml/gdbh/gdbhflfg/201707/t20170704_2698389.htmll，2018年7月20日访问。

［422］根据中华人民共和国自然资源部网站消息，贵州省第十一届人民代表大会常务委员会第十九次会议于2010年11月30日经通过《贵州省土地整治条例》。http://www.mlr.gov.cn/zwgk/flfg/dfflfg/201012/t20101202_799117.html，2018年7月20日访问。

［423］根据贵州省国土资源厅网站消息，贵州省国土资源厅、贵州省财政厅于2015年5月19日印发《贵州省土地整治项目管理办法》。为划定城镇开发边界，开展城市设计、生态修复和城市修补工作，统筹安排土地整治和高标准农田建设，强化节约集约用地激励约束机制，落实单位地区生产总值建设用地使用面积下降目标提供了重要依据，健全城镇建设用地总量控制管理机制。http://www.gzgtzy.gov.cn/zwgk/xxgkml/gdbh/gdbhflfg/201707/t20170704_2698387.htmll，2018年7月20日访问。

［424］根据赤水市人民政府网站消息，赤水市人民政府于2017年10月20日印发《开展自然资源统一确权登记的通告》。http://www.gzchishui.gov.cn/doc/2017/10/20/132062.shtmll，2018年7月20日访问。

［425］根据绥阳县人民政府网站消息，绥阳县人民政府于2017年9月1日印发《绥阳县人民政府关于国有自然资源统一调查确权登记的通告》。http://www.zgsy.gov.cn/xwzx/tzgg/201709/t20170912_2005042.htmll，2018年7月20日访问。

［426］根据六盘水市钟山区人民政府网站消息，为进一步推进钟山区自然资源统一确权登记试点工作，钟山区人民政府发布了自然资源统一确权登记项目中标（成交）公告。http://www.gzzs.gov.cn/Web92/Detail.aspx?id=292024l，2018年7月20日访问。

［427］根据普定县人民政府网站消息，普定县人民政府于2017年8月22日印发《普定县人民政府关于开展国有自然资源统一确权登记的通告》。http://www.aspd.gov.cn/xwzx/tzgg/201708/t20170823_1981018.htmll，2018年7月20日访问。

县[428]开展自然资源统一确权登记试点，并已出台《贵州省自然资源统一确权登记试点实施方案》[429]。贵州省建立统一的自然资源登记体系，初步摸清试点地区水流、森林等重要自然资源权属、位置、面积等基本信息[430]。

（3）建立健全自然资源资产管理体制

《贵州省自然资源资产产权制度和用途管制制度改革方案》[431]《贵州省全民所有自然资源资产有偿使用制度改革试点实施方案》[432]相继出台，是积极开展国家自然资源资产管理体制改革重要实践成果，积极探索不同层级政府行使全民所有自然资源资产所有权的实现形式，为各类自然资源资产的各项制度改革明确了责任单位，但尚未实现中央要求的“贵州省政府代理行使所有权的全民所有自然资源资产，由贵州省国有自然资源资产管理机构设置派出机构直接管理”。[433]

---

[428] 根据思南县人民政府网站消息，思南县作为贵州省开展自然资源统一确权登记的试点地区之一，制定了《思南县自然资源统一确权登记试点工作实施方案》，县财政解决了自然资源统一确权登记试点工作经费500万元，全县上下全力支持自然资源确权登记工作。截止至2017年12月28日，思南县已全面完成自然资源单元登簿工作，共实施自然资源登记单元91个，其中独立自然资源单元5个，全要素单元86个，已按照国家和省试点工作要求全面完成。http://www.sinan.gov.cn/xwzx/bmdt/201801/t20180102_2946127.htmll，2018年7月20日访问。

[429] 根据中华人民共和国自然资源部网站消息，2017年5月17日，贵州省召开全省自然资源统一确权登记试点工作动员会，确定赤水市、绥阳县、普定县、思南县为试点地区，全域开展自然资源统一确权登记工作。《贵州省自然资源统一确权登记试点实施方案》（以下简称《方案》）已获国土资源部和贵州省人民政府批准。《方案》明确了试点工作的六项基本原则：一是坚持资源公有制原则；二是坚持物权法定原则；三是坚持实事求是原则；四是坚持统筹兼顾原则；五是坚持统一登记原则；六是坚持深化改革原则。http://www.mlr.gov.cn/xwdt/jrxw/201705/t20170523_1508441.html，2018年7月20日访问。

[430] 根据新华网贵州频道消息，2018年4月贵州省五个国家级自然资源统一确权登记试点县（市、区）试点成果通过省级验收，目前正开展试点成果总结。试点工作中，贵州省通过制定调查技术规范、探索自然资源边界划分方法、建立自然资源统一确权登记体系，摸清了五个试点县（市、区）自然资源家底，划清了国有与集体、集体与集体、自然资源类型类别等“三个边界”，自然资源所有权与不动产权利形成有效关联，为下一步建立自然资源资产产权制度，加强自然资源保护与监管打下了坚实的基础。http://www.gz.xinhuanet.com/2018-04/07/c_1122644693.html，2018年7月20日访问。

[431] 根据贵州省人民政府网站消息，2014年6月贵州省国土资源厅与贵州省发展和改革委员会制定出台了《贵州省自然资源资产产权制度和用途管制制度改革方案》。http://www.gzgov.gov.cn/xwzx/bmdt/201506/t20150630_252880.htmll，2018年7月20日访问。

[432] 根据贵州省国土资源厅网站消息，2017年11月15日贵州省国土资源厅、贵州省发展和改革委员会、贵州省林业厅、贵州省水利厅、贵州省农业委员会联合印发《贵州省全民所有自然资源资产有偿使用制度改革试点实施方案》。http://www.gzgtzy.gov.cn/xwzx/tzgg/201712/W020171208427356976829.pdfl，2018年7月20日访问。

[433]《国家生态文明试验区（贵州）实施方案》明确要求开展国家自然资源资产管理体制改革试点，除中央直接行使所有权的外，将分散在国土资源、水利、农业、林业等部门的全民所有自然资源资产所有者职责剥离，整合组建贵州省国有自然资源资产管理机构，经贵州省政府授权，承担全民所有自然资源资产所有者职责。探索不同层级政府行使全民所有自然资源资产所有权的实现形式，贵州省政府代理行使所有权的全民所有自然资源资产，由贵州省国有自然资源资产管理机构设置派出机构直接管理。

（4）健全山林保护制度

《贵州省培育发展环境治理和生态保护市场主体实施意见》[434]中明确提出，改革资源产权制度和环境管理体制，其中将健全山林保护制度纳为重点内容[435]。

（5）完善大气环境保护制度

《贵州省大气污染防治条例》[436]制定了严于国标的空气污染物排放标准，实施重点行业大气污染物特别排放限值。《贵州省“十三五”节能减排综合工作方案》[437]也是贵州省积极完善大气环境保护制度的重要举措。贵州省出台《贵州省控制污染物排放许可制实施方案》[438]实施企事业单位排污许可证管理，完善控制污染物排放

[434] 根据贵州省发展和改革委员会网站消息，贵州省发展和改革委员会、贵州省环境保护厅于 2017 年 12 月 27 日印发《贵州省培育发展环境治理和生态保护市场主体实施意见》。http://www.gzdpc.gov.cn/fzggdt/tzgg/201712/t20171228_3121461.htmll，2018 年 7 月 20 日访问。

[435] 根据贵州省发展和改革委员会网站消息，贵州省发展和改革委员会、贵州省环境保护厅于 2017 年 12 月 27 日印发《贵州省培育发展环境治理和生态保护市场主体实施意见》。健全水土流失和石漠化治理机制，创新政府资金投入方式，调动社会资金投入水土流失、石漠化治理。按照谁治理、谁受益的原则，赋予社会投资人对治理成果的管理权、处置权、收益权，形成水土流失、石漠化综合治理和管理长效机制。严格执行矿产资源开发利用、土地复垦、矿山环境恢复治理“三案合一”，切实做好水土流失预防和治理。完善森林生态保护补偿机制，逐步实现地方公益林与国家公益林补偿标准统一，进一步完善生态效益横向补偿机制。http://www.gzdpc.gov.cn/fzggdt/tzgg/201712/t20171228_3121461.htmll，2018 年 7 月 20 日访问。

[436] 根据百度百科网站消息，贵州省第十二届人民代表大会常务委员会第二十三次会议于 2016 年 7 月 29 日通过《贵州省大气污染防治条例》。其中第 12 条：“省人民政府可以根据国家大气环境质量标准和污染物排放标准，结合本省大气环境质量目标及经济、技术条件，制定严于国家标准的本省大气环境质量标准和污染物排放标准。”第 14 条：“省人民政府环境保护行政主管部门根据本省大气环境质量状况和主要大气污染物总量控制的要求，实施燃煤火电、水泥、钢铁、化工等重点行业大气污染物特别排放限值。”

[437] 根据贵州省民政厅网站消息，贵州省人民政府于 2017 年 9 月 14 日印发《贵州省“十三五”节能减排综合工作方案》，其中第四点为强化主要污染物减排：要求控制重点区域流域排放，并明确牵头单位：省环境保护厅；参加单位：省发展改革委、省经济和信息化委、省住房城乡建设厅、省能源局、省水利厅等。实施行业、区域、流域主要污染物总量减排，在重点行业、重点区域推进挥发性有机物排放总量控制。编制实施黔中城市群大气污染联防联控规划，以贵阳、安顺、遵义为重点，建立黔中地区大气污染联防联控机制，完善污染天气监测、预警和应急响应体系。划定县级以上城市限制燃煤区和禁止燃煤区，逐步实现城区“无煤化”。建立更加严格的机动车环保联动监测机制。实行市、县政府所在地建成区大气环境质量排名发布制度和对大气环境质量未达标或严重下降地方政府主要负责人约谈制度。对全省重点重金属排放实施总量控制，编制实施省“十三五”重金属污染防治规划，严格执行新建涉重金属项目等量置换、减量置换制度，严格控制涉重金属新增产能快速扩张，依法关停达标无望、治理整顿后仍不能稳定达标的涉重金属企业。大力推进铜仁市土壤污染综合防治先行区建设，加大毕节市、六盘水市、清镇市、兴仁县及都柳江流域等地区重金属历史遗留问题治理和土壤污染综合防治力度。编制实施贵州省乌江、清水江流域磷污染综合防治规划，加强乌江、清水江流域总磷排放总量控制，加强瓮安河、洋水河、鱼洞河等支流的污染整治。严格控制乌江、清水江、都柳江等重点流域的化学原料和化学制品制造、医药制造、有色金属冶炼、纺织印染等工业项目发展。持续加强赤水河流域污染防治和 34 号泉眼、发财洞污水治理设施运营管理。http://www.gzsmzt.gov.cn/xxgk/xxgkml/zcwj/szfwj/201709/t20170930_2791049.htmll，2018 年 7 月 20 日访问。

[438] 根据贵州省民政厅网站消息，贵州省人民政府办公厅于 2017 年 6 月 9 日印发《贵州省控制污染物排放许可制实施方案》。

许可制度。

（6）健全水资源环境保护制度

贵州省为全面推行河长制，出台《贵州省河长巡河制度》[439]并积极试点河湖民间义务监督员制度[440]。《贵州省水污染防治行动计划工作方案》[441]的出台更是积极健全水资源环境保护制度的重要实践成果。贵州省进一步推进编制养殖水域滩涂规划[442]，全面实行养殖证制度，规范发展渔业养殖。《贵州省健全生态保护补偿机制的实施意见》[443]逐步在省域范围内推广覆盖八大流域、统一规范的流域生态保护补偿制度，积极推动西江跨地区生态保护补偿试点。

（7）完善土壤环境保护制度

《贵州省土壤污染状况详查总体方案》[444]以农用地和重点行业企业用地为重点，开展土壤污染状况详查。《贵州省土壤污染防治工作方案》[445]积极推动完善土壤环境保护制度，实施农用地分类管理。

---

[439] 根据贵州省水利厅网站消息，贵州省河长制办公室于 2018 年 1 月 22 日印发《贵州省河长巡河制度》。http://www.gzmwr.gov.cn/ztzl/zldstzlqmtxhzz/tzgg_77986/201802/t20180204_3026423.htmll，2018 年 7 月 20 日访问。

[440] 根据黔南州人民政府网站消息，根据黔南州州级河流民间义务监督员水利专家招募方案要求，通过宣传发动、志愿报名、组织审查、评审确定等程序，2017 年 6 月 12 日完成招募工作。http://www.qngzmwr.gov.cn/notice/ArticleView.aspx?articleid=146181，2018 年 7 月 20 日访问。

[441] 根据贵州省经济和信息化委员会网站消息，贵州省经济和信息化委员会于 2017 年 5 月 2 日印发《贵州省水污染防治行动计划工作方案》。全面落实中共中央国务院《关于加快推进生态文明建设的意见》《生态文明体制改革总体方案》和《水污染防治行动计划》要求，以改善水环境质量为核心，按照“节水优先、空间均衡、系统治理、两手发力”原则，对乌江、沅水、赤水河—綦江、牛栏江—横江、北盘江、南盘江、红水河和都柳江全省两大流域八大水系实施分区域、分阶段科学治理，系统推进水污染防治、水生态保护和水资源管理，加快形成“政府统领、企业施治、市场驱动、公众参与”的水污染防治新机制，实现环境效益、经济效益与社会效益多赢。http://www.gzjxw.gov.cn/zwgk/xxgkml/flfg_45753/zcwj_40767/201705/t20170502_2207962.htmll，2018 年 7 月 20 日访问。

[442] 根据贵州省农业委员会网站消息，为做好贵州省养殖水域滩涂规划编制工作，于 2018 年 1 月 9 日成立贵州省养殖水域滩涂规划编制工作领导小组和技术指导组。http://www.qagri.gov.cn/zwgk/xxgkml/snwwj/qt/201801/t20180109_3129486.htmll，2018 年 7 月 20 日访问。

[443] 根据贵阳国家经济技术开发区网站消息，贵州省人民政府办公厅于 2017 年 3 月 27 日印发《贵州省健全生态保护补偿机制的实施意见》。http://www.geta.gov.cn/art/2017/3/27/art_373_32988.htmll，2018 年 7 月 20 日访问。

[444] 根据贵州省人民政府网站消息，贵州省人民政府办公厅于 2017 年 8 月 25 日印发《贵州省土壤污染状况详查总体方案》。http://www.gzgov.gov.cn/xxgk/jbxxgk/fgwj/szfwj_8191/qfbh_8197/201709/t20170925_824426.htmll，2018 年 7 月 20 日访问。

[445] 根据贵州省人民政府网站消息，贵州省人民政府办公厅于 2017 年 1 月印发《贵州省土壤污染防治工作方案》。制定实施受污染耕地安全利用方案，降低农产品超标风险，强化对严格管控类耕地的用途管理，依法划定特定农产品禁止生产区域。对受污染地块实施建设用地准入管理，防范人居环境风险。建立贵州省耕地土壤环境质量类别划定分类清单、建设用地污染地块名录及其开发利用的负面清单。建立土壤环境质量状况定期调查制度、土壤环境质量信息发布制度、土壤污染治理及风险管控制度，健全土壤环境应急能力和预警体系。鼓励土壤污染第三方治理，建立政府出政策、社会出资金、企业出技术的土壤污染治理与修复市场机制。http://www.gzgov.gov.cn/xwzx/djfb/201701/t20170111_686558.htmll，2018 年 7 月 20 日访问。

2. 西部地区绿色发展示范区

（1）健全矿产资源绿色化开发机制

《贵州省矿业权出让制度改革试点实施方案》[446]积极完善矿产资源有偿使用制度。《绿色矿山建设的实施意见》《绿色矿山建设考核办法（暂行）》[447]进一步健全矿产资源绿色化开发机制。

（2）建立绿色发展引导机制

《贵州省绿色制造三年行动计划》[448]完善绿色制造政策支持体系。《贵州省"十三五"节能减排综合工作方案》[449]积极强化建筑节能。《贵州省生活垃圾分类制度实施方案》[450]推行垃圾分类收集处置，贵阳市[451]更是积极出台具体工作方案。

---

[446] 根据贵州省国土资源厅网站消息，贵州省国土资源厅于 2018 年 5 月 1 日召开《贵州省矿业权出让制度改革试点实施方案》新闻发布会。积极完善矿产资源有偿使用制度，推动矿业权招拍挂出让并加快统一的矿业权交易平台建设。http://www.gzgtzy.gov.cn/zwgk/xxgkml/xwfbh/201805/t20180522_3273320.htmll，2018 年 7 月 20 日访问。

[447] 根据贵州省国土资源厅网站消息，2018 年 6 月 21 日，全省绿色矿山建设作动员部署视频会在贵阳召开，厅党组成员、副厅长王赤兵同志出席会议并讲话。省地矿局、煤田地质局、有色金属及核工业地勘局、开磷集团、西南能矿集团相关领导出席会议。会上，贵州省国土资源厅厅相关处室对《贵州省全面推进绿色矿山建设的实施意见》《全面推进绿色矿山建设考核办法（暂行）》进行了解读。

[448] 根据贵州省经济和信息化委员会网站消息，贵州省人民政府办公厅于 2018 年 4 月 12 日印发《贵州省绿色制造三年行动计划》，完善绿色制造政策支持体系，建设一批绿色企业、绿色园区。http://www.gzjxw.gov.cn/zwgk/zdgk/ghjh/201804/t20180419_3127118.htmll，2018 年 7 月 20 日访问。

[449] 根据贵州省人民政府网站消息，贵州省人民政府于 2017 年 9 月 14 日印发《贵州省"十三五"节能减排综合工作方案》要求强化建筑节能。由贵州省住房城乡建设厅牵头，贵州省发展改革委、贵州省经济和信息化委、贵州省科技厅等单位参与，修订城镇新建居住建筑节能设计标准，积极开展被动式房屋建设示范。加强新建建筑在规划、设计、施工、竣工验收等环节的节能监管。推进既有建筑节能改造，在棚户区改造、城中村改造、老旧住宅小区综合整治等过程中，同步推进节能改造。实施绿色建筑行动，健全绿色建筑推广机制，完善绿色建筑评价标识和设计施工规范，推动绿色生态城区、绿色生态小区示范建设。到 2020 年，城镇新建建筑中绿色建筑比例达 50%。扩大可再生能源建筑应用规模，因地制宜推动地热能、太阳能、空气能等可再生能源在建筑中的应用，开展分布式能源建筑应用推广。大力发展装配式建筑，完善相关政策、标准及技术体系。推行绿色施工方式，积极发展装配式混凝土、钢结构、现代木结构等建筑结构体系。开发应用品质优良、节能环保、功效明显的新型建筑材料，鼓励墙体、装饰、保温隔热一体化应用，推广使用节能门窗、建筑垃圾再生产品等绿色建材和环保装修材料。http://www.gzgov.gov.cn/xxgk/jbxxgk/fgwj/szfwj_8191/qff_8193/201709/t20170929_1068912.htmll，2018 年 7 月 20 日访问。

[450] 根据贵州省环境保护厅网站消息，贵州省人民政府办公厅于 2017 年 11 月 27 日转发贵州省发展改革委、贵州省住房城乡建设厅制定的《贵州省生活垃圾分类制度实施方案》。将生活垃圾分类作为推进绿色发展的重要举措，加快建立分类投放、分类收集、分类运输、分类处理的垃圾处理系统，形成以法治为基础、政府推动、全民参与、协同推进、因地制宜的垃圾分类制度，不断提高生活垃圾处置管理水平。到 2020 年年底，基本建立垃圾分类相关法规、规章，形成可复制、可推广的生活垃圾分类模式，在实施生活垃圾强制分类的城市，生活垃圾回收利用率达到 35% 以上。http://www.gzhjbh.gov.cn/zwgk/zfxxgk/szfwj/817728.shtmll，2018 年 7 月 20 日访问。

[451] 根据贵阳市人民政府网站消息，贵阳市人民政府办公厅于 2018 年 3 月 28 日转发贵阳市发展改革委、贵阳市综合行政执法局制定的《贵阳市生活垃圾分类制度实施方案》。http://www.gygov.gov.cn/c1255/20180330/i1503673.htmll，2018 年 7 月 20 日访问。

贵州省积极建立和完善水泥窑协同处置城市垃圾运行机制，推行水泥窑协同处置城市垃圾，公布了《贵州省水泥窑协同处置生活垃圾项目调研报告》[452]。

（3）完善促进绿色发展市场机制

《贵州省培育发展环境治理和生态保护市场主体实施意见》[453]积极探索、推行市场化环境治理和生态保护模式。《贵州省人民政府办公厅关于推进农业水价综合改革的实施意见》[454]推进农业水价综合改革，开展水权交易试点[455]，加快推进水权交易管理办法的制定。

（4）建立健全绿色金融制度

《贵州省贵安新区建设绿色金融改革创新试验区总体方案》[456]全力推进绿色金融改革创新；《贵州省关于开展环境污染强制责任保险试点工作方案》[457]选择环境风险高、环境污染事件较为集中的区域，深入开展试点。

（5）建立生态文明大数据综合平台

《贵州省“十三五”环境保护大数据建设规划》[458]旨在推进建设大数据中

[452]根据贵州省环境保护厅网站消息，《贵州省水泥窑协同处置生活垃圾项目调研报告》于2016年11月15日发布。贵州省率先在全国全面推行水泥窑处置生活垃圾成效明显，已建成的水泥窑协同处置垃圾项目，是全国项目最多、处理规模最大的省份，应为全国推广水泥窑协同处置垃圾积累经验。http://www.gzhjbh.gov.cn/ztzl/jszg/786978.shtmll，2018年7月20日访问。

[453]根据贵州省发展和改革委员会网站消息，贵州省发展和改革委员会、贵州省环境保护厅于2017年12月27日印发《贵州省培育发展环境治理和生态保护市场主体实施意见》。http://www.gzdpc.gov.cn/fzggdt/tzgg/201712/t20171228_3121461.htmll，2018年7月20日访问。

[454]根据遵义市人民政府网站消息，贵州省人民政府办公厅于2017年2月15日印发《贵州省人民政府办公厅关于推进农业水价综合改革的实施意见》。http://www.zunyi.gov.cn/sy/szfgzhzc/qfbf/201710/t20171024_619363.htmll，2018年7月20日访问。

[455]根据贵州省水利厅网站消息，为全面贯彻落实中央和省委关于推进水利改革发展的一系列重大决策部署，探索通过优化水资源配置，解决缺水难题新路子，2016年12月30日，贵州省水利厅在威宁县召开水权交易试点启动会议，启动玉龙镇和牛棚镇的区域水权交易工作。http://www.gzmwr.gov.cn/slxw/gzsl/201701/t20170103_1656298.htmll，2018年7月20日访问。

[456]根据贵安新区人民政府网站消息，2017年6月26日，人民银行、国家发改委、财政部、环境保护部、银监会、证监会、保监会印发《贵州省贵安新区建设绿色金融改革创新试验区总体方案》全力推进绿色金融改革创新，鼓励支持金融机构设立绿色金融事业部，创新绿色金融产品和服务；加大绿色信贷发放力度，完善绿色信贷支持制度，明确贷款人的尽职免责要求和环境保护法律责任；稳妥有序探索发展基于排污权等环境权益的融资工具，拓宽企业绿色融资渠道；引导符合条件的企业发行绿色债券；健全绿色保险机制；鼓励保险机构探索发展环境污染责任险、森林保险、农牧业灾害保险等产品。

[457]根据贵州省环境保护厅网站消息，贵州省环境保护厅、中国保险监督管理委员会贵州监管局于2017年12月13日印发《贵州省关于开展环境污染强制责任保险试点工作方案》。

[458]根据贵州省环境保护厅网站消息，为落实环保部、贵州省委、省政府关于环保大数据的决策部署和工作要求，充分运用大数据、云计算等现代信息技术手段，全面提高贵州省生态环境保护综合决策、监管治理和公共服务水平，加快转变环境管理方式和工作方式，于2017年5月印发《贵州省“十三五”环境保护大数据建设规划》，旨在加快推进建设生态文明大数据中心，推动生态文明相关数据资源向贵州集聚。http://www.gzhjbh.gov.cn/zwgk/ghjh/sewgh/800872.shtmll，2018年7月20日访问。

心，定期发布生态文明建设“绿皮书”[459]。贵州省积极健全环境监管数字化执法平台[460]，积极完善贵州省污染源在线监控系统[461]，《贵州省生态环境监测网络与机制建设方案》[462]是贵州省加快推进建成覆盖全省的环境质量自动监测网络的重要成果。《贵州省环境保护失信黑名单管理办法（试行）》[463]探索建立环境信用监管体系、探索建立旅游资源数据库[464]，积极建立生态旅游开发保护统筹机制。

（6）建立生态旅游融合发展机制

贵州省以黄果树景区[465]、赤水旅游度假区[466]、荔波樟江风景名胜区[467]、梵净山国家级自然保护区[468]为重点，探索建立生态旅游管理体制[469]。《遵义市推进国家全

[459] 根据贵州省人民政府网站消息，贵州省首部生态文明建设报告绿皮书《贵州生态文明建设报告绿皮书（2016）》于2017年6月在国家生态文明试验区研讨会上发布。http://www.gzgov.gov.cn/xwzx/gzxw/201706/t20170619_741317.htmll，2018年7月20日访问。

[460] 根据中华人民共和国生态环境部网站消息，2017年12月，贵州省环境监察移动执法系统三期项目建成投入试运行，三期项目新增覆盖39个区县环境监察大队，配置执法终端400台。为确保执法人员熟练使用移动执法系统，贵州省环监局组织举办了8期环境监察移动执法系统应用管理培训班。http://www.zhb.gov.cn/xxgk/gzdt/201712/t20171215_428008.shtmll，2018年7月20日访问。

[461] 根据贵州省环境保护厅网站消息，贵州省环境保护厅加强污染源自动监控，定期公布监控情况。http://www.gzhjbh.gov.cn/hjgl/hjjk/wryzdjk/l，2018年7月20日访问。

[462] 根据贵州省人民政府网站消息，贵州省人民政府办公厅于2018年2月14日印发《贵州省生态环境监测网络与机制建设方案》。http://www.gzgov.gov.cn/xxgk/jbxxgk/fgwj/szfwj_ 8191/qfbf_8196/201802/t20180226_1099045.htmll，2018年7月20日访问。

[463] 根据贵州省环境保护厅网站消息，为加强环境信用体系建设，加快建立环境“守信激励、失信惩戒”机制，督促企业持续改进环境行为，自觉履行环境保护法律义务和社会责任，贵州省环境保护厅会同贵州省发展和改革委员会、贵州省公安厅、贵州省工商行政管理局、人民银行贵阳中心支行共同制定了《贵州省环境保护失信黑名单管理办法（试行）》，于2015年10月12日印发。探索建立环境信用监管体系，对不同环境信用状况的企业进行分类监管；探索在环境管理中试行企业信用报告和信用承诺制度。http://www.gzhjbh.gov.cn/zwgk/zcfg/xyzcfg/748669.shtmll，2018年7月20日访问。

[464] 根据招标网消息，深圳市中联建工程项目管理有限公司受贵州省测绘资料档案馆委托，对贵州省旅游资源大普查数据库建设项目——应用系统采购组织国内公开招标。开展旅游资源大普查工作，全面掌握贵州省旅游资源分布情况及现状，达到全面普查、摸清家底、发掘资源的目的，为将贵州建成世界知名旅游目的地、为旅游资源整合、旅游业可持续发展奠定基础。旅游资源大普查数据库建设项目依据《贵州省旅游资源大普查技术要求》《贵州省旅游资源大普查实施方案》《旅游资源分类、调查与评价》等规范、指南和技术要求，为旅游大普查工作开展，提供应用软件平台开发及技术支持服务。http://www.bidchance.com/info.do?channel=calgg&id=203754451，2018年7月20日访问。

[465] 根据六盘水市人民政府网站消息，贵州省六盘水市加快推进黄果树瀑布源生态旅游示范区项目建设。http://www.gzlps.gov.cn/zs/zdzsxm/pppxm/201803/t20180328_1586907.htmll，2018年7月20日访问。

[466] 根据贵阳网消息，贵州省赤水旅游度假区通过技术评估和考核验收，入选“2014年国家生态旅游示范区”候选名单。http://www.gywb.cn/content/2014-09/15/content_1424538.html，2018年7月20日访问。

[467] 根据人民网消息，国家旅游局、环境保护部发布2013年国家生态旅游示范区名单，贵州荔波樟江国家生态旅游示范区入选。http://gz.people.com.cn/n/2014/0116/c344113-20406267.htmll，2018年7月20日访问。

[468] 根据贵阳网消息，贵州省梵净山国家级自然保护区通过技术评估和考核验收，入选“2014年国家生态旅游示范区”候选名单。http://www.gywb.cn/content/2014-09/15/content_1424538.html，2018年7月20日访问。

[469] 贵州省积极创建全域旅游示范区、生态旅游示范区，探索建立资源权属明晰、管理机构统一、产业融合发展、利益分配合理的生态旅游管理体制。

域旅游示范区创建工作实施方案》[470]是贵州省推进省内生态旅游工作的重要尝试和重要成果。

（7）建立绿色评价考核制度

《2016年贵州生态文明建设年度评价结果情况分析》[471]是努力提升生态文明统计能力，针对能源、矿产资源、水、大气、森林、草地、湿地等统计监测核算的重要成果。《贵州省生态文明建设目标评价考核办法（试行）》[472]将绿色发展指数纳入考核，开展生态文明建设目标评价考核，目标评价考核与干部任免奖惩相结合，提升生态文明立法刚性。

《贵州省2016年度森林生态系统服务功能价值核算结果》[473]是贵州省制定森林生态系统服务功能价值核算的有效实践。

（8）开展自然资源资产负债表编制

贵州省《关于开展2017年探索编制自然资源资产负债表试点工作的通知》[474]

[470] 根据遵义市人民政府网站消息，遵义市人民政府办公室于2017年2月21日印发《遵义市推进国家全域旅游示范区创建工作实施方案》。文件指出，要推进山地旅游业与生态农业、林业、康养业融合发展为重点，建立生态旅游资源合作开发机制、市场联合营销机制和协作维护管理机制，推进生态旅游、农业旅游、森林旅游建立发展规划协调、项目整合、产品融合、品牌共建等一体化发展机制，形成多层次、多业态的生态旅游产业发展体系。http://www.zunyi.gov.cn/zfxxgk/szfbgszpfp/fgwj_4995/zfbf_5000/201710/t20171025_660334.htmll，2018年7月20日访问。

[471] 根据贵州省统计局网站消息，为落实党中央、国务院推进生态文明建设的决策部署要求，国家统计局、国家发展改革委、环境保护部、中央组织部对2016年各省（区、市）生态文明建设情况进行了年度评价，并于2016年12月26日首次联合发布了《2016年生态文明建设年度评价结果公报》。生态文明年度评价，从资源利用、环境治理、环境质量、生态保护、增长质量、绿色生活、公众满意程度7个方面，56项指标，评价各省（区、市）生态文明建设进展总体情况。http://www.gz.stats.gov.cn/tjsj_35719/tjfx_35729/201806/t20180608_3291576.htmll，2018年7月20日访问。

[472] 根据人民网消息，2017年4月24日，贵州省政府发布《贵州省生态文明建设目标评价考核办法（试行）》制度，将绿色发展指数涉及的49项指标全部纳入考核，并按年度进行考核。本次考核办法重点评价考核贵州各市（州）、贵安新区生态文明建设进展总体情况、国民经济和社会发展规划纲要中确定的资源环境约束性目标以及生态文明建设重大目标任务完成情况。2017年将开展对九个市（州）的考核，贵安新区将从2018年开始进行目标评价考核，考核结果作为党政领导班子和领导干部综合评价、干部奖惩任免以及相关专项资金分配的重要依据。http://gz.people.com.cn/n2/2017/0425/c222152-30086858.htmll，2018年7月20日访问。

[473] 根据贵州省林业厅网站消息，2018年6月11日，贵州省林业厅、贵州省统计局联合发布了《贵州省2016年度森林生态系统服务功能价值核算结果》。开展此次核算之前，贵州省首先选取了六盘水市、赤水市进行核算试点，在总结试点经验的基础上，以贵州省第四次森林资源普查成果、长期连续定位观测数据、社会公共数据为依据，结合贵州实际，对贵州省、9个市（州）及贵安新区、88个县（市、区）2016年度森林生态系统服务功能价值进行了核算。http://www.gzforestry.gov.cn/xwzx/jrtt/201806/t20180626_3321352.htmll，2018年7月20日访问。

[474] 根据贵州省统计局网站消息，贵州省统计局、贵州省国土资源厅、贵州省环境保护厅、贵州省农业委员会、贵州省水利厅、贵州省林业厅于2017年联合发布《关于开展2017年探索编制自然资源资产负债表试点工作的通知》，积极推进在六盘水市、赤水市、荔波县开展自然资源资产负债表编制试点，探索构建水、土地、林木等资源资产负债核算方法。http://www.gz.stats.gov.cn/tjgz/tzgg/201704/t20170419_2173695.htmll，2018年7月20日访问。

积极开展试点，探索自然资源资产负债核算方法。

（9）开展领导干部自然资源资产离任审计

贵州省积极开展领导干部自然资源离任审计工作[475]，《贵州省贯彻落实〈领导干部自然资源资产离任审计规定（试行）〉的实施意见》[476]加强审计结果应用，为领导干部考核提供重要依据。

（10）完善环境保护督察制度

《贵州省加强环境保护督察机制建设的八条意见》[477]强化环保督政，进一步加强贵州省环保督察机制建设，着力解决突出环境问题。

（11）完善生态文明建设责任追究制

《贵州省生态保护红线管理暂行办法》[478]是贵州省建立领导干部任期生态保护红线责任制、严格责任追究的重要依据。《贵州省生态文明建设促进条例》[479]明确要求建立健全社会发展评价体系和考核体系，实行单位第一责任人环境损害责任追究制。

3. 生态脱贫攻坚示范区

（1）健全易地搬迁脱贫攻坚机制

贵州省积极健全易地搬迁脱贫攻坚机制，《贵州省脱贫攻坚政策之易地搬迁扶贫》[480]明确了搬迁对象和规模、补助标准、建设标准、办理流程。《贵州省 2016 年

[475] 根据中华人民共和国审计署网站消息，为了深入学习贯彻落实党的十八届六中全会和省第十二次党代会精神，扎实有效推进全省领导干部自然资源资产离任审计试点工作，2017 年 6 月 15 日至 16 日，贵州省审计厅举办了 2017 年领导干部自然资源资产离任审计试点工作培训班。http://www.audit.gov.cn/n4/n21/c96982/content.htmll，2018 年 7 月 20 日访问。

[476] 根据新浪新闻网消息，2018 年贵州省黔南州审计局采取多种措施贯彻落实中共中央办公厅、国务院办公厅印发的《领导干部自然资源资产离任审计规定（试行）》和中共贵州省委办公厅、省人民政府办公厅印发的《贵州省贯彻落实〈领导干部自然资源资产离任审计规定（试行）〉的实施意见》，扎实做好领导干部自然资源资产离任审计工作。

[477] 根据贵州省环境保护厅网站消息，贵州认真梳理总结配合中央环保督察组进驻贵州督察期间的基本做法，形成了《贵州省加强环境保护督察机制建设的八条意见》(以下简称《意见》)，2017 年 5 月 12 日，贵州省委办公厅、省政府办公厅正式印发《意见》，要求全省各级各部门结合实际认真贯彻执行。http://www.gzhjbh.gov.cn/zwgk/tzgg/tzgg/800198.shtmll，2018 年 7 月 20 日访问。

[478] 根据贵阳市生态文明建设委员会网站消息，贵州省人民政府于 2016 年 12 月 31 日印发《贵州省生态保护红线管理暂行办法》。http://www.ghb.gov.cn/doc/2017216/848129654.shtmll，2018 年 7 月 20 日访问。

[479] 根据百度百科网站消息，2014 年 5 月 17 日贵州省第十二届人民代表大会常务委员会第 9 次会议通过《贵州省生态文明建设促进条例》。https：//baike.baidu.com/item/%E8%B4%B5%E5%B7%9E%E7%9C%81%E7%94%9F%E6%80%81%E6%96%87%E6%98%8E%E5%BB%BA%E8%AE%BE%E4%BF%83%E8%BF%9B%E6%9D%A1%E4%BE%8B/14434669?fr=aladdinl，2018 年 7 月 20 日访问。

[480] 根据普定县人民政府网站消息，普定县人民政府于 20176 月 14 日在官方网站发布了《贵州省脱贫攻坚政策之易地搬迁扶贫》。http://www.aspd.gov.cn/zwgk/jcgk/zcjd/201706/t20170614_1863896.htmll，2018 年 7 月 20 日访问。

易地扶贫搬迁工程实施方案》[481]充分利用政策支持易地扶贫搬迁，并积极探索建立健全后续保障机制。

（2）完善生态建设脱贫攻坚机制

《贵州省重点生态区位人工商品林赎买试点工作方案》[482]自主探索通过赎买以及与其他资产进行置换等方式，保障群众利益。贵州省在毕节市[483]公益林区内开展重点生态区位人工商品林赎买试点工作。贵州省探索建立政府购买护林服务机制，引导建档立卡贫困人口参与提供护林服务。[484]《贵州省生态扶贫实施方案（2017—2020年）》[485]明确要实施光伏发电项目扶贫工程，制定政策措施，促进贫困农民增收致富。

（3）完善资产收益脱贫攻坚机制

《贵州省水电矿产资源开发资产收益扶贫改革试点实施方案》[486]旨在推进在贫

---

[481]根据贵州省水库和生态移民局网站消息，贵州省人民政府办公厅于2016年1月12日印发《贵州省2016年易地扶贫搬迁工程实施方案》，充分利用城乡建设用地增减挂钩政策支持易地扶贫搬迁，积极探索建立健全易地扶贫搬迁后续保障机制。http://www.gzsskhstymj.gov.cn/contents/9082/39284.htmll，2018年7月20日访问。

[482]根据贵州省人民政府网站消息，为抓好和落实贵州省重点生态区位人工商品林赎买试点工作，2018年3月1日，贵州省林业厅在贵阳召开贵州省重点生态区位人工商品林赎买试点工作启动会。为抓好这项试点工作，经贵州省政府同意，贵州省林业厅研究制定了《贵州省重点生态区位人工商品林赎买试点工作方案》，确定2018—2020年在毕节市的七星关区、纳雍、织金县和省级以上自然保护区开展试点，并召开此次试点工作启动会。将国家级和省级自然保护区、国家森林公园等重点生态区位内禁止采伐的非国有商品林调整为公益林，将零星分散且林地生产力较高的地方公益林调整为商品林，促进重点生态区位集中连片生态公益林质量提高、森林生态服务功能增强和林农收入稳步增长，实现社会得绿、林农得利。http://www.gzgov.gov.cn/xwdt/dt_22/df/gy/201803/t20180309_1100635.htmll，2018年7月20日访问。

[483]根据国家林业和草原局网站消息，2018年6月20日至22日，贵州省林业厅公益林管理中心主任殷建强带队赴织金、纳雍和七星关区督促检查重点生态区位人工商品林赎买试点工作进展情况。http://www.forestry.gov.cn/main/102/20180628/173114013846929.htmll，2018年7月20日访问。

[484]根据贵州省人民政府网站消息，贵州省人民政府办公厅于2017年12月15日发布《加强建档立卡贫困人口生态护林员选聘工作的通知》，扩大森林资源管护体系对贫困人口的覆盖面，拓宽贫困人口就业和增收渠道。http://www.gzgov.gov.cn/xxgk/jbxxgk/fgwj/szfwj_8191/qfbh_8197/201712/t20171225_1088131.htmll，2018年7月20日访问。

[485]根据六盘水市住房和城乡建设局网站消息，贵州省人民政府办公厅于2018年1月9日印发《贵州省生态扶贫实施方案（2017—2020年）》，明确指出要实施光伏发电项目扶贫工程，由贵州省能源局作为责任单位。对威宁、盘州、普安等光照资源相对丰富、电网接入条件允许的贫困地区优先配置光伏发电指标，按照光伏发电与农林、养殖、旅游相结合的原则，建设农光互补、林光互补等项目。组织威宁、赫章、盘州、普安等地区编制光伏扶贫规划和实施方案，力争进入国家光伏扶贫试点地区名录。2017—2020年全省贫困县每年扩大光伏发电规模20万千瓦以上，累计完成总投资52亿元以上，利用荒山荒坡5 000亩以上，带动项目覆盖的建档立卡贫困户人均增收3 000元左右。http://sjsj.gzlps.gov.cn/zwgk_43012/fgwj_43043/zyszfwj/201801/t20180117_1572596.htmll，2018年7月20日访问。

[486]根据人民网消息，贵州省发展改革委、省水利厅等8部门联合印发《贵州省水电矿产资源开发资产收益扶贫改革试点实施方案》（黔发改地区〔2017〕483号），拟从2017年到2019年年底在集中连片特困地区县和国家扶贫开发工作重点县择优遴选一批水电、矿产资源开发项目，开展水电矿产资源开发资产收益扶贫改革试点，通过试点创新集体土地补偿方式，探索建立农村集体经济组织成员特别是建档立卡贫困户获取资产收益精准受益的扶贫长效机制，让贫困群众有机会共享资源开发"红利"，走出一条资源开发与脱贫攻坚有机结合的新路子。http://gz.people.com.cn/n2/2017/0509/c194827-30157833.htmll，2018年7月20日访问。

困地区开展相关试点工作，精准扶贫，多措并举，提升改革试点项目生命力，积极完善资产收益脱贫攻坚机制。

（4）完善农村环境基础设施建设机制

贵州省积极改善贫困地区群众生活条件，大力推广实施“33155工程”[487]，实施农村人居环境改善行动计划，积极完善农村环境基础设施建设机制。

4. 生态文明法治建设示范区

（1）加强生态环境保护地方性立法

贵州省加强生态环境保护地方性立法，贵阳市早已出台《贵阳市建设生态文明城市条例》[488]，为贵州省生态文明试验区建设提供了立法基础和经验。《贵州省生态文明建设促进条例》[489]颁布多年，存在一些问题[490]需要实施修订。《贵州省环境

[487] 根据贵州省人民政府网站消息，“33155”工程，即3年实现村庄规划全覆盖，3年实现90%以上的行政村生活垃圾得到有效治理，1年“东南西北”四条示范带建设初见成效，5年实现城乡环卫保洁“一把扫帚扫到底”，5年内金融机构持续提供改善农村人居环境融资支持。突出村庄规划统筹整治项目的落地实施，以历史文化名村、传统村落、民族村寨等为重点，注重文化传承，三年内实现县（市）域乡村建设规划和村庄规划全覆盖，着力解决村庄建设“乱”的问题。结合基础设施建设六项行动计划，按照“硬化、绿化、美化、亮化、气化、文化、产业化、网络化”的标准，大力实施改善农村人居环境垃圾治理、污水处理、绿色村庄建设、道路、供水、信息、供电、供气、农房改造和村庄风貌提升、传统村落保护等“10+*N*”项目建设。力争用3年的时间，实现90%以上行政村生活垃圾得到有效治理，着力解决村庄环境“脏”的问题。按照“小规模、组团式、微田园、生态化”理念，选择重点整治村庄，以庭院打造为着力点，启动“东南西北”4条示范带建设，东线：贵阳—双龙—龙里—贵定沿线村庄；南线：贵阳—花溪—青岩—惠水沿线村庄；西线：贵阳—安顺—西秀沿线村庄；北线：贵阳—遵义沿线村庄，其他市（州）各打造一条示范带，力争1年初见成效。争取“十三五”末实现行政村全覆盖，着力解决村庄品质“差”的问题。同时，贯彻“以城带乡、城镇打捆、政府主导、市场运作”的原则，推进县域污水处理设施建设。按照“户分类、村收集、镇转运、县处理”的原则，推进城乡垃圾收运处置设施建设。2016年将着力开展5个县、10个示范小城镇环卫保洁试点，实施小城镇建设“整县推进”的20个县（市、区），以及“1+*N*”建设的示范小城镇，同步实施农村人居环境整治“整村推进”，力争5年内实现“一把扫帚扫到底”。实施农村人居环境改善行动计划，整村整寨推进农村环境综合整治，积极探索解决村庄品质“脏、乱、差”的问题，积极完善农村环境基础设施建设机制。http://www.gzgov.gov.cn/xwzx/mtkgz/201608/t20160806_428824.htmll，2018年7月20日访问。

[488] 根据百度百科网站消息，《贵阳市建设生态文明城市条例》于2013年2月4日经贵阳市第十三届人民代表大会第三次会议通过，2013年3月30日贵州省第十二届人民代表大会常务委员会第一次会议批准，现予公布，自2013年5月1日起施行。https：//baike.baidu.com/item/%E8%B4%B5%E9%98%B3%E5%B8%82%E5%BB%BA%E8%AE%BE%E7%94%9F%E6%80%81%E6%96%87%E6%98%8E%E5%9F%8E%E5%B8%82%E6%9D%A1%E4%BE%8B/9254805，2018年8月27日访问。

[489] 根据百度百科网站消息，贵州省第十二届人民代表大会常务委员会第九次会议于2014年5月17日通过《贵州省生态文明建设促进条例》。https：//baike.baidu.com/item/%E8%B4%B5%E5%B7%9E%E7%9C%81%E7%94%9F%E6%80%81%E6%96%87%E6%98%8E%E5%BB%BA%E8%AE%BE%E4%BF%83%E8%BF%9B%E6%9D%A1%E4%BE%8B/14434669?fr=aladdinl，2018年7月20日访问。

[490] 根据贵州省人大网站消息，2017年8月1日在省十二届人大常委会第二十九次会议上所做的关于《贵州省生态文明建设促进条例》（以下简称《条例》）实施情况报告，明确指出生态环境保护治理欠账多、难度大；绿色产业整体竞争力不强。一是规模不大；生态文明制度改革创新突破仍需加大；相关工作与《条例》规定有差距。http://www.gzrd.gov.cn/cwhhy/gzsdsegrdcwhdesgchyzt/hywg/31703.shtmll，2018年7月20日访问。

保护厅关于公开征求〈贵州省环境保护条例（修订草案征求意见稿）〉意见的通知》[491]用于修订《贵州省环境保护条例》[492]。《贵州省节约能源条例》[493]《贵州省水污染防治条例》[494]等领域的地方立法相继出台，积极构建绿色法规体系。

（2）实现生态环境保护司法机构全覆盖

贵州省积极推动实现全省各级法院环境资源审判机构全覆盖[495]，推动环境资源案件专门化审判[496]。贵州省积极完善“三三三”生态环境保护检察运行模式[497]，积极健全检察院环境资源司法职能配置，严格依法有序推进环境公益诉

[491] 根据贵州省环境保护厅网站消息，省环境保护厅于2018年5月21日公开征求《贵州省环境保护条例（修订草案征求意见稿）》意见的通知。http://www.gzhjbh.gov.cn/zwgk/zcfg/hbfg/827468.shtmll，2018年7月20日访问。

[492] 根据百度百科网站消息，贵州省第十一届人民代表大会常务委员会第七次会议于2009年3月26日通过《贵州省环境保护条例》。https：//baike.baidu.com/item/%E8%B4%B5%E5%B7%9E%E7%9C%81%E7%8E%AF%E5%A2%83%E4%BF%9D%E6%8A%A4%E6%9D%A1%E4%BE%8B/5359285?fr=aladdinl，2018年7月20日访问。

[493] 根据百度百科网站消息，《贵州省节约能源条例》2003年9月28日贵州省第十届人民代表大会常务委员会第四次会议通过，自2004年1月1日起施行。根据2004年5月28日贵州省第十届人民代表大会常务委员会第八次会议通过的《贵州省部分地方性法规条款修改案》修正。https：//baike.baidu.com/item/%E8%B4%B5%E5%B7%9E%E7%9C%81%E8%8A%82%E7%BA%A6%E8%83%BD%E6%BA%90%E6%9D%A1%E4%BE%8B/5686030?fr=aladdinl，2018年7月20日访问。

[494] 根据贵州省人大网站消息，贵州省第十二届人民代表大会常务委员会第三十二次会议于2017年11月30日通过《贵州省水污染防治条例》。http://www.gzrd.gov.cn/dffg/sgdfxfg/32038.shtmll，2018年7月20日访问。

[495] 根据新华网消息，贵州省生态环境和资源保护审判专门化机构实现了中级法院全覆盖。这表明，贵州深入推广环境司法专门化，深入推进环境资源案件集中管辖和归口管理，全省审判专门化机构更加健全。http://www.gz.xinhuanet.com/2018-07/08/c_1123094074.html，2018年7月20日访问。

[496] 根据凤凰新闻网，贵州省高级人民法院在各市州普遍设立专门化的环境资源审判庭，与此同时明确各环境资源审判庭管辖的地域范围及案件范围。在此基础上，贵州省高级人民法院将对环境资源案件由原来的跨地级行政区划集中管辖调整为在地级行政区划内实行跨县级行政区划集中管辖，并实现环境资源民事、行政、刑事案件归口专门的环境资源审判庭审理，全面实行“三审合一”。http://share.iclient.ifeng.com/lady/vnzq/shareNews?aid=123989601&srctag=cpz_newsnextl，2018年7月20日访问。

[497] 根据中华人民共和国最高人民检察院网站消息，2016年7月27日，贵州省检察院首次发布生态环境保护检察工作报告（白皮书）。该白皮书共分为4个部分约1.7万字，用翔实的数据和大量事例展现了贵州生态环境保护检察工作。白皮书总结了贵州生态环境保护检察工作取得的成绩。2014年以来，该省检察院不断探索和实践“完善打击、防范、保护三措并举，刑事、民事、行政三重保护，司法、行政、公众三方联动”的“三三三”生态环境保护检察运行模式，打击、防范、保护三措并举，刑事、行政、民事三重保护，司法、行政、公众三方联动，扎扎实实将“多彩贵州拒绝污染”落实到行动上，为贵州守底线走新路奔小康贡献检察力量。2014年1月至2016年6月，该省检察机关共受理审查起诉生态环境犯罪案件3 067件4 848人，立案查办相关职务犯罪910人，立案监督879件、发出并落实“补植复绿”检察建议3 547件，补植树木591万余株，复绿6.3万余亩。http://www.spp.gov.cn/dfjcdt/201608/t20160801_160671.shtmll，2018年7月20日访问。

讼[498]。为规范环境损害司法鉴定管理工作，努力满足环境诉讼需要，贵州省设立省级环境损害司法鉴定机构登记评审专家库[499]。贵州省积极探索生态恢复性司法机制，运用司法手段减轻或消除破坏资源、污染环境状况，率先成立省级生态环境保护执法司法专门机构[500]。为引导群众通过法律渠道解决环境纠纷，贵州成立全国首个生态文明律师服务团[501]。

（3）完善生态环境保护行政执法体制

贵州省积极完善生态环境保护行政执法体制，开展省以下环保机构监测监察执法垂直管理试点[502]。

[498] 根据中华人民共和国最高人民检察院网站消息，2017年2月22日，贵州省六盘水市钟山区人民检察院对钟山区生态文明建设局向水城县人民法院提起行政公益诉讼，诉请人民法院判决该局依法履行职责，及时收取六盘水实地房地产开发有限公司应缴的水土保持补偿费。为督促行政机关依法履行职责，保护国有资产，维护国家利益，钟山区人民检察院根据《全国人民代表大会常务委员会关于授权最高人民检察院在部分地区开展公益诉讼试点工作的决定》《人民检察院提起公益诉讼试点工作实施办法》和《贵州省法院推行行政案件相对集中管辖改革工作》的规定，对钟山区生态文明建设局向水城县人民法院提起行政公益诉讼。http://www.spp.gov.cn/xwfbh/wsfbt/201703/t20170327_186411.shtmll，2018年7月20日访问。

[499] 根据中华人民共和国司法部网站消息，根据《司法部 环境保护部关于规范环境损害司法鉴定管理工作的通知》（司发通〔2015〕118号）和《司法部环境保护部关于印发〈环境损害司法鉴定机构登记评审办法〉〈环境损害司法鉴定机构登记评审专家库管理办法〉的通知》（司发通〔2016〕101号），贵州省司法厅与省环境保护厅共同组织开展了遴选工作，于2017年6月6日正式设立环境损害司法鉴定机构登记评审专家库（省级库）。http://www.moj.gov.cn/index/content/2017-06/30/content_7233571.htm?node=865331，2018年7月20日访问。

[500] 根据人民网消息，2013年3月1日，贵州省公安机关成立贵阳市公安局生态保护分局，成为全国第一家以生态命名、专项打击生态犯罪的公安机关，组建了一支专门从事生态保卫的“生态警察”队伍并贵州省公安机关积极探索提出了“恢复性司法实践”理念，通过对犯罪嫌疑人的宣传教育，引导其转变环保观念，通过补植复绿等方式主动修复被破坏生态，实现惩罚犯罪与保护生态环境的双赢，进行了生态环境司法修复的有益尝试。此外，贵州省公安机关根据实践，不断改进、完善生态环境保护司法修复办案机制，积极尝试引入第三方监督执行生态修复。http://gz.people.com.cn/n/2014/0425/c344124-21075555-3.htmll，2018年7月20日访问。

[501] 根据人民网消息，2014年7月24日下午，贵州省生态文明律师服务团成立大会在贵州省司法厅召开，贵州省生态文明律师服务团将为贵州省生态文明建设提供专项法律服务。贵州省生态文明律师服务团是全国首个专门为生态文明建设服务的律师服务团，律师服务团的成立将为贵州省生态文明建设创造良好的法治环境，在切实守住发展和生态两条底线等方面具有重大的现实意义。http://gz.people.com.cn/n/2014/0725/c222152-21775895.htmll，2018年7月20日访问。

[502] 根据贵州省环境保护厅网站消息，《关于省以下环保机构监测监察执法垂直管理制度改革的调研报告》指出，2016年以来，贵州省环境保护厅积极与环境保护部改革办对接，并多次开展调研，结合中共中央办公厅、国务院办公厅于2016年9月联合印发了《关于省以下环保机构监测监察执法垂直管理制度改革试点工作的指导意见》，立足贵州省实际，初步形成贵州省环保机构监测监察执法垂直管理制度改革实施方案的基本框架，但改革中依然存在不少困难和问题。http://www.gzhjbh.gov.cn/ztzl/jszg/787050.shtmll，2018年7月20日访问。

（4）建立生态环境损害赔偿制度

《贵州省生态环境损害赔偿制度改革实施方案》[503]开展生态环境损害赔偿制度改革试点。

5. 生态文明国际交流合作示范区

（1）健全生态文明贵阳国际论坛机制

贵州省进一步健全生态文明贵阳国际论坛机制，积极完善生态文明贵阳国际论坛年会[504]论坛主题和内容策划机制。《贵州省培育发展环境治理和生态保护市场主体实施意见》[505]指出：坚持既要“论起来”又要“干起来”，不断提高自身实力和水平。[506]

---

[503] 根据贵州省环境保护厅网站消息，为认真贯彻落实《生态环境损害赔偿制度改革方案》，全面试行生态环境损害赔偿制度，结合贵州省改革试点工作实际，2018 年 6 月 29 日，贵州省委、省政府印发《贵州省生态环境损害赔偿制度改革实施方案》，对贵州省生态环境损害赔偿制度改革工作进行了安排部署。明确生态环境损害赔偿范围、责任主体、索赔主体和损害赔偿解决途径等，探索建立完善生态环境损害担责、追责体制机制，探索建立与生态环境赔偿制度相配套的司法诉讼机制。http://www.gzhjbh.gov.cn/zwgk/xwfb/830525.shtmll，2018 年 7 月 20 日访问。

[504] 根据百度百科网站消息，党的十七大提出建设生态文明后，贵州省为普及生态文明理念、探索生态文明建设规律，借鉴国内外成果推动生态文明实践，打造对外交流合作平台，2008 年开始谋划举办生态文明贵阳会议。生态文明贵阳国际论坛是经中央批准，中国唯一以生态文明为主题的国家级、国际性高端峰会。论坛致力于汇聚政府、商界、学界、科技界、媒体、民间及其他各界领导者开展交流与合作，传播生态文明理念，分享知识与经验，汇集最佳案例，促进政策的落实与完善，抓住绿色发展转型和升级的战略机遇，应对生态安全的挑战，为跨领域、跨行业、跨部门合作提供桥梁，使与会各方增进了解，建立互信，找到利益汇合点，从而形成国际、地区、产业的议程，共商解决方案。https://baike.baidu.com/item/%E7%94%9F%E6%80%81%E6%96%87%E6%98%8E%E8%B4%B5%E9%98%B3%E5%9B%BD%E9%99%85%E8%AE%BA%E5%9D%9B/4772528?fr=aladdinl，2018 年 7 月 20 日访问。

[505] 根据贵州省发展和改革委员会网站消息，贵州省发展和改革委员会、贵州省环境保护厅于 2017 年 12 月 27 日印发《贵州省培育发展环境治理和生态保护市场主体实施意见》。http://www.gzdpc.gov.cn/fzggdt/tzgg/201712/t20171228_3121461.htmll，2018 年 7 月 20 日访问。

[506] 根据贵州新闻网消息，贵州省连续成功举办生态文明贵阳国际论坛，在国内外产生了广泛影响，得到各方高度评价，论坛已成为一张亮丽名片。办好 2018 年论坛，全面解读、深度传播、认真落实党的十九大关于生态文明的一系列新理念、新思想、新要求，十分有利于我国在国际上发挥生态文明的引领作用，在国内推动生态文明的实践；贵州作为国家生态文明试验区，充分发挥论坛作用，建设生态文明国际交流合作示范区，十分有利于贵州省创新生态文明体制机制，进一步守牢发展和生态两条底线，为全国提供可复制、可推广的经验。2018 年论坛是创办十周年、升格为国家级国际性论坛后的第五次年会，要按照“立足贵州、服务中国、面向世界”的定位，汇聚各方智慧和力量，把论坛办得更有影响、更有实效，提升到一个新水平。要认真总结以往经验，超前谋划、精心策划，科学确定年会目标、主题，高起点做好嘉宾邀请、主题论坛和重大活动安排等工作，把宣传报道摆在突出位置，在高度、广度和深度上下功夫，进一步扩大论坛影响力。要坚持务实导向，在生态文明制度建设、生态环境治理、绿色项目引进、完善论坛机制上多出成果，形成“论”和“干”相互配合、相互促进的良好局面，确保 2018 年论坛活动更加成功、更加圆满、更加精彩。建立论坛成果转化机制，加快论坛理论成果和实践成果转化。鼓励国外、省外先进环保企业来省内投资，建立分支机构；鼓励省内环保企业参加各类环保论坛、展览及贸易投资促进活动，引进先进环保技术，借鉴先进管理经验。http://www.gz.chinanews.com/content/2017/11-16/77728.shtmll，2018 年 7 月 20 日访问。

（2）建立生态文明国际合作机制

《贵州省培育发展环境治理和生态保护市场主体实施意见》[507]积极与联合国相关机构、生态环保领域有关国际组织等加强沟通联系，积极开展交流、培训等务实合作，构建项目建设、技术引进、人才培养等方面长效合作机制。

（3）建立生态文明建设高端智库

贵州省举行了中国（贵州）生态文明研究院筹建启动仪式，旨在建立生态文明建设高端智库，探讨生态文明建设最新理念，研究生态文明重大课题，提出战略性、前瞻性政策措施建议。[508]

四、现行生态文明试验区立法现状综述

福建省、江西省、贵州省三个国家生态文明试验区立法工作紧密结合国家的不同立法定位与要求，通过制定、修改的方式出台地方性法规 14 件，地方政府规章 51 件，规范性文件 157 件。其中，省一级立法文件达到 184 件，市、县级立法文件达到 38 件，覆盖生态文明建设全方面，包括综合类、矿产资源类、风景名胜类、污染防治类等 10 余个领域、类别。

从前文对三个国家生态文明试验区的立法梳理情况来看，三地的立法司法思路也有所区别，对于综合性立法与单项立法的先后尤为不同：贵州省率先推出了生态文明综合立法，并以此引领生态文明各领域的单项立法；福建省是将综合性立法与单项立法交叉进行，成熟一件制定一件；江西省则是倾向优先完善生态文明相关的单项立法，旨在完善生态文明试验区各个单项立法之后再出台生态文明综合立法。

三个国家生态文明试验区的立法定位既有共性也有所区别：

三个国家生态文明试验区的立法定位共性在于：根据中共中央 国务院印发《生态文明体制改革总体方案》[509]，三个国家生态文明试验区的生态文明体制改革目标都是从自然资源资产产权制度、国土空间开发保护制度、空间规划体系、资源总量管理和全面节约制度、资源有偿使用和生态补偿制度、环境治理体系、环境治理

[507] 根据贵州省发展和改革委员会网站消息，贵州省发展和改革委员会、贵州省环境保护厅于 2017 年 12 月 27 日印发《贵州省培育发展环境治理和生态保护市场主体实施意见》。http:// www.gzdpc.gov.cn/fzggdt/tzgg/201712/t20171228_3121461.htmll，2018 年 7 月 20 日访问。

[508] 根据中国共产党新闻网消息，2018 年 7 月 7 日，生态文明贵阳国际论坛十周年之夜活动在贵阳举行。活动现场，举行了中国（贵州）生态文明研究院筹建启动仪式。研究院将依托生态文明贵阳国际论坛，广泛利用国内外环保组织、高校、研究机构人才资源，建立生态文明建设高端智库，探讨生态文明建设最新理念，研究生态文明重大课题，提出战略性、前瞻性政策措施建议。

[509] 根据中华人民共和国中央人民政府网站消息，中共中央、国务院于 2015 年 9 月印发了《生态文明体制改革总体方案》。http://www.gov.cn/gongbao/content/2015/content_2941157.htm，2018 年 8 月 25 日访问。

和生态保护市场体系、生态文明绩效评价考核和责任追究制度8项制度着手，旨在建成产权清晰、多元参与、激励约束并重、系统完整的生态文明制度体系，推进生态文明领域国家治理体系和治理能力现代化，努力走向社会主义生态文明新时代。

（2）三个国家生态文明试验区的立法定位的区别在于：根据中共中央办公厅 国务院办公厅印发《国家生态文明试验区（福建）实施方案》[510]、中共中央办公厅 国务院办公厅印发《国家生态文明试验区（江西）实施方案》[511]、中共中央办公厅 国务院办公厅印发《国家生态文明试验区（贵州）实施方案》[512]的相继出台，三个国家生态文明试验区的立法定位在整体制度体系类似的情况下，结合本省的实际情况，制定了不少具有本省特色的制度。

[510] 根据中华人民共和国中央人民政府网站消息，中共中央办公厅、国务院办公厅于2016年8月印发《国家生态文明试验区（福建）实施方案》。http://www.gov.cn/gongbao/content/ 2016/content_5109307.htm，2018年8月25日访问。

[511] 根据中华人民共和国中央人民政府网站消息，中共中央办公厅、国务院办公厅于2017年9月印发《国家生态文明试验区（江西）实施方案》。http://www.gov.cn/zhengce/2017- 10/02/content_5229318.htm，2018年8月25日访问。

[512] 根据中华人民共和国中央人民政府网站消息，中共中央办公厅、国务院办公厅于2017年9月印发《国家生态文明试验区（贵州）实施方案》。http://www.gov.cn/zhengce/2017- 10/02/content_5229318.htm，2018年8月25日访问。

第四章　生态文明试验区立法的主要内容

一、国家生态文明试验区立法的基本原则

法的基本原则是法的灵魂，立法活动必须以其基本原则为指引，国家生态文明试验区的立法也应遵循其基本原则。此外，法的基本原则承载着法所要实现的价值理念，国家生态文明试验区立法的基本原则应当体现国家生态文明试验区建设的价值理念。国家生态文明试验区建设的价值理念是多元、丰富、绿色、平衡的。在《关于设立统一规范的国家生态文明试验区的意见》中，不仅有树立创新、协调、绿色、开放、共享的发展理念，更有尊重自然、顺应自然、保护自然的理念、发展和保护相统一的理念、"绿水青山就是金山银山"的理念、自然价值和自然资本的理念、空间均衡的理念、山水林田湖是一个生命共同体的理念。[513]上述理念都是国家生态文明试验区立法的基本原则应当秉持和承载的理念。

关于国家生态文明试验区立法的基本原则在中央层面主要以三部中央文件为载体：

（1）《关于加快推进生态文明建设的意见》（中共中央、国务院印发）：①节约优先、保护优先、自然恢复为主的基本方针；②绿色发展、循环发展、低碳发展的基本途径；③深化改革和创新驱动是基本动力；④培育生态文化为重要支撑；⑤重点突破和整体推进作为工作方式的基本原则。

（2）《生态文明体制改革总体方案》（中共中央、国务院印发）提出一个健全、五个坚持的生态文明体制改革原则，包括健全市场机制原则、坚持自然资源资产的公有性质原则、坚持城乡环境治理体系统一原则、坚持激励和约束并举原则、坚持主动作为和国际合作相结合原则以及坚持鼓励试点先行和整体协调推进相结合原则。

（3）《关于设立统一规范的国家生态文明试验区的意见》（中共中央办公厅、国务院办公厅印发）提出五个简短精炼的原则包括党的领导、以人为本、问题导向、统筹部署，以及改革创新。

上述三个中央文件对于基本原则的规定多层次、多方面，每个中央文件都有

[513] 中共中央办公厅、国务院办公厅印发《关于设立统一规范的国家生态文明试验区的意见》。

至少五个基本原则。而国家生态文明试验区立法当中的基本原则[514]同样内容丰富。[515]对此，将上述三部中央文件与福建、贵州试验区的生态文明建设促进条例的基本原则进行比较，发现福建、贵州试验区规定的基本原则与中央文件具有承袭关系，即福建、贵州试验区的生态文明建设促进条例基本原则与中央文件规定和要求的基本原则基本上是一致的。《宪法》第26条[516]规定国家保护和改善生活环境和生态环境，防治污染和其他公害，但是还未有关于生态文明建设的基本法对此进一步落实。因此，在生态文明建设基本法出台之前，上述三部中央文件指明了生态文明建设的方向与遵循的准则，是国家生态文明试验区立法所应当遵循的基本原则，主要有以下七项原则：

（一）节约优先、保护优先、自然恢复为主的基本方针

《贵州省生态文明建设促进条例》第5条、《贵阳市建设生态文明城市条例》第4条与《福建省生态文明建设促进条例》第3条都遵循了《关于加快推进生态文明建设的意见》所提出的节约优先、保护优先、自然恢复为主的基本方针。在资源的开发利用与节约方面，首先考虑节约，要尽可能以最少资源消耗支撑我国经济社会持续发展；在环境保护与经济发展中，将保护放在优先地位，要在发展中保护、在保护中发展。而非只保护不发展或者只发展不保护的片面做法；在生态建设与修复中，主张以自然恢复为主，与人工修复相结合。不论是生态建设还是生态修复，

---

[514]《贵州省生态文明建设促进条例》第5条：生态文明建设坚持节约优先、保护优先、自然恢复为主的方针，坚持政府引导与社会参与相结合、区域分异与整体优化相结合、市场激励与法治保障相结合的原则。

《贵阳市建设生态文明城市条例》第4条：实施生态文明建设，应当坚持节约优先、保护优先、自然恢复为主的方针，遵循以人为本、民生优先、城乡统筹、合理开发、政府主导、全民参与、法治保障的原则。

《福建省生态文明建设促进条例》第3条：坚持创新、协调、绿色、开放、共享的发展理念，坚持绿水青山就是金山银山，坚持生态惠民、生态利民、生态为民，坚持保护优先、节约优先、自然恢复为主，遵循依法促进、统筹规划、市场调节、城乡并重、全民参与的原则，正确处理保护与发展的关系，把生态文明建设融入本省经济建设、政治建设、文化建设、社会建设各方面与全过程。

《厦门经济特区生态文明建设条例》第3条：生态文明建设应当遵循下列原则：（一）与经济建设、政治建设、文化建设、社会建设同步发展；（二）实行最严格的源头保护制度、损害赔偿制度、责任追究制度；（三）保持生态系统功能和改善生态循环系统服务能力，为公众提供可持续的生态福利；（四）坚持生态优先与协调发展相结合，区域分异与整体优化相结合，可操作性与可持续性相结合，政府主导与全民参与相结合。

[515]由于篇幅所限，仅选取国家生态文明试验区关于生态文明建设具有综合性、纲领性的地方性法规（即各试验区的生态文明建设促进/建设条例）中的基本原则进行具体阐述。中央文件虽然不属于法律法规，但其实国家领导人对于生态文明建设的顶层设计以及重大决策部署，对于三个国家生态文明试验区的地方性立法有着启示作用。

[516]《宪法》第26条国家保护和改善生活环境和生态环境，防治污染和其他公害。国家组织和鼓励植树造林，保护林木。

都要将人为活动或者说人为因素降至最少或最低状态。

（二）以人为本原则

《关于设立统一规范的国家生态文明试验区的意见》提出的以人为本原则为《贵阳市建设生态文明城市条例》第4条所确立。以人为本的关键在于“人”和“本”这二字，一切为了人，一切也服务于人。但是以人为本原则并非只以人为本，不顾生态环境与资源承载能力。而是在生态环境良好运转以及自然资源要素平衡的状态下，以人为价值的核心和社会的本位。把人的生存与发展作为最高的价值目标，同时不否定生态环境与自然资源本身的价值。[517]习近平总书记指出“我国社会主要矛盾已经转化为人民日益增长的美好生活需要和不平衡不充分的发展之间的矛盾。”[518]生态环境是公共产品，人民对于舒适的生态环境有着迫切需求。我国生态环境与资源现状较为严峻，也因此国家生态文明试验区建设应坚持以人为本原则，营造舒适、宜居的生态环境。

（三）区域分异与整体优化相结合原则

如前所述，中央文件《关于加快推进生态文明建设的意见》《生态文明体制改革总体方案》分别提出，重点突破和整体推进作为工作方式的基本原则与试点先行和整体协调推进相结合原则。要求对于生态文明建设的重点和难点应该先予以试点进行探索，在未有足够成熟的经验和条件之下，不能全面铺开，以免造成不可挽回的损失。但是又要在整体层面上对生态文明建设协调推进，做到点面结合，以免缺乏系统性与整体性。《贵州省生态文明建设促进条例》第5条与《厦门经济特区生态文明建设条例》第3条规定了区域分异与整体优化相结合作为立法原则，强调国家生态试验区的建设应当是点面结合，应当根据不同区域的特点进行生态文明建设，但是这些区域的建设也必须考虑国家生态文明试验区整体的优化发展。

（四）统筹规划、城乡并重原则

从《关于设立统一规范的国家生态文明试验区的意见》的统筹部署原则到《福建省生态文明建设促进条例》第3条统筹规划原则，皆指出国家生态文明试验区建设都应当进行统筹规划而非自成一家、孤立发展。《生态文明体制改革总体方案》坚持城乡环境治理体系统一的原则还指出尤其需要统一城乡环境治理体系，不能城乡二元分化，只注重城市生态文明建设而忽略乡村环境治理。对此，《贵阳市建

[517]《以人为本》，人民网，http://cpc.people.com.cn/GB/134999/135000/8103825.html，2018年6月30日访问。

[518]《正确认识我国主要矛盾的转化（深入学习贯彻习近平新时代中国特色社会主义思想）》，央广网，http://news.cnr.cn/theory/gc/20180330/t20180330_524181462.shtml，2018年7月1日访问。

设生态文明城市条例》第 4 条规定的城乡统筹原则与《福建省生态文明建设促进条例》第 3 条规定的城乡并重原则，是国家相关规定的具体体现。

（五）健全市场机制原则

《生态文明体制改革总体方案》提出健全市场机制原则，为《贵州省生态文明建设促进条例》与《福建省生态文明建设促进条例》第 3 条承袭。它们分别规定了市场激励与法治保障相结合原则、市场调节原则，都要求生态文明建设领域应当发挥市场作用。国家生态文明试验区建设不能只靠政府进行宏观把控，也需要市场发挥其特有调节功能，发挥市场在环境资源配置中的决定性作用。要让政府“有形之手”与市场“无形之手”各司其职，作为两翼，共同驱动，助力国家生态文明试验区的建设与发展。只有将政府推动与市场驱动相结合，才能将绿水青山变为金山银山，才能为国家生态文明试验区建设保驾护航，不断增强生态优势，实现我国经济发展、社会效益、生态效益相统一。[519]

（六）法治保障原则

法治保障原则包括《贵州省生态文明建设促进条例》第 5 条规定市场激励与法治保障相结合的原则、《贵阳市建设生态文明城市条例》第 4 条规定法治保障原则、《福建省生态文明建设促进条例》第 3 条规定依法促进原则。一方面，即便是在国家生态文明试验区范围内，对于生态文明建设的探索与实践仍然要在法治的前提之下。另一方面，国家生态文明试验区的生态文明建设活动也离不开国家法治的保障。国家生态文明试验区范围内的法律主体的相关权利的保护、义务的承担以及责任的追究，都需要法律制度的保驾护航。

（七）政府主导与全民参与原则

其包括《贵州省生态文明建设促进条例》第 5 条政府引导与社会参与相结合原则、《贵阳市建设生态文明城市条例》第 4 条政府主导原则、全民参与原则、《福建省生态文明建设促进条例》第 3 条全民参与原则以及《厦门经济特区生态文明建设条例》第 3 条政府主导与全民参与相结合原则。国家生态文明试验区建设是生态文明建设的一部分，而生态文明建设是一个系统的工程，关系到各个行业、领域、组织及个人。正是因为天蓝、水清、草绿、土沃等事业与全体人民身心健康、整个社会的欣欣向荣有着密切关系，所以应该要让全体人民、整个社会公众参与生态文明建设活动。通过发挥人民群众以及整个社会的积极性、主动性以及创造性，提高全

[519] 黄雪梅．生态产品价值实现——从绿水青山到金山银山［N］．福建日报，2017-09-15（9）．

民生态意识，做到全民参与。但是由于生态文明建设具有系统性、复杂性、专业性，全民的参与要与政府主导相结合，在政府的引导之下才能更好地发挥广集民智的作用。

国家生态文明试验区立法的基本原则是国家生态文明试验区建设中应当遵循的准则，是生态文明立法、执法、司法中应当遵循的原则。福建、江西和贵州三个国家生态文明建设试验区，包括已经出台生态文明建设促进条例的福建省、厦门市、青海省均有立法基本原则的规定，在基本原则的指导下进行法律制度设计，进行生态文明试验区建设中权利与义务、责任的配置。

二、国家生态文明试验区建设的管理体制

国家生态文明试验区的管理体制涉及国家生态文明试验区机构的组建、机构职能的明确以及机构职能运行机制作用的发挥。一个国家行政管理体制设置得科学与否直接影响行政主体管理活动的功能、效率以及效果如何。作为生态文明建设重要内容的国家生态文明试验区建设，其机构、职能以及运行机制所组成的国家生态文明试验区管理体制，影响甚至决定着国家生态文明试验区的探索成果。

（一）中央关于生态文明建设的管理体制

2018 年 3 月 21 日，《国务院机构改革方案》通过，开启了我国新一轮的机构改革。此次的国务院机构改革是改革开放以来第 8 次重大的机构改革。其重点和亮点之一在于：通过转变政府职能来加强和完善政府在经济调节、市场监管、社会管理、公共服务、生态环境保护方面的职能，尤其是在重点领域、关键环节的机构职能优化和调整。例如，生态环境保护职能是我们需要重点关注的。政府职能以政府组成部门及机构为载体，根据本次机构改革安排，承担生态环境保护职能的机构主要有自然资源部、生态环境部、应急管理部、农业农村部、水利部、住房和城乡建设部以及由自然资源部管理的国家林业和草原局（图 4-1）。

此次改革不仅在机构内部进行职能整合，也对各部门相近职能进行整合，使得政府机构职能有机统一、权责明确，更有利于形成合力及提高行政效率。[520] 例如，生态环境部整合了分散的生态环境保护职责，各类污染排放监管与行政执法职责由其统一行使；又如，新组建的自然资源部，成为我国全民所有自然资源资产所有者，解决自然资源资产所有者不到位以及所有者重叠等问题；并且我国所有国土空

[520] 王澜明. 改革开放以来我国六次集中的行政管理体制改革的回顾与思考［J］. 中国行政管理，2009（10）：14.

间用途管制职责也由其统一行使，不会再发生与国家发展和改革委员会、住房和城乡建设部的规划职责相冲突、相重叠的情况。

自然资源部	对自然资源开发利用和保护进行监管，建立空间规划体系并监督实施，履行全民所有各类自然资源资产所有者职责，统一调查和确权登记，建立自然资源有偿使用制度，负责测绘和地质勘察行业管理等
生态环境部	拟定并组织实施生态环境政策、规划和标准，统一负责生态环境监测和执法工作，监督管理污染防止、核与辐射安全，组织开展中央环境保护督察等
应急管理部	组织编制国家应急总体预案和规划，指导各地区各部门应对突发事件工作，推动应急预案体系建设和预案演练。处理好防灾和救灾的关系，明确与相关部门和地方各自职责分工，建立协调配合机制
农业农村部	原农业部的草原监督管理职责划入国家林业和草原局；草原防火职责划入应急管理部；草原资源调查和确权登记管理职责划入自然资源部；监督指导农业面源污染治理职责划入生态环境部
水利部	水利部的水资源调查和确权登记管理职责划入自然资源部，编制水功能区划、排污口设置管理、流域水环境保护职责划入生态环境部；水旱灾害防止划入应急管理部；农田水利建设项目管理职责划入农业农村部
住房和城乡建设部	住房和城乡建设部的城乡规划管理职责整合到自然资源部；住房和城乡建设部的自然保护区、风景名胜区、自然遗产、地质公园等管理职责整合到国家林业和草原局
国家林业和草原局（自然资源部管理）	监督管理森林、草原、湿地、荒漠和陆生野生动物资源开发利用和保护，组织生态保护和修复，开展造林绿化工作，管理国家公园等各类自然保护地等

图 4-1　承担生态环境保护职能的主要部门

（二）国家生态文明试验区建设的管理体制

依据具有综合性、纲领性的贵州省与福建省的生态文明建设促进条例以及有关生态文明单行立法中关于管理体制的规定，又依据江西省关于生态文明有关的单行立法关于管理体制的规定，我国生态文明试验区构建了生态文明建设由政府统一组织领导、生态文明建设机构监督管理、其他部门各司其职的管理体制。[521]

三个国家生态文明试验区当中，贵州省于 2014 年最早出台了全国第一部省级《贵州省生态文明建设促进条例》。该条例第 6 条从四个层面对贵州省的生态文明建设工作进行规定。一是由贵州省人民政府对全省生态文明建设工作实行统一领导、组织和协调。二是由县级以上人民政府负责本行政区域生态文明建设工作。三是本行政区域关于生态文明建设具体的指导、协调和监督管理工作由县级以上人民政府

[521] 目前，三个国家生态文明试验区对于国务院组成部门的改革还未完成相应的机构调整。因此，我们对于三个国家生态文明试验区建设的管理体制的讨论以现行的管理机构及其职责为基础。

生态文明建设机构负责。四是县级以上人民政府有关部门按照各自职责做好生态文明建设工作。

《福建省生态文明建设促进条例》第4条规定了4个层面的管理方式。

首先指出省人民政府负责统一领导、组织、协调福建省生态文明建设工作；其次规定设区的市、县（市、区）人民政府应当加强对本行政区域生态文明建设的组织领导，建立生态文明建设工作协调机制，组织、协调、推进本行政区域生态文明建设工作，承担生态文明建设工作的有关部门应当依法履职、协调联动、合力推进；再次乡（镇）人民政府、街道办事处应当根据生态文明建设的有关要求，做好本行政区域生态文明建设工作；最后规定村（居）民委员会等基层自治组织应当协助所在地人民政府及其有关部门积极开展生态文明建设工作。

比较贵州省和福建省的规定，可以发现，关于协调机构贵州省的规定更明确。而福建省则立法规定了基层自治组织的协助工作，贵州省无此项内容。目前，江西省尚未出台生态文明建设促进条例。[522]但是，江西试验区于2012年出台《鄱阳湖生态经济区环境保护条例》。其第9条指出由省人民政府领导鄱阳湖生态经济区的环境保护工作，设立综合协调机构以统筹管理鄱阳湖生态经济区相关工作。[523]

除了《生态文明建设促进条例》作为国家生态文明试验区纲领性的地方性立法，三个试验区的环境保护条例也是一项重要的综合性地方性法规。福建省于1995年颁布《福建省环境保护条例》，江西省于2000年颁布《江西省环境污染防治条例》，贵州省于2009年颁布《贵州省环境保护条例》。但是江西省与其他两个试验区有所不同，江西省只有环境污染防治综合性条例，未有关于环境保护的综合性条例。生态文明建设是要求对环境污染预防治理和生态环境及资源保护合并进行，因此，在定位和内容上，江西省的综合性条例稍显欠缺。通过对《福建省环境保护条例》《贵州省环境保护条例》以及《江西省环境污染防治条例》进行分析，

[522] 根据课题组赴江西省人大法工委的调研座谈会成果可知，目前江西试验区对于江西省生态文明建设促进条例已列入立法调研项目。

[523]《鄱阳湖生态经济区环境保护条例》第9条省人民政府领导鄱阳湖生态经济区的环境保护工作，成立由环境保护、发展改革、财政、工业信息化、农业、林业、水利、国土资源、住房城乡建设、交通运输、科技、旅游、统计等主管部门组成的鄱阳湖生态经济区环境保护综合协调机构（以下简称综合协调机构）。综合协调机构履行下列职责：

（一）宣传贯彻环境保护有关法律法规；

（二）组织拟订鄱阳湖生态经济区环境保护相关制度，协调鄱阳湖生态经济区环境保护中的重大事项和行政执法争议；

（三）组织拟订鄱阳湖生态经济区环境保护工作计划，检查和督促鄱阳湖生态经济区内各设区的市、县（市、区）人民政府和有关部门依法开展环境保护工作；

（四）组织拟订鄱阳湖生态经济区环境保护实绩考核目标责任，并组织对鄱阳湖生态经济区内各设区的市、县（市、区）人民政府和有关部门目标责任的完成情况进行检查、督促和考核。

综合协调机构办公室设在省人民政府环境保护主管部门。

三个试验区都确立了县级以上地方人民政府环境保护行政主管部门对辖区内的环境保护工作（江西省主要是对环境污染防治工作）实施统一监督管理，其他相关行政主管部门在各自职责内对环境保护工作实施监督管理体制。[524]

关于水、土地、森林、大气、生物、海洋等要素的具体立法，三个试验区既有相同也有不同：

（1）水要素方面，根据《福建省水资源条例》《贵州省水资源保护条例》《江西省水资源条例》，[525]相同点在于都规定了：河长制，县级以上地方人民政府水行政主管部门统一管理和监督本辖区内水资源；其他有关部门在职责范围内做好相关工作。不同点在于，福建省和江西省规定乡（镇）人民政府、街道办事处协助做好有关工作；福建省明确指出水资源实行行政区域管理与流域管理相结合的管理体制。跨行政区域水资源的管理和监督工作由其共同的上一级地方人民政府水行政主管部门负责协调。江西省由于拥有全国最大的淡水湖——鄱阳湖，在试验区当中最早制定了专门的《江西省湖泊保护条例》。其第 6 条规定湖泊保护的主管部门是县级以

[524]《福建省环境保护条例》第 5 条县级以上地方人民政府环境保护行政主管部门对本辖区内的环境保护工作实施统一监督管理。其他有关行政主管部门依法对环境污染的防治、资源的保护实施监督管理。县级以上地方人民政府环境保护行政主管部门负责定期公布本行政区域的环境质量状况。

《贵州省环境保护条例》第 5 条省人民政府环境保护行政主管部门对全省环境保护工作实施统一监督管理。县级以上人民政府环境保护行政主管部门对本行政区域环境保护工作实施统一监督管理。县级以上人民政府发展改革、建设、水利、交通、卫生、国土资源、林业、农业、公安等有关行政主管部门按照各自职责依法对环境保护实施监督管理。

《江西省环境保护条例》第 5 条县级以上人民政府环境保护行政主管部门（以下简称环保部门）对本行政区域内的环境污染防治工作实施统一监督管理。环保部门可以在法定权限范围内委托其所属的环境执法机构实施行政处罚和行政强制措施。发展改革、经济贸易、公安、卫生、城乡规划、住房城乡建设、国土资源、水利、农业、林业、旅游、工商、城市管理、统计、交通、铁路、海事、民航等部门和机构，依法在各自职责范围内对环境污染防治实施监督管理。

[525]《福建省水资源条例》第 5 条水资源实行行政区域管理与流域管理相结合的管理体制。省人民政府水行政主管部门负责全省水资源的统一管理和监督工作。设区的市、县（市、区）人民政府水行政主管部门负责本行政区域内水资源的统一管理和监督工作。跨行政区域水资源的管理和监督工作由共同的上一级地方人民政府水行政主管部门负责协调。县级以上地方人民政府其他有关部门按照职责分工，负责本行政区域内水资源保护和管理的有关工作。乡（镇）人民政府、街道办事处协助做好水资源保护和管理的有关工作。

《贵州省水资源保护条例》第 5 条县级以上人民政府水行政主管部门负责本行政区域内水资源保护工作的组织实施和统一监督管理。县级以上人民政府发展改革、环境保护、住房城乡建设、工业信息化、交通运输、国土资源、农业、林业等有关部门按照职责分工，负责本行政区域内水资源保护、节约、开发和利用的有关工作。全省江河（湖泊、水库）水资源管理和保护全面推行各级人民政府行政首长负责的河长制。

《江西省水资源条例》第 5 条全省应当建立河湖管理体系，实行河湖水资源、水环境和水生态保护河湖长负责制。第 7 条县级以上人民政府水行政主管部门负责本行政区域内水资源的统一管理和监督工作。县级以上人民政府其他有关部门按照职责分工，负责本行政区域内水资源开发、利用、节约和保护的有关工作。乡镇人民政府、街道办事处按照上级人民政府和水行政主管部门的要求，协助做好水资源开发、利用、节约和保护工作。

上人民政府水行政主管部门。负责本行政区域内湖泊保护的组织、协调、指导和监督管理工作。此外，县级以上人民政府也可以根据实际情况，确定城市规划区内湖泊的保护主管部门；贵州省出台《贵州省水污染防治条例》规定县级以上地方人民政府环境保护行政主管部门对水污染实施统一监督和管理。不仅如此，贵州省与相邻省份云南省、四川省签订了《川滇黔三省交界区域环境联合执法协议》，对赤水河流域的生态环境保护工作进行共同会商和联动执法行动。[526]

（2）土地要素方面，贵州省由于喀斯特地形、地貌显著且分布广泛，也是西南地区石漠化较为严重的省份之一。[527]因此在土地资源方面的地方性立法较其他两个试验区更丰富，除了三个试验区都进行立法的内容之外，[528]贵州省还出台了《贵州省土地整治条例》《贵州省地质环境管理条例》，它们都规定由县级以上地方人民政府国土资源行政主管部门负责土地工作。另外，福建试验区 2016 年开始实施的《福建省土壤污染防治办法》规定，福建省行政区域内的土壤污染防治工作由县级以上人民政府环境保护主管部门统一监督管理。[529]而其他两个试验区只有关于土壤污染防治工作方案，未有政府规章出台。

（3）森林要素方面，根据三个试验区的森林条例，三个试验区皆规定由县级以上地方人民政府林业主管部门主管其辖区内的林业工作。福建省和江西省还在条例当中规定乡（镇）人民政府设立专职或者兼职人员负责林业工作，而贵州省未见规定。

（4）大气要素方面，江西省和贵州省都出台了大气污染防治条例。但是福建省并没有关于大气污染防治条例的地方性法规，目前只有地方性规范文件的出台。[530]

---

[526] 贵州省调研材料：《地方立法引领推动生态文明建设的实践》，贵州省人大常委会法制工作委员会。

[527] 贵州省调研材料：《地方立法引领推动生态文明建设的实践》，贵州省人大常委会法制工作委员会。

[528]《福建省土地登记条例》《贵州省土地登记条例》《江西省土地登记办法》（政府规章）；《贵州省土地管理条例》《福建省实施〈中华人民共和国土地管理法〉办法》《江西省实施〈中华人民共和国土地管理法〉办法》。

[529]《福建省土壤污染防治办法》第 5 条县级以上人民政府环境保护主管部门对本行政区域内的土壤污染防治工作实施统一监督管理。

县级以上人民政府对土壤污染防治负有监督管理职责的有关部门，依照下列规定履行职责：

（一）农业主管部门负责对农产品产地土壤污染防治工作实施监督管理，组织农产品产地土壤环境的调查、监测、评价和科学研究，参与农产品产地土壤污染事故的调查处理和应急管理；

（二）国土资源主管部门负责矿产资源开发利用等过程中的土壤污染防治监督管理；

（三）住房城乡建设主管部门负责城乡生活垃圾处理和城镇污水集中处理过程中的土壤污染防治监督管理；

（四）林业主管部门负责林地管理、湿地保护等过程中的土壤污染防治监督管理；

（五）工业信息化主管部门负责工业、软件和信息服务业行业准入管理过程中的土壤污染预防监督管理；

（六）财政、发展改革、水利、海洋渔业、科技、卫生健康、交通、安全生产监督、旅游等相关主管部门根据各自职责对土壤污染防治工作实施监督管理。

乡镇人民政府、街道办事处应当配合环境保护主管部门及其他有关主管部门做好土壤污染防治的有关工作。

[530]《福建省人民政府关于印发大气污染防治行动计划实施细则的通知》。

之所以还未有大气污染防治条例，一部分原因也是福建省的空气质量较好，其对于大气污染防治条例的立法需要不够强烈。而出台了大气污染防治条例的江西省与贵州省，皆在其大气污染防治条例当中规定统一由环境保护行政主管部门实施大气污染防治的监督和管理工作。而其他有关履行大气污染防治监督管理职责的部门除了两个试验区都进行明确列举的发展和改革部门、工业主管部门、公安交通管理部门、农业部门、交通运输部门、住房和城乡建设部门、城市管理部门之外。江西省还明确列举了能源主管部门、国有资产管理部门、质量技术监督部门、海事管理机构、国土资源主管部门以及水利主管部门。另外，两个条例都兜底规定了其他有关部门在各自职责范围内实施大气污染防治工作。

（5）生物要素方面，没有查询到贵州省关于野生动物保护的地方性法规，而福建省与江西省出台了野生动物保护法的实施办法。[531]两个试验区都规定林业及渔业行政主管部门分别主管辖区内陆生和水生野生动物的保护工作。其他有关部门除了两者都明确列举的工商、公安、海关、检验检疫、交通、铁路、航运（江西办法称民航）、邮电（江西办法称邮政）等部门之外。江西还列举了城乡建设、卫生部门。

（6）海洋要素方面，福建与其他两个国家生态文明试验区的立法有着重要区别，已查询到的有五部关于保护海洋资源类的地方性法规。[532]而其他两个试验区由于是非临海省份，因而未进行关于海洋资源的地方性立法。相应地，福建省设立有海洋渔业厅（机构改革后为海洋渔业局）与福建省海洋与渔业执法总队，这两个主体是其他两个试验区所没有设立的。关于生态文明试验区建设各个部门之间的配合和协调，《贵州省生态文明建设促进条例》第6条[533]明确规定由县级以上人民政府生态文明建设机构具体负责。例如，贵阳市生态文明建设委员会[534]具体负责贵

---

[531]《福建省实施〈中华人民共和国野生动物保护法〉办法》《江西省实施〈中华人民共和国野生动物保护法〉办法》。

[532]《福建省海洋环境保护条例》《福建省海域使用管理条例》《福建省海岸带保护与利用管理条例》《福建省沿海防护林条例》《福建省沿海滩涂围垦办法》。

[533]《贵州省生态文明建设促进条例》第6条省人民政府统一领导、组织、协调全省生态文明建设工作，县级以上人民政府负责本行政区域生态文明建设工作，并将生态文明建设纳入国民经济和社会发展规划及年度计划。县级以上人民政府生态文明建设机构，具体负责本行政区域生态文明建设的指导、协调和监督管理工作。县级以上人民政府有关部门按照各自职责做好生态文明建设工作。

[534]贵阳市生态文明建设委员会主要职能：1. 负责全市生态文明建设统筹规划、组织协调和督促检查，承担生态文明城市建设指导工作。2. 贯彻执行生态文明建设相关法律、法规、规章和政策，牵头起草和监督实施全市生态文明建设的地方性法规、规章草案；负责拟订和组织实施全市生态文明建设总体规划及相关专题规划。3. 负责依据主体功能区的划分，推动落实科学合理的城镇空间布局、产业发展布局、生态功能区布局。4. 组织指导全市资源节约工作。5. 统筹负责全市自然生态系统、环境保护、林业和园林绿化等工作。6. 负责全市生态文明制度建设工作。7. 负责生态文化建设工作。8. 参与“生态文明贵阳会议”的筹备、组织协调、负责成果转化工作。9. 承办市委、市人民政府和上级业务部门交办的其他事项。—贵阳市生态文明建设委员会网站，http://www.ghb.gov.cn/index.shtml，2018年7月2日访问。

阳市生态文明建设工作。贵阳市在成立市、县（市、区）生态文明建设主管部门的基础上，完善了 84 个乡镇环保机构，全面统筹协调生态文明建设工作。[535]《福建省生态文明建设促进条例》第 4 条[536]提出要建立生态文明建设工作协调机制，成立福建省生态文明建设领导小组办公室，统筹协调生态文明建设工作。江西省关于生态文明建设的协调工作，由江西省生态文明办在全省生态文明建设中担负牵头重任，统筹协调生态文明建设工作。特别是在《国家生态文明试验区（江西）实施方案》获批后，牵头健全了生态文明工作机制。[537]

2015 年江西省人大通过《江西省人民代表大会关于大力推进生态文明先行示范区建设的决议》。该决议提出建立健全生态环境保护情况报告制度。制度规定，关于生态环境状况和生态环境保护目标完成情况，江西省县级以上人民政府应当每年向本级人民代表大会或者其常委会报告。如果发生了重大环境事件，江西省县级以上人民政府也应当及时向本级人大常委会报告。[538]该报告制度从 2015 年开始在全国率先施行，贯彻了人大代表人民对人民政府工作的监督权。[539]使江西省县级以上人民政府接受江西省县级以上人大的监督，为江西国家生态文明试验区建设提供了制度监督保障。

综上所述，三个国家生态文明试验区既有针对全省范围涵盖若干要素的综合性立法，也有针对某个单一要素的专门性立法。通过综合性以及专门性的生态文明建设立法的有机结合，从不同角度和层面构筑起国家生态文明试验区建设的法规体系及形成相应的生态文明建设管理体制，从而为国家生态文明试验区建设提供了有力的法治保障。

当然，作为经济社会发展的重要保障和支撑，行政管理体制不可能永恒固定不变。而是随着经济社会的发展，不断创新和调整，以此达到与经济社会的发展相适

[535] 贵州省调研材料:《关于〈贵阳市建设生态文明城市条例〉实效性后评估的情况》。

[536]《福建省生态文明建设促进条例》第 4 条省人民政府负责统一领导、组织、协调全省生态文明建设工作。设区的市、县（市、区）人民政府应当加强对本行政区域生态文明建设的组织领导，建立生态文明建设工作协调机制，组织、协调、推进本行政区域生态文明建设工作，承担生态文明建设工作的有关部门应当依法履职、协调联动、合力推进。乡（镇）人民政府、街道办事处应当根据生态文明建设的有关要求，做好本行政区域生态文明建设工作。村（居）民委员会等基层自治组织应当协助所在地人民政府及其有关部门积极开展生态文明建设工作。

[537]《省环保厅与省生态文明办举行座谈会》，江西省环境保护厅网，http://www.jxepb.gov.cn/hjzx/stdt/2017/208d6392e6894df3a54366dcffee775d.htm，2018 年 7 月 8 日访问。

[538]《江西省人民代表大会关于大力推进生态文明先行示范区建设的决议》(2015 年 1 月 31 日江西省第十二届人民代表大会第四次会议通过)。

[539]《人大与"一府两院"是什么关系?》，中国人大网，http://www.npc.gov.cn/npc/sjb/2013-02/19/content_1755124.htm，2018 年 8 月 10 日访问。

应的目标。[540]在2018年5月18—19日召开的全国生态环境保护大会上，习近平总书记指出“生态文明建设正处于压力叠加、负重前行的关键期，已进入提供更多优质生态产品以满足人民日益增长的优美生态环境需要的攻坚期，也到了有条件有能力解决生态环境突出问题的窗口期。”[541]中国经济社会经过改革开放40多年的发展，已经有能力去解决发展过程中造成的生态环境突出问题。而对于生态环境突出问题的解决除了社会多元参与治理之外，政府机构凭借其所拥有的人才、技术、资金条件发挥其生态环境保护职能，对生态环境问题进行集中、全面、彻底的改善或解决是至关重要的方式之一。因此，在国务院机构改革调整的背景下，国家生态文明试验区也将参照其改革方向、领导机构及其职责等内容完成相应的机构与职责调整与配置。

三、国家生态文明试验区立法的重点制度

国家生态文明试验区立法的重点是改革生态文明体制，为完善生态文明制度体系而探索路径、积累经验。立法的重点制度是法律制度的核心与基础。根据国家关于福建、江西和贵州三个生态文明试验区建设实施方案的规定，三个生态文明试验区的重点制度设计存在一些共性制度，同时存在一些具有地方特色的个性制度设计，体现了一致性与地方性的结合的特点。

（一）自然资源资产产权制度

自然资源资产产权制度，是涉及主体结构、主体行为、权利指向、利益关系等各方面的制度安排，是自然资源资产产权的形成、设置、行使、转移、结果、消灭等在制度上的安排。而归属清晰、权责明确、监管有效的自然资源资产产权制度，能够在制度层面解决自然资源所有者不到位、所有权边界模糊等问题，只有解决了所有者不清晰的问题，才能更好地保护与利用自然资源。自然资源资产产权制度建设是生态文明体制改革的目标之一，[542]是国家生态文明试验区的试验重点制度之一。[543]在我国，自然资源资产属于公有而非私有，是全民或集体共享自然资源资

[540] 王澜明．改革开放以来我国六次集中的行政管理体制改革的回顾与思考［J］．中国行政管理，2009（10）：14.

[541]《习近平出席全国生态环境保护大会并发表重要讲话》，中国政府网，http://www.gov.cn/xinwen/2 018-05/19/content_5292116.htm，2018年5月24日访问。

[542] 中共中央、国务院《生态文明体制改革总体方案》，2015年9月印发。

[543] 中共中央办公厅、国务院办公厅印发《关于设立统一规范的国家生态文明试验区的意见》。

产的福利。[544]

归纳提炼三个试验区的实施方案，发现三个试验区的实施方案主要对建立统一的确权登记系统、建立权责明确的自然资源产权体系、健全国家自然资源资产管理体制三个部分进行了规定。

（1）建立统一的确权登记系统。根据《自然资源统一确权登记办法（试行）》，自然资源确权登记是指各级不动产登记机构在先前不动产登记的基础上，对水流、森林、山岭、草原、荒地、滩涂以及探明储量的矿产资源等自然资源的所有权统一进行确权登记。而建立统一的确权登记系统，其目的是要界定主体、划清界限。具体来说，包括：①界定全部国土空间各类自然资源资产的所有权主体；②划清全民所有和集体所有之间的边界；③划清全民所有、不同层级政府行使所有权的边界，④划清不同集体所有者的边界。[545]但是由于三个试验区所保有的自然资源种类与数量不同，因此在各试验区确权登记的自然资源范围有所不同。例如，福建试验区没有草原这一项。

通过登记这一法律手段，对自然资源予以明确、公示，具体包括对各类自然资源的质量、数量和保护要求的明确与公示，最终落实到每一个产权人或者使用权人，使得每一个产权人或者使用人对自己所有或者使用的自然资源心中有数。这是政府对自然资源分类施策的先决条件，也是保护和开发利用自然资源的重要前提。[546]三个试验区都出台了关于本试验区的自然资源统一确权登记试点实施方案，

[544] 国务院发展研究中心资源与环境政策研究所副所长、研究员谷树忠，国务院发展研究中心资源与环境政策研究所副研究员李维明《自然资源资产产权制度的五个基本问题》，国务院发展研究中心网，http://www.drc.gov.cn/xscg/20151027/182-473-2889105.htm，2018 年 7 月 15 日访问。

[545]《自然资源统一确权登记办法（试行）》(国土资发〔2016〕192 号)。

第 3 条对水流、森林、山岭、草原、荒地、滩涂以及探明储量的矿产资源等自然资源的所有权统一进行确权登记，界定全部国土空间各类自然资源资产的所有权主体，划清全民所有和集体所有之间的边界，划清全民所有、不同层级政府行使所有权的边界，划清不同集体所有者的边界，适用本办法。

第 4 条自然资源确权登记以不动产登记为基础，已经纳入《不动产登记暂行条例》的不动产权利，按照不动产登记的有关规定办理，不再重复登记。

自然资源确权登记涉及调整或限制已登记的不动产权利的，应当符合法律法规规定，并依法及时记载于不动产登记簿。

第 5 条国务院国土资源主管部门负责指导、监督全国自然资源统一确权登记工作。

省级以上人民政府负责自然资源统一确权登记工作的组织，各级不动产登记机构（以下简称登记机构）具体负责自然资源登记。

第 6 条自然资源确权登记由自然资源所在地的县级以上人民政府登记机构办理。

跨行政区域的自然资源确权登记，由共同的上一级人民政府登记主管部门指定办理。

国务院确定的重点国有林区权属登记按照不动产登记的有关规定办理。

[546]《〈自然资源统一确权登记办法（试行）〉出台意义》，中华人民共和国自然资源部，http://www.mlr.gov.cn/wszb/2016/tyqq/zhibozhaiyao/201612/t20161223_1424978.htm，2018 年 7 月 14 日访问。

明确了本试验区的试点区域。[547]在管理上，江西和贵州试验区都成立了省级自然资源统一确权登记领导小组。[548]福建试验区的厦门市[549]、晋江市[550]成立自然资源统一确权登记试点工作领导小组。福建试验区出台《福建省自然资源统一确权登记办法（试行）》，[551]规范福建省自然资源统一确权登记工作。首先明确福建省人民政府负责全省自然资源统一确权登记的组织工作，指导和监督全省自然资源登记的工作由福建省国土资源主管部门负责，自然资源登记由自然资源所在地的县级以上人民政府不动产登记机构办理。另外，涉及跨行政区域的自然资源确权登记，则由其共同的上一级人民政府的登记主管部门进行指定办理。最后，关于自然资源的调查，在组织工作方面，由所在地的县级以上人民政府负责，国土资源部门以及相关自然资源管理部门负责具体的工作实施。[552]

（2）建立权责明确的自然资源产权体系。根据《生态文明体制改革总体方案》，自然资源产权体系包含丰富的内容：第一，制定权力清单，以此明确各法律主体对各类自然资源产权权利；第二，明晰所有权与使用权的关系，使得占有、使用、收益、处分等权利以及权责归属到位；第三，使用权的权能要适度予以扩大，例如涵盖出让、转让、出租、抵押、担保、入股等；第四，有偿出让制度要全面地建立起来，并且要覆盖各类全民所有自然资源资产。对无偿或低价出让自然资源资产的行为予以禁止；第五，对自然资源资产交易平台的建设工作进行完善。

2018 年 7 月 6 日，福建省人民政府办公厅针对中央要求出台了《福建省自然资源产权制度改革实施方案》。[553]提出建立自然资源体系五个方面的主要任务，也就是自然资源产权登记工作进一步推动、自然资源产权权能适度地扩大[554]、自然资源产权交易市场的建立健全、自然资源产权保护力度予以加强以及自然资源产权行

[547]《福建省自然资源统一确权登记试点实施方案》确定厦门市、武夷山国家公园、晋江市作为福建省开展自然资源统一确权登记试点的试点区域；《江西省自然资源统一确权登记试点实施方案》确定新建区、庐山市、贵溪市、高安市和南城县等 5 个县（市、区）先行先试；《贵州省自然资源统一确权登记试点实施方案》确定赤水、绥阳、钟山、普定、思南将作为国家级试点。

[548]江西省人民政府办公厅印发《关于成立省自然资源统一确权登记工作领导小组的通知》(赣府厅字〔2017〕39 号)。

[549]《关于成立自然资源统一确权登记试点工作领导小组及其办公室的通知》(厦国土房〔2017〕49 号)。

[550]福建省人民政府办公厅关于印发《晋江市自然资源统一确权登记试点实施方案的通知》(闽政办〔2016〕169 号）

[551]经省政府同意，省国土资源厅、省委编办、省财政厅、省环境保护厅、省农业厅、省林业厅、省水利厅、省海洋渔业厅联合印发。

[552]《福建省制定自然资源统一确权登记办法》，中华人民共和国自然资源部网站，http://www.mlr.gov.cn/kczygl/zhgl/201706/t20170608_1509865.htm，2018 年 6 月 9 日访问。

[553]目前（截至 2018 年 8 月 17 日）江西以及贵州试验区还未出台针对自然资源产权体系的综合性规范性文件。

[554]适度扩大土地、水、矿产、森林以及海域海岛资源的产权权能。

使加大监管力度。同时，根据《自然资源权利类型（试行）》，对自然资源实行权力清单的管理方式。各类自然资源产权主体在自然资源的产权行使、开发利用和保护等方面，享有清晰的权利及依法承担相应的责任。在符合法律规定及用途管制的前提下，最大限度地保护自然资源使用权人的权利，尤其是自主权。允许自然资源使用权人根据自然资源的具体情况开展合理的开发利用活动，不得以任何行政手段干涉其合法生产经营活动。[555]此方案为指导规范自然资源产权体系建立的综合性规范性文件，为福建省自然资源体系建立指明方向、构建框架、明确重点，进一步推动了权责明确的自然资源产权体系的建立。

（3）健全国家自然资源资产管理体制。[556]自然资源资产管理体制是自然资源资产与管理体制两者的结合。也就是自然资源资产的管理机构设置、管理权限划分和确定调控管理方式等内容所构成的基本制度体系。[557]具体来说，自然资源资产管理体制要让全民所有自然资源资产有共同、统一的所有者，并且对原先分散的所有者职责进行整合归纳。这里的自然资源，包含全民所有的矿藏、水流、森林、山岭、草原、荒地、海域、滩涂等各类自然资源。而自然资源资产管理体制的第一步就是要建立统一行使上述自然资源资产所有权的机构。目前，自然资源部为我国对于全民所有的自然资源资产统一行使所有权的机构，所有者职责由其统一行使。

江西与贵州试验区皆在其实施方案中提出颁布省级自然资源资产管理体制的试点实施方案。并且对现有相关的自然资源资产管理机构进行整合，组建省级国有自然资源资产的管理机构。遵义市、黔东南州作为贵州试验区的试点地区，在贵州省政府的委托之下，承担起所辖行政区域内的全民所有自然资源资产所有权的部分管理工作。在此基础上，关于全民所有自然资源资产所有者职责，县、乡政府原则上已不再承担。福建试验区针对自然资源资产管理体制改革，在总体上提出理顺四大关系，从而优化调整自然资源资产的相关管理职能配置。需要理顺的四大关系：同级政府部门之间、不同层级政府之间、政府与市场之间、自然资源监管和环境治理之间的关系。理顺关系后，整合分散在各行业各部门的所有者职责，包括国土、农业、林业、水利、海洋等部门。同时，设立专门的自然资源资产管理机构，授权由

[555] 福建省人民政府办公厅关于印发《福建省自然资源产权制度改革实施方案的通知》(闽政办〔2018〕60号)。

[556] 2016年12月5日，中央全面深化改革领导小组第三十次会议审议通过了《关于健全国家自然资源资产管理体制试点方案》。

[557] 国务院发展研究中心资源与环境政策研究所副研究员李维明，国务院发展研究中心资源与环境政策研究所副所长、研究员谷树忠：《自然资源资产管理体制改革之管见》，国务院发展研究中心网，http://www.drc.gov.cn/xscg/20160219/182-473-2890168.htm，2018年6月6日访问。

其统一行使占有、使用、收益、处置等所有者权利。[558]

自然资源资产产权制度的"自然资源统一确权登记、自然资源产权体系以及自然资源资产管理体制"三者互为依存，密切相关。通过自然资源统一确权登记，明确各类自然资源的质量、数量和保护要求，划清政府、市场、自然资源监管与环境治理四个边界，为权责明确的自然资源产权体系的建立做好铺垫。自然资源得到统一确权登记以及产权体系的建立，使得管理体制的关系能够彻底理顺，使得自然资源资产的管理更加科学和符合实际需求。国家生态文明试验区对该制度的立法规定也可印证。例如，《贵州省生态文明建设促进条例》第 48 条第 1 款[559]将自然资源资产产权制度集中规定在同一条文当中；《福建省生态文明建设促进条例》第 30 条[560]也做此规定。相比较而言，江西实验区《江西省水资源条例》第 39 条第 2 款，[561]在自然资源资产产权制度的规定较为不足。首先，江西试验区没有一部纲领性的生态文明建设法规对自然资源资产产权制度做出规定；其次，即便在《江西省水资源条例》第 39 条规定了水资源使用权的确权登记工作，但是确权登记工作只是自然资源资产产权制度的一小部分内容。最后，即便是对于确权登记工作的规定，也是体现在水资源使用权的确权登记上。

（二）重点生态区位商品林赎买制度

重点生态区位商品林包括森林和林地，具体是指还未被划入生态公益林、未得到森林生态效益补偿，但是满足重点生态公益林区位条件的森林和林地。[562]重点生态区位商品林赎买制度（以下简称商品林赎买制度），是指依据政府主导、自愿公开、权属优先、树种优先的原则，[563]政府通过赎买等方式[564]把重点生态区位内

---

[558]《多省已先行改革自然资源管理体制》，搜狐网 2018 年 3 月 2 日，https：//www.sohu.com/a/224692965_115124，2018 年 6 月 6 日访问。

[559]《贵州省生态文明建设促进条例》第 48 条第 1 款省人民政府应当建立健全自然资源资产产权制度和用途管制制度，编制自然资源资产负债表；制定有利于生态文明建设的资源有偿使用、绿色信贷、绿色税收、环境污染责任保险、生态补偿、环境损害赔偿以及碳排放权、排污权、节能量、水权交易等环境经济政策。逐步划定自然资源资产产权，并进行确权登记。

[560]《福建省生态文明建设促进条例》第 30 条省人民政府应当健全完善权责明确的自然资源产权体系，保护各类自然资源产权主体的合法权益，建立产权明晰、权能丰富、规则完善、监管有效、权益落实的自然资源资产有偿使用制度。依法建立健全自然资源统一确权登记制度，对水流、森林、山岭、荒地、草原、滩涂、海域、海岛以及探明储量的矿产资源等自然资源的所有权进行统一确权登记，推动建立归属清晰、权责明确、监管有效的自然资源产权制度。

[561]《江西省水资源条例》第 39 条第 2 款省人民政府水行政主管部门应当根据国家和省的有关规定开展水资源使用权确权登记工作，推行水资源使用权的转让。

[562]福建省人民政府办公厅《关于印发福建省重点生态区位商品林赎买等改革试点方案的通知》。

[563]赵曌：《黎平：制定〈贵州省重点生态区位人工商品林赎买改革试点工作方案〉》，贵州新闻发布厅，http://news.gog.cn/system/2017/10/11/016158746.shtml，2018 年 7 月 8 日访问。

[564]除赎买之外，探索租赁、置换、改造提升、入股、合作经营等多种改革方式。

非国有商品林调整为生态公益林的制度。商品林赎买制度的最终目的是通过赎买，实现对森林和林地进行统一管护，从而有效改善和提升其生态功能。[565]原国家林业局（现已调整为国家林业和草原局）资源管理司徐济德副司长对商品林赎买制度的评价也表达了商品林赎买制度的内涵。即“把重点区位的集体所有和个人所有的森林，通过赎买的办法，转变为国家所有，然后进行专门的保护，这个政策、路数应该是长久的，可持续的东西”。[566]

三个国家生态文明试验区的实施方案都规定了商品林赎买制度。福建试验区实施方案提出两个调整，即通过赎买与置换等方式，调整重点生态区位的商品林为生态公益林；调整重点生态区位外零星分布的生态公益林为商品林。福建实施方案还对调整方式进行列明，以赎买为基础，逐步探寻和摸索收储、置换、改造提升、租赁和入股等形式。贵州试验区实施方案与福建试验区实施方案一样规定通过赎买或置换方式实现两个调整，在细节处稍有不同，贵州试验区实施方案将重点生态区位的类型明确在方案当中，包括国家级和省级自然保护区、国家森林公园等。对于公益林调整为商品林，除了像福建试验区实施方案规定的零星分散还要求林地具有较高的生产力。江西试验区实施方案与贵州试验区实施方案相同的地方是明确了重点生态区位，即国家级自然保护区、国家森林公园、五河（赣江、抚河、信江、饶河、修河）及东江源头等区域。此外，江西试验区实施方案与其他两个试验区不同的是，还规定了自主探索开展禁伐补贴和非国有森林协议封育试点。综上所述，比较三个试验区实施方案对于商品林赎买制度的规定，可以发现：江西以及贵州试验区在实施方案明确了重点生态区位的大致范围；福建试验区在赎买基础上，细化了“租赁、置换”其他形式的改革措施。

商品林赎买制度建立的起因始于生态保护与林农利益维护之间的矛盾。2010 年，福建省作为全国林业大省为了进一步保障森林生态安全以及发挥森林生态功能，颁布了严格的限伐措施。对铁路、公路、江河沿线等重点生态区位“三线林”实行保护。但也因此影响了林权所有者的权利与收益，包含林木处置权和收益权等。林权所有者对于严格限伐资产不满，也使得森林生态保护工作无法真正“名正言顺”。为了平衡生态保护与林农权益保护，商品林赎买制度应运而生。本制度既能让森林生态得到切实保护，也不让林权所有者权益受损。2017 年 1 月，福建省人民政府办公厅正式印发《福建省重点生态区位商品林赎买等改革试点方案》，主要从改革方式、资金筹措、后续管理、保障措施方面对商品林赎买等改革试点进行规定。另

[565] 中共中央办公厅、国务院办公厅印发《国家生态文明试验区（福建）实施方案》。

[566]《福建商品林赎买试点一年，获习近平总书记点赞》，中国发展网，http://www.chinadevelopment. com.cn/news/zj/2017/06/1148829.shtml，2018 年 7 月 8 日访问。

外，在附件部分列出2016—2020年度，政府在重点生态区位商品林赎买的改革试点任务分解表、重点生态公益林区位条件表、重点生态区位商品林赎买的改革参考流程。不仅如此，在商品林赎买制度的资金筹措方面，福建省人民政府与国家林业和草原局、国家开发银行签订了《共同推进深化福建省集体林权制度改革合作协议》。用以支持重大林业工程建设、国家战略储备林培育、重点生态区位商品林赎买、森林旅游休闲康养等林业重大项目。[567]

福建试验区在其实施方案当中明确列出了2016年商品林赎买制度的试点范围。包含武夷山市、永安市、[568]沙县、武平县、[569]东山县、永泰县、柘荣县等7个县（市）。从2016年福建省实施方案出台到现在，试点范围逐步扩大。在2017年增加了南平建阳、顺昌、龙岩新罗、诏安、永春、闽清、福安7个县（市、区）。[570]截至2017年年底，福建省级财政在商品林赎买方面累计给予补助资金14 378万元。通过赎买等方式，使生态公益林集中连片，加强了森林的生态服务功能，也让林权所有者的收益稳步提升。实现了由生态保护与林农权益保护矛盾到社会得绿、林农得利的双赢。然而，随着商品林赎制度推广地域范围的不断扩大，所面临的问题也越来越多。例如，目前的商品林赎买制度还没有法律依据和标准、赎买资金的筹措途径也比较狭窄，不够多元，赎买完成之后的相关收益机制还不健全等。针对上述问题，福建省政协委员陈吉龙提出从“加快商品林赎买制度的立法进程、赎买资金筹集的多元化以及赎买后要施行经营管护的长效机制”等三个方面完善商品林赎买制度的建议。

《福建省水资源条例》第18条第2款[571]规定了商品林赎买制度，《福建省生态文明建设促进条例》第35条第2款明确规定，县级以上地方人民政府根据生态文明建设的需要，在生态区位重要或者生态环境脆弱的区域，可以通过赎买、租

[567] 中共福建省委　福建省人民政府《关于深化集体林权制度改革加快国家生态文明试验区建设的意见》。

[568] 2013年年底，永安率先在全省开展重点生态区位商品林赎买，专门成立非营利性的永安市生态文明建设志愿者协会，委托森林资产评估机构进行赎买价格评估，确保公正公平。——方炜杭：《保住了绿色，也保护了林农钱袋子》，搜狐网，http://www.sohu.com/a/118277590_268708，2016年11月6日文，2018年7月8日访问。

[569] 在“全国林改第一县”武平，政府将县城饮用水源地商品林划为县级生态公益林，采取租赁形式进行保护。在林权不变的基础上，一次性支付20年租金，同时将重点生态区位天然商品林与天然林停伐补助叠加，用更少的钱租赁更多的山，通过租赁形式变身为“绿色不动产”，为全县人民提供汩汩不绝的清甜山泉。——谢乐婢、黄海：《福建：商品林赎买 “富”“美”双收》，中国林业网，http://www.forestry.gov.cn/main/1046/content-1087207.html，2018年3月26日文，2018年7月8日访问。

[570] 方炜杭：《保住了绿色，也保护了林农钱袋子》，搜狐网，http://www.sohu.com/a/118277590_268708，2016年11月6日文，2018年7月8日访问。

[571] 县级以上地方人民政府及有关部门应当采取综合整治措施做好饮用水水源保护区的水土保持、生态修复，建设和保护水源涵养林，引导农业生产者科学施用化肥、农药，禁止使用高毒、高残留农药，并通过赎买、置换、租赁等方式，逐步将饮用水水源保护区内的用材林、经济林等调整为生态公益林。

赁、置换或者其他方式取得非国有的林地使用权或林木所有权、使用权，建设和发展生态公益林。将关于商品林赎买制度比较成熟的经验上升为立法，一方面是对试点经验做法的肯定、加强推广；另一方面为将来商品林赎买制度的实施提供了法律依据。其他两个试验区，江西省的商品林赎买制度于2017年启动，[572]试点范围有铜鼓、遂川、湾里3个试点县（区）；[573]贵州省的商品林赎买制度于2018年启动，[574]2018—2020年试点范围包括毕节市的七星关区、纳雍、织金县和省级以上自然保护区。[575]

综上所述，在商品林赎买制度上，三个国家生态文明试验区都有出台或即将出台关于商品林赎买制度的规范性文件[576]，但福建试验区相较于其他两个试验区而言，实施时间早、试点范围广，资金筹措方面金融机构签订协议以保障商品林赎买制度的顺利实施，关于商品林赎买制度探索与实践福建试验区是走在试验区甚至全国前列的。

（三）生态保护补偿制度

生态保护补偿制度是生态文明制度体系的关键制度，其目的是保护生态环境，最终促进人类与自然和谐发展。其本质内涵是，生态服务功能的受益者对生态服务功能的提供者进行付费的制度。[577]具体来说，通过行政和市场手段，再根据生态系统服务价值、生态保护与发展机会的成本等因素，调整生态环境保护和经济社会建设各方之间利益关系的制度安排。反之，如果生态服务功能提供者与受益者之间缺乏一种公平有效的利益平衡机制，则会在一定程度上影响生态环境保护措施行动的成效。[578]因此，生态保护补偿制度的运行是调动相关各方积极投入生态环境保护活动的重要手段。

1. 生态保护补偿制度涉及的范围

由于生态保护补偿制度是生态文明制度体系当中的基础性制度，因此其涉及

[572]《江西启动重要生态区非国有商品林赎买试点》，上饶之窗网，http://www.srzc.com/news/zhxw/jiangxixinwen/2017/1130/2460059.html，2018年7月8日访问。

[573]金苏蓉：《江西省重点生态区非国有商品林赎买改革试点工作推进会在南昌召开》，中国林业网，http://www.forestry.gov.cn/main/102/content-1053131.html，2017年12月1日　文，2018年7月8日访问。

[574]《贵州省重点生态区位人工商品林赎买试点工作启动会在贵阳召开》，中国林业网，http://www.forestry.gov.cn/main/102/content-1081748.html，2018年3月9日文，2018年7月8日访问。

[575]李平：《贵州今年计划赎买6万亩人工商品林以保护自然生态》，中国林业网，http://www.forestry.gov.cn/main/72/content-1079034.html，2018年3月1日文，2018年7月8日访问。

[576]福建省人民政府办公厅《关于印发福建省重点生态区位商品林赎买等改革试点方案的通知》《江西省重点生态区非国有商品林赎买试点方案》《贵州省重点生态区位人工商品林赎买试点工作方案》。

[577]百度百科。

[578]中共中央、国务院《关于加快推进生态文明建设的意见》，2015年4月印发。

的范围、领域广泛，调整的要素和利益关系也较为丰富和复杂。尤其在重点领域（森林、草原、湿地、荒漠、海洋、水流、耕地等）与重要区域（禁止开发区域、重点生态功能区等）基本上都会建立、也完全有必要建立生态保护补偿制度。[579]江西试验区提出到2020年，要将生态保护补偿完全覆盖其行政区域内的四个重点领域，即森林、湿地、水流、耕地。[580]贵州试验区提出到2020年，对重点领域以及重点区域实现生态保护补偿的完全覆盖，具体包括贵州全省的森林、草地、湿地、水流、耕地以及禁止开发区域、重点生态功能区等。[581]福建试验区提出到2020年，与贵州试验区一样，要完成重点领域以及重点区域的生态保护补偿全覆盖，包括流域、森林、海洋、湿地、耕地以及禁止开发区域、重点生态功能区等。[582]比较三个试验区的规定发现，实施生态保护补偿制度全覆盖的范围稍有不同，森林、水流（福建：流域）、湿地以及耕地三个试验区都有规定，而福建试验区特有关于海洋的生态保护补偿，贵州试验区特有关于草地的生态保护补偿。

目前，生态保护补偿较多集中在水流（福建试验区表述为流域）领域。2016年，江西试验区率先提出在行政区域内实施全流域的生态保护补偿。[583]全流域的范围涵盖了江西试验区五大河流[584]以及九江长江段和东江流域等。[585]全流域涵盖了江西试验区内所有100个县（市、区）。由于江西试验区是长江中下游地区重要的水源地之一，也是为粤港供水的东江流域的上游重要水源涵养地，因此江西试验区的水源水质，对于保障长江中下游和东江流域的水生态安全有着重要意义。[586]2016年，江西试验区开始实行江西至广东东江的跨流域生态保护补偿试点。[587]福建试验区首先在2015年出台《福建省重点流域生态补偿办法》，明确了闽江、九龙江、敖江

[579] 国务院办公厅《关于健全生态保护补偿机制的意见》。

[580] 江西省人民政府办公厅《关于健全生态保护补偿机制的实施意见》（赣府厅发〔2017〕30号）。

[581] 贵州省人民政府办公厅《关于健全生态保护补偿机制的实施意见》（黔府办发〔2017〕6号）。

[582] 福建省人民政府《关于健全生态保护补偿机制的实施意见》（闽政〔2016〕61号）。

[583]《全国9地实现省内全流域生态补偿》，凤凰网，http://news.ifeng.com/a/20170322/50811099_0.shtml，2018年8月10日访问。（北京、河北、山西、辽宁、江苏、浙江、广东、江西、湖北等9省（市）实现了行政区内全流域生态补偿。）

[584] 五大河流即鄱阳湖和赣江、抚河、信江、饶河、修河。

[585]《江西率先实现全境流域生态补偿机制》，中国政府网，http://www.gov.cn/xinwen/2017-01/15/content_5159888.htm，2018年8月10日访问。

[586]《江西2018年将安排2亿元用于流域生态补偿》，新浪网，http://jx.sina.com.cn/news/b/2018-01-26/detail-ifyqyuhy6580372.shtml，2018年8月10日访问。

[587]《关于江西省生态文明建设和生态环境状况的报告》（2017年1月18日江西省第十二届人民代表大会第七次会议）。

三个流域的生态保护补偿。[588]又于2017年对其进行了修订，提出了建立覆盖全流域的生态保护补偿机制。[589]也就是通过制定省级的生态补偿办法，从重点流域生态保护补偿修订扩展至全流域生态保护补偿。贵州试验区在流域补偿方面，未像其他两个试验区出台统一的流域生态补偿办法。而是对贵州主要流域分别制定补偿办法。例如，2015年《贵州省乌江流域水污染防治生态补偿实施办法（试行）》(黔府办函〔2015〕208号)；2014年《贵州省赤水河流域水污染防治生态补偿暂行办法》。[590]在2018年，贵州与其相邻的云南、四川两省签订了《赤水河流域横向生态保护补偿协议》。下一步，三省将会同编制该生态保护补偿协议的实施方案。[591]以此落实关于生态保护的补偿资金、项目安排、联防联控机制。[592]

2. 生态保护补偿资金

生态补偿资金是个人、单位和地区在从事生态保护以及为维护或者创造生态系统服务价值和功能的经费总称。需要注意的是，生态补偿资金的总额不是没有上限的。生态补偿资金的支付要与生态系统服务价值、生态保护成本和发展机会成本之和相匹配。[593]倘若远大于价值与成本之和，那么则偏离了“补偿”二字的应有之义。目前，对于生态补偿资金的来源，学术界研究认为有三种途径：纵向来源、横向来源与市场来源。具体来说，纵向来源包括两种情况，一是中央政府对地方政府；二是省级地方政府对辖区内的下级地方政府。此两种的财政转移支付，称为纵向补偿转移支付。横向来源则是地方政府之间的财政转移支付。也就是生态受益地区地方政府对生态保护地区地方政府进行财政转移支付，称为横向补偿转移支付。市场来源是指以市场规则为基础，对生态系统服务提供的购买支付。[594]

目前，关于生态补偿资金的分配，江西试验区向重点生态功能区倾斜，包括五大河流源头、鄱阳湖滨湖地区及东江源头保护区等。同时指出要对水质状况改善良好、森林生态保护具有成效、节约用水效益高的地区加大补偿力度。反之，对发生重大（含）以上级别环境污染事故或者生态破坏事件的地区，则减少生态补偿资

[588]《福建省出台重点流域生态补偿办法》，中国林业网，http://www.forestry.gov.cn/main/102/content-748681.html，2015年3月20日文，2018年8月24日访问。

[589]《福建省完善重点流域生态补偿机制》，中国政府网，http://www.gov.cn/xinwen/2017-08/26/content_5220583.htm，2018年8月24日访问。

[590]《我省出台赤水河流域水污染防治生态补偿暂行办法》，贵州日报网，http://gzrb.gog.cn/system/2014/05/03/013461177.shtml，2018年8月24日访问。

[591]《赤水河流域横向生态保护补偿实施方案》。

[592]《贵州赤水河流域跨省生态补偿工作推进会召开》，中华人民共和国生态环境部，http://www.zhb.gov.cn/xxgk/gzdt/201803/t20180328_433157.shtml，2018年8月24日访问。

[593]舒旻．论生态补偿资金的来源于构成［J］．南京工业大学学报（社会科学版），2015（1）：54-63.

[594]秦玉才，汪劲．中国生态补偿立法：路在前方［M］．北京：北京大学出版社，2013.

金，扣除当年 30% ～ 50% 的补偿资金。[595] 至于补偿资金分配后的使用，根据《江西省流域生态补偿办法》规定由各县（市、区）政府进行统筹安排。其主要分配使用的对象范围是关于生态保护的各个方面。例如，水环境的治理、森林质量效益的提升、水资源与森林资源保护、生态扶贫以及改善民生等。[596] 福建试验区于 2015 年出台的《福建省重点流域生态补偿办法》提出生态补偿资金要按三类因素进行科学分配，包括水环境综合评分、森林生态和用水总量控制。资金分配后的主要用于生态保护与污染防治。例如，饮用水源地的保护、水生态修复与水土保持、城乡污水垃圾处理设施建设、畜禽养殖业污染整治、企业环保搬迁改造、造林防护等。[597] 在 2017 年修订后，福建试验区提出生态补偿资金要对欠发达地区予以倾斜。[598]

虽然目前三个试验区在水流（流域）领域开展生态保护补偿制度，但总体来看，仍存在生态保护补偿范围偏小、标准偏低等问题。[599] 福建试验区 2018 年 3 月 14 日出台了综合性的生态保护补偿[600] 试行方案。[601] 根据目前单一性质专项生态补偿资金的分类补偿、分散使用的现状，进行资金整合，以期统筹不同类型、不同领域的生态补偿资金。福建试验区将按比例整合省级九个部门管理的与生态保护相关的 20 项专项资金。针对统筹后剩余的专项补偿资金，省直相关部门仍会按原渠道

[595] 江西在全国率先实施覆盖全境的流域生态补偿机制 . 人民日报，2016-01-18（1）.

[596]《江西省流域生态补偿办法》1. 分配到各县（市、区）的流域生态补偿资金由各县（市、区）政府统筹安排，主要用于生态保护、水环境治理、森林质量提升、森林资源保护、水资源节约保护、生态扶贫和改善民生等。

2. 各县（市、区）政府要规范补偿资金使用管理，切实将补偿资金用于保护生态环境和改善民生，做好资金绩效管理相关工作，在每年 7 月底前向省发改委、省财政厅报送本地区上年度流域生态补偿资金使用情况及效果报告。对资金使用中出现的重大问题，应当及时专题报告。

3. 省发改委、省财政厅将根据各地流域生态补偿资金使用情况，会同有关部门依法对资金使用情况进行监督检查或审计检查。各地应主动接受并配合相关部门做好资金使用情况检查工作。

[597]《福建省出台重点流域生态补偿办法》，中国林业网，http://www.forestry.gov.cn/main/102/content-748681.html，2015 年 3 月 20 日文，2018 年 8 月 24 日访问。

[598]《福建省完善重点流域生态补偿机制》，中国政府网，http://www.gov.cn/xinwen/2017-08/26/content_5220583.htm，2018 年 8 月 24 日访问。

[599] 杨志平：《〈关于健全生态保护补偿机制的实施意见〉解读》，江西省发展和改革委员会网，http://www.jxdpc.gov.cn/zcfb/zcjd/201706/t20170607_200290.htm，2018 年 7 月 10 日访问。

[600] 综合性补偿分为保持性补偿和提升性补偿两部分。保持性补偿以实施县年度获得的省级纳入整合范围的各项专项资金的补助总额为基数，实施县如完成生态保护考核指标（100 分），可全额获得补助总额；如未完成，则按一定比例相应扣减专项资金。提升性补偿则是实施县环境质量如得到提升（超过 100 分），根据提升分值，从统筹的专项资金中给予不同档次提升性补偿。

[601] 福建省人民政府办公厅《关于印发福建省综合性生态保护补偿试行方案的通知》(闽政办〔2018〕19 号)。

下发到位，并按照因素法[602]继续向实施县（23个）[603]进行倾斜性分配。与此同时，赋予实施县自主权，让实施县因地制宜制订实施方案和年度计划，对其自身生态环境的重点领域和重点问题进行综合治理和解决。

综合性生态保护补偿与单一性质的专项生态保护补偿不同。专项生态保护补偿资金只能用于专门领域。而综合性生态保护补偿通过综合考核指标，[604]能够给予被补偿县对补偿资金进行综合运用、分配和使用的"自由裁量权"。只要在生态保护领域内就行。[605]由是观之，综合性生态保护补偿更科学。其亮点如下：一是推动了资金的统筹整合。统筹整合资金是生态保护补偿制度的改革难点，福建试验区经过深入研究，采取了分步统筹、逐年加大的思路。二是体现了生态保护补偿的综合性。福建试验区在其综合性生态保护补偿的试行方案中，综合了林业、环保、水利、住建、经信、国土、统计等八个部门的指标。也就改变了传统"九龙治水"的考核方式与资金分配方式。三是强化了结果导向。生态保护补偿资金与考核结果的挂钩，使得福建试验区各级政府实现从重完成工作量到注重绩效结果的转变。[606]

此外，江西及贵州试验区都提出将生态保护补偿制度与本试验区的脱贫攻坚任务结合起来，推进精准脱贫工作。江西试验区提出建立生态补偿资金与扶持贫困群众脱贫相挂钩的机制。对于贫困地区，生态保护补偿优先进行试点。例如，对于罗霄山集中连片特困地区，生态补偿资金分配予以倾斜、分配力度予以加大。[607]贵州试验区也提出要把生态保护工作与脱贫工作结合起来。尤其是促进石漠化严重、生存条件差、生态地位重要、需要保护修复的地区增收脱贫。同时，贵州试

---

[602] 所谓因素法，是对影响某一地区财政收入能力和财政支出需求的各种变量综合地加以测算和分析，并以此为依据，确定对该地区的转移支付政策的一种方法。从定性分析的意义上讲，因素法的核心是如何确定各种因素在影响财政收入能力和财政支出需求方面所处的地位；从定量分析的角度来看，问题的关键在于求出各种因素在决定收入能力和支出需求过程中所占据的权数。对地方政府财政收入能力的分析，在原理上，主要是通过衡量若干经济指标（包括人口数、地方的GDP以及人均收入水平等）和税制因素（包括税基、税率等），并且将地区人均税收收入与全国人均同类指标进行比较而得以实现的。——孙开．论政府间转移支付中的因素法问题［J］．财政研究，1996（3）：37-50.

[603] 三明市的泰宁县、大田县、建宁县、将乐县、明溪县、清流县、宁化县；宁德市的屏南县、寿宁县、周宁县、柘荣县；龙岩市的长汀县、武平县、连城县、上杭县；泉州市的安溪县、永春县、德化县；南平市的武夷山市、浦城县、光泽县；福州市的永泰县；漳州市的华安县。这些县（市）是全省重点生态保护区域，根据主体功能区的规划定位，主要功能是保护生态。——潘园园：《福建省23个县（市）试行综合性生态保护补偿》，新华网，http://www.fj.xinhuanet.com/toutiao/2018-04/01/c_1122620729.htm，2018年7月10日访问。

[604] 综合考核指标具体详细内容可参见福建省人民政府办公厅《关于印发福建省综合性生态保护补偿试行方案的通知》（闽政办〔2018〕19号）。

[605]《福建在全国率先试行综合性生态保护补偿》，中华人民共和国财政部网站，http://www.mof.gov.cn/xinwenlianbo/fujiancaizhengxinxilianbo/201803/t20180328_2855700.htm，2018年7月10日访问。

[606]《〈福建省综合性生态保护补偿试行方案〉政策解读》，宁德市柘荣县人民政府网，http://www.fjzr.gov.cn/Xsgl/Wzxs/tabid/110/ID/137901/pmid/7967/Default.aspx，2018年7月11日访问。

[607] 江西省人民政府办公厅《关于健全生态保护补偿机制的实施意见》（赣府厅发〔2017〕30号）。

验区指出将积极争取国家生态保护补偿资金和生态保护工程资金，并根据精准扶贫与脱贫的要求，对贫困地区进行照顾、让部分贫困人口转为生态保护人员。[608]

3. 生态保护补偿制度的立法

生态保护补偿制度的立法，相较于其他制度更为丰富一些。在地方性法规层面，三个试验区对生态保护补偿制度规定情况如下：贵州试验区有六部地方性法规十个条文；[609]福建试验区有三部地方性法规四个条文；[610]江西试验区有四部地方性法规四个条文。[611]从生态保护补偿制度立法的数量角度而言，贵州试验区是最为充实的。三个试验区的综合性地方性法规都规定了生态保护补偿制度（《福建省生态文明建设促进条例》《贵州省生态文明建设促进条例》《鄱阳湖生态经济区环境保护条例》等）。而在单行地方性法规方面，主要是对水（江西省为湖泊）与湿地的生态保护补偿制度进行了规定。在内容上，上述法规皆提出要建立健全生态保护补偿机制，而比较有特色的内容规定主要有《福建省生态文明建设促进条例》第 56 条第 3 款提出鼓励对生活垃圾终端处理等设施所在区域给予生态补偿；《贵州省生态文明建设促进条例》第 49 条提出逐步对全省空气质量实行地区间生态补偿；《贵阳市建设生态文明城市条例》第 31 条第 2 款接受生态补偿后的城乡居民收入，不得低于兑现补偿当年本市城乡居民人均收入水平；《鄱阳湖生态经济区环境保护条例》第 14 条第 4 款湖区专业渔民因禁渔期造成生活困难的，应当给予必要的生活补助。可见，三个生态文明试验区在生态保护补偿方面不断实践探索，在共性中坚持了地方个性化选择，实现了生态文明试验区生态文明建设的先行先试功能与意义。

（四）环境污染责任保险制度

环境污染责任保险是指企业、事业单位或者其他生产经营者，由于污染环境致使第三者受到损害，而以依法应承担的赔偿责任为标的的保险。环境污染责任保险提升了投保企业风险防范能力与事故处置能力，是投保企业增强环境风险管理的重要方式之一。

1. 立法与政策

立法方面，福建、江西、贵州三个生态文明试验区均有关于环境污染责任保险

[608] 贵州省人民政府办公厅《关于健全生态保护补偿机制的实施意见》(黔府办发〔2017〕6 号)。

[609]《贵州省环境保护条例》第 26 条、《贵州省生态文明建设促进条例》第 48 条、第 49 条及第 57 条、《贵阳市建设生态文明城市条例》第 31 条与第 34 条、《贵州省湿地保护条例》第 4 条与第 12 条、《贵州省水污染防治条例》第八条、《贵州省赤水河流域保护条例》第 8 条。

[610]《福建省生态文明建设促进条例（草案）》第 58 条与第 60 条、《福建省流域水环境保护条例》第 19 条、《福建省水土保持条例》第 26 条。

[611]《鄱阳湖生态经济区环境保护条例》第 14 条、《江西省湖泊保护条例》第 11 条、《江西省湿地保护条例》第 33 条、《江西省农业生态环境保护条例》第 5 条。

的规定。但是没有环境污染强制责任保险的立法规定。

如表 4-1 所示，虽然试验区立法中有关于环境污染责任保险的规定。但是基于地方立法权限关于保险类别的限制，以及立法中关于环境污染责任保险使用“鼓励”“逐步推行”或“依法办理”的用语，可知三个试验区在立法上对环境污染责任保险制度均为非强制性的规定。

表 4-1　三个生态文明试验区关于环境污染责任保险的地方性法规

地方性法规名称	条文内容
《福建省流域水环境保护条例》	第 43 条第 2 款鼓励排污单位投保环境污染责任保险
《福建省海洋环境保护条例》	第 30 条第 2 款在港内从事油料补给和残油、污油水接受处理的船舶，应当依法办理油污损害民事责任保险。 第 33 条第 2 款载运散装油类的船舶应当依法办理油污损害民事责任保险
《江西省环境污染防治条例》	第 4 条第 2 款第三项县级以上人民政府在环境污染防治方面履行下列职责:（三）组织编制突发环境事件应急预案，逐步推行环境污染责任保险
《江西省大气污染防治条例》	第 11 条第 4 款鼓励大气重污染企业投保环境污染责任保险
《贵州省生态文明建设促进条例》	第 48 条第 1 款省人民政府应当建立健全自然资源资产产权制度和用途管制制度，编制自然资源资产负债表；制定有利于生态文明建设的资源有偿使用、绿色信贷、绿色税收、环境污染责任保险、生态补偿、环境损害赔偿以及碳排放权、排污权、节能量、水权交易等环境经济政策。逐步划定自然资源资产产权，并进行确权登记

即便是中央层面，直到 2018 年 5 月 7 日，生态环境部原则通过了《环境污染强制责任保险管理办法（草案）》，也才刚刚有了部门规章草案。根据该办法第 2 条的规定，环境污染强制责任保险适用于从事环境高风险生产经营活动[612]的企业事

[612] 环境高风险生产经营活动。

（一）从事石油和天然气开采，基础化学原料制造、合成材料制造，化学药品原料药制造，Ⅲ类及以上高风险放射源的移动探伤、测井；

（二）收集、贮存、利用、处置危险废物；

（三）建设或者使用尾矿库；

（四）经营液体化工码头、油气码头；

（五）生产、储存、使用、经营、运输《突发环境事件风险物质及临界量清单》（环境保护部印发的《企业突发环境事件风险评估指南（试行）》（环办〔2014〕34 号）附录 B）所列物质并且达到或者超过临界量；

（六）生产《环境保护综合名录（2015 年版）》[环境保护部印发的《关于提供环境保护综合名录（2015 年版）的函》（环办函〔2015〕2139 号）附件] 所列具有高环境风险特性的产品；

（七）从事铜、铅锌、镍钴、锡、锑冶炼，铅蓄电池极板制造、组装，皮革鞣制加工，电镀，或生产经营活动中使用含汞催化剂生产氯乙烯、氯碱、乙醛、聚氨酯等。

（八）国务院规定或者国务院授权环境保护部会同保监会规定应当投保环境污染强制责任保险的其他情形。

业单位或其他生产经营者，在适用对象上比环境污染责任保险狭窄很多。

环境污染强制责任保险制度的在立法规定缺失，但是在政策层面比较活跃。首先中央政策方面，2013 年，环境保护部以及中国保监会联合印发了《关于开展环境污染强制责任保险试点工作的指导意见》；2015 年 9 月，党中央、国务院印发《生态文明体制改革总体方案》，要求在环境高风险领域推动建立环境污染强制责任保险制度；2016 年 8 月，人民银行、环境保护部、保监会等七部门联合印发《关于构建绿色金融体系的指导意见》，从金融体系构建角度出发，指出要推动制修订环境污染强制责任保险法律、法规进程；发布实施性规章。基于此，上述《环境污染强制责任保险管理办法》于 2018 年 5 月 7 日由生态环境部原则通过。

根据中央政策的指示和要求，试验区进行积极响应，陆续出台了环境污染强制责任保险规范性文件。按照时间顺序进行列明如表 4-2 所示。

表 4-2　环境污染强制责任保险规范性文件（江西以及贵州试验区）

发文机关	发文字号	规范性文件名称
江西省环保厅、江西保监局	赣环法字〔2013〕4 号	《江西省环境污染强制责任保险试点工作实施方案》
贵州省环境保护厅、中国保险监督管理委员会贵州监管局	黔环通〔2013〕220 号	《关于开展环境污染强制责任保险试点工作的指导意见》
贵州省环境保护厅。中国保险监督管理委员会贵州监管局	黔环通〔2017〕301 号	《贵州省关于开展环境污染强制责任保险试点工作方案》

福建试验区则于 2016 年出台了《关于推行环境污染责任保险制度的意见》(闽政〔2016〕51 号)。要求从 2017 年 1 月 1 日起，在环境高风险领域推行环境污染责任保险。该规范性文件是福建试验区建立环境污染责任保险的权威文件，为福建试验区环境污染责任保险制度拟订框架，为环境污染责任保险制度的市场运行奠定基础。而之所以未将福建试验区一并列入表 4-2，在于福建试验区出台的规范性文件并未以“强制”为名。但从目前的中央以及试验区政策来看，在高风险领域，实行环境污染责任保险的强制化越来越明显。

2. 适用对象与责任范围

环境污染责任保险的强制化，对于受害人及时有效获得救济而言更有保障。倘若在环境高风险领域实行自愿参保，而企业为了降低企业成本不参保，只顾眼前利益，则环境事故发生且企业又无能力予以救济时，受害人救济没有稳定机制。环境污染责任保险的强制化，一定程度上加重了企业成本，但同时也提升了企业的风险防范能力。利用费率杠杆机制，促使企业加强环境风险管理与防控。但是，即便环境污染责任保险强制化有上述诸多益处，也不代表可以无差别地全面适用。也就是说，强制虽好，但不能贪多。对于环境污染责任保险的强制，要在适用对象和范围上予以限定：[613]

一是适用对象的特定性。制度若披上了强制的外衣，那么其杀伤力就不可同日而语。也就是说对于所有企业实行环境污染强制责任保险，剥夺了所有企业的选择权，加重企业负担，不利于社会经济的健康发展。因此，从成本收益的角度分析，环境污染强制责任保险的适用对象应控制在高风险领域的企业。如果企业并非属于高风险行业，则无须强制，但可以鼓励其自愿参保。《环境污染强制责任保险管理办法》第 3 条以及第 5 条第 2 款将环境污染强制责任保险的投保义务主体限定为从事环境高风险生产经营活动的企事业单位或其他生产经营者，以及 2005 年以来发生过特别重大、重大或者较大突发环境事件的企业。该规定体现了适用对象的特定性。

二是赔偿责任范围的确定性。虽然对于环境高风险领域的行业实行环境污染强制责任保险，但是并不表示投保了环境污染强制责任保险的企业需要对所有损害进行赔偿。如果将全部损害赔偿均纳入强制保险范畴，则会导致保费过高、定损理赔效率低下，并不利于保险制度以及投保企业的良性发展。对此，《环境污染强制责任保险管理办法》第 6 条[614]明确了责任范围，投保企业只需要对四种损害进行赔偿。污染环境导致的第三者人身损害、第三者财产损害、生态环境损害，以及为避免或者减少损害而支出的必要合理应急处置费用、污染物清理费用。

（五）河长制

河长制是生态文明建设当中的重要制度。河长制的核心内涵是由地方党政主要负责人来兼任河长，只要在辖区内，河流水污染治理和水质保护工作都由河长负责。[615]中国地大物博、河湖丰富，河湖治理工作一直是生态文明建设的重要内

---

[613] 华燕．环境污染责任保险"强制化"的立法态势［N］．福建日报，2017-08-28（9）．

[614]《环境污染强制责任保险管理办法》第 6 条环境污染强制责任保险的保险责任，包括：

（一）第三者人身损害。环境高风险企业因突发环境事件或者生产经营过程中污染环境，导致第三者生命、健康、身体遭受侵害，造成人体疾病、伤残、死亡等，应当承担的赔偿责任。

（二）第三者财产损害。环境高风险企业因突发环境事件或者在生产经营过程中污染环境，直接造成第三者财产损毁或价值减少而应当承担的赔偿责任。

（三）生态环境损害。环境高风险企业发生较大、重大或者特别重大突发环境事件，导致生态环境损害而应当承担的赔偿责任，包括生态环境修复费用、生态环境修复期间服务功能的损失和生态环境功能永久性损害造成的损失，以及其他必要合理费用。

（四）应急处置与清污费用。环境高风险企业、第三者或者政府有关部门、公益组织等机构，为避免或者减少第三者人身损害、财产损失或者生态环境损害而支出的必要、合理的应急处置费用、污染物清理费用。

[615] 周建国，熊烨．"河长制"：持续创新何以可能——基于政策文本和改革实践的双维度分析［J］．江苏社会科学，2017（4）：38-47

容之一。河湖管理与保护之所以复杂和困难，在于河湖治理不是线性工作，而是涉及上下游、左右岸、不同行政区域和行业的多维度工作。河长制的提出、建立与完善是解决我国复杂的河湖管理与保护工作提供了良好制度保障，是完善我国河湖水治理体系、国家水安全保障的制度创新。[616]河长制实施最大的作用和意义在于让我国的众多河湖从“没人管”到“有人管”、从“多头管”到“统一管”、从“管不住”到“管得好”的深刻转变。[617]

1. 政策性制度设计

2016年《关于全面推行河长制的意见》出台，使得河长制从地方政府关于河湖工作的制度创新上升为全国性的治水方略。该意见明确了各级河长负责组织领导相应河湖的管理和保护工作的六大任务，包括水资源保护、水域岸线管理保护、水污染防治、水环境治理、水生态修复、执法监管等。河长制对于河湖治理和保护有诸多优势。首先，总河长由党政一把手担任，河长也由其所属行政区域内的党政一把手出任，相当于直接垂直管理和问责，将责任履行环节浓缩化、高效化。[618]其次，在组织形式上，中央要求各地方全面建立省、市、县、乡四级河长体系。[619]三个试验区不仅按照要求建立了四级河长体系，还延伸到村级，构成了五级河长责任网。最后，河长制将过去部门负责升级成党政首长负责，避免和解决了部门之间各自为政的情况出现。例如，“环保不下河，水利不上岸”的现象[620]不复存在。与此同时，各级河长在其管辖范围内，凡涉河问题都可以介入处理，形成治水制度合力。这为河湖治理与保护探索出一种新的模式。[621]基于前述，可以发现河长制是以问责助力我国河湖治理制度的一场系统变革，也是一场涉及职能整合、主体变迁、组织再造、政策工具调整的系统性变革。[622]

三个试验区的实施方案都规定了全面推行与落实河长制。福建以及贵州试验区

[616] 中共中央办公厅、国务院办公厅印发《关于全面推行河长制的意见》。

[617]《水利部：2018年全面建立河长制湖长制》，贵州希望网，http://www.gzxw.gov.cn/szyw/Gnyw/292835.html，2018年1与3日文，2018年7月5日访问。

[618] 赵永平．高位推动部门联动一竿子到底全面推行河长制战役打响［N］．人民日报，2017-06-16（1）．

[619] 各省（自治区、直辖市）设立总河长，由党委或政府主要负责同志担任；各省（自治区、直辖市）行政区域内主要河湖设立河长，由省级负责同志担任；各河湖所在市、县、乡均分级分段设立河长，由同级负责同志担任。县级及以上河长设置相应的河长制办公室，具体组成由各地根据实际确定。

[620]《江西全境实施“河长制”当河长保水清》，搜狐网，http://www.sohu.com/a/115684934_131990，2016年10月9日文，2018年7月16日访问。

[621] 福建日报：《九龙江不再“九龙治水”》，福建水利信息网，http://www.fjwater.gov.cn/jhtml/ct/ct_3383_255713，2018年5月30日访问。

[622] 周建国，熊烨．“河长制”：持续创新何以可能——基于政策文本和改革实践的双维度分析［J］．江苏社会科学，2017（4）：38-47.

在 2014 年、江西实验区在 2015 年就已出台关于河长制的政策文件。[623]彼时江西还未成为试验区且《关于全面推行河长制的意见》也未出台。因此，可以说河长制的发展比生态文明试验区建设历时更为长远和成熟。而《关于全面推行河长制的意见》出台之后，三个试验区也紧锣密鼓地制（修）订了本试验区的河长制工作方案。[624]但是河湖治理无法一蹴而就，河长制能否实现“河长治”，除了河长制本身的制度健全，也需要相应配套制度予以辅助。[625]

因此除了实施方案之外，试验区还出台了相应的配套制度。例如，福建试验区为河长制配备了七项制度：河道专管员队伍建设管理、河长公示牌设置、河长巡查、河长制会议、督导检查、工作考核、信息报送共享。[626]江西试验区搭建了六项配套制度（方法）：河长制省级会议制度、河长制信息工作制度、河长制工作督办制度、河长制工作考核问责办法、河长制工作督察制度、[627]河长制工作省级表彰管理办法。[628]除此之外，2017 年 8 月中央正式批复同意江西设立河长制工作表彰项目，成为全国首个设立河长制表彰项目的省份，在全国率先建立起表彰、激励制度。[629]

2. 立法安排

相较于政策文件的丰富规定，河长制地方立法显得较为单薄和滞后。《福建省生态文明建设促进条例》第 15 条[630]、《福建省水资源条例》第 6 条[631]以及《贵

[623] 福建省人民政府办公厅《关于印发福建省河长制实施方案的通知》(闽政办〔2014〕120 号)；贵州省人民政府办公厅《关于在乌江等重点流域实施环境保护河长制的通知》(黔府办函〔2014〕104 号)；江西省委办公厅、江西省人民政府办公厅《关于印发江西省实施“河长制”工作方案的通知》(赣办字〔2015〕50 号)。(现已废止)

[624]《贵州省全面推行河长制总体工作方案》(2017 年 3 月 30 日贵州省委办公厅、政府办公厅印发)；《福建省全面推行河长制实施方案》(2017 年 2 月 27 日福建省委办公厅、政府办公厅印发)；《江西省全面推行河长制工作方案（修订）》(2017 年 5 月 4 日江西省委办公厅、政府办公厅印发)。

[625] 赵永平:《高位推动 部门联动 一竿子到底全面推行河长制战役打响》，载《人民日报》2017 年 6 月 16 日第 1 版。

[626] 福建省河长办:《坚持抓早见实效全面推行河长制》，中华人民共和国水利部，http://www.mwr.gov.cn/ztpd/gzzt/hzz/gzbs/df/201709/t20170905_991269.html，2018 年 8 月 8 日访问。

[627] 江西省人民政府办公厅《关于印发江西省河长制省级会议制度等五项制度的通知》(赣府厅发〔2017〕47 号)。

[628]《江西省河长制工作省级表彰管理办法》。

[629]《江西河长制多项工作全国领跑》，江西省人民政府网，http://www.jiangxi.gov.cn/xzx/jxyw/tjyw/201711/t20171121_1411331.html，2018 年 7 月 17 日访问。

[630]《福建省生态文明建设促进条例》第 15 条地方各级人民政府应当全面推行河长制和湖长制，落实河湖管护主体、责任和经费，完善河湖管护标准体系和监督考核机制。各级河长、湖长应当组织做好水资源保护、水污染防治、水环境治理、水生态修复、水域岸线管理保护及相关执法监管考核等工作。

[631]《福建省水资源条例》第 6 条水资源保护和管理工作实行行政首长负责制。全面推行河长制，建立健全省、市、县、乡河长责任体系，加强水资源保护的组织协调和监督，构建责任明确、协调有序、监管严格、保护有力的水资源保护和管理机制，实行水资源保护和管理责任审计、考核制度。

州省水资源保护条例》第 5 条第 3 款[632]规定了河长制。根据目前检索结果，江西试验区还未将河长制纳入地方性法规；而《贵州省生态文明建设促进条例》于 2014 年出台，由于出台时间较早，也没有将河长制纳入其中。2018 年 7 月 17 日，福建试验区的《福建省河长制暂行规定（草案征求意见稿）》公布，向社会各界征求意见。[633]该文件主要从管理体制、工作机制以及考核和问责等方面对福建试验区的河长制实施做出规定。从内容上来看，比上述政策文件更为具体地规定了河长的具体工作，例如第 14 条规定了各级河长对相应水域进行巡查的巡查周期。[634]可以看出，在河长制地方性法规立法层面，福建试验区立法进度更快、立法内容涉及范围更广。

福建试验区除了地方立法上，比其他两个试验区脚步更快，在金融合作领域也快人一步。福建省河长制办公室在 2018 年年初与兴业银行签订了《加强绿色金融合作全面推进福建省河（湖）长制工作战略合作协议》协议商定，“十三五”期间内，兴业银行提供不低于 300 亿元的绿色融资支持福建河（湖）长制的相关项目。同时，提供多元金融服务、[635]加强重点水利水务领域合作、[636]在“融智、融资、融商”等方面不断完善福建试验区的水治理体系。[637]有了充足的资金作为后盾支持，福建试验区能够在河（湖）长制的健全和具体落实上大展拳脚。

（六）生态环境监测预警机制

生态环境监测是一项极具系统性的技术工程。它监测机构采用生态学技术方法与手段，监视和测定反映环境质量的指标，测量并记录生态系统的结构和功能相关数据，而后分析监测数据并对生态环境变化趋势进行科学预判的活动。[638]与传统

---

[632]《贵州省水资源保护条例》第 5 条第 3 款全省江河（湖泊、水库）水资源管理和保护全面推行各级人民政府行政首长负责的河长制。

[633]《福建河长制暂行规定草案征求意见》（截止到 8 月 16 日），人民网，http://fj.people.com.cn/GB/n2/2018/0718/c181466-31827440.html。

[634]《福建省河长制暂行规定（草案征求意见稿）》第 14 条各级河长应当按照以下巡查周期对相应水域进行巡查：

（一）省级河长根据国家有关规定对水域进行巡查；

（二）设区市级河长每季度巡查不少于 1 次；

（三）县级河长每月巡查不少于 1 次；

（四）乡级河长每周巡查不少于 1 次。

对水质不达标、问题较多的水域应当加密巡查频次。

[635]绿色基金、绿色债券、绿色租赁、绿色信托等。

[636]水资源保护、水污染防治、水环境改善、水生态修复等。

[637]《闽投资 300 亿元助推河湖长制落地见效》，中国新闻网，http://www.fj.chinanews.com/news/fj_fjzzs/2018/2018-02-23/403275.html，2018 年 7 月 5 日访问。

[638]张丹丹．环境监测工作在环境保护中作用探讨［J］．资源节约与环保，2018（5）：67.

环境监测相比，生态环境监测范围更加广泛、融合的技术更加多样。[639]生态环境监测对于环境保护与生态文明建设而言是一项基础性事业。有了生态环境监测技术及其制度才能够为各级政府的环境管理和科学决策提供基础条件，才能够为各级政府改善环境质量、治理环境污染成效的评价考核[640]提供重要依据。同时，它更是体现和彰显我国政府生态环境治理体系和治理能力现代化的重要内容。[641]

1. 机构设置与监测方法体系

在机构设置方面，我国设置了四级生态环境监测机构，分别为国家级、省级、地市级和县级。每一级的环境监测机构受当地政府领导和管理。2016 年，中共中央办公厅、国务院办公厅印发《关于省以下环保机构监测监察执法垂直管理制度改革试点工作的指导意见》。[642]文件指出，第一，省级环保部门负责（机构改革后为生态环境部门）监测考核各地环境质量、监督检查各地环保履责情况；市、县两级环保部门（机构改革后为生态环境部门）具体负责环境执法和执法监测工作。第二，市级的环境监测机构上收到省级，改为省级驻市级机构，主要负责生态环境质量监测评价工作。第三，县级环境监测机构也上收到市级，负责执法监测，但具体工作由县级环保分局分配指派。[643]

在监测方法体系方面，我国生态环境监测的技术标准和方法体系已经大体形成。40 多年来，环境保护部门建立了空气、地表水、噪声、固定污染源、生态、土壤等监测技术路线；颁布了 400 多项的环境监测方法标准以及质量保证和质量控制标准。由此，我国初步形成了覆盖空气、水、生态、土壤等诸多要素的生态环境质量监测网络。[644]生态环境监测方法体系的完善以及生态环境监测网络的建成，对于我国尤其是生态文明试验区在生态文明建设先行先试方面有着重要作用。有了科学的监测标准、监测数据，才能为生态文明试验区以及整个生态文明建设保驾护

[639] 杨基富，毛俊杰 . 环境监测与治理技术的发展研究［J］. 环境与发展，2017（8）：161-163.

[640]《生态文明建设目标评价考核办法》第 15 条生态文明建设目标评价考核采用有关部门组织开展专项考核认定的数据、相关统计和监测数据，以及自然资源资产负债表数据成果，必要时评价考核牵头部门可以对专项考核等数据做进一步核实。

因重大自然灾害等非人为因素导致有关考核目标未完成的，经主管部门核实后，对有关地区相关考核指标得分进行综合判定。

[641] 陆雍森，等 . 环境监测［M］. 北京：中国环境科学出版社，1995.

[642] 中共中央办公厅、国务院办公厅印发《关于省以下环保机构监测监察执法垂直管理制度改革试点工作的指导意见》。

[643] 白话版解读《关于省以下环保机构监测监察执法垂直管理制度改革试点工作的指导意见》，https：//mp.weixin.qq.com/s?src=3&timestamp=1530106407&ver=1&signature=RBaywXTkjJz7iIjxX7WMJ4SvNJFeyKUY41If46LPViHQE9y1sB4Pj8Q0zh3yGgI04qzdH-5HXl9LBVQRwaEcmReVF18Ran36x9sb-aMIQ1cbjPR4dYVZ3TN-5Cs66YACRI3DBSdOuAyMsHoj*FUlYy9jhVWZIE6H3W0y4isEj6Fg=，2018 年 6 月 30 日访问。

[644] 王海芹，高世楫 . 生态环境监测网络建设的总体框架及其取向［J］. 改革，2017（5）：15-34.

航，不至于偏离科学的航线。

2. 政策规定与地方立法

生态环境监测机制（或网络）是生态文明建设的重要支撑。生态环境监测不仅仅只是采集数据、分析数据的“耳目”与“哨兵”，更是生态文明建设的“顶梁柱”。[645]中央先后印发了《生态环境监测网络建设方案》（2015）、《关于省以下环保机构监测监察执法垂直管理制度改革试点工作的指导意见》（2016）、《关于深化环境监测改革　提高环境监测数据质量的意见》（2017）、《关于建立资源环境承载能力监测预警长效机制的若干意见》（2017）等文件。一系列文件组成了新时期我国对于生态环境监测工作的重要布局与规划。中央系列文件对环境监测网络建设提出了两点新要求：①生态环境监测网络不仅要“能监测”更要“测得准”，能够及时、准确地对生态环境现状进行分析和反映。倘若生态环境监测数据有失水准，那么牵一发而动全身，将直接以及间接影响生态文明建设的各个环节。②生态环境监测的数据不仅能“用得上”还要“有效用”。监测数据不能是毫无意义、随意采集的数据，而应该是能反映区域生态环境客观现状的数据。尽量让反映生态环境现状的数据能为生态环境决策者所使用、能为社会公众所知晓。因此，不论是生态环境监测数据的加工、传递、使用等诸环节都要尽可能做到不失真。[646]

根据中央文件提出的目标，[647]江西试验区在实施方案中提出健全生态环境监测网络和预警机制。[648]贵州试验区在实施方案中提出建立资源环境承载能力监测预警制度。福建试验区未在其实施方案中专门且明确提出建立健全生态环境监测网络预警机制，但是在地方政策文件方面，与其他两个试验区一样都出台了相应的工作方案。2016年，福建省人民政府办公厅《关于印发福建省生态环境监测网络建设

[645] 柏仇勇. 深化环境监测改革助力生态文明建设[J]. 环境经济，2018（Z2）：32-35.

[646] 王海芹，高世楫. 生态环境监测网络建设的总体框架及其取向[J]. 改革，2017（5）：15-34

[647] 到2020年，全国生态环境监测网络基本实现环境质量、重点污染源、生态状况监测全覆盖，各级各类监测数据系统互联共享，监测预报预警、信息化能力和保障水平明显提升，监测与监管协同联动，初步建成陆海统筹、天地一体、上下协同、信息共享的生态环境监测网络，使生态环境监测能力与生态文明建设要求相适应。

[648] 健全生态环境监测网络和预警机制。建立部门协调机制，构建统一规范、布局合理、覆盖全面的生态环境监测网络。2017年启动环保机构监测监察执法垂直管理改革，强化省级环境质量监测事权，下移重点污染源监督性监测和监管重心。建设全省“生态云”大数据平台，基于地理空间信息整合生态与环境数据资源，开展生态环境大数据分析应用，推动建立生态环境质量趋势分析和预警机制，健全以流域为单位的环境监测统计和评估体系。

工作方案的通知》(闽政办〔2016〕15 号)，[649] 且出台时间最早。福建与江西试验区的部分地市还出台了针对地市更为具体的监测方案。[650]

此外，在地方性法规立法层面，三个试验区都有立法支撑，整体性地规定在各试验区关于生态文明建设的综合性法规中。例如，《福建省生态文明建设促进条例》第 12 条、[651]《福建省环境保护条例》第 14 条、[652]《贵州省生态文明建设促进条例》第 52 条、[653]《贵州省环境保护条例》第 21 条、[654]《贵阳市建设生态文明城市条例》第 27 条 [655] 以及《江西省环境污染防治条例》第 16 条。[656]

（七）生态文明绩效评价考核制度

2018 年是改革开放 40 周年，在这 40 年里中国在诸多领域取得了举世瞩目的成绩。但我们除了高歌以往的成就，也需要反思和改进。以 GDP 为核心的政绩评

[649] 福建省人民政府办公厅《关于印发福建省生态环境监测网络建设工作方案的通知》(闽政办〔2016〕15 号)、江西省人民政府办公厅《关于印发江西省生态环境监测网络建设实施方案的通知》(赣府厅字〔2017〕63 号)、贵州省政府办公厅印发《贵州省生态环境监测网络与机制建设方案》(黔府办发〔2018〕9 号)。

[650] 泉州市人民政府办公室《关于印发泉州市生态环境监测网络建设工作实施方案的通知》、《南昌市生态环境监测网络建设方案（试行）》。

[651] 第 12 条县级以上地方人民政府应当统筹山水林田湖草系统治理，加强自然生态系统保护和修复，建立资源环境承载能力监测长效机制，完善环境治理和生态修复制度，提高生态环境质量。

第 52 条县级以上人民政府应当建立生态环境污染公共监测预警机制，制定预警方案；县级以上人民政府及其有关部门应当建立生态环境监测系统，对本行政区域水环境、大气环境、声环境、辐射环境、固体废物、森林资源系统等进行监测，监测结果向社会公布。

[652] 第 14 条省人民政府环境保护行政主管部门会同有关部门组织建立环境监测网络，加强环境监测能力建设，实行环境监测资质审查制度。

县级以上地方人民政府环境保护行政主管部门的环境监测机构，负责本辖区内环境要素的常规监测和污染源的监测，其监测数据是环境保护监督管理的依据。

其他依法取得环境监测资质的机构监测的数据，可以作为环境保护监督管理的依据。

当事人对监测数据有异议的，可以在规定的期限内，向上一级人民政府环境保护行政主管部门申请复核。

[653] 第 52 条县级以上人民政府应当建立生态环境污染公共监测预警机制，制定预警方案；县级以上人民政府及其有关部门应当建立生态环境监测系统，对本行政区域水环境、大气环境、声环境、辐射环境、固体废物、森林资源系统等进行监测，监测结果向社会公布。

[654] 第 21 条省人民政府环境保护行政主管部门对全省环境监测工作实施统一管理，建立环境监测网络，实行国家统一制定的监测标准和环境监测资质审查制度，并负责组织环境监测人员的技术考核工作。

县级以上人民政府环境保护行政主管部门所属环境监测机构应当按照同级政府及其环境保护行政主管部门的规定开展环境质量监测、污染源监督性监测和突发环境污染事件应急监测等。其监测数据是环境统计、排污申报核定、排污费征收、环境执法、目标责任考核等环境管理的依据。

环境监测机构可以接受公民、法人和其他组织的委托进行环境监测。当事人对监测数据有异议的，可以在收到监测数据之日起 7 日内，向环境保护行政主管部门申请复核。

[655] 第 27 条县级以上人民政府及其有关行政管理部门应当建立生态环境监测系统，对本行政区域大气、水和土壤等环境要素以及森林等生态系统进行监测、预警和综合评价。

[656] 第 16 条环保部门应当建立健全环境监测体系和环境监督机制，加强对本行政区域的排污单位进行监督性监测，保障环境安全。

估与考核制度极大激发了政府创造效益的积极性。[657]但是过分偏重经济发展指标，而对生态文明建设指标的考核未予以应有的关注和重视，是导致生态环境进一步恶化的原因之一。绩效评价与考核制度有着指挥棒的作用，绩效评价的细微偏差，也可能导致巨大的行为偏差与异化。而科学合理的考评制度能够帮助执政者准确识别生态文明建设当中的成绩与问题。[658]在中国日益严峻的生态环境背景之下，在日趋稳定向好的经济发展背景之下，我们必须转变通过大量资源消耗和生态环境污染的经济发展方式，同时必须考虑升级以 GDP 为核心要义的政绩评价与考核制度。因此，转变绩效评价与考核制度乃是生态文明建设的必经之路。

在生态文明建设的时代背景下，生态文明建设绩效评价考核制度应运而生。中央出台《生态文明体制改革总体方案》《关于设立统一规范的国家生态文明试验区的意见》，三个试验区的实施方案也都明确提出生态文明绩效评价考核制度的相关内容（各文件对于评价考核制度的具体名称稍有不同）。[659]在生态文明绩效评价考核制度当中，最为重要的是生态文明建设目标评价考核。对此，中共中央办公厅、国务院办公厅印发《生态文明建设目标评价考核办法》，[660]规定了生态文明建设采取评价和考核相结合的方式，实行一年一评价、五年一考核。[661]《福建省生态文明建设目标评价考核办法》沿袭中央做法实施一年一评价、五年一考核；[662]《江西省生态文明建设目标评价考核办法（试行）》将一年一评价、五年一考核调整为一年一

[657] 潘园园：《福建：考核指挥棒，“绿”起来！》，中华人民共和国中央人民政府，http://www.gov.cn/xinwen/2016-12/06/content_5144053.htm，2018 年 7 月 23 日访问。

[658] 汪涛，包存宽．生态文明建设绩效评价要更精准［J］．环境经济，2017（Z2）：86-87.

[659]《生态文明体制改革总体方案》：生态文明绩效评价考核和责任追究制度；《关于设立统一规范的国家生态文明试验区的实施意见》：生态文明目标评价考核体系；《国家生态文明试验区（福建）实施方案》：生态文明建设目标评价考核制度；《国家生态文明试验区（江西）实施方案》：生态文明建设目标评价考核和责任追究制度；《国家生态文明试验区（贵州）实施方案》：生态文明绩效评价考核和责任追究制度。中央文件以及各试验区对于制度（体系）的表述并非完全一致，笔者采用生态文明绩效评价考核制度作为该制度的标题，考虑原因如下：1. 生态文明绩效评价考核制度的涵盖范围大于生态文明目标评价考核制度；2. 不论是《关于设立统一规范的国家生态文明试验区的实施意见》还是三个试验区的实施方案，在一定程度上皆与《生态文明体制改革总体方案》有着承袭关系，而《生态文明体制改革总体方案》将生态文明绩效评价考核和责任追究制度作为生态文明制度体系八项制度之一。3. 生态文明绩效评价考核和责任追究制度作为生态文明制度体系八项制度之一，内容丰富，又由于本部分的其他制度皆不是以如此宏观制度作为标题和阐述对象，因此将评价考核与责任追究制度拆开论述。

[660] 张修玉：《积极推进生态文明建设评价考核》，求是网，http://www.qstheory.cn/zoology/2016-12/26/c_1120186788.htm，2018 年 7 月 25 日访问。

[661]《生态文明建设目标评价考核办法》第 4 条生态文明建设目标评价考核在资源环境生态领域有关专项考核的基础上综合开展，采取评价和考核相结合的方式，实行年度评价、五年考核。

[662]《福建省出台生态文明建设目标评价考核办法》，本地宝，http://fz.bendibao.com/wei/201768/181711.shtm，2018 年 8 月 11 日访问。

评价、两年一考核；[663]而《贵州省生态文明目标评价考核办法（试行）》是一年一评价、一年一考核，[664]相较于中央和其他两个试验区评价考核工作抓得更紧。

1. 评价内容

根据《生态文明建设目标评价考核办法》第5条[665]以及第6条[666]的规定，年度评价按照绿色发展指标体系实施，生成的年度评价结果纳入生态文明建设目标考核。[667]年度评价主要评估七个维度的内容：资源利用、环境治理、环境质量、生态保护、增长质量、绿色生活、公众满意程度。该七个维度的详细内容可以参见《关于印发〈绿色发展指标体系〉和〈生态文明建设考核目标体系〉的通知》。[668]福建以及江西在其各自评价考核办法文件当中都包含了这七项方面的内容。其中，江西删除了与省情不符的海洋、草原类指标，新增了关注度高"农业面源污染、雾霾天气比例"等评价指标。[669]贵州试验区未在绿色发展指标体系当中呈现公众满意度，但是在考核目标体系当中有此项。[670]

2. 考核内容

关于考核目标内容，除上述的年度评价结果之外，还包括资源环境约束性指标以及生态文明建设重大目标任务完成情况。[671]也就是《关于印发〈绿色发展指标体系〉和〈生态文明建设考核目标体系〉的通知》当中关于考核目标体系的内容。总共包括五个方面：资源利用、生态环境保护、年度评价结果、公众满意程度、生

[663]《〈江西省生态文明建设目标评价考核办法（试行）〉访谈》，江西省发展改革委员会，http://www.jxdpc.gov.cn/jbft/jqft/201706/t20170616_200633.htm，2018年8月11日访问。

[664]《〈贵州省生态文明建设目标评价考核办法（试行）〉出炉》，贵阳网，http://www.gywb.cn/content/2017-04/25/content_5502592.htm，2018年8月11日访问。

[665]第5条生态文明建设年度评价（以下简称年度评价）工作由国家统计局、国家发展改革委、环境保护部会同有关部门组织实施。

[666]第6条年度评价按照绿色发展指标体系实施，主要评估各地区资源利用、环境治理、环境质量、生态保护、增长质量、绿色生活、公众满意程度等方面的变化趋势和动态进展，生成各地区绿色发展指数。绿色发展指标体系由国家统计局、国家发展改革委、环境保护部会同有关部门制定，可以根据国民经济和社会发展规划纲要以及生态文明建设进展情况作相应调整。。

[667]《生态文明建设目标评价考核办法》第8条年度评价结果应当向社会公布，并纳入生态文明建设目标考核。

[668]国家发改委、国家统计局、环保部、中组部出台。

[669]《江西试行生态文明建设目标评价考核办法》，宜春新闻网，http://www.newsyc.com/xwzx/gnxw/content/2017-06/15/content_2314212.htm，2018年8月11日访问。

[670]《〈贵州省生态文明建设目标评价考核办法（试行）〉出炉》，贵阳网，http://www.gywb.cn/content/2017-04/25/content_5502592.htm，2018年8月11日访问。

[671]《生态文明建设目标评价考核办法》第10条目标考核内容主要包括国民经济和社会发展规划纲要中确定的资源环境约束性指标，以及党中央、国务院部署的生态文明建设重大目标任务完成情况，突出公众的获得感。考核目标体系由国家发展改革委、环境保护部会同有关部门制定，可以根据国民经济和社会发展规划纲要以及生态文明建设进展情况做相应调整。

有关部门应当根据国家生态文明建设的总体要求，结合各地区经济社会发展水平、资源环境禀赋等因素，将考核目标科学合理分解落实到各省、自治区、直辖市。

态环境事件。除了生态环境事件这一项，其他均为加分项。江西试验区增加了美丽中国“江西样板”建设情况、生态文明制度改革创新情况等内容。[672]贵州试验区考核目标稍有不同，分为绿色发展指数、体制机制创新和工作亮点、公众满意程度、生态环境事件。[673]由此形成的考核不再是唯GDP的考核，而是差别化的考核，以此纠正片面以经济发展作为考核标准的做法。所谓差别化考核，就是在进行政绩考核时不唯GDP，不搞“一刀切”，而是根据每个地区的实际情况、资源禀赋以及功能定位等情况进行考核。[674]

考核结果呈现为四个等级：优秀、良好、合格与不合格。三个试验区的考核办法也同样是这四个等级。[675]考核结果为优秀的，予以通报表扬；若考核结果为不合格的，予以通报批评。同时约谈该地区的党政主要负责人，提出限期整改要求。[676]关于考核不合格的判断标准，江西以及贵州试验区皆规定如下三种情形，若有其中一种则判定为不合格：一是考核得分低于60分的；二是该地区未完成绿色发展指标体系中的约束性指标达到3项及以上的；[677]三是篡改、伪造有关统计或监测数据并被查实的。[678]

3. 地方政策

地方政策实施方面，江西以及贵州试验区实践得更为出色。《关于改进地方党政领导班子和领导干部政绩考核工作的通知》[679]于2013年印发后，江西以及贵州试验区便开始了有益探索。该通知规定要设置有特色、有侧重的考核指标，实行差

---

[672]《江西试行生态文明建设目标评价考核办法》，宜春新闻网，http://www.newsyc.com/xwzx/gnxw/content/2017-06/15/content_2314212.htm，2018年8月11日访问。

[673]《〈贵州省生态文明建设目标评价考核办法（试行）〉出炉》，贵阳网，http://www.gywb.cn/content/2017-04/25/content_5502592.htm，2018年8月11日访问。

[674]郑备．关于地方党政领导干部差别化考核评价机制的思考［J］．中国人力资源开发，2013（19）：81.

[675]《生态文明建设目标评价考核办法》第12条第1款第1句目标考核采用百分制评分和约束性指标完成情况等相结合的方法，考核结果划分为优秀、良好、合格、不合格四个等级。

[676]《生态文明建设目标评价考核办法》第13条第2款对考核等级为优秀、生态文明建设工作成效突出的地区，给予通报表扬；对考核等级为不合格的地区，进行通报批评，并约谈其党政主要负责人，提出限期整改要求；对生态环境损害明显、责任事件多发地区的党政主要负责人和相关负责人（含已经调离、提拔、退休的），按照《党政领导干部生态环境损害责任追究办法（试行）》等规定，进行责任追究。约束性指标详见国家发改委、国家统计局、环保部、中组部配套出台了《关于印发〈绿色发展指标体系〉和〈生态文明建设考核目标体系〉的通知》。

[677]约束性指标详见国家发改委、国家统计局、环保部、中组部配套出台了《关于印发〈绿色发展指标体系〉和〈生态文明建设考核目标体系〉的通知》。

[678]《〈江西省生态文明建设目标评价考核办法（试行）〉访谈》，江西省发展改革委员会，http://www.jxdpc.gov.cn/jbft/jqft/201706/t20170616_200633.htm，2018年8月11日访问。

《〈贵州省生态文明建设目标评价考核办法（试行）〉出炉》，贵阳网，http://www.gywb.cn/content/2017-04/25/content_5502592.htm，2018年8月11日访问。

[679]中共中央组织部印发《关于改进地方党政领导班子和领导干部政绩考核工作的通知》。

别化考核、类别化评比。[680]

2013年，江西试验区出台《2013年度市县科学发展综合考核评价实施意见》。取消了单项考核，对江西试验区的各类考核评价体系进行整合，对包含精神文明建设、生态文明建设在内的内容进行分类、全面地评价与考核。[681]2016年，江西试验区高安市施行宜工则工、宜农则农、宜商则商、宜游则游的差异化定位和考核。而非“眉毛胡子一把抓”的考核方式。从而使高安市明确发展方向，实现了经济总量和发展质量的双赢。[682]2017年6月14日，《江西省生态文明建设目标评价考核办法（试行）》公布。除了参照国家考核办法，江西试验区还结合自身实际，从适用范围、考核原则、考核主体、考核内容、考核方式、结果评定、结果运用、纪律监督等方面对江西试验区的生态文明建设目标评价考核工作进行详细规定。[683]

2014年，贵州试验区即调整市、县两级的经济发展综合测评办法。取消了10个国家扶贫开发重点县[684]的GDP考核指标，同时增加了现代农业、旅游产业、生态环境保护的指标和权重。[685]2017年，贵州试验区毕节市，根据脱贫攻坚任务，将全市10个县（区）划分成“东中西”3个方阵，精准定位其发展方向和发展目标。根据各县（区）不同的县（区）情，以及资源禀赋、发展条件以及功能定位等角度，进一步明确了各县区的发展指标。据此建立有特色、有侧重的考核体系。对县（区）实施“方阵”差别化考核管理，而非“一刀切”、不顾地方具体情况简单、片面的考核方式。[686]

[680]《贵州黔西县实行差别化考核、类别化评比的做法与成效》，中国共产党新闻网，http://theory.people.com.cn/n1/2016/0621/c401815-28466950.html，2018年7月23日访问。

[681]《江西出台新政绩考核体系具体分类八个单项》，新浪网，http://news.sina.com.cn/c/2013-12-13/031028971047.shtml，2018年7月23日访问。

[682]《高安差异化分类考核促经济社会全面发展》，人民网，http://jx.people.com.cn/n2/2016/0422/c338202-28202629.html，2018年7月23日访问。

[683]《〈江西省生态文明建设目标评价考核办法（试行）〉新闻发布会在昌举行》，江西省人民政府，http://www.jiangxi.gov.cn/xzx/xwfbh/201706/t20170614_1341224.html，2018年7月23日访问。

[684]10个国家扶贫开发工作重点县，其中包括关岭县、紫云县、赫章县、江口县、望谟县、册亨县、剑河县、雷山县、荔波县和三都县。

[685]周然：《贵州十个县不再考核GDP生态环境保护权重提高》，贵阳网，http://www.gywb.cn/content/2014-10/24/content_1770413.htm，2018年7月23日访问。

[686]李雪：《贵州毕节推行“方阵”差别化考核》，黎平组织工作网，http://www.lpzg.gov.cn/details.aspx?id=2595，2017年2月22日文，2018年7月23日访问。

4. 地方立法

地方性法规立法方面，贵州[687]和福建[688]试验区都将差别化考核机制纳入其生态文明建设促进条例当中。贵州试验区的《贵阳市建设生态文明城市条例》第35条[689]条文内容实质上规定的也是差别化考核机制。此外，三个试验区都在不同环境要素的单项地方性法规中提出建立健全评价考核制度，将不同环境要素的保护与治理纳入评价考核机制。例如，《福建省水土保持条例》第4条、[690]《福建省水资源条例》第6条、[691]《福建省湿地保护条例》第4条、[692]《福建省沿海防护林条例》第4条、[693]《福建省海岸带保护与利用管理条例》第20条第1款、[694]《贵州省水

[687]《贵州省生态文明建设促进条例》第44条上级人民政府每年对下级人民政府和开发区管理机构进行生态文明建设目标责任考核；县级以上人民政府对政府职能部门生态文明建设目标考核结果应当纳入政府绩效考核体系，并向社会公告。

建立健全经济社会发展评价体系和考核体系，根据主体功能定位实行差别化评价考核制度，提高资源消耗、环境损害、生态效益、资源产出率等指标权重。对禁止开发区域，实行单位第一责任人生态环境保护考核一票否决制；对生态文明建设目标责任单位及第一责任人的绩效考核，实行生态环境保护约束性指标完成情况一票否决制度和第一责任人自然资源资产离任审计制度；对限制开发区域和生态脆弱的国家扶贫开发工作重点县，取消地区生产总值考核，增加循环经济产业、清洁型产业占地区生产总值比重等新指标。实行单位第一责任人生态环境损害责任追究制。

生态文明建设目标责任及考核的具体办法，由省人民政府另行规定。

[688]第61条县级以上地方人民政府应当根据主体功能定位差异，建立健全政绩差别化考核机制，将生态文明建设目标完成情况纳入地方各级人民政府及有关部门的绩效考核，作为对负有生态文明建设监督管理职责的部门及其负责人、下级人民政府及其负责人考核评价的重要依据。

[689]《贵阳市建设生态文明城市条例》第35条生态文明建设绩效考核按年度进行，以完成生态文明建设目标责任和公众评价为主要依据，与考核对象类别、区域功能定位相适应，客观、公正反映考核对象的工作实绩，并且根据考核结果进行奖惩。

对责任单位以及第一责任人的绩效考核，实行生态文明建设主要指标完成情况一票否决和第一责任人离任报告制度。

[690]第4条县级以上地方人民政府应当加强对水土保持工作的统一领导，将水土保持工作纳入本级国民经济和社会发展规划，并作为生态文明建设的内容，纳入生态文明建设考核体系，加强监督和考评，建立由政府主导、有关部门组成的水土保持工作协调机制，协调和督促有关部门做好水土保持工作。

[691]第6条水资源保护和管理工作实行行政首长负责制。全面推行河长制，建立健全省、市、县、乡河长责任体系，加强水资源保护的组织协调和监督，构建责任明确、协调有序、监管严格、保护有力的水资源保护和管理机制，实行水资源保护和管理责任审计、考核制度。

[692]第4条县级以上地方人民政府应当加强对湿地保护工作的领导，将湿地保护纳入本级国民经济和社会发展规划，建立湿地保护工作目标责任制，纳入政府绩效考核体系，加大湿地保护投入，并将湿地保护管理所需经费和湿地生态效益补偿经费列入同级财政预算。

[693]第4条沿海县级以上人民政府应当将防护林规划纳入同级国民经济和社会发展计划。

沿海各级人民政府与上一级人民政府签订的防护林建设、管理、保护领导任期目标责任状，应当列入同级人民政府领导任期考核内容。

[694]第20条第1款省人民政府应当落实本省大陆自然岸线总体保有率管控目标，确定沿海各设区的市自然岸线保有率目标任务，并纳入政府绩效考核体系，确保自然岸线保有率高于国家要求。

污染防治条例》第4条第2款、[695]《贵州省水资源保护条例》第4条、[696]《贵州省水土保持条例》第3条、[697]《贵州省大气污染防治条例》第6条、[698]《贵州省环境噪声污染防治条例》第4条、[699]《江西省水资源条例》第49条、[700]《江西省湖泊保护条例》第35条、[701]《江西省大气污染防治条例》第6条第1款、[702]《江西省农业生态环境保护条例》第49条[703]等。通过上述综合性以及专门性立法规定，将水、土壤、大气、海洋等环境要素的施政情况纳入政绩考核，为差别化评价考核机制实施提供法律上的支持。

（八）党政领导干部生态环境损害责任终身追究制

一个地区不论是经济发展还是生态文明建设等方方面面，与该地区的党政领导干部息息相关。对生态文明建设进行行政问责，是提升我国政府的生态责任、生态公信力以及生态执行力的重要保障。[704]因此，对于党政领导干部进行管理和监督是必要的。我们需要对党政领导干部在生态文明建设工作上的履责情况进行反馈。如果党政领导干部对生态文明建设工作履职不力，则应当有相应的责任追究机制。

[695]第4条第2款水污染防治实行政府行政首长负责制、目标责任制和水环境损害责任追究制。省人民政府应当根据本省水环境保护目标制定考核评价指标，将考核指标的完成情况作为对各级人民政府及其负责人考核评价的内容，定期公示考核结果。

[696]第4条县级以上人民政府应当将水资源保护工作纳入国民经济和社会发展规划，推行水资源保护目标绩效考核，加大对水资源保护的财政投入。

[697]第3条县级以上人民政府应当将水土保持工作纳入国民经济和社会发展规划，制定年度目标任务，经费纳入财政预算，实行目标责任和考核奖惩制度。

[698]第6条大气污染防治实行目标责任制和考核评价制度。

省人民政府根据大气污染防治目标责任书和大气污染防治计划开展考核评价，将完成情况纳入省人民政府有关部门和各市、州人民政府及其负责人年度考核评价的内容，并向社会公开考核结果。

市、州人民政府应当根据与省人民政府签订的大气污染防治目标责任书，制定本级人民政府的大气污染防治计划，将目标任务分解纳入各县级人民政府及其负责人年度考核评价内容，并向社会公开考核结果。

[699]第4条实行声环境质量目标责任制和考核评价制度，将声环境质量目标完成情况纳入各级人民政府生态文明建设目标责任考核。

[700]第49条县级以上人民政府应当建立健全水资源管理责任和考核制度，将水资源开发、利用、节约和保护的主要指标纳入经济社会发展综合评价体系。

[701]第35条建立湖泊保护评价考核制度，将湖泊保护情况纳入生态文明建设评价考核内容。

[702]第6条第1款大气污染防治实行目标责任制和考核评价制度。县级以上人民政府应当根据大气污染防治目标责任书和大气污染防治计划开展考核评价，将完成情况纳入对本级人民政府有关部门及其负责人和下级人民政府及其负责人年度考核评价内容。考核评价结果应当向社会公开。

[703]第49条县级以上人民政府应当将农业生态环境保护情况，纳入环境保护考核评价内容，对本级人民政府负有农业生态环境保护监督管理职责的部门及其负责人和下级人民政府及其负责人进行考核。考核结果应当向社会公开。

省人民政府对本行政区域内优先保护类农用地中的耕地面积减少或者土壤环境质量下降的县（市、区）进行预警提醒、约谈，并依法采取环境影响评价限批等限制性措施。

[704]黄爱宝．论中国特色的生态行政问责制［J］．探索，2013（4）：60.

党政领导干部生态环境损害责任终身追究制则是其一。党政领导干部生态环境损害责任终身追究制是指，由于党政领导干部未对生态环境保护工作尽职履责，致使其管辖区域内环境恶化或者出现某种程度的环境事故，从而对党政领导干部施行终身追责，不受一般追责时效的制约与限制。

生态环境损害是指由于人为原因导致环境污染、生态破坏，引起生态环境质量下降、自然资源衰竭与破坏、生态系统功能退化与丧失等不良环境变化以及由此造成的人身伤害和财产损失。[705]《党政领导干部生态环境损害责任追究办法（试行）》则在第 12 条中规定责任追究包括由于党政领导干部违背科学发展的要求，从而造成生态环境和资源的严重破坏。但是该条文对于造成生态环境和资源严重破坏没有具体规定，使得认定责任以及实际操作上存在难度。而《江西省党政领导干部生态环境损害责任追究实施细则（试行）》（江西省委、省政府印发）[706]第 8 条设置了损害情况分级。[707]第 18 条[708]具体指出违背科学发展要求，从而造成Ⅲ级[709]以上生态环境损害等生态环境和资源严重破坏的，则满足达到终身追责的生态环境损害

[705]《江西出台实施细则：生态环境损害干部终身追责》，凤凰网江西，http://jx.ifeng.com/a/20170414/5541595_0.shtml，2018 年 7 月 24 日访问。

[706]《江西出台实施细则：生态环境损害干部终身追责》，凤凰网江西，http://jx.ifeng.com/a/20170414/5541595_0.shtml，2018 年 7 月 24 日访问。

[707] 第 8 条根据造成的后果程度，生态环境损害分为特别重大生态环境损害（Ⅰ级）、重大生态环境损害（Ⅱ级）、较大生态环境损害（Ⅲ级）和一般生态环境损害（Ⅳ级）四级。

[708] 第 18 条实行生态环境损害责任终身追究制，对违背科学发展要求，造成Ⅲ级以上生态环境损害等生态环境和资源严重破坏的，责任人不论是否已调离、提拔或者退休，都必须严格追责。

[709] 较大生态环境损害（Ⅲ级）

1. 本地区生态环境状况指数（EI）1 年下降 6 以上、9 以下，或者本区域大气、水、土壤三项环境质量主要指标中有一项指标 1 年下降 10% 以上、15% 以下的；

2. 造成 3 人以上、10 人以下死亡，或者造成 10 人以上、50 人以下中毒（重伤），或者造成疏散转移群众 5 000 人以上、1 万人以下，或者造成直接经济损失 500 万元以上、2 000 万元以下；

3. 造成Ⅲ类放射源失控，或者造成放射性同位素和射线装置失控导致 10 人以下急性重度放射病、局部器官残疾，或者放射性物质泄漏导致小范围辐射污染后果的；

4. 造成县级城市集中式饮用水主要水源地取水中断或者造成乡镇集中式饮用水主要水源地取水中断 12 小时以上，或者造成新增连片水土人为流失面积 3 000 亩以上、5 000 亩以下的；

5. 造成农田 500 亩以上、1 000 亩以下污染的；

6. 造成森林火灾受害森林面积 1 500 亩以上、4 500 亩以下，或者造成森林、林木 500 立方米以上或者幼树 2 万株以上、1 000 立方米以下或者幼树 5 万株以下被非法采伐，或者造成生态公益林地 500 亩以上、1 000 亩以下，其他林地 1 000 亩以上、3 000 亩以下被非法损毁、乱占、非法改变用途的；

7. 造成国际、国家、省重要湿地 40 亩以上、100 亩以下，其他湿地 100 亩以上、200 亩以下被非法损毁、占用、改变用途的；

8. 造成自然保护区、风景名胜区、森林公园、湿地公园、野生动物重要栖息地 300 万元以上、500 万元以下直接经济损失的环境污染，或者非法破坏、占用自然保护区核心区、缓冲区生态保护用地 15 亩以上、25 亩以下，实验区生态保护用地 150 亩以上、250 亩以下，或者非法破坏、占用风景名胜区核心景区和森林公园核心景观区 30 亩以上、50 亩以下，或者非法破坏、占用风景名胜区、森林公园其他范围 300 亩以上、500 亩以下的；

9. 其他较大生态环境损害。

要件。

1. 相关政策与立法

政策方面，2015 年，中共中央办公厅、国务院办公厅印发《党政领导干部生态环境损害责任追究办法（试行）》。在其第 12 条明确规定了要施行生态环境损害责任终身追究制。只要党政领导干部违反科学规律、造成管辖区域内严重的环境污染和生态破坏，都一律严格追究其相应责任，而无论是否在岗、调离、提拔甚至退休。同年 9 月，《生态文明体制改革总体方案》（中央政治局）通过，也提出建立生态环境损害责任终身追究制，地方党委和政府领导成员实行一岗双责。对于发生重大生态环境损害认定党政领导干部需要担责的，根据自然资源资产离任审计结果和生态环境损害情况，区分情节轻重终身追责。江西与贵州试验区实施方案都明确提出建立生态环境损害责任终身追究制。福建试验区的实施方案虽未明确提出这一点，但是在 2014 年《关于支持福建省深入实施生态省战略加快生态文明先行示范区建设的若干意见》（国务院印发）中规定了实行领导干部生态环境损害责任终身追究制。同时，2016 年《关于全面推行河长制的意见》、2017 年《关于划定并严守生态保护红线的若干意见》、2018 年《关于在湖泊实施湖长制的指导意见》等单项领域的中央文件也都提出本领域的生态环境损害责任终身追究制。三个实验区在政策文件上也及时跟进落实，出台了《贵州省生态环境损害党政领导干部问责暂行办法》（2015 年 4 月 4 日）[710]、《江西省党政领导干部生态环境损害责任追究实施细则（试行）》（2017 年 3 月 23 日）、《福建省党政领导干部生态环境损害责任追究实施细则（试行）》[711]。

试验区地方立法层面，《福建省生态文明建设促进条例》第 63 条第 2 款规定实行生态环境损害责任终身追究制。对于违背科学发展要求造成生态环境资源严重破坏的主要领导干部或者负责人终身追责。其他两个试验区目前还未查询到该制度的立法规定。由是观之，目前，对于党政领导生态环境损害责任终身追究制的政策性规定远多于立法规定。

党政领导干部握有主要权力，对当地经济社会发展和生态文明建设具有根本性和决定性的作用。而该制度抓住了党政领导干部“关键少数”，可以破解权责不对等现象，[712] 可以激励政府生态价值理念的生成、促使生态文明制度体系的完善。因

[710]《贵州出台〈贵州省生态环境损害党政领导干部问责暂行办法〉》，贵州省环境保护厅，http://www.gzhjbh.gov.cn/ztzl/jsltdxtxhjwz/wjjd/710926.shtml，2018 年 7 月 25 日访问。

[711] 邵武市人民政府，http://www.shaowu.gov.cn/cms/html/swsrmzf/2017-03-24/299525233.html，2018 年 9 月 30 日访问。

[712] 崔小粟：《领导干部损害生态环境将实现党政同责、终身追责》，中国共产党新闻网，http://cpc.people.com.cn/n/2015/0818/c164113-27479336.html，2018 年 7 月 24 日访问。

此，虽然制度很严厉，但是仍要施行，仍要在地方立法上对该制度进行明确规定并制定具体细化的准则，以保证该制度的有效实施。

2. 责任追究对象

通过《党政领导干部生态环境损害责任追究办法（试行）》第 2 条[713]及第 3 条[714]，可以明确党政领导干部生态环境损害责任终身追究的对象。被追责的主体既是双系统的，也是多元的、多层次的。[715]双系统是指其所追究的不仅仅是政府领导，也包括党委领导。也就是包含政府系统和党委系统。具体而言，如果是由于党委决策造成生态环境损害，由党委担责；如果是由于执行而造成生态环境损害，则追究政府领导干部的责任。倘若决策和执行环节都是造成生态环境损害的原因，那么党政领导干部都要被追责。多元指的是不同领域或类别的国家机关领导干部，在满足条件的情况下，都可能是被追责的对象。例如，立法、司法以及行政机关都被纳入追责。多层次是指各个层级的领导干部都被纳入追责。包括中央的、地方的，而地方层级包含省级、市级、县（区）级，乡（镇、街道）党政领导成员参照本办法有关规定执行。[716]

3. 责任追究形式

关于该制度的责任追究形式，根据《党政领导干部生态环境损害责任追究办法（试行）》第 10 条的规定，[717]包括诫勉、责令公开道歉；组织处理；党纪政纪处分三种类型。《江西省党政领导干部生态环境损害责任追究实施细则（试行）》相较于前述中央文件多增加了通报与停职检查。[718]贵州试验区出台的《贵州省

[713]第 2 条本办法适用于县级以上地方各级党委和政府及其有关工作部门的领导成员，中央和国家机关有关工作部门领导成员；上列工作部门的有关机构领导人员。

[714]第 3 条地方各级党委和政府对本地区生态环境和资源保护负总责，党委和政府主要领导成员承担主要责任，其他有关领导成员在职责范围内承担相应责任。

中央和国家机关有关工作部门、地方各级党委和政府的有关工作部门及其有关机构领导人员按照职责分别承担相应责任。

[715]王艳芳，李亮国 . 生态文明视角下环境损害责任终身追究制探析［J］. 学习论坛，2015（7）：75-77.

[716]《党政领导干部生态环境损害责任追究办法（试行）》第 16 条乡（镇、街道）党政领导成员的生态环境损害责任追究，参照本办法有关规定执行。

[717]第 10 条党政领导干部生态环境损害责任追究形式有诫勉、责令公开道歉；组织处理，包括调离岗位、引咎辞职、责令辞职、免职、降职等；党纪政纪处分。

组织处理和党纪政纪处分可以单独使用，也可以同时使用。

追责对象涉嫌犯罪的，应当及时移送司法机关依法处理。

[718]第 13 条党政领导干部生态环境损害责任追究形式有：

（一）通报；

（二）诫勉、责令公开道歉；

（三）组织调整或者组织处理，包括停职检查、调离岗位、引咎辞职、责令辞职、免职、降职；

（四）党纪政纪处分。

前款规定的责任追究方式可以单独使用，也可以同时使用。被追究责任党政领导干部涉嫌犯罪的，应当及时移送司法机关依法处理。

生态环境损害党政领导干部问责暂行办法》也规定了停职检查这一责任追究形式。[719]

两个中央文件《生态文明建设目标评价考核办法》与《党政领导干部生态环境损害责任追究办法（试行）》之间，通过《生态文明建设目标评价考核办法》第13条[720]有所衔接，但目前《生态文明建设目标评价考核办法》评价考核的结果还不能作为领导干部责任追究的直接依据。建议完善、细化相关的生态文明建设目标的考核标准，细化领导干部生态环境损害责任追究的情形，实现两者的紧密衔接。从而节约立法执法成本，实现生态文明建设政策规定的体系化。

（九）福建省：生态系统价值核算制度

生态系统价值核算制度，是生态系统服务功能价值核算制度，也就是对生态系统服务功能的核查和计算制度。生态系统服务[721]与生态系统功能[722]的综合，构成生态系统服务功能。生态系统服务功能是人生存、发展所必需的生态环境条件与效用。[723]这种生态环境条件与效用是由生态系统及生态过程所形成和维持的，其有五项主要功能：一是对水、空气以及废弃物的净化功能；二是调节气候功能；三是为生命提供支持系统；四是维持生态环境平衡，维持生物多样性；五是能够为人类发展提供支持，包含文化方面等。[724]

生态系统服务功能具有前述五大效用，但生态系统服务功能的价值以前未被人类意识到，我国传统的国民经济核算主要以单纯经济核算为主，未纳入生态系统服务功能的价值考虑生态环境污染和自然资源消耗的代价。[725]对于生态系统服务功能价值核算的忽视，也是生态环境污染和自然资源破坏恶化的原因之一。政府以及社会公众认识到生态系统服务功能的价值，才能够有意识、有动力去推进生态环境

[719]问责的方式有责令公开道歉、停职检查、引咎辞职、责令辞职、免职，且这些问责方式可单独使用，也可视情况合并使用。—《〈贵州省生态环境损害党政领导干部问责暂行办法〉新闻发布稿》，贵州省环境保护厅，http://www.gzhjbh.gov.cn/zwgk/xwfb/682500.shtml，2015年4月20日文，2018年8月11日访问。

[720]《生态文明建设目标评价考核办法》第13条对生态环境损害明显、责任事件多发地区的党政主要负责人和相关负责人（含已经调离、提拔、退休的），按照《党政领导干部生态环境损害责任追究办法（试行）》等规定，进行责任追究。

[721]生态系统产品（如食品）或生态系统服务（如废物处置）是指人们从生态系统中直接或间接获得效益，通常将生态系统产品和生态系统服务统称为生态系统服务。——于书霞文。

[722]生态系统功能是指生态系统提供居住场所、生物资源、系统资源以及过程的功能。——于书霞文。

[723]Daily G.Nature services：Societal Dependence on Natural Ecosystem[M].Washington D.C.：Island Press，1997.

[724]于书霞，尚金城，郭怀成.生态系统服务功能及其价值核算[J].中国人口·资源与环境，2004（5）：42-44.

[725]马国霞，赵学涛，吴琼，等.生态系统生产总值核算概念界定和体系构建[J].资源科学，2015（9）：1709-1715.

保护。因此，我们需要将生态系统服务功能价值纳入国民经济核算体系，把生态系统服务功能价值不降低作为人类生存、发展的约束条件。这样才能使人类的经济社会健康发展，有助于保护生态环境和自然资源不被污染和破坏。

生态系统价值核算制度，是福建试验区的特色制度。在三个国家生态文明试验区的实施方案中，只有福建试验区专门在其战略定位以及重点任务部分提出开展生态系统价值核算试点，并且已经付诸实践进而取得一定成果。2016 年，《福建省生态系统价值核算试点方案》指出将厦门市和武夷山市分别作为沿海和山区的试点地区，开展地区尺度的核算试点。[726]试点主要是对不同类型的生态系统、不同类型的服务功能的概念、核算方法和核算技术规范进行明确；参考、学习、借鉴国外可取的理念和经验，邀请国内外专家，从而建立厦门市、武夷山市的地区实物账户、功能量账户和资产账户，此计算出的生态系统服务功能价值将作为厦门市、武夷山市生态补偿制度和绩效考核的重要依据。[727]

福建试验区的武夷山同时属于世界文化遗产和自然遗产，也是福建乃至全国的重要生态功能区，其作为典型山区型生态系统，有着重要的生态功能。对于福建试验区乃至全国的生态安全都有着不可忽视的重要影响。武夷山市政府专门成立了两个领导小组，分别是试验区建设的领导小组以及生态系统价值核算试点的领导小组。为了做好生态系统价值核算的地区试点，武夷山市与原环境保护部（现为生态环境部）的环境规划院建立合作关系。委托环境规划院构建和制定水、土、林木以及生物等资源的调查方法与实物清单。并且分别从七个方面[728]对武夷山市的森林、湿地和农田生态系统三类生态系统的服务价值进行核算。[729]

厦门市是福建试验区试点的“沿海样本”，在生态系统价值核算试点工作上也获得了阶段性成果。[730]根据厦门市的区域以及生态系统特点，明确厦门市的生态系统价值核算的概念与原则，建立厦门市生态系统价值核算指标体系。海洋生态系统是厦门市生态系统价值核算的重点内容，要探索、建立海洋本身及其与陆地生态系统价值的转换关系。通过结合厦门市地区的实物量与价值量核算的方法，[731]据此

[726]《福建商品林赎买试点一年，获习近平总书记点赞》，中国发展网，http://www.chinadevelopment.com.cn/news/zj/2017/06/1148829.shtml，2018 年 7 月 8 日访问。

[727]中共中央办公厅、国务院办公厅印发《国家生态文明试验区（福建）实施方案》。

[728]供给服务、气候调节服务、环境质量调节服务、流动调节服务、养分调节服务、生物多样性物种保育服务以及文化服务。

[729]王继文、梁益、赵文忠 . 武夷山生态系统服务价值核算的探索与实践 . 中国环境报，2018-01-04（3）.

[730]《厦门生态系统价值核算试点取得阶段性成果》，福建省发展和改革委员会网，http://www.fjdpc.gov.cn/ztzl/stwmzt/dfdt/201803/t20180306_1633523.htm，访问时间 2018 年 7 月 6 日。

[731]《〈厦门市生态系统价值核算试点〉项目年度成果专家咨询会召开》，中国环境科学研究院网，http://www.craes.cn/glzc/3001.jhtml，2017 年 11 月 27 日文，2018 年 7 月 6 日访问。

搭建厦门市的生态系统价值核算技术体系。厦门市成功编制了生态系统价值核算的技术导则、形成了《厦门市生态系统价值核算研究报告》。[732]通过生态系统价值核算，可以掌握厦门市的生态系统价值家底。

生态系统服务价值核算，不论是对于人类经济社会发展还是生态环境保护都有着巨大的作用和意义。它的价值核算结果可以作为评估目前生态环境承载力的支撑数据；它的价值核算结果可以作为领导干部离任审计制度的重要依据；它的价值核算结果可以作为生态补偿、生态评价考核的依照准则。

自然资源资产的核算只是自然资源的核算，是对自然资源的实物或者价值进行统计、对自然资源的总量和结构进行测算，进而展示自然资源的动态平衡情况。一般对稀缺的、有用的和产权明确的自然资源进行核算，例如，能源和矿产、森林、土地和水等资源。[733]自然资源核算也有其重要的意义和用途，例如，自然资源资产负债表、生态文明建设的评价与考核就要以自然资源核算为基础和依据。只有了解自然资源的价值和现状，才能准确而恰当地对自然资源进行开发、利用，才能使生态文明建设各项工作顺利开展、推进。[734]

（十）江西省：鄱阳湖的湖长制

湖泊与河流都是我国水环境的重要组成部分。而湖泊又具有其不同于河流的特点。基于湖泊的独特性以及我国湖泊面积不断萎缩、功能不断退化等现状，湖长制应运而生。湖长制与河长制有着异曲同工之妙，是地方党政领导担任湖长，负责湖泊的管理与保护，湖长对自己所管辖区域内的湖泊管理与保护承担责任。由是观之，湖长制与河长制都是通过党政领导担任湖长或河长，使得湖泊与河流有着明确的负责人，落实属地管理的责任，有助于湖泊与河流的管理与保护工作的开展。[735]湖长制是我国在湖泊管理和保护工作中，以河长制为基础提出的一种升级版创新制

---

[732]《厦门生态系统价值核算试点取得阶段性成果》，福建省发展和改革委员会网，http://www.fjdpc.gov.cn/ztzl/stwmzt/dfdt/201803/t20180306_1633523.htm，访问时间2018年7月6日。

[733]选择这些要素核算的主要考虑有两点：一是城市化建设需要大量资源，资源的合理利用对社会经济发展贡献极大；或者说，没有自然资源的消费就不能完成工业化和城市化的历史任务。二是由数据的可得性及价格核算的难易程度所决定，一般研究均遵从先易后难原则。——周宏春文。

[734]周宏春．生态价值核算回顾与评价［J］．中国生态文明，2016（6）：54-61.

[735]全面建立省、市、县、乡四级湖长体系。各省（自治区、直辖市）行政区域内主要湖泊，跨省级行政区域且在本辖区地位和作用重要的湖泊，由省级负责同志担任湖长；跨市地级行政区域的湖泊，原则上由省级负责同志担任湖长；跨县级行政区域的湖泊，原则上由市地级负责同志担任湖长。同时，湖泊所在市、县、乡要按照行政区域分级分区设立湖长，实行网格化管理，确保湖区所有水域都有明确的责任主体。

湖泊最高层级的湖长是第一责任人，对湖泊的管理保护负总责，其他各级湖长对湖泊在本辖区内的管理保护负直接责任，按职责分工组织实施湖泊管理保护工作。

度，[736] 也是我国湖泊的管理与保护、湖泊生态环境的改善以及湖泊生态功能永续的重要制度保障。

1. 湖长制是河长制的升级版，具有独立性

湖长制比河长制内容为具体。虽然《关于在湖泊实施湖长制的指导意见》指出在湖泊实施湖长制是《关于全面推行河长制的意见》提出的明确要求，并且两者在大框架上基本一致。例如，在组织体系方面，各地河长制办公室统一负责河长制、湖长制组织实施具体工作。[737] 但是，在湖泊实施湖长制有河长制无法涵盖的特点。[738] 因此，虽然与河长制有着密切关系，但湖长制并非没有独立性，且在内容上比河长制更为具体。例如，对比《关于全面推行河长的意见》与《关于在湖泊实施湖长制的指导意见》两个中央文件发现，《关于全面推行河长的意见》在其基本原则中提出实行一河一策、一湖一策，《关于在湖泊实施湖长制的指导意见》在界定湖长职责以及强化保障措施方面都规定了一湖一策。[739] 同时，在保障措施部分还提出了一湖一档。[740] 这在河长制相关中央文件当中是没有的。因此，从原先基本原则规定到职责以及保障措施部分进行更为具体的规定，可以看到湖长制对于河长制的落实与深化。虽然属于河长制体系下的一个内容，但是有自己的具体内容。

2. 江西湖长制的相关规定更全面、实践经验丰丰富

继河长制的中央文件出台施行后，中央又于 2018 年颁布了专门关于湖泊的文件，《关于在湖泊实施湖长制的指导意见》。文件要求全国各省（自治区、直辖市）建立或健全湖长制，也就是要将区域内的每一个湖泊都纳入湖长制的制度管理下。在三个试验区当中，江西试验区拥有全国最大淡水湖——鄱阳湖，此外，江西还拥有 86 个水面面积在 1 平方千米以上的湖泊。近年江西的湖泊生态不容乐观，不仅数量减少、面积缩小而且湖泊水环境受污染、生态系统退化。也正因如此，江西试

[736] 李轶．湖长制的缘起、推行及其与河长制的异同［J］．环境保护，2018（8）：7-10.

[737] 水利部贯彻落实《关于在湖泊实施湖长制的指导意见》的通知。

[738] 一是湖泊一般有多条河流汇入，河湖关系复杂，湖泊管理保护需要与入湖河流通盘考虑、统筹推进；二是湖泊水体连通，边界监测断面不易确定，准确界定沿湖行政区域管理保护责任较为困难；三是湖泊水域岸线及周边普遍存在种植养殖、旅游开发等活动，管理保护不当极易导致无序开发；四是湖泊水体流动相对缓慢，水体交换更新周期长，营养物质及污染物易富集，遭受污染后治理修复难度大；五是湖泊在维护区域生态平衡、调节气候、维护生物多样性等方面功能明显，遭受破坏对生态环境影响较大，管理保护必须更加严格。——《关于在湖泊实施湖长制的指导意见》。

[739]《关于在湖泊实施湖长制的指导意见》一湖一策：各地区各有关部门要针对高原湖泊、内陆湖泊、平原湖泊、城市湖泊等不同类型湖泊的自然特性、功能属性和存在的突出问题，因湖施策，科学制定“一湖一策”方案，进一步强化对湖泊管理保护的分类指导。

[740]《水利部贯彻落实〈关于在湖泊实施湖长制的指导意见〉的通知》：一湖一档，在第一次全国水利普查的基础上，调查摸清全部湖泊（含常年水面面积 1 平方千米以下湖泊）的分布、数量、位置、面积、水量等基本情况，编制湖泊名录。收集湖泊水资源、水域岸线、水生态、水环境等本底数据信息，建立一湖一档。

验区在湖长制的规定更全面，实践经验更丰富：

地方性法规立法方面，《江西省水资源条例》（2016 修订）第 5 条提出在江西试验区全境建立湖长制，对湖泊的水环境、水资源、水生态施行管理和保护。2018 年 6 月颁布施行的《江西省湖泊保护条例》第 7 条、[741] 第 40 条、[742] 第 41 条、[743] 三个条文，对湖长的职责、履责的监督与评价以及约谈制度进行较为详细的规定。而在第 7 条第 2 款指出关于具体设立湖长以及确定湖长职责则按照现行的国家和省有关规定执行。目前，关于湖长制，《福建省生态文明建设促进条例》第 15 条[744] 也有相应规定。但江西省地方立法对湖长制的规定更加全面和具体。

在政策文件方面，江西试验区对照中央《关于在湖泊实施湖长制的指导意见》，跟进出台了《关于在湖泊实施湖长制的工作方案》（江西省委办公厅、省政府办公厅）。江西试验区的工作方案在河长制工作体系机制的框架上，对在天然的湖泊或者城市规划区内的湖泊设立湖长进行明确，使得江西试验区的河长制与湖长制达到充分对接，[745] 在水环境管理与保护领域进一步推动国家生态文明试验区（江西）的建设。[746]

湖长制的意义不仅仅是河长制的延伸和拓展，更加是我国在水环境管理与保护上的一个重大制度创新，也更加是我国生态文明试验区建设乃至整个生态文明建设的重要一环。湖长制使得我国对于湖泊管理，不论天然还是人工，都建立起更有效、更能落实到位的管理方法与机制。[747]

（十一）贵州省：生态文明建设监督员制度

生态文明建设监督员制度是贵州试验区的特色制度。它的雏形是来自《贵阳

[741]《江西省湖泊保护条例》第 7 条湖泊保护实行湖长制。湖长负责对湖泊保护工作进行督导和协调，督促或者建议政府及有关部门履行法定职责，协调解决湖泊水资源保护、水域岸线管理、水污染防治、水环境改善、水生态修复等工作中的重大问题。湖长的具体设立、职责确定和工作机制，按照国家和省有关规定执行。

[742] 第 40 条县级以上人民政府可以聘请社会监督员对人民政府及其有关主管部门以及湖长履行湖泊保护职责情况进行监督和评价。

[743] 第 41 条县级以上人民政府有关主管部门未按照湖长的督促履行处理湖泊违法行为的职责，或者未按照规定履行湖泊保护其他职责的，同级湖长可以约谈该部门负责人，也可以提请本级人民政府约谈该部门负责人。约谈人应当督促被约谈人落实约谈提出的整改措施和整改要求，并向社会公开整改情况。

[744]《福建是生态文明建设促进条例》第 15 条地方各级人民政府应当全面推行河长制和湖长制，落实河湖管护主体、责任和经费，完善河湖管护标准体系和监督考核机制。各级河长、湖长应当组织做好水资源保护、水污染防治、水环境治理、水生态修复、水域岸线管理保护及相关执法监管考核等工作。

[745] 张代艳．江西省全面实施湖长制——2020 年鄱阳湖流域水功能区水质达标率超九成．人民网，http://jx.people.com.cn/n2/2018/0620/c186330-31720573.html，2018 年 7 月 5 日访问。

[746] 通过全面实施湖长制，确保湖泊面积不缩减，湖泊水质不下降，湖泊生态不破坏，湖泊功能不退化，湖泊管理更有序。到 2020 年，鄱阳湖流域水功能区水质达标率达到 90% 以上，城市规划区内湖泊水质达到Ⅳ类及以上。

[747]《专家："湖长制"是"河长制"及时和必要的补充，意义重大》，澎湃新闻网，https://www.thepaper.cn/newsDetail_forward_1875788，2017 年 11 月 22 日文，2018 年 7 月 5 日访问。

市促进生态文明建设条例》(2010)第17条中规定的生态环境和规划建设监督员制度。[748]而后，通过《贵州省生态文明建设促进条例》第67条[749]以及《贵阳市建设生态文明城市条例》第33条，[750]正式确立了生态文明建设监督员制度。从最初的生态环境和规划建设监督员制度升级成为生态文明建设监督员制度，不仅只是制度本身的，更是贵州试验区生态文明意识的提升。

贵州试验区还设有的生态文明建设监督员，生态文明建设监督员是贵州试验区内的一种专职监督员，并且需要对生态文明建设的各个方面进行监督。生态文明建设监督员由其行政区域的生态文明建设委员会设立，设立的方法与原则是要保证区域内全覆盖、不重叠、网格化和信息化。

生态文明建设监督员作为一类专职监督员，其有六项职责：第一，督促义务，也就是要让生态文明建设相关主体履行其应尽的生态文明建设保护义务；第二，宣传义务，要将关于生态文明建设的法律、法规以及政策文件在社会上宣传到位；第三，倡导义务，可以说是宣传义务的升级版，前述宣传是让社会公众具有生态意识，而倡导义务鼓励人们的生产以及生活方式上贴近生态文明建设活动；第四，调查义务，生态文明建设监督员通过走访调查等形式，了解目前的生态文明建设工作有何问题，且对问题提出意见或建议；第五，报告义务，如果发现有违反生态文明建设保护的活动或者行为，应劝阻并及时报告；第六，向生态文明建设委员会负责。[751]

关于生态文明建设监督员的制度实践，贵州试验区的黔西县在2014年，通过聘请100位志愿者启动了黔西县的生态文明建设监督员工作。根据前述介绍的设立原则，被聘请的100名生态文明建设监督员并非随意产生，其来自黔西县的29个乡镇（街道），并且需要通过村、乡、县三级严格筛选进行择优聘任。被聘用之后，生态文明建设监督员的工作期限为3年。除了地域涵盖面广泛，生态文明建设监督员的人员来源途径也很多样，包括退休或者在岗的干部、教师、企业家、个体工商户、护林员、村干部甚至农民。100位来自各地且分布于黔西县各处的生态文明建设监督员，就像是黔西县生态文明建设的监控器，全方位地对生态文明建设进行监

---

[748] 在社区居委会、村委会设立监督员，及时发现并报告辖区内破坏生态环境、违反城乡规划的行为。监督员制度的具体规定，由市人民政府制定。

[749]《贵州省生态文明建设促进条例》第67条各级人民政府可以聘请热心公益的社会各界人士，担任生态文明建设监督员，对生态文明建设提出意见和建议，及时发现、劝阻、报告不符合生态文明建设要求的行为。

[750]《贵阳市建设生态文明城市条例》第33条实行生态文明建设监督员制度。具体规定由市人民政府制定。按照全覆盖、不重叠、网格化和信息化原则，在社区、乡镇村（居）民委员会设立监督员，负责收集破坏生态环境、违反城乡规划和主体功能定位等信息，向生态文明建设主管部门报告。生态文明建设主管部门应当建立监督员培训指导和信息收集、利用、处理、反馈等工作机制。

[751]《贵州黔西县100名生态文明保护监督员正式上岗》，中国林业网，http://www.forestry.gov.cn/portal/lyjj/s/2427/content-692138.html，2014年7月25日文，2018年7月4日访问。

督。[752]目前，贵州试验区全境生态文明注册的志愿者已经有 87 848 人，有河长河流志愿者、监督员 1 052 人。[753]

生态文明建设监督员制度的设立，其所针对的问题是，生态文明建设是一个系统工程，政府在生态文明建设过程当中信息不通畅、上下级管理脱节。由于生态文明建设监督员制度全方位、网格化、信息化的设置方式，因此可以在一定程度上解决信息不畅、上下脱节等问题。从更深层次来讲，生态文明建设监督员制度是政府管理模式的转变，从单一的政府管理升级成为政府与民众结合管理模式。这种官民合作的管理模式，充分利用和发挥了生态文明建设监督员能够定位到社区、村落，又能够全天候专职监督的优势，节省了中间成本，使得信息传递不失真、更有效，从而反过来提升了政府的管理效率。[754]

生态文明建设监督员制度要想真正发挥作用，监督员以及政府部门都必须认真对待。倘若聘请的生态文建设监督员不认真履责，发现问题不上报，那么监督员制度不仅形同虚设，而且浪费社会资源。反之，如果监督员上报了问题，政府部门不重视，未予以反馈解决，那么对于生态文明建设工作益处不大。所以，只有监督员和政府部门都各司其职、尽职履责，才能通过生态文明建设监督员制度推动贵州试验区生态文明建设工作的不断前进。

但是由于生态文明监督员制度目前还处在局部地区的试点探索阶段，相关的制度设计与运行还不成熟，也出现了一些问题。例如生态文明建设监督员怕得罪人或碍于情面从而发现问题不上报导致制度流于形式。[755]因此，在生态文明建设监督员推进的过程中，也需要不断地修正和完善。例如，可以探索建立关于监督员考核的配套制度，对监督员的履责进行奖惩。不认真履责的，根据情况轻重，进行批评和解聘，从而将监督员席位腾出来给真正有志于为生态文明建设而出力的人。只有不断地对生态文明建设监督员制度进行完善，才能最大限度地发挥它的制度效用。

---

[752]《贵州黔西县 100 名生态文明保护监督员正式上岗》，中国林业网，http://www.forestry.gov.cn/portal/lyjj/s/2427/content-692138.html，2014 年 7 月 25 日文，2018 年 7 月 4 日访问。

[753]《贵州近 9 万人成生态文明志愿者》，多彩贵州网，http://news.gog.cn/system/2018/06/23/016654896.shtml，2018 年 7 月 4 日访问。

[754]王橙澄．贵阳设生态文明监督员"守护绿色家园"，内蒙古新闻网，http://inews.nmgnews.com.cn/system/2013/04/28/010967139.shtml，2018 年 7 月 4 日访问。

[755]《生态文明监督员要有考核机制》，搜狐网，https：//www.sohu.com/a/110191562_119868，2018 年 7 月 4 日访问。

四、国家生态文明试验区建设的法律责任

（一）法律责任概述

所谓法律责任是指因损害法律上的义务关系，使得相关主体应当承担法定强制的不利后果。[756]生态文明建设是一项综合性系统工程，因此，关于国家生态文明试验区建设的法律责任也包含诸多方面。[757]即包括行政责任、民事责任及刑事责任，而不同性质的法律责任其构成要件不同。在责任主体方面包括政府及其工作人员、法人以及自然人等；在责任客体方面，既包括生态环境与自然资源本身，也包括国家、社会、法人以及自然人等的生态环境权益、甚至是生态文明建设管理秩序；在责任主观方面，既包含过错责任也包含无过错责任；在责任客观方面，包括行为、损害结果以及行为与结果之间的因果关系。

本部分以国家生态文明试验区地方性法规当中的法律责任专章中的条款作为具体分析对象。法律责任条款是法律文本当中的重要组成部分，包含“法律责任”与“条款”两部分内容。也就是法律责任内容与法律文本表达形式（即条、款等）的结合。简言之，即在法律文本中表述责任内容的法律条文。[758]以国家生态文明试验区关于生态文明建设立法的法律责任条款为分析基础，从“法律责任条款数量占法律、法规总条款数量的比重、法律责任构成要件”等方面，阐述目前在生态文明建设领域，三个国家生态文明试验区的法律责任立法情况。

（二）法律责任条款占比情况

对于三个国家生态文明试验区关于法律责任条款的规定，本书选取综合性法规以及水、土、大气地方性法规（与国家层面单行法律相对应）进行分析和比较。

生态文明建设的国家立法对三个生态文明试验区的地方立法有重要的指引作用。因此，有关生态文明建设的重要法律也在本文所论述的范围之内。但是关于生态文明建设的立法涉及各个环境要素方方面面，无法将所有相关法律法规纳入分析。因而选取综合性的环境保护法包括水污染防治法、土地管理法[759]以及大气污染防治法作为具体分析讨论的对象，其原因在于水、土、大气是最重要的环境要

[756] 张文显．法理学［M］．3 版．北京：法律出版社，2007.

[757] 潘园园、魏然：《福建省生态环境保护工作职责规定哪些变化？》，福建省人民政府网，http://www.fujian.gov.cn/hdjlzsk/hjbht/flfg/201806/t20180626_3275694.htm，2018 年 7 月 30 日访问。

[758] 李亮．法律责任条款规范设置研究［D］．山东大学，2015.

[759] 关于土地 / 土壤的法律较少，还未有像水、大气专门的污染防治立法。目前法律层面关于土地的法律主要以《中华人民共和国土地管理法》《中华人民共和国水土保持法》《中华人民共和国农村土地承包法》为主。

素，其与人民群众生活息息相关（表 4-3 ～表 4-6）。

表 4-3 法律责任条款数占法律条文总数的比重（国家法律层面）

法律名称	法律条文总数	法律责任条款数	法律责任条款数占条文总数比重
《中华人民共和国环境保护法》	70	11	15%
《中华人民共和国水污染防治法》	103	22	21%
《中华人民共和国土地管理法》	86	12	13%
《中华人民共和国大气污染防治法》	129	30	23%

从表 4-3 中可以看出，污染型的法律，其法律责任条款高于表中的其他法律。

表 4-4 法律责任条款数占地方性法规条文总数的比重（地方性法规层面 - 福建）

地方性法规名称	地方性法规条文总数	法律责任条款数	法律责任条款数占条文总数比重
《福建省生态文明建设促进条例》	75	4	5%
《福建省环境保护条例》	53	11	20%
《福建省水资源条例》	46	4	8%
《福建省实施〈中华人民共和国土地管理法〉》	59	6	10%
《福建省海洋环境保护条例》	46	9	19%

注：福建试验区无大气污染防治条例，以其海洋环境保护条例分析对象。

表 4-5 法律责任条款数占地方性法规条文总数的比重（地方性法规层面 - 江西）

地方性法规名称	地方性法规条文总数	法律责任条款数	法律责任条款数占条文总数比重
《江西省环境污染防治条例》	73	14	19%
《鄱阳湖生态经济区环境保护条例》	58	7	12%
《江西省水资源条例》	63	7	11%
《江西省湖泊保护条例》	60	6	12%
《江西省实施〈中华人民共和国土地管理法〉》	58	12	20%
《江西省大气污染防治条例》	82	15	18%

注：目前，江西是唯一出台湖泊保护条例省级地方性法规的试验区。

表 4-6　法律责任条款数占地方性法规条文总数的比重（地方性法规层面－贵州）

地方性法规名称	地方性法规条文总数	法律责任条款数	法律责任条款数占条文总数比重
《贵州省生态文明建设促进条例》	70	3	4%
《贵阳市建设生态文明城市条例》	50	7	14%
《贵州省环境保护条例》	74	20	27%
《贵州省水资源保护条例》	41	4	9%
《贵州省水污染防治条例》	89	16	17%
《贵州省土地管理条例》	47	10	21%
《贵州省大气污染防治条例》	71	10	14%

注：目前，贵州是唯一出台水污染防治条例省级地方性法规的试验区。

根据表 4-6 可知如下几方面信息：

第一，关于法律责任条款的立法，在《福建省生态文明建设促进条例》以及《贵州省生态文明建设促进条例》促进型法规中，法律责任条款很少。《贵阳市建设生态文明城市条例》由于从促进阶段转变为建设阶段，其法律责任条款数量占比提升。

第二，三个试验区关于环境保护的地方性综合性法规对于法律责任条款规定较多。虽然法律责任条款数量并不当然表示法规对于法律责任的规定就一定更全面、更具有时效性，但至少在一定程度上反映了立法者对于法律责任规定的重视程度。即便三个试验区关于环境保护的地方性综合性法规责任条款数量较多，但是环境保护法规所涵盖的领域无法与生态文明建设等同，其涉及范围小于生态文明建设。在生态文明建设领域，综合性地方性法规关于法律责任的规定还有很大的立法空间。

第三，在水、土壤、大气单行立法方面，国家法律层面上，大气立法法律责任条款数量占比多，而在三个实验区土地立法法律责任条款数量占比多。

第四，三个试验区在水、土壤、大气单行立法方面，江西试验区的法律责任条款数量占比较多。

第五，三个试验区当中，不论是综合性地方性法规还是水、土壤、大气单行性地方性法规，贵州试验区都是最全面的。例如，在水环境要素方面，只有贵州试验区既出台了水资源保护类的《贵州省水资源保护条例》，又出台了水污染防治类的《贵州省水污染防治条例》。而福建试验区既没有水污染防治的地方性法规也没有大气污染防治的地方性法规。

综上可见，生态文明立法中促进型立法与非促进型立法因立法定位于功能的不同，在法律责任设置部分有所区分。同时相对于江西及贵州另外两个生态文明试验区的立法，福建省在生态文明立法中法律责任制度的设计与水、大气保护及污染防治方面均有较大的立法空间。

（三）法律责任构成要件分析

1. 责任主体

法律责任条款中各责任主体类型的条文数量对例如表 4-7 ～表 4-10 所示。（一个条文当中的主体若可以包含多方不同主体，则各计一次，下同。）

表 4-7　法律责任条款中各责任主体类型的条文数量对比（国家法律层面）

法律名称	国家机关及其工作人员	单位	个人
《中华人民共和国环境保护法》	4	7	2
《中华人民共和国水污染防治法》	2	16	7
《中华人民共和国土地管理法》	3	9	9
《中华人民共和国大气污染防治法》	2	26	15

表 4-8　法律责任条款中各责任主体类型的条文数量对比（地方性法规层面－福建）

地方性法规名称	国家机关及其工作人员	单位	个人
《福建省生态文明建设促进条例》	1	1	1
《福建省环境保护条例》	2	9	3
《福建省水资源条例》	1	3	1
《福建省实施〈中华人民共和国土地管理法〉》	5	2	2
《福建省海洋环境保护条例》	2	8	6

表 4-9　法律责任条款中各责任主体类型的条文数量对比（地方性法规层面－江西）

地方性法规名称	国家机关及其工作人员	单位	个人
《江西省环境污染防治条例》	3	12	8
《鄱阳湖生态经济区环境保护条例》	2	5	5
《江西省水资源条例》	1	6	3
《江西省湖泊保护条例》	2	5	4
《江西省实施〈中华人民共和国土地管理法〉》	6	9	10
《江西省大气污染防治条例》	4	14	5

表 4-10 法律责任条款中各责任主体类型的条文数量对比（地方性法规层面－贵州）

地方性法规名称	国家机关及其工作人员	单位	个人
《贵州省生态文明建设促进条例》	1	1	1
《贵阳市建设生态文明城市条例》	2	4	4
《贵州省环境保护条例》	1	18	8
《贵州省水资源保护条例》	2	3	2
《贵州省水污染防治条例》	2	15	5
《贵州省土地管理条例》	3	7	5
《贵州省大气污染防治条例》	2	9	2

由表 4-10 可知，在各责任主体类型当中，单位涉及的法律责任条款数量最多，国家机关及其工作人员涉及的法律责任条款数量最少。在水、土壤、大气环境要素当中，土地资源条例是规定国家机关及其工作人员责任条款数量最多的。此外，从位置上来看，单位以及个人作为责任主体的条款位置一般在前，而国家机关及其工作人员作为责任主体的条款一般都设置在后。可以反映出，一方面单位对于生态文明建设的重要影响；另一方面对于国家机关及其工作人员的生态文明建设法律责任规定稍显不足。因此，建立生态文明绩效评价考核机制与党政领导干部生态环境损害责任终身追究制，是对生态文明建设法律责任的有效补充。

学理上对政府责任有着许多探讨。如黄爱宝教授提出政府责任的内容包含了政府生态责任。顾名思义，从政府生态责任的表述当中，我们可以剖析出该责任既属于政府责任也属于生态责任。本质上，生态责任是人类对自然的一种责任关系，是为实现人与自然和谐以及生态环境本身持续平衡、稳定的责任。当然，生态责任的实现，仍然需要人与人、人与社会作为中介和主体共同努力奋斗。因此，政府生态责任也就是政府对于自然环境的一种责任关系。公民将权利让渡给政府，政府相较于社会公众有更大的责任和能力去践行生态责任、实现人与自然的和谐相处。其中，政府内部与生态环境保护和生态文明建设相关性大的机构以及负责人则又有更为直接的责任。[760]

在我国生态文明建设背景之下，政府的环境责任应当是政府及其所有部门的责任，而非只是生态环境部门一个部门的事务和职责。但凡与生态环境保护、生态文明建设相关的政府部门都应当有生态环境保护意识，在决策和执行过程当中，充分考虑对于生态环境的影响。只有如此，我国的生态文明建设才能够有成效、能持

［760］黄爱宝 . 责任政府构建与政府生态责任［J］. 理论探讨，2007（6）：10-14.

续。因此，政府环境责任要求政府决策或执行中考虑生态环境这一因素并且因决策或者执行不当应该承担相应的责任。[761]可见，不论是政府生态责任还是政府环境责任都强调政府，强调国家机关及其工作人员在工作中应该注重对生态环境的保护与管理。

2. 主观方面

主观过错是承担法律责任所要求的故意或者过失，[762]是法律主体在行为时的主观心理状态。民事、行政及刑事三个部门法对于主观过错的规定不尽相同。

（1）民事责任领域，主观方面由归责原则决定，归责原则分为过错责任原则、无过错责任原则及公平责任原则。归责原则是责任承担的核心与关键，是立法者对于违法行为的价值评判[763]，也是决定责任构成要件的依据和基础。例如，过错归责原则对应的主观方面就是主观上必须存在过错，过错是责任的构成要件。[764]

对于环境侵权的归责原则，主要有四种观点：一是曹明德教授、罗丽教授等主张的一元归责说，认为环境侵权适用无过错归责原则；二是少部分学者主张二元归责说，无过错归责原则和过错归责原则在环境侵权领域并存而非对立、排斥[765]；三是有的学者主张应该将环境侵权分门别类对应适用相应的归责原则。例如，根据环境学规律将环境侵权划分为拟制型污染侵权与实质型污染侵权。如果是实质型的污染侵权，那么就适用无过错责任归责原则。如果是拟制型的污染侵权那么适用过错推定责任，若超标排污即可认为具有过错，若均无过错则直接依据公平责任作为归责原则；[766]四是有学者提出在目前无过错归责原则的基础上，施行二元归责制度。对部分环境高风险的企业或行业的法律主体建立清单，实行无过错归责原则，而对于其余的法律主体实行过错归责原则。

根据《侵权责任法》第 65 条、[767]《大气污染防治法》第 125 条[768]的规定可知，我国对于环境侵权采用无过错责任归责原则，在主观上不要求过错。只要行为人实施污染环境的行为，从而造成了损害就要承担相应的法律责任。《水污染防治法》

[761] 唐瑭．生态文明视阈下政府环境责任主体的细分与重构［J］．江西社会科学，2018（7）：172-180.
[762] 张文显．法理学［M］．3 版．北京：法律出版社，2007.
[763] 薄晓波．回归传统：对环境污染侵权责任归责原则的反思［J］．中国地质大学学报（社会科学版），2013（6）：17-26.
[764] 王利明．我国侵权责任法的体系构建：以救济法为中心的思考［J］．中国法学，2008（4）：3-15.
[765] 童光法．环境侵害的归责原则［J］．东方法学，2015（3）：27-38.
[766] 张宝．环境侵权归责原则只反思与重构——基于学说和实践的视角［J］．现代法学，2011（4）：89-96.
[767]《中华人民共和国侵权责任法》第 65 条“因污染环境造成损害的，污染者应当承担侵权责任。”
[768]《中华人民共和国大气污染防治法》第 125 条“排放大气污染物造成损害的，应当依法承担侵权责任。”

第 96 条[769]指出，如果损害是因为不可抗力以及受害人故意的原因导致，则排污主体不承担赔偿的责任。如果损害是因为受害人自己的重大过失导致，那么可以减轻排污主体的责任。如果损害是因为第三人的原因导致，那么排污主体承担赔偿责任之后有权找第三人追偿。

（2）刑事责任领域，《刑法》章设专章专节（第六章）对破坏环境资源保护罪进行规定，包含 9 个条文（第 338 条至第 346 条）。由于主观过错本身已经较难认定并且因生态环境本身的复杂性与特殊性，因此在民事领域不要求主观过错。同时，在刑事领域也有学者认为可以对于环境犯罪施行严格责任。[770]但是，张梓太教授认为虽然环境犯罪特殊，但是刑法与民法分属不同领域，有着自己的部门法特点和要求，其价值和功能的定位也不同，民法上施行无过错不代表刑法对于环境犯罪也不要求主观过错。刑法所独有的惩罚功能决定了刑法归罪不能完全地不问过错。环境刑法也不例外。[771]张明楷教授在其著作《刑法学》当中对破坏环境资源保护罪进行分析，明确指出诸多项环境犯罪[772]的责任形式为故意。[773]

（3）行政责任领域，蔡守秋教授认为，行政主体作为责任主体时不以主观过错为要件，但是具体到行政主体的工作人员作为责任主体时需要考虑主观过错，只有行政主体工作人员存在故意或过失时才需要承担环境资源内部行政责任。行政相对人作为主体承担环境行政责任时，须以主观过错作为责任构成要件之一。[774]

综观三个生态文明试验区生态文明立法及相关的环境资源保护法规规章中，责任构成的主观方面的要求与《侵权责任法》及《大气污染防治法》等上位法是一致的，体现了对环境资源保护、防治污染的决心，体现生态文明建设的愿望。

---

[769]“因水污染受到损害的当事人，有权要求排污方排除危害和赔偿损失。由于不可抗力造成水污染损害的，排污方不承担赔偿责任；法律另有规定的除外。水污染损害是由受害人故意造成的，排污方不承担赔偿责任。水污染损害是由受害人重大过失造成的，可以减轻排污方的赔偿责任。水污染损害是由第三人造成的，排污方承担赔偿责任后，有权向第三人追偿。”

[770]陈泉生．环境法原理［M］．北京：法律出版社，1997：278-279.

[771]张梓太．环境犯罪归责的主观要件分析［J］．现代法学，2003（5）：69-72.

[772]第 328 条污染环境罪、第 339 条第 1 款非法处置进口的固体废物罪、第 340 条非法捕捞水产品罪、第 341 条第 1 款非法猎捕、杀害珍贵、濒危野生动物罪、非法收购、运输、出售珍贵、濒危野生动物、珍贵、濒危野生动物制品罪、第 344 条非法采伐、毁坏国家重点保护植物罪、非法收购、运输、加工、出售国家重点保护植物、国家重点保护植物制品罪、第 345 条第 1 款盗伐林木罪、第二款滥伐林木罪。

[773]张明楷．刑法学［M］．北京：法律出版社，2011：995-1004.

[774]蔡守秋．环境资源法教程［M］．北京：高等教育出版社，2008：374-379.

3. 违法行为与损害事实

行为从法律责任角度来看，有违法行为、违约行为。行为是法律责任当中最为核心和基础的构成要素。没有行为，而只有脑中的意念和心理状态没有法律责任。[775]法律法规当中规定的违法行为因其主体不同而有所不同。国家机关及其工作人员其违法行为在宏观上可以抽象凝练为因其玩忽职守、超越职权、滥用职权；单位和个人的违法行为在宏观上可以抽象凝练为污染环境行为以及破坏资源行为。在中央层面，国家机关及其工作人员的违法行为，从表 4-11 所列的四部法律来看，《土地管理法》《水污染防治法》《大气污染防治法》对于国家机关及其工作人员违法行为的规定比较简单概括。尤其是《大气污染防治法》直接规定滥用职权、玩忽职守、徇私舞弊、弄虚作假，较为抽象；《水污染防治法》《土地管理法》在此基础上，还对行政许可、批准进行了规定。相比较而言，《环境保护法》对于违法行为的规定更为具体，列出了八项违法行为以及一项兜底款项。

表 4-11　国家机关及其工作人员的违法行为（国家法律层面）

法律名称	国家机关及其工作人员的违法行为
《中华人民共和国环境保护法》	第 68 条（一）不符合行政许可条件准予行政许可的；（二）对环境违法行为进行包庇的；（三）依法应当做出责令停业、关闭的决定而未做出的；（四）对超标排放污染物、采用逃避监管的方式排放污染物、造成环境事故以及不落实生态保护措施造成生态破坏等行为，发现或者接到举报未及时查处的；（五）违反本法规定，查封、扣押企业事业单位其他生产经营者的设施、设备的；（六）篡改、伪造或者指使篡改、伪造检测数据的；（七）应当依法公开环境信息而未公开的；（八）将征收的排污费截留、挤占或者挪作他用的；（九）法律法规规定的其他违法行为
《中华人民共和国水污染防治法》	第 80 条不依法作出行政许可或者办理批准文件的，发现违法行为或者接到对违法行为的举报后不予查处的，或者有其他未依照本法规定履行职责的行为的
《中华人民共和国土地管理法》	第 78 条无权批准征收、使用土地的单位或者个人非法批准占用土地的，超越批准权限非法批准占用土地的，不按照土地利用总体规划确定的用途批准用地的，或者违反法律规定的程序批准占用、征收土地的第八十四条玩忽职守、滥用职权、徇私舞弊
《中华人民共和国大气污染防治法》	第 126 条滥用职权、玩忽职守、徇私舞弊、弄虚作假的

在试验区层面，从表 4-12 ～表 4-14 所整理列出的条文当中可以看出：第一，在生态文明建设促进条例上，《福建省生态文明建设促进条例》吸取了《贵州省生

[775]《法理学》编写组 . 法理学［M］. 北京：人民出版社，高等教育出版社，2010：161.

态文明建设促进条例》经验，所以对于国家机关及其工作人员的违法行为规定也更加细致。例如，《贵州省生态文明建设促进条例》第68条只是规定未完成生态文明建设目标责任这一情况，而《福建省生态文明建设促进条例》第70条明确了目标未完成不是由于不可抗力的才担责。第二，在环境保护综合性法规方面，《江西省环境污染防治条例》第70条通过1条10项对国家机关及其工作人员的违法行为进行详细规定。《贵州省环境保护条例》第72条从人民政府、环境保护行政主管部门和有关监督部门、环境监测机构、国有企事业单位、环境保护监督管理人员或者其他有关部门工作人员等主体角度分别规定。第三，在水、土壤、大气单行性法规方面，江西同样是条文规定更详细具体的试验区。

表4-12 国家机关及其工作人员的违法行为（地方性法规层面－福建）

法律名称	国家机关及其工作人员的违法行为
《福建省生态文明建设促进条例》	第70条（一）擅自变更生态文明建设规划的；（二）非因不可抗力未完成生态文明建设目标的；（三）应当依法及时公开生态文明建设信息而未及时公开或者弄虚作假的；（四）未达到国家水环境质量标准的重点流域、未达到国家大气环境质量标准的地区和未达到国家土壤污染风险管控标准的地区，有关地方人民政府未制定限期达标规划或者未采取措施限期达标的；（五）未依法实施检查监督管理的；（六）无正当理由不接受监督的；（七）未依法及时受理检举、投诉和控告或者未及时进行处理的；（八）制定的规定或者采取的措施违反本条例以及其他生态环境和资源保护方面法律法规的；（九）在生态文明建设工作中有其他玩忽职守、滥用职权、徇私舞弊行为的
《福建省环境保护条例》	第50条（一）滥用强制措施的；（二）不按照规定发放、变更、吊销排污许可证或者临时排污许可证的；（三）处理环境污染事故失职的 第51条滥用职权、玩忽职守、徇私舞弊，以及贪污、挪用和截留排污费、罚没款的
《福建省水资源条例》	第45条在履行职责时，玩忽职守、滥用职权、徇私舞弊的
《福建省实施〈中华人民共和国土地管理法〉》	第53条超越法定权限或者违反法定条件，批准减免有关土地规费的，非法批准减免土地规费或者低于基准地价出让国有土地使用权的 第54条擅自减少基本农田保护面积，调整基本农田保护区范围，更改土地利用现状调查数据、图件和土地利用总体规划确定的土地用途的非法批准占用土地的对违法用地未经依法处理而擅自给予办理用地审批手续或者确权发证的 第55条挪用、截留、私分或者非法占用征地补偿费或者耕地开垦费等有关费用的 第56条玩忽职守、滥用职权、徇私舞弊、索贿受贿
《福建省海洋环境保护条例》	第44条（一）发现海上污染事故或者违反本条例规定的违法行为时，没有予以制止或者必要的时候没有采取有效防止措施；（二）接到海洋污染事故报告后，没有立即赶赴现场调查；（三）对特大或者重大海洋污染事故，没有按照规定立即报告有关部门

表 4-13　国家机关及其工作人员的违法行为（地方性法规层面－江西）

法律名称	国家机关及其工作人员的违法行为
《江西省环境防治条例》	第 69 条（一）违法实施环境保护审批的；（二）对违反环境保护法律、法规、规章的违法行为，应当查处而不予查处或者处理不当的；（三）不依法征收排污费的。 第 70 条（一）违反国家有关产业政策审批项目，造成环境污染或者生态破坏的；（二）不按照国家规定强制限期淘汰严重污染环境的落后生产技术、工艺、设备或者产品的；（三）对严重污染环境的排污单位不依法责令限期治理或者不按照规定责令关闭、停产的；（四）不按照国家规定制定环境污染事故应急预案：或者未按照应急预案的要求采取措施的;（五)依法应当进行环境影响评价而未进行，或者环境影响评价文件未经批准，擅自批准该项目建设或者为其办理征地、施工、注册登记、营业执照、生产（使用）许可证的；（六）违法审批环境影响评价文件，造成环境污染的；（七）发现环境违法行为或者接到对环境违法行为的举报后不及时予以查处的；（八）对需要采取关闭、停业等处罚措施的违法排污单位，不依法采取相应措施的；（九）发生重大环境污染事故，不按照规定报告或者不依法采取必要措施，致使事故扩大或者延误事故处理的；（十）其他违反法律、法规、规章的行为
《鄱阳湖生态经济区环境保护条例》	第 55 条（一）对环境影响评价文件未经环境保护主管部门审查或者审查后未予批准的建设项目批准建设的；（二）在禁止勘察、开采规划区内新设固体矿产探矿权、采矿权的；（三）在鄱阳湖生态经济区生态环境保护工作中，玩忽职守、徇私舞弊、滥用职权等不依法履行职责的
《江西省水资源条例》	第 56 条（一）未依法编制水资源规划的；（二）国民经济和社会发展规划、城市总体规划、镇总体规划的编制：工业园区、经济开发区的设立、扩展以及重大建设项目等布局，未开展水资源论证的；（三）未依法编制用水总量控制指标、用水效率控制指标的;（四）未依法编制、制定江河径流调度计划、应急调度预案、水量分配方案、年度水量调度计划或者不组织实施的；（五）不依法核发取水许可证、签署审查意见的：（六）对被许可人从事行政许可活动不进行监督检查的；（七）发现违法行为不予查处的；（八）其他不履行法定职责的情形
《江西省湖泊保护条例》	第 43 条（一）保护湖泊不力造成严重危害后果的；（二）违反湖泊保护规划批准开发利用湖泊资源的；（三）其他滥用职权、玩忽职守、徇私舞弊行为的
《江西省实施〈中华人民共和国土地管理法〉》	第 48 条违反本办法规定批准减免耕地开垦费、土地复垦费、土地使用权出让金等土地有偿使用费和其他费用；或者低于依法评估确认的地价出让国有土地使用权的 第 49 条（一）耕地开垦费：菜地、精养鱼塘开发基金，土地复垦费，土地使用权出让金等土地有偿使用费和其他费用未按规定缴入财政专户的；（二）未按耕地开垦项目拨付耕地开垦资金的；（三）未按计划和要求进行耕地开垦、土地复垦的第 54 条第 1 款无权批准征收、使用土地的单位或者个人非法批准占用土地的，采取化整为零等手段超越批准权限非法批准占用土地的，不按照土地利用总体规划确定的用途批准用地的，或者违反法律、法规规定的程序批准占用、征收土地的
《江西省大气污染防治条例》	第 77 条（一）违反法律法规、主体功能区定位、生态环境保护规划等盲目决策，致使大气环境遭受破坏的；（二）在职责范围内对严重大气污染事件处置不力导致严重后果的；（三）违反规定核发排污许可证的；（四）应当依法公开大气环境信息而未公开的；（五）篡改、伪造或者指使篡改、伪造监测数据的；（六）对环境违法行为进行包庇的；（七）截留、挪用大气污染防治专项资金的；（八）对举报不及时查处或者泄露举报人相关信息的；（九）应当移送司法机关立案侦查的大气污染案件不移送的；（十）其他滥用职权、玩忽职守、徇私舞弊的

表 4-14　国家机关及其工作人员的违法行为（地方性法规层面 - 贵州）

法律名称	国家机关及其工作人员的违法行为
《贵州省生态文明建设促进条例》	第 68 条（一）未依法及时向社会发布有关生态文明建设信息或者弄虚作假；（二）不依法制定、公布落后生产技术、工艺、设备和材料限期淘汰计划：（三）引进不符合生态环境保护法律、法规，政策、规划和强制性标准项目；（四）无正当理由不接受监督；（五）未依法实施监督管理；（六）未依法及时受理检举、投诉和控告或者不及时对检举、投诉和控告事项进行调查、处理；（七）未完成生态文明建设目标责任；（八）其他玩忽职守、滥用职权、徇私舞弊的行为
《贵阳市建设生态文明城市条例》	第 42 条违反本条例第 3 条规定，废止、中止实施生态文明建设发展目标，或者对生态文明建设发展目标进行重大变更的 第 43 条（一）擅自改变生态文明城市建设规划：（二）引进不符合生态保护法律法规、国家产业政策、生态文明城市建设规划、生态功能区划和强制性节能标准的项目；（三）批准引进和采用列入淘汰名录的技术、工艺、设备和材料；（四）不按照规定制定、公布落后生产技术、工艺、设备和材料限期淘汰计划；（五）不依法重点公开生态文明建设政府信息：（六）不履行门前三包责任制相应职责；（七）拒不履行环境诉讼裁决；（八）拒不接受舆论监督和公众监督：（九）其他阻碍生态文明建设的行为
《贵州省环境保护条例》	第 72 条（一）人民政府不履行环境保护组织领导职责或者履行职责不力，致使环境质量下降和重大环境问题长期得不到解决的；（二）环境保护行政主管部门和有关监督管理部门不履行监督管理职责或者履行职责不力的；（三）环境监测等机构对工作敷衍塞责、弄虚作假，致使环境保护监督管理秩序混乱的；（四）国有企事业单位违反本条例规定受到责令停止生产、建设、吊销有关证照和较大数额罚款处罚的；（五）环境保护监督管理人员或者其他有关部门工作人员以权谋私、滥用职权、玩忽职守、徇私舞弊的
《贵州省水资源保护条例》	第 38 条（一）发现破坏、污染水资源的违法行为或者接到违法行为的举报后不予查处的；（二）发现重大水污染事故或者隐患，未履行报告、通报或者通知职责，造成严重后果的；（三）未按照批准程序擅自调整水功能区划的；（四）拒绝向有关行政主管部门提供水资源保护监测数据和资料的；（五）未按照规定进行水量、水质、水位监测的；（六）其他滥用职权、玩忽职守、徇私舞弊的行为
《贵州省水污染防治条例》	第 88 条（一）应当暂停审批新增重点水污染物排放总量的建设项目的环境影响评价文件而未暂停审批的；（二）发现违法行为或者接到对违法行为的举报后未依法进行处理的；（三）引进高污染、高环境风险的项目的；（四）未按照规定制定水污染事件应急预案，或者未按照应急预案的要求采取措施的；（五）未依法履行信息公开义务的；（六）未及时开展地下水污染修复工作的；（七）其他不依法履行职责的行为
《贵州省土地管理条例》	第 45 条违反本条例，玩忽职守、滥用职权、徇私舞弊
《贵州省大气污染防治条例》	第 71 条不履行环境保护职责或者履行职责不力，致使环境质量明显下降重大环境问题长期得不到解决、环境严重污染的

由前文分析可见，在违法行为的规定方面，贵州及江西规定得更加具体，地方性立法的功能之一即对上位法规定进行细化与具体化，以提升立法的可操作性，因

此，福建省生态文明、环境资源保护及污染防治等方面的立法，在法律责任主体的违法行为具体化方面有一定的提升空间。

损害事实一般包括财产、人身、精神方面的损害，部分法律责任也将社会管理秩序受到扰乱、生态环境本身受到损害纳入其中。在民事环境侵权领域其损害事实包含人身、财产以及精神损害；在刑事与行政领域，除前述的损害事实之外，受损害的还包括社会管理秩序。另外，需要明确的是，不论是民事环境侵权、环境行政责任还是破坏环境资源犯罪，首先直接受到损害的是环境与资源，其次才致使人身、财产、精神、社会管理秩序受到损害。

民事环境侵权责任成立需要损害事实，而环境行政责任与破坏环境资源犯罪则并不必然要求必须存在损害事实相应责任才能成立。对表 4-15 ～表 4-18 的条文进行查阅发现，在法律法规当中规定了损害事实的条款，一部分条款当中的损害事实作为法律责任成立的构成要件之一，即没有损害事实就没有法律责任；一部分条款当中的损害事实则是作为法律责任加重的条件；一部分条款当中则不规定损害事实，即便没有发生损害事实，满足了其他责任构成要件也需要承担法律责任。

表 4-15　法律责任条款中损害事实为构成要件的条文数量对比（国家法律层面）

法律名称	法律责任条款数	损害事实作为构成要件条款数量	具体条款
《中华人民共和国环境保护法》	11	2	第 64 条 第 65 条
《中华人民共和国水污染防治法》	22	2	第 94 条 第 96 条
《中华人民共和国土地管理法》	12	2	第 74 条 第 78 条
《中华人民共和国大气污染防治法》	30	4	第 110 条 第 120 条 第 122 条 第 125 条

表 4-16　法律责任条款中损害事实是构成要件的条文数量对比（地方性法规层面 - 福建）

地方性法规名称	法律责任条款数	损害事实作为构成要件条款数量	具体条款
《福建省生态文明建设促进条例》	4	0	第 71 条
《福建省环境保护条例》	11	2	第 41 条 第 49 条
《福建省水资源条例》	4	0	无
《福建省实施〈中华人民共和国土地管理法〉》	6	0	无
《福建省海洋环境保护条例》	9	2	第 36 条 第 43 条

表 4-17　法律责任条款中损害事实是构成要件的条文数量对比（地方性法规层面 - 江西）

地方性法规名称	法律责任条款数	损害事实作为构成要件条款数量	具体条款
《江西省环境污染防治条例》	14	4	第 59 条 第 64 条 第 68 条 第 72 条
《鄱阳湖生态经济区环境保护条例》	7	1	第 52 条
《江西省水资源条例》	7	0	无
《江西省湖泊保护条例》	6	2	第 43 条 第 46 条
《江西省实施〈中华人民共和国土地管理法〉》	12	2	第 51 条 第 54 条
《江西省大气污染防治条例》	15	3	第 71 条 第 77 条 第 80 条

表 4-18　法律责任条款中损害事实是构成要件的条文数量对比（地方性法规层面 - 贵州）

地方性法规名称	法律责任条款数	损害事实作为构成要件条款数量	具体条款
《贵州省生态文明建设促进条例》	3	0	无
《贵阳市建设生态文明城市条例》	7	1	第 46 条
《贵州省环境保护条例》	20	2	第 71 条 第 72 条
《贵州省水资源保护条例》	4	2	第 38 条 第 39 条
《贵州省水污染防治条例》	16	5	第 75 条 第 80 条 第 81 条 第 85 条 第 86 条
《贵州省土地管理条例》	10	0	无
《贵州省大气污染防治条例》	10	1	第 71 条

4. 因果关系

因果关系的因是指行为，果即是损害事实，因果关系即行为与损害事实之间的关系。从上文损害事实作为构成要件的条文数量对比表 4-15 ～表 4-18 中可以看出，不论中央立法还是试验区立法，对于损害事实作为法律责任构成要件的条款数量很少。这是由环境侵权、环境犯罪的特殊性所决定的。无论是环境侵权还是环境犯罪，导致损害的原因都会随着时间推移与流失以及各种复杂的物理或化学作用使得原因难辨。因此，证明环境案件的因果关系比其他一般案件更为困难。倘若多数情况规定损害事实作为法律责任构成要件，则会导致环境污染责任难以追究，不利于受害人得到及时有效的救济。因此，在环境立法上，立法者对于损害事实作为法律责任构成要件的情况规定较为谨慎。

在刑事领域，根据《刑法》对于环境犯罪的规定，其中既有要求发生损害事实作为构成犯罪必要条件的罪名，也有不要求发生损害事实的罪名。因此，在刑事领域，对于损害事实作为构成要件之一的破坏环境资源保护罪，必须进行因果关系的判定。

在行政领域，不论是行政主体还是行政相对人都存在行政责任成立要求发生损害事实和不要求发生损害事实的情况。而要求发生损害事实作为行政责任成立要件时，则要求对违法行为与损害事实之间是否存在因果关系进行判定。

在民事领域，由于民事责任以补偿损害为目的，因此只有发生损害事实才会产生民事责任。也就是说在环境民事侵权当中，需要发生人身、财产损害或者精神损害才会产生民事责任，因此必然需要认定或证明因果关系的成立与否。根据《侵权责任法》第 66 条的规定，[776] 环境污染侵权的因果关系并非由受害人（通常为原告）举证，而是由污染者（通常为被告）进行举证。同样，《水污染防治法》第 98 条[777] 也规定由排污方承担因果关系的证明责任。由是观之，我国立法对于环境污染案件的因果关系证明实行了举证责任的倒置。对此，部分学者认为，在环境污染案件倒置因果关系的举证责任其实是不适当的，是对于受害方的过度保护。理由在于，目前环境污染案件已经适用无过错归责原则，行为上也不要求具有违法性，倘若再对因果关系举证进行倒置，那么受害方只需要证明损害事实，使得污染者的责任过重。[778]

---

[776]《中华人民共和国侵权责任法》第 66 条“因污染环境发生纠纷，污染者应当就法律规定的不承担责任或者减轻责任的情形及其行为与损害之间不存在因果关系承担举证责任”。

[777]《中华人民共和国水污染防治法》第 98 条“因水污染引起的损害赔偿诉讼，由排污方就法律规定的免责事由及其行为与损害结果之间不存在因果关系承担举证责任”。

[778] 邹雄．论环境侵权中因果关系的认定［J］．中国政法大学学报，2010（2）：75-84.

对于环境污染责任认定，有学者指出用因果关系推定而非直接倒置因果关系的举证责任给污染者。他们将《侵权责任法》的第 66 条以及《水污染防治法》的第 98 条理解为因果关系推定。真正意义上的因果关系推定是因果关系仍然由原告证明，但是对证明所需要达到的标准和要求降低。换言之，因果关系推定的实质就是原告证明因果关系的标准降低。[779]理由在于，传统民法理论对因果关系是必然的因果关系，而如果要证明环境污染案件的必然因果关系难度极大，直接结果就是导致大部分环境污染案件难以证实因果关系，从而导致污染者逃脱法律的制裁。[780]因此，理论上提出了诸多种低标准证明因果关系的方法或理论。例如，盖然性学说、疫学因果说、优势证据说、间接反证说等。[781]

在盖然性学说之下原告只需要进行低程度证明，即有一半情形或者概率，而非对全部情况进行举证。法院以此低程度证明形成心证，除非被告能够反证因果关系不存在；疫学因果说，顾名思义，即是运用疫学（流行病学或病因学）的方法证明因果关系的理论。就疫学上的若干因素，将有关疾病致病原因根据统计方法，明确各因素与有关疾病之间的关系，从多种关系中选取关系最密切的因素，对因果关系进行综合判断；优势证据说就是如果举证人的证据比对方更优越即可；间接反证适用于如果主要事实为明确，那么由不承担举证责任的当事人，负反证其事实不存在的证明责任理论。由于该理论未直接对另一方当事人的举证事实进行反驳，而称为间接反证。[782]但上述这些理论或方法都有其特定的适用范围，没有一种理论或方法可以适用于所有类型的环境侵权。事实上，由于环境污染这一概念本身的复杂性、多义性，也不可能存在某种适用于所有类型环境侵权因果关系判断的理论或方法。[783]

[779] 薄晓波．倒置与推定：对我国环境污染侵权中因果关系证明方法的反思［J］．中国地质大学学报（社会科学版），2014（6）:68-81.

[780] 胡学军．环境侵权中的因果关系及其证明问题评析［J］．中国法学，2013（5）：163-177.

[781] 蔡守秋．环境资源法教程［M］．北京：高等教育出版社，2008：398-399.

[782] 马栩生，吕忠梅．环境侵权诉讼中的举证责任分配［J］．法律科学，2005（2）：80-88.

[783] 陈伟．疫学因果关系及其证明［J］．法学研究，2015（4）：127-146.

第五章　生态文明试验区立法的成效

一、生态文明试验区自身制度建设的成效

生态文明试验区自设立以来，在各自的实施方案基础上，积极探索实践，除制定生态文明建设相关法规、规章之外，还陆续出台各类管理制度与配套规定，使生态保护制度更加健全、生态执法更有力度、生态司法更见成效、法律实施后社会效益也日益增强。

（一）生态保护法律制度更加健全

自从生态文明试验区设立以来，福建、江西、贵州各地积极开展有关环境立法工作。一方面，根据社会发展需要及时制定新的法规、规章，地方规范性文件也在不断完善；另一方面，对于不符合生态文明理念的地方法规规章进行深入清理，以使生态法律体系日臻完备。

福建在生态文明试验区设立以后关于生态保护的地方性法规的完善新增了4部，修订5部，地方政府规章新增2部，修订3部；贵州新增地方性法规4部，修订地方性法规8部；江西新增地方性法规4部，修订地方性法规7部。具体见表5-1。

表5-1　三个生态文明试验区设立后新增生态保护地方性法规规章

<table>
<tr><td rowspan="2"></td><td colspan="2">新　增</td><td colspan="2">修　订</td></tr>
<tr><td>地方性法规</td><td>政府规章</td><td>地方性法规</td><td>政府规章</td></tr>
<tr><td rowspan="5">福建</td><td>《湿地保护条例》（2017）</td><td>《碳排放权交易管理暂行办法》（2016）</td><td>《森林和野生动物类型自然保护区管理条例》（2017）</td><td>《武夷山国家级自然保护区管理办法》（2017）</td></tr>
<tr><td>《水资源条例》（2017）</td><td rowspan="4">《国有林场管理办法》（2018）</td><td>《森林条例》（2018）</td><td>《森林公园管理办法》（2017）</td></tr>
<tr><td>《海岸带保护与利用管理条例》（2018）</td><td>《城市园林绿化管理条例》（2018）</td><td rowspan="3">《武夷山国家级自然保护区管理办法》（2017）</td></tr>
<tr><td>《武夷山国家公园条例》（2018）</td><td>《海域使用管理条例》（2018）</td></tr>
<tr><td></td><td>《农业生态环境保护条例》（2018）</td></tr>
</table>

续表

<table>
<tr><th rowspan="2"></th><th colspan="2">新　　增</th><th colspan="2">修　　订</th></tr>
<tr><th>地方性法规</th><th>政府规章</th><th>地方性法规</th><th>政府规章</th></tr>
<tr><td rowspan="7">江西</td><td>《林木种子条例》（2017）</td><td rowspan="7"></td><td>《实施〈中华人民共和国节约能源法〉办法》（2018）</td><td rowspan="7"></td></tr>
<tr><td>《省人大常委会关于农作物秸秆露天禁烧和综合利用的决定》（2017）</td><td>《实施〈中华人民共和国水土保持法〉办法》（2018）</td></tr>
<tr><td>《气候资源保护和利用条例》（2018）</td><td>《森林公园条例》（2018）</td></tr>
<tr><td rowspan="4">《湖泊保护条例》（2018）</td><td>《江西武夷山国家级自然保护区条例》（2018）</td></tr>
<tr><td>《农业生态环境保护条例》（2018）</td></tr>
<tr><td>《古树名木保护条例》（2018）</td></tr>
<tr><td>《机动车排气污染防治条例》（2018）</td></tr>
<tr><td rowspan="8">贵州</td><td rowspan="2">《环境噪声污染防治条例》（2017）</td><td rowspan="8"></td><td>《森林公园管理条例》（2017）</td><td rowspan="8"></td></tr>
<tr><td>《气候资源开发利用和保护条例》（2017）</td></tr>
<tr><td rowspan="2">《人工影响天气条例》（2017）</td><td>《森林条例》（2017）</td></tr>
<tr><td>《土地管理条例》（2017）</td></tr>
<tr><td>《水污染防治条例》（2017）</td><td>《气候资源开发利用和保护条例》（2017）</td></tr>
<tr><td rowspan="3">《省人大常委会关于大气污染物和水污染物环境保护税适用税额的决定》（2017）</td><td>《节约能源条例》（2017）</td></tr>
<tr><td>《地质环境管理条例》（2017）</td></tr>
<tr><td>《地质环境管理条例》（2017）</td></tr>
</table>

福建省通过新增立法完善了水资源、森林、湿地、海域、生态农业、城市园林绿化等多方面的生态环境保护制度，使生态环境法律制度覆盖面更广。江西省在促进生态文明建设方面也新增《江西省林木种子条例》，以促进林业可持续发展，《江西省人大常委会关于农作物秸秆露天禁烧和综合利用的决定》，以促进大气污染的防治，江西湖泊资源丰富，制定《江西省湖泊保护条例》，对于湖泊资源的保护与管理起到制度保障的作用。贵州省在立法完善中涉及噪声污染防治、水污染防治、森林公园管理、气候资源开发、风景名胜区保护、森林保护、节约资源、地质环境管理、土地整治等诸多领域。

此外，在各试验区内设区市及各地的地方规范性文件也大量涉及生态文明建设的内容，这些地方规范性文件为生态试验区立法奠定良好的基础。这些地方规范性文件包括《福建省农业厅、中国农业银行福建省分行关于金融支持农业绿色发展的实施意见》《福建省人民政府关于印发福建省用能权有偿使用和交易试点实施方案的通知》等;《江西省人民政府关于发布江西省生态保护红线的通知》《江西省人民政府关于印发江西省流域生态补偿办法的通知》《江西省人民政府关于印发赣江新区建设绿色金融改革创新试验区实施细则的通知》等;《贵阳市人民政府办公厅关于印发贵阳市环境噪声污染防治工作实施方案的通知》《贵阳市人民政府办公厅关于印发〈贵阳市生态环境质量考核实施细则(试行)〉的通知》等。

(二)生态执法更有力度

生态文明试验区建立以来,地方生态立法不断完善,有了完善的立法,各部门在执法的过程中才能有法所依,同时在执法过程中各地区又对执法制度有所创新,做到高效执法,为生态环境的保护提供执法保障,才能真正让破坏环境的行为得到有效治理。为了保障执法高效有力,各地区纷纷进行执法改革,并且都取得了不错的成效。

1. 环保监测监察执法垂直管理制度改革深入推进

在环境保护领域,执法一直较难摆脱地方保护主义的困扰,地方政府及其相关部门的监督责任难落实,地方环保机构队伍难规范,尤其是跨区域、跨流域环境问题更是难有效统筹规范。为解决上述问题,2016 年中共中央办公厅、国务院办公厅印发《关于省以下环保机构监测监察执法垂直管理制度改革试点工作的指导意见》(中办发〔2016〕63 号)(以下简称《指导意见》),各省开始进行相应改革。

早在 2016 年,贵州就开始了环保执法垂直改革的探索。坚持“统一规范、层级管理、属地划分、职责明确、能力提升”的原则,不对现有环境监察机构体系和框架进行较大改变的基础上,进一步理顺现有环境保护行政主管部门环境管理职责和环境监察机构环境现场执法检查职责的关系。[784]明确省、市(州)、县(市、区)三级环境监察机构职责,在全省范围内积极开展环境监察机构垂直管理试点工作。

江西建立国家生态文明试验区一年以来,积极响应中央的号召,着力推进生态文明制度改革创新,其中就包括环境保护监管改革。根据《指导意见》精神,结合江西省实际,制定《江西省环保机构监测监察执法垂直管理制度改革实施方案》,标志着环保机构监测监察垂直改革全面启动。[785]该方案的实施说明市、县环保部门的环境监察职能和生态环境质量监测、调查评价和考核职能上收,由省环保厅统

[784]《贵州省实行环境监察执法垂直管理试点方案》,豆丁网,http://www.docin.com/p-1816730810.html?qq-pf-to=pcqq.group,2018 年 10 月 7 日访问。

[785]《江西省环保机构监测监察执法垂直管理制度改革实施方案》,中国江西网,http://www.sohu.com/a/232626858_398095,2018 年 7 月 1 日访问。

一行使。[786]垂直领导的管理体制有利于解决之前地方保护主义干预环境监测执法、多头执法、重复执法的现象，更好地去落实不同部门各自的责任。

2017年12月，福建省委办公厅、省政府办公厅印发《福建省环保机构监测监察执法垂直管理制度改革实施方案》(以下简称《方案》)，标志着福建省环保垂直管理制度改革试点省正式进入实施阶段。《方案》明确，各级党委和政府对生态环境负总责，把生态环境质量状况作为党政领导班子考核评价的重要内容，建立和实行领导干部责任追究制度。同时，强化了三级环保部门监管职责。省环保厅对全省环境保护工作实施统一监督管理，市级环保部门对全市区域范围内环境保护工作实施统一监督管理，县（市、区）环保部门强化现场环境执法，现有环境保护许可等职能上交市级环保部门。《方案》调整了环保行政机构、环境监察、环境监测、环境执法、县（市、区）环保局所属其他机构、党组织和纪检机构六种环境保护管理体制。环保行政机构管理体制方面，《方案》明确设区市环保局实行以省环保厅为主的双重管理，仍为市政府工作部门。县（市、区）环保局调整为设区市环保局的派出机构，由设区市环保局直接管理。市县两级环保部门的环境监察职能上收，由省环保厅统一行使。同时，省环保厅统一负责本省及所辖各市县生态环境质量监测、调查评价和考核工作，实行生态环境质量省级监测、考核。现有市级环境监测机构调整为省环保厅驻市（实验区）环境监测机构，现有县（市、区）环境监测机构上收到市级。县（市、区）实际从事环境执法工作的机构也将进行整合，随县（市、区）环保局一并上收到市级，作为市级环境执法支队管理的执法大队。[787]这些改革都为解决之前环保执法存在的问题起到积极作用，使得执法更有力度，促进各地生态文明试验区建设。

2. 生态环境执法体制机制持续创新

以往生态环境执法主要是环保主管部门单独执法，为了提高生态环境执法效率，各试验区不断探索创新环保执法体制机制。其中，福建积极开展环境、公安联合执法，这种环保执法体制机制的创新给行政执法带来诸多便利。

首先，环境、公安携手办案提高办案效率。福建省率先建立环境违法犯罪案件移送制度，各地环保、公安部门协同作战，采取跨界联动、刑事抓捕、并案侦办等方式，合力查处隐蔽性强、伪装性高以及涉及共犯、串案的违法企业。[788]以往环

---

[786]《江西：创新生态文明体制 补齐环境保护短板》，中华建设网，http://www.zhjs.cc/article-49686-1.html，2018年10月10日访问。

[787]《福建环保机构垂管改革正式进入实施阶段》，福州日报，http://www.fj.xinhuanet.com/zhengqing/ 2017-12/14/c_1122108453.htm，2018年10月7日访问。

[788]《福建省创新环保执法体制机制 严惩环境违法行为》，新华网，http://www.fj.xinhuanet.com/shidian/2018-01/07/c_1122222588.htm，2018年7月1日访问。

保执法各自为政，常常顾此失彼。而环保、公安携手办案，有利于证据保存、提高了办案效率。对破坏环境的当事人及时有效的处罚，也会提醒人们提高环保意识，减少环境违法行为的发生，也有利于树立政府机关的权威。

其次，环境、公安携手办案可以减少暴力抗法。在以往行政执法过程中环保部门在执法检查、查封、扣押等行政强制措施时，执法人员的人身安全受到威胁，执法工作无法顺利进行，公安机关的介入，会使得环境违法人员认识到自己行为的危害性，同时会减少其暴力抗法的可能，即使这些违法人员仍然暴力抗法，公安人员也可以及时依法制止，减少对环保执法人员的伤害。

最后，环境、公安联手办案可以严防“以罚代刑”。以往环境部门单独执法，一些环境违法行为即使可能涉及刑事犯罪，也会由于人为因素而仅仅对违法企业罚款，生态环境也无法彻底有效得到保护。公安机关的介入将会更加严厉地打击因污染环境而引起的刑事犯罪，一旦认识到自己的违法行为将会受到刑事处罚，行为人就会规范自己的行为，这样一来，处罚加重将会很大程度减少环境污染的发生，相比较仅仅用罚款来解决违法行为是更加行之有效的办法。

3. 执法人员执法水平显著提升

执法的工作本质是落实法律，贵州设立生态文明试验区以来，不断完善地方环境立法，这就需要执法队伍与时俱进，尽快熟练运用这些法律武器，毕竟生态保护工作想要落到实处必须依靠执法部门和执法人员的业务水平 。为了提高贵州各地执法人员的执法水平，从生态文明试验区设立以来，每年贵州各地都会进行执法大练兵，执法人员执法能力和水平的提高将促进环保执法工作的推进，进一步推动生态文明试验区的生态水平。2017 年 9 月 15 日，贵州省环境监察局对遵义市、铜仁市、黔东南州环境执法大练兵活动开展情况进行督导，进一步规范各级环保部门在查办环境违法案件过程中的查处程序、证据收集、执法文书制作以及案件卷宗归档工作，提高各级环保部门对环境案件的办理质量和查办效率。练兵重点扩展到行政处罚立案、调查取证、审查和认定、听证和告知、处罚决定制作和下达、信息公开和报送等全过程。[789]环保大练兵既是对执法人员水平的提升，也是地方执法机构对于环境违法行为的严惩态度，使得执法有力有实。

（三）生态司法更见成效

生态文明试验区立法建设不断完善，司法制度也相应健全。生态文明试验区建设以来，三个试验区在生态司法方面成效显著，尤其是福建在生态司法改革方面积

[789]《贵阳市召开 2018 年环境执法大练兵动员部署会》，搜狐网，http://www.sohu.com/a/232626858_398095，2018 年 7 月 1 日访问。

极创新，成效显著。江西、贵州在生态司法改革方面也积极做出探索。

司法保护生态文明建设责任感显著增强。福建生态文明试验区设立以来，福建法院始终坚持中国特色社会主义思想和党的十九大精神、生态文明建设思想，积极落实最高人民法院关于生态文明建设的决策，加强专业化审判建设、不断创新体制机制。各级法院对于生态文明建设的责任感在不断加强。

生态环境审判机构不断健全。2017 年 7 月，根据福建省委编办意见，福建高院制定《福建法院生态环境审判机构设置方案》，要求全省各级法院尚未设立生态环境审判庭的，采取“撤一建一”等方式予以调整设置。目前，福建省 95 个法院已设立生态环境审判庭 80 个、专门合议庭 15 个，生态法官和辅助人员 300 余人，生态环境审判机构实现“全覆盖”，生态环境审判机构数、生态法官人数均居全国法院首位。同时，结合法官员额制、主审法官办案责任制、审判管理扁平化等改革要求，引进环境法学专业人才，培养专业化审判团队，探索建立科学的业绩考评体系，树立和提升司法权威和公信力。[790]贵州省作为国家生态文明试验区，在全国生态文明建设上也在努力做出自己的贡献。贵阳市和清镇市两级于 2007 年在全国范围内率先设立环境保护法庭，随后贵州省法院系统普遍设立环境资源审判机构。贵州省生态环境的司法保护机制一直在引领探索中。2018 年 7 月，贵州省生态环境和资源保护审判专门化机构实现了中级法院全覆盖。这表明，贵州深入推广环境司法专门化，全省审判专门化机构更加健全。机构总数由 10 个扩展为 29 个，实现了中级法院全覆盖，每个中院辖区内由 1 ～ 3 个基层法院分片跨县级行政区域集中管辖，成为贵州法院环境司法专门化 10 年之后的又一次跨越式发展。[791]从 2015 年 9 月江西省高院环境资源审判庭挂牌至 2018 年 1 月，全省共有 14 家法院成立了专门的环境资源审判庭，55 家法院设立了环境资源合议庭，2 家法院设立了环境资源巡回法庭，并组建了一支 300 余人的专业审判队伍。环境资源审判庭把环保领域的各类案件集中了起来。[792]集中审理有利于提高效率，提升法官专业素养。

生态司法具体制度日趋优化。根据生态环境案件的案情特点、影响范围，同时结合各地区位条件、资源禀赋和产业优势等因素，在严格依法管辖的基础之上，对

[790]《福建法院生态司法保护状况（2017.6—2018.5）》，福建省高级人民法院网，https：//www.fjcourt.gov.cn/page/court/news/articletradition/f9e287d3-ac83-4221-90fb-3e53470442e8.html，2018 年 10 月 10 日访问。

[791]《贵州：生态环境和资源保护审判专门化机构实现中级法院全覆盖》，法制网，http://www.legaldaily.com.cn/index/content/2018-07/07/content_7588640.htm?node=20908，2018 年 10 月 10 日访问。

[792]《司法护航，筑牢生态环境屏障》，中国江西网，http://huanbao.jxcn.cn/system/2018/01/15/ 016695060.shtml，2018 年 10 月 10 日访问。

部分生态环境资源案件实行集中管辖、指定管辖，提升生态环境案件管辖的科学化规范化水平。一是充分考量司法需求等因素，建立分层次、多层级的生态环境案件集中管辖审理方式。整合部分设区市的生态环境审判资源，将部分设区市城区生态环境资源案件集中划归一个区级法院管辖。福州、厦门、泉州、莆田四个地市正在开展城区生态环境案件集中管辖试点工作。二是探索建立山脉、矿区等生态功能区的生态环境案件集中管辖。围绕福建省武夷山、玳瑁山等山脉为核心的区域内国家重点生态功能区的环境保护需要，积极探索推进跨地域、群体性等重大生态环境案件实行与行政区划适当分离管辖制度，高效优质审理跨地域环境污染案件，服务保障国家公园试点建设工作。三是主动对接、主动服务、主动保障“河长制”，开展生态巡回审判方式。围绕闽江、九龙江、敖江等流域治理的需要，创设河长制生态巡回法庭，对辖区内的各条河流水资源保护、水岸线管理、水污染防治、水环境治理、水生态修复进行巡回审判，推动涉河涉水案件高质、高效审判。2018 年 3 月，漳州中院与漳州市河长制办公室联合设立河长制生态环境审判巡回法庭。[793]

生态环境修复机制推广延伸。在原有林业案件适用“补种复绿”的基础上，进一步坚持保护优先、自然恢复为主，将生态修复理念融入诉前、诉中、诉后；将修复范围从毁林刑事案件覆盖到涉生态环境各类案件，从传统的林地延伸至矿区、水域、崩岗区等各个范围；将修复手段从原态修复向代偿修复、替代修复、异地修复、公益修复等多种方式拓展，并建立监督、验收、评估、回访、风险防范等配套制度，推动“陆生修复”向“水生修复”延伸、拓展，形成多层修复、立体保护的生态修复模式。2017 年以来，福建省法院适用“补种复绿”199 件 240 人，发出“补植令”“管护令”“抚育令”等 175 份，责令涉林刑事被告人补种、管护林木面积 4 402 余亩，放养鱼苗 516.11 万尾治理水域污染。[794]

此外，福建不断在优化生态环境审判程序、健全生态环境审判咨询专家参与机制、完善生态环境司法便民工作机制、丰富生态环境以案释法机制等方面积极做出探索，取得良好的成效。

（四）生态文明建设实效显著

生态文明试验区的设立推动了各试验区的立法完善，形成了各具特色的生态保

[793]《福建法院生态司法保护状况（2017.6—2018.5）》，福建省高级人民法院网，https：//www.fjcourt.gov.cn/page/court/news/articletradition/f9e287d3-ac83-4221-90fb-3e53470442e8.html，2018 年 10 月 10 日访问。

[794]《福建法院生态司法保护状况（2017.6—2018.5）》，福建省高级人民法院网，https：//www.fjcourt.gov.cn/page/court/news/articletradition/f9e287d3-ac83-4221-90fb-3e53470442e8.html，2018 年 10 月 10 日访问。

护制度，三个省份在生态文明试验区建设的过程中也取得了巨大的社会实效。

1. 生态效益

（1）山更青

福建森林覆盖率达 65.95%，稳居全国首位。[795] 福建森林覆盖率的提升离不开商品林赎买制度改革的影响。为兼顾林农利益和生态效益，福建开始探索商品林赎买制，将重点生态区位内禁止采伐的商品林，通过赎买、租赁、置换、改造提升、入股、合作经营等多种改革方式调整为生态公益林。[796] 由政府出钱把商品林买过来，使得林农利益与生态保护都得到保护，是对于生态保护一次积极的探索。商品林赎买制度的改革对于保护森林这一生态效益起到极大的作用。贵州将中央财政专项资金共计 1 118.08 万元用于天然林资源保护工程，[797] 贵阳市在实施石漠化综合治理中共完成营造林面积 27.06 万亩，全市投资 8 478.3 万元用于 9 622 亩环城绿化建设任务，完成义务植树任务 603.76 万株。2016 年，贵阳市森林覆盖率达到 46.5%，建成区新增绿地面积 649 万平方米。[798] 建成区绿化覆盖率 40.74%，人均公共绿地面积达 12.86 平方米。[799] 完成了全市县级林地保护利用规划，同时根据林地所处生态区位和主体功能，对林地实行了分级分等保护。为保证森林覆盖率增长目标，要求各建设项目科学合理规划布局，不占或尽量少占林地。2016 年，江西森林覆盖率高达 63.1%，位列全国第二，森林储蓄量达 4.45 亿立方米，位居全国第九，森林生态系统综合效益方面，2016 年为 13 510.22 亿元。其中，生态效益 10 096.33 亿元，占 74.73%，主要包括森林涵养水源、保育土壤、固碳释氧、积累营养物质、净化大气环境、森林防护、生物多样性保护等方面。此外，江西在全省全面推行"林长制"，把每一片森林的管理责任落到各级领导肩上，做到"山有人管、树有人护、责有人担"。[800]

（2）水更绿

目前福建主要河流Ⅰ－Ⅲ类水质比重提高至 96.5%，全省 12 条主要河流优良

[795]《福建省森林覆盖率达到 65.95% 稳居全国首位》，福建日报，http://fj.news.163.com/18/0423/15/DG39MKEV04418D0R.html，2018 年 8 月 24 日访问。

[796]《商品林赎买制，福建 林农有了"不动产"》，中国林业网，https：//baijiahao.baidu.com/s?id=1570515634153443&wfr=spider&for=pc，2018 年 8 月 24 日访问。

[797]《贵阳市 2016 年环境状况公报》，铜仁网，http://www.tongren.gov.cn/2017/0605/135814.shtml，2018 年 8 月 24 日访问。

[798]《贵阳晒出环境"成绩单"：全年空气质量 350 天优良，你打多少分？》，搜狐网，https：//www.sohu.com/a/145722968_119665，2018 年 8 月 24 日访问。

[799]《四年实施有成效〈贵阳市建设生态文明城市条例〉借大数据发力》，多彩贵州网，http://www.gog.cn/zonghe/system/2017/07/12/015883776.shtml，2018 年 8 月 24 日访问。

[800]《江西森林覆盖率高达 63.1% 绿水青山换来 1.5 万亿》，江西网，http://jx.ifeng.com/a/20180531/6618506_0.shtml，2018 年 7 月 1 日访问。

水质比例达 95.8%。这些生态效益都离不开河长制全面深入实施，河长制建立省市县乡四级河长体系和村级河道专管员制度，全省流域面积 50 平方千米以上的 740 条河流全部配置河长，省市县乡 4 973 名河长、13 231 名河道专管员全部到位，实现全省大江小河全部有专人负责、有监测设施、有考核办法、有长效机制。[801] 贵州开展十大污染源、饮用水源地“双源”治理工程，启动磷化工企业“以渣定产”，实施草海综合治理五大工程，全面取缔乌江等流域网箱养鱼。[802] 从成效来看，河长制推行以来河湖水质实现明显好转。在各级河长的共同努力下，全省重要江河湖库水功能区总体达标率 87.3%，比 2016 年提高了 5.3 个百分点，全省监测的 48 条主要河流的 138 个河段，水质总体达到优良的河长占总评价河长的 89.1%，比 2016 年提高 1.3 个百分点。长江流域河流干流水质持续改善，珠江流域河流干流水质优良率保持在 100%。[803] 9 个中心城市集中式饮用水源地水质达标率持续保持 100%，县城集中式饮用水源地水质达标率 98.4%。[804] 在河长制、湖长制等有效实践下，江西省的水污染防治成效显著。强化河长巡河督导，实施清河提升、长江经济带突出问题整改等专项行动，全面启动劣 V 类水和城市黑臭水体整治。完成 25 个重点工业园区污水配套管网建设，全省在运营的工业园区污水处理厂全部达到“一级 B”排放标准。[805]

（3）天更蓝

福建省 9 个设区城市空气质量平均达标天数比例为 96.2%，$PM_{2.5}$ 平均浓度为 27 μg/m^3，在全国 74 个重点城市空气质量排名中，福州市排名第五名、厦门市排名第四名。设区市空气质量平均达标天数比例 98.4%，9 个设区城市空气质量优良天数比例达 96.2%，高于全国平均水平 18.2 个百分点。[806] 贵州省加强大气污染治理，2017 年累计淘汰 10 蒸吨及以下燃煤锅炉 171 台，淘汰黄标车和老旧车辆 25.9 万辆，治理历史遗留重金属废渣 746 万吨。[807] 这些努力使得贵州省环境空气质量持续稳

[801]《中国首批国家生态文明试验区：先行先试 初显效》，环球网，http://finance.huanqiu.com/guiyang 201609/2017-06/10867435.html，2018 年 8 月 24 日访问。

[802]《海内外法官共商司法保护推进生态文明建设》，搜狐网，https：//www.sohu.com/a/239699850_123753，2018 年 11 月 11 日访问。

[803]《贵州河长制推行取得了四方面显著成效》，新华网，http://www.xinhuanet.com/2018-06/14/c_129893763.htm，2018 年 7 月 1 日访问。

[804]《贵州：五级河长为高质量发展守护绿水清波》，光明网，https：//baijiahao.baidu.com/s?id=1603593079135282430&wfr=spider&for=pc，2018 年 11 月 11 日访问。

[805]《关于国家生态文明试验区（江西）建设情况报告》，中国江西网，http://www.jxnews.com.cn/jxrb/system/2018/02/27/016776242.shtml，2018 年 5 月 20 日访问

[806]《2017 年福建环境质量“绿色成绩单”出炉》，福建环保网，http://www.sohu.com/a/217024214_480225，2018 年 8 月 24 日访问。

[807]《同步推进经济发展与生态建设》，搜狐网，https：//www.sohu.com/a/239379594_115239，2018 年 11 月 11 日访问。

定改善。2017 年 1—10 月，全省 9 个中心城市环境空气质量优良天数比例平均为 97.3%，高出国家约束性年度指标（95.2%）2.1 个百分点。全省 88 个县级城镇环境空气质量综合指数平均为 2.74，同比下降 0.29，环境空气质量指数优良天数比例平均为 98%。[808]江西也全面推开大气污染治理行动。超额完成火电机组超低排放改造任务，改造设施 1466 万千瓦，提前完成全省 156 家火电行业排污许可证核发工作。[809]开展城市“四尘”“三烟”“三气”专项整治，[810]淘汰城区燃煤小锅炉 284 台，淘汰黄标车 5.16 万辆，完成 1100 个建筑工地扬尘标准化治理。[811]

2. 经济效益

福建省设立重点生态区商品林赎买改革试点，2016 年福建省林下经济总产值达 616 亿元，林农涉林收入的比重达 25% ~ 50%。[812]2017 年，福建武夷山市持续保持优良环境质量，$PM_{2.5}$ 日均浓度达 21.6 μg/m^3，在全省 58 个县级城市中位列第三。集中式饮用水源地水质达标率为 100%，地表水水质达标率 100%，重要江河湖泊水功能区水质达标率 100%，在污染物总量减排、城镇生活污水处理及管网建设、工业企业污染排放治理、加强环境监管、加大环保执法力度、积极推进生态文明建设等方面都取得了明显的成效。这些，离不开武夷山市人大常委会持续监督环保工作，促进武夷山生态环境持续改善。[813]生态环境的改善也有效助力武夷山的茶产业飞速发展，武夷山茶叶的销售收入提高了三成。

贵州依托良好的生态环境，积极发展旅游业，2017 年，贵州全省接待游客 7.44 亿人次，同比增长 40%，实现旅游总收入 7 100 亿元，同比增长 41.6%，旅游业继续保持“井喷式”发展势头。[814]同时，贵州还因地制宜发展绿色经济。贵州省实施绿色经济倍增计划，出台《关于推动绿色发展建设生态文明的意见》，加快发展生态利用型、循环高效型、低碳清洁型、环境治理型“四型产业”，2017 年绿

[808]《2017 年贵州省环境质量总体良好 环境空气质量持续稳定改善》，黔讯网，http://www.sohu.com/a/207275584_610793，2018 年 7 月 1 日访问。

[809]《关于国家生态文明试验区（江西）建设情况的报告》，人民网，http://jx.people.com.cn/n2/2018/0228/c186330-31290813.html，2018 年 7 月 2 日访问。

[810] 四尘：建筑工地扬尘，道路扬尘，运输扬尘，堆场扬尘。
三烟：餐饮油烟，烧烤油烟，垃圾焚烧浓烟。
三气：机动车尾气，工业废气，燃煤锅炉烟气。

[811]《江西省统计局—坚持生态优先 推动绿色发展（江统计分析报告第 121 期）》，江西省统计局网，http://www.jxstj.gov.cn/id_8a84cc8366aa52dd01673e39315964f0/news.shtml，2018 年 11 月 15 日访问。

[812]《首批国家生态文明试验区建设一年 福建等地亮成绩单》，中国新闻网，http://www.fj.chinanews.com/news/fj_ttgz/2017/2017-06-28/383411.html，2018 年 5 月 26 日访问

[813]《助力武夷“生态美”》，台海网，http://www.taihainet.com/news/fujian/napi/2018-03-27/ 2116567.html，2018 年 11 月 15 日访问。

[814]《2017 年贵州旅游十大新闻揭晓》，中国诚信消费网，http://www.cxxf.com/BusCenter/Web/NewCount.aspx?Id=0&NewsID=14020，2018 年 11 月 15 日访问。

色经济“四型产业”占地区生产总值的比重达到37%。推进绿色改造提升，以高端化、绿色化、集约化为主攻方向，实施“千企引进”“千企改造”工程，2017年引进大数据电子信息产业项目400个，改造企业1 597户、项目1 643个。加快发展数字经济，全省大数据相关企业达8 900余户，2017年数字经济增长37.2%，居全国第一位。[815]可见，良好的生态环境为贵州带来了不小的经济效益，生态保护与经济效益可以兼得。

江西省积极推行绿色循环低碳模式，加快生态利用型产业发展。扎实推动绿色有机农产品示范基地试点省建设，实施绿色生态农业“十大行动”，建成现代农业示范园152个，推进2个国家级田园综合体试点，启动全国农业可持续发展试验示范区建设，全省大力发展油茶、毛竹、香精香料、苗木花卉等产业，全省林业总产值突破4 000亿元，位列全国“第一方阵”。同时，江西省还加快全域旅游发展，积极建设省级生态文明试验区，包括九江庐山生态旅游示范区、萍乡武功山生态旅游示范区、景德镇瑶里生态旅游示范区、九江山水武宁生态旅游示范区、赣州石城赣江源生态旅游示范区、吉安东固生态旅游示范区。创建4个国家级生态旅游示范区、41个国家水利风景区、4个中国天然氧吧，全省旅游总收入达到6 435亿元，同比增长28.9%。2016年江西全省旅游接待总人数4.71亿人次，同比增长22.11%；全省旅游总收入4 993.29亿元，同比增长37.29%。除了旅游业经济增长迅速外，江西还着力推动新旧动能转换。出台实施贯彻新理念培育新动能的意见，聚焦新制造经济、新服务经济、绿色经济、智慧经济和分享经济等主攻方向，“一产一策”支持航空制造、中医药、电子信息、新能源、新材料等新兴产业发展，深入推进传统产业改造升级，全年工业技改投资占工业投资比重20%以上。强化科技与金融支撑，稀土资源综合利用技术、废弃稀土矿山植被恢复技术等达到国际先进水平，组建16家研发及产业化协同创新体，培育节能环保领域省级工程研究中心4家。全省绿色信贷余额突破1 700亿元，绿色信贷增速高于各项贷款平均增速。发行各类绿色债券100亿元，设立新能源汽车产业基金100亿元。[816]绿色经济也成为江西的一大特色，可持续发展将会带来更大的经济效益。

3. 社会效益

生态文明试验区设立以来，各试验区注重生态文明内容的宣传推广，使全社会生态保护意识得以强化。

---

[815]《贵州晒出国家生态文明试验区建设“成绩单”》，中国经济网，http://www.ce.cn/cysc/newmain/yc/jsxw/201806/22/t20180622_29503500.shtml，2018年7月22日访问。

[816]《关于国家生态文明试验区（江西）建设情况的报告》，人民网，http://jx.people.com.cn/n2/2018/0228/c186330-31290813.html，2018年7月13日访问。

贵州省在生态文明建设方面也非常重视宣传教育工作，以加强社会成员的生态保护意识，包括来到大学校园宣传环境保护重要性的讲座，为相关执法人员举办主题讲座，举办“生物多样性”摄影展。全市公办中小学生态文明地方课程开课率达到100%，共有50余万中小学生系统地接受了生态文明教育，民办学校生态文明教育活动普遍开展，生态文明教育普及率达到100%，中小学师生对创建全国生态文明示范城市知晓率达100%，对城市环境保护满意率达90%，环境保护教育普及率达90%，目前，贵阳市已有90.7%的学校建成了生态文明绿色学校。

江西省为深入贯彻中央关于全面推行河湖长制的要求，倡导成立“江西省河小青志愿服务机构”，开展“河小青”志愿服务，动员广大青少年就近就便、力所能及开展服务。“河小青”志愿服务是江西新时期深化保护母亲河行动的重要载体，要提高思想认识，健全工作机制，加强宣传推介，促进学习借鉴，提升工作实效。[817]

福建厦门市积极推进生活垃圾分类制度，以法治为基础，全民参与，尤其是在各个学校设立垃圾分类试点，让学生从小形成环境保护的意识，从垃圾分类做起。

二、生态文明试验区制度建设对于其他地区的示范效应

三个生态文明试验区建设以来，建立健全相关的制度，完善生态文明立法，不仅使得本地区的生态环境得到改善，绿色经济不断发展，在给本地区带来巨大效益的同时也给全国的其他省市起到了示范效应。

河长制、湖长制、生态补偿、生态司法保护等制度在试验区都有所体现，但每个试验区在制度的落实上又各有特点，从不同的角度为其他地区相关制度的建立推广起到很好的示范作用。本部分即以该四项制度为例，阐述生态文明试验区立法对其他省市的示范效应。

（一）河长制

早在2009年，福建省就创新探索河长制。2017年福建出台《全面推行河长制实施方案》，并在全省全面推行河长制。福建河长制的特色在于利用科技信息化来助力河流保护，运用互联网、无人机等高新技术，通过天巡地查、人防技控，形成政府与公众合力、线上与线下互动、实地与远程联动的监测预警格局。开发福建省河长制综合管理信息系统，上线河长App、河道专管员App等，分级建立“河长在行动”微信群，对河长制工作进行可视化、自动化、适时化的全过程监管。利用

[817]《我院参加全省“我是河小青 生态江西行”志愿服务启动仪式活动》，江西水利职业学院网，http://www.jxslsd.com/news_detail.aspx?id=11499，2018年11月16日访问。

无人机巡河，运用人机结合模式，实现巡河河段全覆盖、无盲区。优化整合河湖生态监测网络，科学设置监测点，实现市县乡水质交接断面实现监测全覆盖。[818]河长制管理信息系统是为河长制管理人员工作管理而专门打造的平台系统。系统充分利用各种先进技术，实现协同办公、信息共享、移动调度、远程监控、专业支持等管理目标。系统由云中心 Web 服务系统、手机 App 系统、微信公众号系统、物联网监测系统等部分组成。[819]福建的探索带来了对其他地区的示范效应，2018 年，山东、江苏、广东、湖南、海南、安徽、广西、湖北、北京等地区都陆续建成河长信息化管理平台。

江西省河湖密布，雨水丰沛，水资源量多质优。不论是水资源总量，还是水质达标率，均明显高于全国平均水平，水资源是江西省经济社会可持续发展的最优势资源。2015 年年底，江西全面启动河长制，率先在全国成立以省委书记、省长分别为总河长、副总河长的最高规格省级河长组织架构，基本建立省、市、县、乡、村五级河长制组织体系，制度建设、突出问题专项治理、宣传引导等工作扎实有效，得到中央的高度肯定和社会各界的广泛认可。江西率先设立表彰激励制度。2017 年 8 月，中央正式批复同意江西设立河长制工作表彰项目，江西省成为全国首个设立河长制表彰项目的省份。该表彰项目的主办单位是省政府，周期 3 年，表彰名额为先进集体 15 个、优秀河长 60 名。[820]该制度形成示范效应，山西、甘肃、河南、湖南、安徽、浙江、海南、河北等地的部分市县、乡镇都开始实行河长制特色表彰激励制度，有了激励才会有动力，从单位到个人才能更好地把河长制实施到位、尽职尽责。

2017 年 1 月 1 日，贵州省施行《贵州省水资源保护条例》，该条例将全面推行河长制写入在内，贵州成为全国首个地方法规中明确推行河长制的省份。同年 3 月，贵州出台河长制总体工作方案，10 月，市县两级和乡（镇、社区）工作方案全部出台。方案对基本原则、目标任务、河长体系、组织领导、部门联动、综合执法、公众参与、督查考核做出明确要求，河长会议、信息共享、信息报送、工作督查、考核问责、联席会议等工作制度相继建立完善，为河长制全面推进提供了有力支撑。[821]贵州省是在省级地方性法规中明确推行河长制的省份，表明了贵州省对

[818]《福建省打好六大“组合拳”推进落实河长制任务》，水资源管理网，http://szy.mwr.gov.cn/dflygz/201806/t20180614_1039864.html，2018 年 7 月 2 日访问。

[819]《河长制管理信息系统》，http://www.cromake.com/nd.jsp?id=11，2018 年 11 月 16 日访问。

[820]《江西水利信息 2017 年第 9 期（总第 1441 期）》，http://www.jxsl.gov.cn/sljb/jxslxx/2017/27b51de40dd04bd0bf633221e57d，2018 年 11 月 16 日访问。

[821]《五级河长为高质量发展守护绿水清波——我省全面推行河长制成就综述》，搜狐网，http://www.sohu.com/a/236458274_169540，2018 年 7 月 2 日访问。

于河长制的重视程度，河长制的推行对于河流的保护提供了有力的保障。贵州省重视河长制的立法工作，其他省份也将河长制写进省级地方性法规，其中包括浙江省《浙江省河长制规定》，不仅是省级地方性法规，而且是专属于河长制的省级地方性法规。也包括《山东省水资源条例》《山西省汾河流域生态修复与保护条例》《江苏省河道管理条例》《广东省西江水系水质保护条例》《海南省环境保护条例》《安徽省环境保护条例》《四川省环境保护条例》《海南省水污染防治条例》《四川省航道条例》《甘肃省祁连山国家级自然保护区管理条例》《河北省水污染防治条例》《北京市水污染防治条例》等，河长制的具体规定被写入这些省级地方性法规，也表明了这些省份对于河长制的制度保障十分重视，有了地方性法规的有力支撑，河长制才能顺利在省内落实实施。

另外，其他地区对于河长制的完善不仅学习试验区的优秀经验，而且根据本地区的情况进行探索创新。

为推动"河长"工作，杭州市治水办下发的《"河长制"工作百题问答》已成为当地河长必读的"入门书"。老百姓要找河长反映情况，除了拨打"河长公示牌"上的电话，还可以通过一款"杭州河道水质"的手机 App，查到杭州市乡镇级以上共 1 845 条河道的信息，并可通过"投诉"按键，直接找"河长"投诉。许多河道"河长"还建立了微信群、QQ 群，老百姓参与治理河道工作的热情和积极性空前高涨。探索"河长制"的广州也下发了《广州市河长制考核办法》，对市、区、街镇、村居每一级"河长"的职责进行了明确，将日常考核、年中考核和年度考核贯穿整个治水工作。[822] 在河道治理和保护方面，每一项具体工作，如不接电话、督办不力、交办工作不落实等，都将换算成分值，得分在 60 分以下的，将被上级部门领导约谈。天津的"河长"考核办法是对河道截污治污、水质和水面环境、堤岸绿化、长效管理机制四方面进行考核，按照"月考"成绩由市水务局进行排名，不仅要定期向媒体"晒成绩单"，还"以奖代补"，按成绩分档给予补贴。各区考核分数排名将被公示，排名后三位的"河长"将被约谈。[823]

"河长"考核结果已成为地方干部综合考评的重要依据。2011—2016 年，江苏 79 个"河长制"管理断面水质综合判定达标率基本维持在 70% 以上；广州市的 7 条河涌，已基本达到不黑、不臭标准，中心城区的沙河涌、猎德涌的水质明显好转；浙江省三年时间共消灭 6 500 千米垃圾河，整治"黑臭河道"超过 5 100 千米，

[822]《24 省市推行河长制 省级"河长"最高由一把手担任》，新华网，http://www.xinhuanet.com/politics/2016-12/25/c_1120182818.htm，2018 年 7 月 20 日访问。

[823]《探索近十年 河长制如何带来治水新局？》，新华网，http://news.xinhuanet.com/politics/ 2016-12/25/c_1120182135.htm，2018 年 7 月 20 日访问。

城乡水环境明显改善；天津推行“河长制”三年来，水质异常河道从 211 千米下降到 34 千米，环境卫生不达标河道从 53 千米变为全部达标，综合考评优秀河道从 620 千米提高到 2 274 千米。[824]

2018 年 7 月 17 日水利部宣布，全面推进河长制取得重大进展。截至 6 月底，31 个省（自治区、直辖市）全部建立河长制，提前半年完成中央确定的目标任务。机构到位，河长就位，全国明确省、市、县、乡四级 30 多万名河长，设立 76 万多名村级河长。百万河长上岗，每条河流都有了“健康守护人”。

（二）湖长制

“湖长制”，即由湖泊最高层级的湖长担任第一责任人，对湖泊的管理保护负总责，其他各级湖长对湖泊在本辖区内的管理保护负直接责任，按职责分工组织实施湖泊管理保护工作。县级及以上湖长负责组织对相应湖泊下一级湖长进行考核，考核结果作为地方党政领导干部综合考核评价的重要依据。湖长制是“河长制”基础上及时和必要的补充，是将绿色发展和生态文明建设，从理念向行动转化的具体制度安排，也是中国水环境管理制度和运行机制的重大创新，使责任主体更加明确、管理方法更加具体、管理机制更加有效。[825]在湖长制的改革中，江西省的成效显著，也为其他地区带来了示范效应。

江西省河流湖泊众多，水面面积在 1 平方千米以上的湖泊 86 个，且拥有全国最大的淡水湖泊——鄱阳湖。近年来，由于经济社会的快速发展和城镇化进程的加快，江西省也存在湖泊数量减少、湖泊面积萎缩、湖泊水体污染、水体环境变差、生态系统退化等问题。江西省发布《关于在湖泊实施湖长制的工作方案》（以下简称《工作方案》），与江西省国家生态文明试验区方案相衔接，提出通过全面实施湖长制，确保湖泊面积不缩减，湖泊水质不下降，湖泊生态不破坏，湖泊功能不退化，湖泊管理更有序。[826]江西省湖长制特色在于调查摸清重要湖泊基本情况，编制湖泊名录，实行“一湖一档”，科学制定“一湖一策”保护方案。[827]坚持问题导向、综合施策、水岸共治、协作联动。福建学习江西“一湖一策”制度。建立“一湖一档一策”，分类指导，因湖施策，有利于针对不同湖泊状况的不同问题提供解决方案。

---

[824]《探索近十年 河长制如何带来治水新局？》，新华网，http://news.xinhuanet.com/politics/ 2016-12/25/c_1120182135.htm，2018 年 7 月 20 日访问。

[825]《实行“湖长制”势在必行》，搜狐网，http://www.sohu.com/a/226378029_99890391。

[826]《江西在天然湖泊和城市规划区内湖泊设立湖长 实现河长制与湖长制有效衔接》，中国日报网，https：//baijiahao.baidu.com/s?id=1603682785369224374&wfr=spider&for=pc，2018 年 10 月 7 日访问。

[827]《江西河湖长制升级版共护“一江清水”》，搜狐网，https：//www.sohu.com/a/229422847_ 362825，2018 年 10 月 7 日访问。

江西湖长制带来的经验也为福建和河北起到示范作用。2017 年 12 月中央提出实施湖长制后，福建省立即行动，深入总结各地率先探索实践，借鉴兄弟省份成功做法，加快推进湖长制实施工作。经省委、省政府同意，2018 年 9 月 1 日省委办公厅、省政府办公厅正式印发《关于在湖泊实施湖长制的实施意见》(以下简称《意见》)，明确提出 9 月底前全面实施湖长制，实现湖长制与河长制的有机衔接、无缝融合。福建积极创新建立激励问责机制，对落实湖长制工作成绩突出的集体和个人进行表彰，对于未能有效落实的单位将给予处罚，积极宣传保护湖泊知识。设立湖长公示牌，运用社会力量和媒体加强对于落实湖长制的监督等。

河北省流域面积达 50 平方千米及以上的河流有 1 386 条、50 平方千米以下的河流有 3 000 多条；常年水面面积 1 平方千米及以上的湖泊达 30 个。[828]湖泊数量众多，因此对于湖泊的保护不容忽视。2018 年 5 月 6 日，河北省委办公厅、省政府办公厅印发《河北省贯彻落实〈关于在湖泊实施湖长制的指导意见〉实施方案》(以下简称《实施方案》)。[829]《实施方案》的部分内容借鉴了江西湖长制的经验。江西建立省、市、县、乡、村五级湖长制组织体系，河北省在借鉴江西湖长制体系的基础上，根据当地实际情况建立省、市、县、乡四级湖长体系，在白洋淀、衡水湖设立的省级河长即省级湖长。对跨县级行政区域且在本辖区地位和作用重要的湖泊，原则上由市级负责同志担任市级湖长；对跨乡级行政区域且在本辖区地位和作用重要的湖泊，原则上由县级负责同志担任县级湖长。同时，湖泊所在的市、县、乡要按照行政区域分级分区设立湖长，雄安新区也要分级、分区设立湖长，落实属地管理责任，实行网格化管理，确保湖泊管理范围内每一块区域都有明确的责任主体。各级总河湖长对本级行政区域内河湖管理保护负总责。湖泊最高层级的湖长是第一责任人，对该湖泊的管理保护负总责，要统筹协调湖泊与入湖河流的管理保护工作，确定湖泊管理保护目标任务，组织制定“一湖一策”方案，协调解决湖泊管理保护中的重大问题，依法组织整治围垦湖泊、侵占水域、超标排污、违法养殖、非法采砂等突出问题，检查督导入湖河流河长、下级湖长和有关部门履职情况。其他各级湖长对湖泊在本行政区域内的管理保护负直接责任，按照职责分工组织实施湖泊管理保护的具体工作。

(三) 生态补偿制度

生态补偿是指对个人或组织在森林营造培育、自然保护区和水源区保护、流域

[828]《全面推行河长制湖长制！ 6 月底前，雄安新区要明确……》，搜狐网，https：//www.sohu.com/a/233859868_166988，2018 年 10 月 7 日访问。

[829]《打好碧水保卫战 河北河长湖长再发力还百姓清水绿岸》，长城网，https：//baijiahao.baidu.com/s?id=1605691702085106207&wfr=spider&for=pc，2018 年 10 月 7 日访问。

上游水土保持、水源涵养、荒漠化治理等环境修复与还原活动中，对环境生态系统带来正外部性的生态价值，进而由受益的组织和个人进行价值补偿的平衡举措。[830]生态补偿制度的基本原则是“谁开发、谁保护，谁破坏、谁恢复，谁受益、谁补偿，谁污染、谁付费”。[831]

2016年3月21日，闽粤首签生态补偿协议。发源于闽西的汀江，全长300多千米，是韩江的重要支流，也是福建省流入广东的最大河流。和“下游补上游”的单向补偿不同，汀江—韩江流域横向生态补偿实行“双向补偿”原则，即以双方确定的水质监测数据作为考核依据，当上游来水水质稳定达标或改善时，由下游拨付资金补偿上游；反之，若上游水质恶化，则由上游赔偿下游，上下游两省共同推进跨省界水体综合整治。同时，采用双指标考核，既考核年达标率，也考核每月达标率；既考核污染物浓度，又考核水质达标率。经过整治，闽粤省际交界处断面水质已由劣Ⅴ类提升到Ⅲ类以上，[832]这是福建与广东进行跨省生态流域补偿的一次探索。2016年8月，中共中央办公厅、国务院办公厅正式印发《国家生态文明试验区（福建）实施方案》（以下简称《实施方案》）中，其中就明确指出福建省与广东省开展跨区域生态保护补偿试点，《实施方案》发布以后，福建开始完善关于汀江—韩江跨省流域生态补偿制度的立法。2016年12月6日，福建省政府发布《福建省人民政府关于健全生态保护补偿机制的实施意见》，其中规定：“落实《汀江—韩江流域上下游横向生态补偿实施方案》，与广东省共同推进汀江—韩江跨省流域生态保护补偿试点，探索构建上下游成本共担、效益共享、合作共治的跨省流域保护长效机制。”[833]

2016年10月19日，江西、广东两省签署东江流域上下游横向生态补偿协议，明确了东江流域上下游横向生态补偿期限，两省共同设立东江流域水环境横向补偿资金，每年各出资1亿元。两省依据考核目标完成情况拨付资金。中央财政依据考核目标完成情况确定奖励资金，中央奖励资金拨付给东江源头省份江西省，专项用于东江源头水污染防治和生态环境保护与建设工作。两省共同加强补偿资金使用监管，确保补偿资金按规定使用，充分发挥资金使用效益。[834]

---

[830] 毕金平，汪永福．我国生态补偿税费体系之厘清［J］．华东经济管理，2015（9）：90-96.

[831] 田义文，田晨，徐堃．再论生态补偿“谁保护、谁受益、获补偿”原则的确立［J］．理论导刊，2011（4）：60-62.

[832]《汀江清水流广东 福建探路跨省生态补偿》，搜狐网，https：//www.sohu.com/a/165218176_200791，2018年7月4日访问。

[833]《〈福建省人民政府关于健全生态保护补偿机制的实施意见〉正式发布》，中国水网，http://www.h2o-china.com/news/251297.html，2018年11月18日访问。

[834]《江西、广东两省签署东江流域上下游横向生态补偿协议》，中国江西网，http://jndsb.jxnews.com.cn/system/2016/10/20/015300554.shtml，2018年7月4日访问。

横向生态流域补偿是互利共赢的生态保护机制，在随后，浙江与安徽，京津冀、江苏省内的无锡与常州都陆续开始实施横向生态补偿，生态补偿制度为各地区的生态保护提供了制度保护与方向指引。

宁夏建立七大重点领域生态补偿制度。2017年7月5日宁夏回族自治区人民政府办公厅发布《关于建立生态保护补偿机制推进自治区空间规划实施的指导意见》（以下简称《指导意见》），确定在森林、草原等七大领域建立重点领域生态补偿制度，从而在该区逐步建立多元化的生态保护补偿机制，基本建成与该区经济社会发展水平相适应的生态保护补偿制度体系。《指导意见》确定，以“三区三线”的依据，强化生态保护，确定生态补偿重点领域，建立和完善补偿制度。提出建立森林保护补偿制度、草原保护补偿制度、湿地保护补偿制度、荒漠保护补偿制度、水源地保护补偿制度，探索建立耕地保护补偿制度，开展流域上下游横向生态保护补偿试点。[835]

2017年4月，昆明正式启动实施了滇池流域河道生态补偿制度。并且，生态补偿还与地方领导责任相挂钩，对被生态补偿责任县（区）的党政主要领导和分管领导，还将根据辖区所有考核断面中年均水质不达标断面比例，同比例扣减个人年度目标管理绩效考核兑现奖励。昆明市滇池管理局河道及生态管理处副处长吴静然介绍，在借鉴国内水环境区域生态补偿先进地区工作经验的基础上，市水务局、市滇管局、市环保局、市财政局、市水文局等多部门共同对河道生态补偿制度的建设进行认真、深入、全面的研究，确定在滇池流域内率先实施河道生态补偿，并逐步向滇池流域外推行。[836]

为更好地保护湿地，2017年12月16日，天津市人民政府办公厅出台《天津市湿地生态补偿办法（试行）》，建立湿地生态补偿制度，对湿地自然保护区实施退耕还湿、退渔还湿工程流转集体土地，以及对湿地自然保护区实施生态补水、生态移民进行生态补偿。按照《天津市湿地生态补偿办法（试行）》，对古海岸与湿地国家级自然保护区土地流转88.49平方千米、大黄堡湿地自然保护区土地流转70.47平方千米，按照每年每亩500元标准进行生态补偿，共计1.19亿元，全部由市财政承担；生态补水所需资金约9.9亿元，将分年度列入市水务局工程预算；古海岸与湿地国家级自然保护区生态移民所需资金108.14亿元、大黄堡湿地自然保

[835]《宁夏建立七大重点领域生态补偿制度》，中央人民政府网，http://www.gov.cn/xinwen/2017-07/04/content_5207854.htm，2018年7月20日访问。

[836]《昆明推行河道生态补偿制度以来 补偿金屡创新高》，人民网，http://yn.people.com.cn/n2/2017/1027/c372452-30862612.html，2018年7月20日访问。

护区需资金 192 亿元，通过土地平衡指标提供资金保障。[837]

2017 年，安徽在全省推行流域生态补偿制度，建立以市级横向补偿为主、省级纵向补偿为辅的地表水断面生态补偿机制。跨市界断面、出省境断面和国家考核断面水质超标时，责任市支付污染赔付金，断面水质优于目标水质时，责任市获得生态补偿金。《安徽省地表水断面生态补偿暂行办法》(以下简称《办法》)于 2018 年 1 月 1 日正式施行。《办法》规定，按照“谁超标、谁赔付，谁受益、谁补偿”的原则进行生态补偿，省环保厅以环保部、省环保厅确定的监测结果，每月计算各补偿断面污染赔付和生态补偿金额。根据办法，赔付标准根据断面污染赔付因子确定。赔付因子包括高锰酸盐指数、氨氮和总磷。当断面污染赔付因子监测数值超过标准限值时，由责任市对下游市或省财政进行污染赔付。《办法》规定，赔付标准暂定为：断面水质某个污染赔付因子监测数值超过标准限值 50% 以内（含 50%），责任市赔付 50 万元，超标倍数每递增 50% 以内（含 50%），污染赔付金额增加 50 万元。每一污染赔付因子赔付金每月最高为 300 万元。补偿是对水质保护成绩的奖励，标准根据水质类别确定。如月度断面水质优于年度目标 1 个类别，责任市每次获 50 万元生态补偿金。[838]

在 2018 年 7 月 13 日发布的《京津冀蓝皮书：京津冀发展报告（2018）》(以下简称“蓝皮书”)，目前，以北京、张家口为主的京津冀西北部地区初步形成了以中央纵向补偿为主，地方横向补偿为辅，经济和技术为主要补偿方式的跨区域生态补偿机制。第一，形成以中央为主、地方为辅的补偿主体。根据张家口市财政局的数据，2009—2016 年，中央对张家口市的生态转移支付从 1.89 亿元迅速增长到 9.45 亿元，增幅达 400%。地方政府配套资金（河北省及张家口市）迅猛提升，从 2009 年的 0.23 亿元大幅提升至 2015 年的 0.53 亿元。张家口市环保支出增幅远高于张家口市地区生产总值（GDP）和财政收入增幅。2001—2015 年张家口市风沙源防治、退耕还林还草等重点工程投资总额达到 30.47 亿元。其中，中央财政资金达 27.56 亿元，占总投资的 90.45%；地方政府财政资金达 2.91 亿元，占总投资的 9.55%。第二，形成以经济和技术补偿为主的补偿方式。张家口市现行的生态补偿方式主要分为两类，一类是经济补偿，主要包括中央直接生态补偿资金、横向补偿资金、生态奖补等；另一类是技术补偿，主要包括人员培训、技术设备等生产资料补偿。[839]

---

[837] 建立湿地生态补偿制度》，北方网，http://tjtong.enorth.com.cn/system/2017/12/06/ 34176169.shtml，2018 年 7 月 29 日访问。

[838]《安徽全省推行流域生态补偿制度》，新浪新闻，http://news.sina.com.cn/c/2018-01-17/doc-ifyquixe 3353145.shtml，2018 年 7 月 20 日访问。

[839]《京津冀西北部初步形成跨区域生态补偿机制》，人民网，http://qh.people.com.cn/n2/2018/ 0719/c182756-31836343.html，2018 年 7 月 20 日访问。

（四）生态司法保护机制

2014年5月23日福建省高级人民法院林业审判庭正式更名为生态环境审判庭，这是中国首个省级生态环境审判庭。国家生态文明试验区建设以来，福建建立健全生态司法保护机制。在全国率先实现省、市、县三级生态审判和检察专职机构全覆盖，建立生态环境资源保护行政执法与刑事司法无缝衔接机制，及时高效惩处破坏生态环境资源的违法行为。建立修复性生态司法机制，实现惩治违法犯罪、修复生态环境、赔偿受害人经济损失“一判三赢”的良好效果。[840]贵州率先设置环保法庭并成立公检法配套的生态环境保护专门机构，率先开展由检察机关提起环境行政公益诉讼的探索，全省环境资源司法机构达108个，实现全覆盖。[841]试验区在生态司法保护机制方面不断创新，先行先试，对其他地区也起到示范作用，并且其他地区在此基础上又进行大胆创新，取得良好成果。

早在2011年，重庆法院就在渝北和万州两区试点设立专门审判庭，集中审理环境资源案件。涪陵、黔江、江津三个基层法院相继设立环资审判庭。2016年3月市高法院和五个中级法院又分别成立了6个环境资源审判庭。至此，全市实现三级法院的纵向全覆盖。推行环资审判庭刑事、民事、行政案件“三合一”的综合受案模式和环境资源案件集中管辖制度，由5个设立环资审判庭的基层法院集中管辖所在中级法院辖区发生的所有一审环境资源刑事、民事、行政案件，使发生在各个行政区域的各类环境资源案件均归口到环境资源审判庭进行集中审理，实现了环境资源案件管辖在区域和类别上的横向全覆盖。[842]

2016年以来，云南省昆明市寻甸县环境资源审判庭积极探索环境司法审判“三审合一”模式。将涉及环境资源的刑事、民事、行政案件集中到环境资源审判庭审理，探索不同审判模式下相同事实的认定和不同裁判标准的整合，促进了审判专业化、规范化建设，确保环境资源案件审判的质量。[843]

2017年6月5日，在河南省高级人民法院与华北水利水电大学共同举办的环境资源损害司法鉴定与修复研究基地揭牌仪式暨环境公益诉讼研讨会上，院长张立勇说，全省9个中级法院和20个基层人民法院设立了独立编制的环境资源审判庭，

[840]《福建全省推广首个国家生态文明试验区7项改革成果》，中国经济网，http://www.ce.cn/cysc/newmain/yc/jsxw/201804/20/t20180420_28899457.shtml，2018年7月21日访问。

[841]《国家生态文明试验区建设“贵州经验”探析》，东方财富网，http://finance.eastmoney.com/news/1355,20180709903024920.html，2018年7月22日访问。

[842]《重庆建立三级法院全覆盖的环境资源审判体系》，央广网，http://news.ifeng.com/a/2016 0603/ 48912097_0.shtml，2018年7月22日访问。

[843]《寻甸形成省市县三级环境资源审判机制》，法制网，http://gs.legaldaily.com.cn/content/ 2016-11/24/content_6890375.htm?node=37232，2018年7月22日访问。

另有100余个中、基层法院设立环境资源审判合议庭或巡回法庭，全省三级法院环境资源审判组织体系初步形成。[844]

山西省在生态司法保护机制方面积极做出创新，2018年省高级人民法院与省环保厅联系协调，建立了山西省生态环境审判专家库，首批共有58名专家入选，涵盖了水环境污染损害、大气环境污染损害、土地环境污染损害、生态环境破坏等技术领域。生态环境审判专家库成员将对环境保护法律、法规和政策的理解与适用，提出专业意见；对环境是否存在损害、生态环境修复费用和服务功能损失的数额、行为和损害的因果关系等专业技术性问题，提出专业意见，对环境资源专业性问题的鉴定意见、专家意见，作为专家证人出庭发表意见，对环境资源案件证据保全、现场勘察等，到场作专业知识、专业技能上的指导，为全省进一步推进生态环境审判提供强有力的技术支持。[845]

[844]《河南三级法院环境资源审判组织体系初步形成》，法制网，http://www.101more.net/a7798.html，2018年7月22日访问。

[845]《山西省建立生态环境审判专家库》，人民网，http://sx.people.com.cn/n2/2018/0701/c189130-31762466.html，2018年7月22日访问。

第六章　生态文明试验区立法的问题与完善

一、生态文明试验区立法存在的问题

（一）试验区立法的生态化程度不足

以动态的、发展的视角观察试验区地方立法活动与成果，并考察其中对生态保护理念的贯彻程度，是我国生态文明制度建设中不容忽视的重要组成部分。对于福建、江西和贵州三个国家生态文明试验区而言，其地方立法生态化程度的实证分析对于其他地区乃至国家都具有一定的现实意义。

立法生态化程度，是立法机关在遵循生态规律制定法规范性文件的过程中，从立法价值诉求、立法过程和立法成果上体现生态文明的理念，为保护环境和节约资源、促进生态建设提供法律依据的程度。依照陈泉生教授的观点，判断立法生态化程度的着力点，在于以一个动态的、过程性的视角来观察立法活动与立法成果对生态文明理念的贯彻程度。[846]可见，对立法生态化程度的评价是一个复杂的问题，需要我们从三个方面进行实证分析：

1. 立法价值诉求生态化

以立法目的的数量为标准，法规规章可分为单一目的法规规章和多重目的法规规章。本书拟选取 2015—2018 年福建、江西和贵州三省地方省级立法为样本，观察立法目的对生态价值诉求的体现以及有关生态文明的立法价值诉求规定次数和具体立法目的的规定次数。[847]

三个生态文明试验区生态立法价值诉求与具体目的的内容与分布见表 6-1。

---

[846] 陈泉生教授曾指出："与其说法律的生态化只是一种立法的理念、精神或指导思想似不够完整，不如说法律生态化是一种法律发展的趋势似更为全面。"其即将法律生态化作为一种立法精神或指导思想予以囊括，又指出了这一立法精神或指导思想确立后推动法律朝着生态化方向不断推移的发展趋势和过程，从而较为全面、较为科学地概括了法律生态化的内容与特征。陈泉生 . 论科学发展观与法律的生态化［J］. 福建法学，2006（4）：2-10.

[847] 说明：课题组在本书中之所以选取 2015—2018 年立法进行分析，是因为此阶段有两个重要的时间点：一是 2014 年 3 月，国务院确认了福建省成为首个进入生态文明先行示范区，同年 6 月，贵州省成为第二个迈入生态文明先行示范区建设的地区。2016 年 8 月，福建省成为国家生态文明试验区建设的第一个试点，2017 年 9 月，贵州和江西一同成为国家生态文明试验区建设的试点，至此，贵州、江西与福建一起构成目前我国生态文明试验区的首批试验和示范对象。

表 6-1　三个生态文明试验区立法价值诉求与具体目的的内容与分布

立法价值诉求	具体目的	规定次数	总规定次数
资源保护	资源保护	36	79
	资源合理开发利用	30	
	生态功能与生物多样性	13	
污染防治	防止减少污染	21	40
	改善生活环境	13	
	生态破坏防治	6	
发展	经济与环境协调发展	6	11
	农村发展	2	
	城乡规划	3	
生态补偿		5	5
生态文明促进		3	3
保障法律法规的实施		3	3

2015—2018 年立法计划中关于生态立法价值诉求表述条款，就福建、江西和贵州三生态文明试验区之间横向对比分析，具体见表 6-2。

表 6-2　三个生态文明试验区生态立法价值诉求横向比对

立法价值诉求	福建省	江西省	贵州省
资源保护（生态功能保障）	15 件	35 件	29 件
污染防治（生态治理）	20 件	12 件	8 件
综合性	2 件	/	4 件
总数量	37 （6件处于审议阶段）	47 （8件处于审议阶段）	41 （5件处于审议阶段）

从表 6-1、表 6-2 中可以看出：①实现生态文明的价值诉求与发展、环境资源保护、污染防治等联系在一起而受到立法者的关注，表明立法在一定程度上已开始注意系统性思考，将生态保护的价值诉求贯穿社会生活的方方面面；②有关生态补偿、生态文明促进等新时代生态文明建设提倡的主要价值诉求得到体现，但是立法比重依然偏少，与传统的环境保护、环境友好型社会发展领域的立法相比较为薄弱。

2. 立法过程生态化分析

福建、江西和贵州三个生态文明试验区生态保护的价值诉求涵盖社会生活的各个方面，已经对生态立法进行系统性思考。但三个试验区立法思路有所区别，如表 6-3 所示，福建省是将生态文明综合性立法与单项立法交叉进行，成熟一件制定一件；江西省则是倾向优先完善生态文明相关的单项立法，时机成熟再出台生态文明综合立法。虽然其目前尚未出台生态文明试验区建设的综合性立法，但从其法规、规章以及规范性文件数量来看，生态文明的单行立法比较比较丰富，预测在接下来的几年会出现生态文明立法的高峰期；贵州省率先推出了生态文明综合立法，并以此引领生态文明各领域的单项立法。

表 6-3　三个生态文明试验区生态立法情况对比

类型	福　建	江西	贵州
生态文明“基本法”	已出台	2018 年立法调研项目	已出台
地方性法规	6	2	6
地方政府规章	20	20	11
省级规范性文件	35	82	40
合计数量	61	104	57
覆盖范围	生态文明建设全方面，包括综合类、污染防治、水资源类、国土资源类、森林资源类、生物资源类、农业资源类、矿产资源类、风景名胜类等 10 余类		

立法是一个动态的过程，包括制定立法规划、立法调研、提出立法草案、审议立法草案、表决以及通过议案和公布。本书拟选取 2015—2018 三年福建、江西和贵州三地的省人大常委会、省人民政府的立法年度计划和规章制定年度计划作为样本，观察法规制定计划和规章制定计划中涉及生态文明立法的相关情况。

（1）福建[848]

2015 年，提请审议的 11 项法规并无生态法规立法，而 23 项规章中，有《海洋生态补偿赔偿管理办法》《森林公园管理办法》《敖江流域水源保护管理办法》3 部生态规章；预备制定的 7 项法规和 4 项规章中无生态法规规章；列入调研项目有法规 10 项，规章 4 项，其中有《古树名木保护条例》《海岛保护条例》。2016 年，提请审议 16 项，包括《核电厂辐射环境保护办法》《气象设施和气象探测环境保护办法》《古树名木保护条例》《国有林场管理办法》《海洋生态补偿管理办法》列入总共 21 项预备项目；《绿色建筑发展条例》《生态文明建设条例》则是 14 项立法调研项目其中 2 部。2017 年，在 18 部审议项目中，将安排《绿色建筑发展条例》《生态

[848] 为行文简练，此部分以下文段法规规章名称均省略“福建省”字样。

公益林条例》《武夷山国家公园条例》《国有林场管理办法》进行初次审议；《生态文明促进条例》《自然资源统一确权登记办法》《海洋生态补偿管理办法》《省级湿地公园认定管理办法》列入18项立法预备项目；《生态补偿条例》是16项调研项目之一。2018年，拟审议（制定）4部生态文明法规规章：《大气污染防治条例》《城乡生活垃圾管理条例》《平潭综合实验区石头厝和滨海沙滩保护管理办法》《河长制工作管理办法》，审议项目共有13项；而《促进新能源汽车产业发展办法》《用能权有偿使用和交易管理暂行办法》《湿地公园管理办法》《气候资源开发利用和保护办法》列入14项预备项目；以及《动物保护条例》《土壤污染防治条例》《九龙江流域管理条例》《水权交易管理试行办法》列入13项调研项目。

2015—2018年福建省各年度生态立法计划比重如图6-1所示。

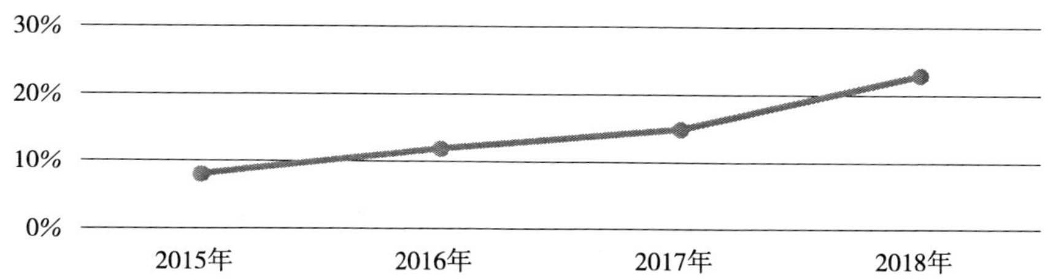

图6-1　2015—2018年福建省各年度生态立法计划比重

结论：结合图6-1，2015年福建省生态立法计划比重明显低于后面3年，凸显出2016年国家设立福建省为国家生态文明试验区对于福建生态立法进程的显著促进作用。而且，2016—2018年，比重呈稳步上升趋势，符合生态文明立法渐进发展的规律，可以看出，福建试验区在三年多来的建设中勇于改革创新，取得了显著成效。但是，问题依然存在，那就是生态立法计划比重依然偏低，基本不足20%，还有进一步提升的空间，仍需加强对生态文明理念的贯彻。

（2）江西[849]

2015年，审议10项，包括《武夷山国家级自然保护区条例》；重点预备和调研15件，包括《民用建筑节能管理办法》《赣南脐橙保护办法》《稀土管理办法》。2016年，审议项目《农业生态环境保护条例》《河道采砂管理条例》《大气污染防治条例》《农业生产环境保护条例》，共审议12项；重点调研19项，仅有一部《九江开放开发区管理办法》。2017年，《湖泊保护条例》是拟提请审议11项其中之一，重点调研13项，包括《农村供水管理条例》《林木种子条例》。2018年，审议12项，其中有《河湖长制工作条例》《气候资源保护和开发利用条例》；重点调研15项，

[849]为行文简练，此部分以下文段法规规章名称均省略“江西省”字样。

包括《开发区管理条例》《生态文明建设促进条例》《用能权有偿使用和交易管理暂行办法》。

2015—2018 年江西省各年度生态立法计划比重如图 6-2 所示。

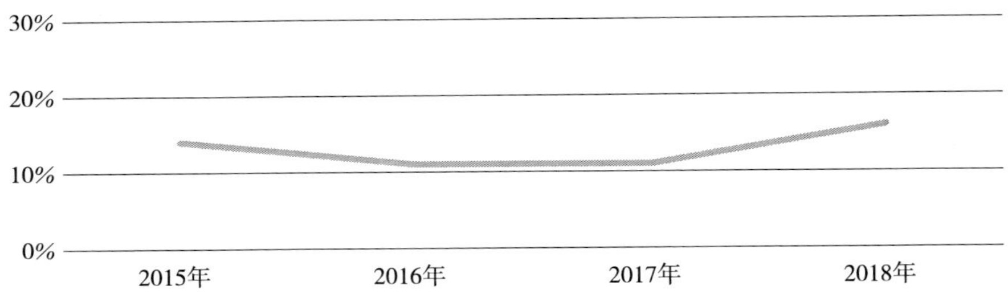

图 6-2 2015—2018 年江西省各年度生态立法计划比重

结论：表面上看，江西省生态立法计划比重略微高于贵州省，低于福建省；但结合整体数量考究，在三个生态文明试验区中，江西省是生态计划立法数量最低的省份。虽然总体来说，江西生态立法取得一定成绩，为推进江西生态文明建设提供了立法支撑，但仍需在立法计划等立法活动中深入贯彻生态化的立法观，以保障国家生态文明试验区建设的需要。

（3）贵州[850]

2015 年，提请审议 10 项，涉及生态文明立法的包括《湿地保护条例》《耕地占用税实施办法》；在总计 16 项的预备项目中，有《民用建筑节能与绿色建筑发展条例》《大气污染防治条例》两部；《循环经济促进条例》则是 19 项立法调研项目中仅有一部生态立法相关的。2016 年，提请审议 10 项，包括《湿地保护条例》《水资源保护条例》《耕地占用税实施办法》；在总计 13 项预备目中，有《乌江流域保护条例》；在总计 17 项的调研项目中，有《水污染防治条例》《环境影响评价条例》。2017 年，提请审议 12 项，仅有《水污染防治条例》涉及生态文明；在总计 32 项的预备项目中，有《循环经济促进条例》《园林绿化条例》《河湖管理条例》《国有林场条例》；11 项立法调研项目其中并无涉及生态文明。2018 年，提请审议制定 10 项，并无涉及生态文明；《生态补偿条例》《地下水管理暂行办法》《公共机构节能管理办法》被列入 21 项预备项目；在总计 18 项的调研项目中，有《环境影响评价条例》《国有林场管理条例》《古树名木保护条例》。

2015—2018 年贵州省各年度生态立法计划比重如图 6-3 所示。

[850] 为行文简练，此部分以下文段法规规章名称均省略“贵州省”字样。

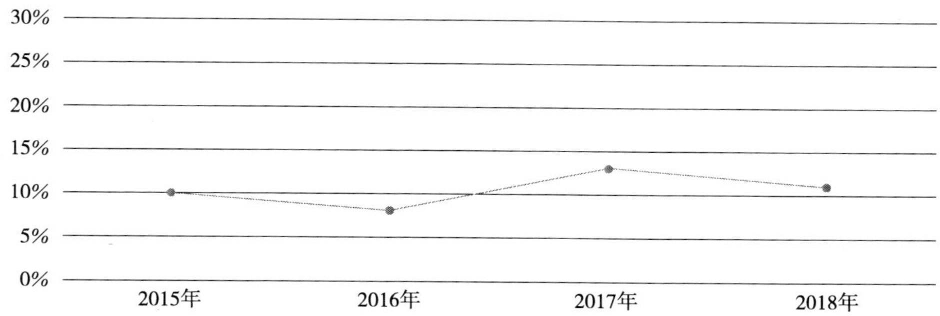

图 6-3　2015—2018 年贵州省各年度生态立法计划比重

结论：贵州省的生态立法计划覆盖面广、涉及较为完整的生态文明领域。但是，四年以来的数据也显示，贵州省生态立法计划比重基本在 10% 左右，这是一个偏低的数值，生态立法计划的现状还不足以保障贵州试验区建设的需要。

3. 立法成果生态化体现

立法的成果即各种法规范性文件，主要为地方性法规、地方政府规章。主要关注设置了哪些生态保护相关制度，是否有对应的法律后果、法律责任的规定，此项内容能够反映立法生态保护的强度。综合以上图 6-1～图 6-3，三个试验区均高度重视生态省的建设战略，立法中生态保护制度的规定多种多样，自 2015 年至 2018 年短短几年间，涉及地方性事务的主要生态法规规章纷纷出台，基本上探索了省域国土空间规划管制、生态环境治理保护市场、多元化生态保护补偿、环境损害赔偿、自然资源资产产权、生态系统价值核算、环境资源司法保障、绿色发展绩效评价考核等 30 多项制度成果。立法活动成果丰富，基本上到 2020 年，三个试验区有望率先建成较为完善的生态文明制度体系，形成一批可在全国复制、可推广的重大制度成果。而且综合图 6-1～图 6-3，无论是在地方性法规还是在地方政府规章中，能够体现生态价值取向的法规规章都占据了一定的比重。

通过对立法生态化程度进行实证分析，可以看出：自从国家提出生态文明试验区建设以来，福建、江西和贵州在省级层面的生态文明立法建设均有相应的制度成果，也取得了一定的立法成效，立法成果十分丰富、厚重。目前，福建、江西和贵州三个生态文明试验区通过法规规章的制定，探索实践形成了一些较为成熟的、具有引领示范作用的共性制度，主要包括多元化生态补偿制度、商品林赎买制度、环境污染强制责任保险制度、河长制、自然资源资产产权制度、环境资源司法保障制度、绿色发展绩效评价考核制度等共性制度。同时，与试验区建设战略定位相适应，探索实践湖长制、生态系统价值核算、海洋资源开发保护、国家公园立法、生态脱贫、生态文明大数据应用、生态国际论坛合作和生态文明监督员等特色制度。

从立法实践角度观察，三个生态文明试验区立法体现阶段性特征，依然存在以下的问题：

第一，试验区地方立法的生态化程度与2017年8月中央关于试验区建设的要求仍有一定差距，立法生态化依然需要在地方立法的过程中发挥更具引导性、促进性的作用。立法计划等立法活动对生态文明理念的贯彻尚需加强。

第二、尽管各试验区人大和省政府在全省生态文明建设发展中发挥了重要作用，但是两者的作用依然有差异，人大立法机关制定的体现生态文明内容的立法计划要多于地方政府制定的政府规章。行政机关的行政立法作用发挥不充分。需要强调的是，生态文明建设目标的实现是一个复杂的、渐进的过程，仅仅靠单一、片面的立法来保障是不够的。在肯定人大立法机关主导地位的前提下，还需要各个有权立法主体的协力和各个立法环节的衔接，需要进行生态文明相关立法的系统化设计。

（二）试验区立法缺乏统一规划，系统性有待增强

1. 立法体系化不足、部分规范层级较低

规范的生态文明制度建设，需通过建立有效的顶层设计，建构能体现环境正义和环境公平的生态文明制度体系，再通过法规、规章等外在形式表现出来。[851]

立法形式上统一规划的缺乏、体系杂乱、各自为政的局面在生态文明建设领域更为突出。目前三个试验区关于生态文明建设的立法内容不可谓不多，既有法规，也有规章和规定。由于生态文明建设涉及的领域极为广泛，这些法律规定也几乎涵盖人与自然关系的所有领域，而在每一个领域，又出现多个立法共同调整的情形。在某种意义上，立法数量之众多、内容之繁杂一方面不利于立法资源的优化配置；另一方面，这些针对不同生态问题的生态立法，虽然规范的是不同的生态领域，调整的是不同的生态关系，看似各自具有其合理性和可行性，但是，一旦立足整体，综合观察，就会发现目前的立法形式实际上是一种“头痛医头脚痛医脚”“各人自扫门前雪”的处理方式。因为，自然生态界的特点在于它有独立于人类意志的内在属性和发展规律，是作为一个相互依存、相互联系的整体而存在的。但是生态文明建设欠缺宏观上的统一部署和安排，即过于零散的法律制度设计有悖生态文明建设的整体性要求。个别的单行立法只能涉及所调整领域中的局部内容，以自然资源法为例，在生态系统的综合保护的规范上失之偏颇。例如，水资源管理与水污染防治不仅有不同的立法，而且长期以来，国家对水质和水量实行分部门管理，管水质的不

[851] 王旭．中国特色社会主义生态文明制度研究——基于马克思主义基本原理的当代发展视角［D］．东北大学，2015.

管水量，管水量的无权管水质。[852]因此，中央有关文件明确要求各试验区完善自然资源监管体制，将分散在各部门的有关用途管制职责，逐步统一到一个部门。但是目前各试验区仍旧在法规体系上缺乏统一规划，各自为政，缺乏把生态环境立法当成系统性工程的立法理念，未能按照生态系统综合管理的方法构建起系统的法律制度之网。

试验区部分生态文明制度建设尚未上升到法规层次，仍处于出台规范性文件予以规定的阶段，总体离建立科学系统完备的生态环保法规体系还存在一定距离，还不足以完全支撑国家生态文明试验区建设的需要。对于部分先行探索的制度，还未有法规性或规章性立法支撑。例如，生态系统价值核算制度、环境污染强制责任保险、资源环境税费、耕地草原河湖休养生息制度、资源环境承载能力监测预警机制在三个试验区都未有相关地方性法规条款。再以江西省为例，江西省陆续推出《江西省环境保护督察方案（试行）》《江西省主要污染物初始排污权核定与分配技术规范（试行）》《江西省排污权出让收入管理实施办法》等法律文件。实质意义上，这些法规规章之外的规范性文件只是形成了一定层面上的生态文明制度初步框架，并没有完成构建具备完整性、权威性和可复制性的制度模式的任务。[853]简言之，当前试验区建设虽取得初步成果，但要实现建成具有地区特色、系统完整的生态文明制度体系建设目标，还须加快立法形式的改造。

2. 法律规范之间存在矛盾和冲突

分散的单个立法虽然主要专注调整各自领域和相关问题，但是需要注意，社会生活领域特别是生态保护领域，不可避免地会有交叉重叠的空间，从理论上说也就可能引起法律之间的冲突和矛盾。试验区立法者尽管在制定不同法律规定时会尽量考虑诸多个别立法的互相协调，但目前试验区环境立法的相关条例缺乏协调性，各立法之间出现重复、交叉甚至冲突的问题依然没有彻底解决。例如，《中华人民共和国渔业法》（以下简称《渔业法》）第 30 条规定："未按本法规定取得捕捞许可证擅自进行捕捞的，没收渔获物和违法所得，可以并收罚款；情节严重的，并可以没收渔具。"[854]这一条并未明文规定可以没收渔船。而《福建省实施〈中华人民共和国渔业法〉办法》第 34 条规定："未取得捕捞许可证擅自进行捕捞或者伪造捕捞许可证进行捕捞，情节严重的，可以没收渔船。"[855]这是与《渔业法》的规定不一致的，造成冲突。因此，在调整同一种社会关系的法律部门中，既要注意同位阶法

[852] 滕玉军．中国水资源管理体制改革研究［J］．宏观经济，2006（6）：42.
[853] 谢丹．江西生态立法现状及完善对策研究［J］．老区建设，2017（14）：57-58.
[854]《中华人民共和国渔业法》第 30 条。
[855]《福建省实施〈中华人民共和国渔业法〉办法》第 34 条。

律规范之间潜在冲突的避免，也要特别注意地方立法对中央立法的服从关系。

（三）试验区立法还存在短板

1. 农村环境综合治理体系不健全

当下，与城市生态环境的治理和保护相比，农村的生态环境问题尚未得到明显改善，形势依然比较严峻。《2016中国环境状况公报》显示[856]，广大乡村地区的生态环境整体质量偏低，主要包括耕地质量问题、耕地退化等问题严重；资源过度开采，农村环境承载能力已经达到或接近上限；过度使用农药和化肥导致的农业面源污染，对水体和土壤的有机污染，农业生产生活中垃圾随意堆放焚烧对大气的严重污染；农村环境设施落后，环保投入不足等。

通过对我国三个生态文明试验区的农村环境问题法治保护状况进行分析发现，目前试验区环境立法中存在城乡二元不平衡的结构，即相比城市生态文明建设的立法研究与立法实践较为先进、成熟的现状，农村生态文明立法体系探索依然滞后，在一定程度上制约了国家生态文明试验区建设。

“文明本身就是由各种规则和习惯组成的制度”[857]，2015年“中央一号”文件首次提出要推进农村法治建设以加强农村生态保护。但是截至当前，生态文明立法依然侧重以城市为中心，立法上存在的城乡不公平导致农村环境综合治理体系不健全。主要体现在以下几个方面：

首先，农村生态立法数量少。与农村生态文明建设相关的法规规章数量偏少、难成体系，农村生态立法数量远不如城市生态立法数量。

其次，农村生态立法条文鲜少涉及。虽然当前三个试验区的生态立法覆盖了污染防治、资源保护、生态治理等多方面的内容，但是没有把农村生态立法当成系统性的工程，相当一部分内容规定缺乏综合性、系统性、全局性的考量，[858]目前，侧重以控制工业污染为主、以改善城市环境质量为目标的立法目的，一定程度上边缘化农村生态保护问题。以大众关切的大气污染问题为例，江西省专门出台了《江西省机动车排气污染防治条例》，但是规定的内容只集中于城市交通大气污染治理方面。2017年又实施了《江西省大气污染防治条例》，单从法规命名上看这是一部综合类的有关大气污染治理的地方性法规，然而我们具体分析结构与内容后可以发现，这部法规除去总则和附则两章，其他主体章节分别为“第二章工业、燃煤和其他高污染燃料污染防治、第三章扬尘污染防治、第四章机动车船和非道路移动机械

[856]《2016中国环境状况公报》，中国法院网，https://www.chinacourt.org/index.shtml，2018年6月15日访问。

[857]张宇燕．经济发展与制度选择［M］．北京：中国人民大学出版社，1992：56.

[858]张莽．当前我国生态文明建设的核心问题研究［J］．生态经济，2017（4）：185.

排放及其他污染防治、第五章重污染天气应对和区域大气污染联合防治”。立法设计基本集中于工业和城市大气污染治理，对于广大农村中存在的农业垃圾、秸秆随意堆放焚烧造成的污染大气问题却鲜少涉及。

再次，缺乏专门针对农村环境保护的省级统领性法规或规章。目前，仅有江西省有专门的法规进行规定，即《江西省农业生态环境保护条例》。而福建、贵州两省尚没有出台类似的专门性法规或规章。

最后，现行有关农村生态文明的立法散见于不同的地方性法规规章中，有关农村生态环境的重要保护或者防治对象的重点立法相对滞后，特别是在三个试验区之间进行对比，这种立法滞后性更明显。如福建省出台了《福建省野生药材资源保护管理实施细则》专门保护野生植物资源，而江西和贵州两省并无相应的具体立法；贵州省出台了《贵州省森林林木林地流转条例》专门规范林业资源的流转行为，而福建和江西两省缺乏相应的特别立法。可见，在不同的农村生态重点立法对象或重点立法领域，三个试验区都存在立法滞后性问题。目前来看，农村生态文明建设仍存在上述诸多问题亟待改善，农村生态立法现状无法满足国家生态文明试验区建设的需要。

2. 生态文明教育法规缺失

2016 年全国“两会”上，多位代表、委员就环境教育立法提出了建议、议案和提案，呼吁尽快制定并颁布《环境教育法》，用立法的形式确立环境教育在生态文明建设和社会发展中的地位和作用。2018 年 7 月 4 日，十二届福建省政协常委会第三次会议围绕“深化国家生态文明试验区建设”开展专题协商，会上有致公党专家提出了：福建省在国家生态文明试验区建设取得了丰硕成果，但是生态文明宣传教育工作显得薄弱，存在制度缺失、专项宣传教育经费短缺等问题。[859] 实际上，生态文明教育缺少坚实的法律制度保障是试验区共同的问题，是当前我国生态文明教育制度建设相对滞后的一个缩影。尽管中央有关部门已经进行了国外环境教育立法调研，诸如宁夏、天津等地区也对环境教育制定了专门条例，[860] 但试验区仍然缺乏环境教育专门立法，具体体现在政府、社会和学校共同参与的生态文明教育方面缺少顶层设计和科学规划，尚未形成完整的生态文明教育体系。由于教育的缺失，我国民众环境知识缺乏，环境意识亟待提高，价值体系尚未形成，日常行为亟须规范，环境保护技术能力仍需提升。环境保护知识的增加、意识的提升、能力的增强都需要通过科学、系统、长期、全面的教育得以实现，毕竟没有环境伦理的提升，环境相关的法律也很难真正执行到位。

---

[859]《省政协常委会开展深化国家生态文明试验区建设专题协商》，福建省人民政府网，http://www.fujian.gov.cn/xw/spdb/xwsp/201807/t20180720_3457968.htm，2018 年 7 月 24 日访问。

[860]《宁夏回族自治区环境教育条例》《天津环境教育条例》。

3. 部门职责权限划分有待完善

毋庸讳言，长期以来生态文明领域部门职责交叉、分散、政出多门等问题的存在，不符合党的十八大有关“五位一体”总布局的要求。2018 年 3 月，国务院机构改革方案决定组建自然资源部和生态环境部。新组建的自然资源部整合了原国土部、发改委、水利部、农业部、林业局等八大部委对水、草原、森林、湿地及海洋等自然资源的确权登记管理等方面的职责。新组建的生态环境部将原环保部的职责以及其他六个部委的相关职责整合了起来。可以说，此次机构改革就是要解决“行政职能碎片化”的问题。在此次机构改革之前，我国的土地、森林、水等自然资源分散在不同的管理部门，每个部门对职责范围内的自然资源实行资产管理、用途管制等相统一的管理模式，这种模式人为地割裂了自然资源之间的有机联系，同时协调机制又不够健全，种树的只管种树、治水的只管治水、护田的单纯护田，缺乏跨部门统筹生态文明建设的常设平台，导致政府有关职能部门之间难以形成合力，又容易顾此失彼，缺乏工作协同和政策协调，造成资源的内耗、制度成本的上升和治理效果不能令人满意。针对生态环境保护领域存在职责交叉重叠、九龙治水的问题。此次大部制改革重点就在于实现从分散的职责划分到系统化的职责“统领”。但是，自然资源保护和生态环境治理的相关职责还分立在两大部内，理论上依然有进一步融合为一个“生态大部”的空间，且在生态整体系统面前，未来两部门决策的科学性与合理性仍需要两部门在强化沟通、可操作的条件深度融合。

长期以来，各试验区也尝试了一些职责“打通”的举措，并强化了跨部门统一协调、高效运行的长效机制建设。贵州省成立生态委部门，具体负责本行政区域生态文明建设的指导、协调和监督管理工作。[861] 福建省拟成立生态文明建设领导小组办公室统筹实施生态文明建设规划，推进生态文明建设工作的组织协调、任务分解工作。江西省生态文明办在全省生态文明建设中担负牵头重任，统筹协调生态文明建设工作。[862] 试验区地方立法加强了生态文明建设工作的统筹协调，强化了齐抓共管的联动机制。但是，在“针对问题立法，立法解决问题”的过程中，并没有彻底、有效地解决多个环保部门职责交叉问题。一方面，新设的协调机构或联动平台，还是建立在有关各部门间互相联系、互相配合、协调运转的整体之上，一旦有关部门间出现协作不畅、行政不作为的问题，就容易导致新设的统筹机构统筹力度不够；另一方面，新设的统一指导机构毕竟处于初建完毕的阶段，虽然对于生态文明建设相关部门起到协调作用，但是实际协调工作还存在难度。对于生态文明建

[861]《贵州省生态文明建设促进条例》第 6 条。

[862]《省环保厅与省生态文明办举行座谈会》，江西省环境保护厅网，http://www.jxepb.gov.cn/hjzx/stdt/2017/208d6392e6894df3a54366dcffee775d.htm，2018 年 7 月 8 日访问。

设法定职责的落实还需加以细化，工作重点还需要予以突出，对于促进有关部门科学民主决策的作用和实效性还有待评估，如江西省设置了江西省生态文明办，但尚未具体规定该机构为何性质、有何职责等。综上所述，立法实践应着力构建行之有效的体制机制，强化政府有关部门统筹执行力度，在更大范围和更高层次上形成合力、统一意志、做出共识，才能更好地明确权力划分与职责边界，引领和推动生态文明建设走向纵深。

4. 配套立法需进一步完善

2014 年 7 月，贵州省出台《贵州省生态文明建设促进条例》；2018 年 9 月，福建省颁布《福建省生态文明建设促进条例》；江西省的《生态文明建设促进条例》业已进入正式调研阶段。作为综合调整生态环境的统领性法规，促进条例将生态文明建设、生态保护、污染防治、资源合理利用等方面纳入其基本内容，规定有关生态文明的基本原则、基本制度、基本权利义务等，结构和内容具有整体性、指导性、宣示性的特点。[863]促进条例内容本身较少涉及具体的制度和措施，因此，目前生态文明试验区建设需要在遵循促进条例立法基本原则、制度和程序的基础上，通过完善相关的配套立法，突出生态文明建设的地方性特色，更好地执行生态文明建设相关法规、规章和政策。但是目前，三个生态文明试验区相关的配套立法远不能满足其试验区建设的需要。

因《贵州省生态文明建设促进条例》（以下简称《条例》）较早颁布施行（2014 年 7 月），具有一定的代表性和参考意义，本书以贵州省有关配套立法为例，分析目前存在的配套制度出台速度慢、配套制度不完善的问题。例如，《条例》第 12 条[864]规定的生态文明建设指标体系的配套制度还未落实，目前只有贵阳市制定绿色发展指标体系。《条例》中规定的“第一责任人离任报告制度”，[865]迄今为止没有出台对应的配套制度，在规范领导干部离任后审查方面缺乏具体的操作规定。在生态文明建设奖惩、协调、激励、合作机制、产业扶持政策方面，没有顶层制度设计，而是散见在不同的行业或者产业上。又如，在生态补偿制度方面，《条例》规定：“省、市州人民政府应当按照……实施生态补偿”，[866]但目前仅有《贵州省水土保持补偿费征收管理办法》和《贵州省矿产资源补偿征收管理实施办法》这两部以政府规章的形式出台，前者于 2015 年进行修改，比较符合《条例》的有关规定和要求；而后者是 1997 年制定，2008 年进行初次修改，能否适应

[863] 李一丁 . 论我国地方生态文明建设立法及其关系协调问题 [J] . 天津滨海法学，2018（5）：159.

[864]《贵州省生态文明建设促进条例》，第 12 条。

[865]《贵州省生态文明建设促进条例》，第 44 条。

[866]《贵州省生态文明建设促进条例》，第 49 条。

2014年《条例》出台后现实的需求尚有待研究，必要时需要提出修订或重新制订的计划。总体层级上，基本是通过一些通知、方案等规范性文件来推进具体的工作，如《贵州省乌江流域水污染防治生态补偿实施办法（试行）》的通知，缺少从政府层面做出统一的立法安排和部署。最后，如生态文明监督员、区域限批制度仅在局部开展试点或在探索过程中，尚未完整形成制度配套。

"生态文明法治化现在最欠缺并非理念的更新，而是调整领域有待扩展、对新问题新挑战应对不足以及亟需在立法中明确生态补偿制度、公众听证制度、全程评估制度，这些问题无一不指向具体制度的引入与规范。"[867]因此，如果能够回应现实需要，在法规规章中详尽规定具体制度并且使之得到真正的立法支撑，则必然会对我国生态文明试验区根本性法律原则的配套制度转变有所推动。

（四）立法实操性不强

自1979年以来，我国逐步开展生态文明领域的立法工作。经过几十年的努力，我国生态文明立法工作取得了很大成就，累计制定了30余部法律，国务院制定了50余部环境保护行政法规，国务院有关部门制定了130余部环境保护行政规章。我国环境保护的主要领域已经做到有法可依，各环境要素监管的主要领域已经实现基本覆盖。通过梳理和回顾可以发现，我国在生态文明立法、执法、司法等方面已经做出很大努力、取得一定成效。但是，新时代下国家级生态文明试验区的建设是一项开创性的工程，需要通过试验区的先行先试为全国改革做示范、探道路。这就对试验区的探索立法提出了更高的标准和要求，即对应的要有全面、系统、操作性强的生态文明综合立法。但现行生态文明试验区立法不能完全与全面推进和全面落实国家生态文明试验区建设的战略部署相适应，突出体现为立法在一定程度上偏"虚"、偏"软"、实践偏"难"的状态，立法实操性较弱、刚性不强就不足以保障立法发挥权威性的作用，而依靠相对偏"虚"、偏"软"的法律制度推进生态文明建设，也就难以真正见到成效。

1. 生态文明立法偏"虚"

所谓立法偏"虚"，是指有关法律规定在一定程度上比较笼统，缺乏实质性内容。上文提到的促进条例内容多为宣示性的权利条款或者指导性的义务条款，严格意义上缺乏约束性的刚性条款或责任条款，从规则体系而言，难以确保立法本身的权威性和强制性。另一方面，因为以"促进法"的立法形式，在制定施行后又沦为空架子的危险境地，虽然看起来很美，但由于没有实质性内容而容易成为摆设。而

[867]《生态文明建设的立法问题——经济、法制、生态辩证及统一》，中国政府网，ssfj.hefei.gov.cn/9651/9653/9671/201406/t20140608_1810954.html，2018年6月18日访问。

生态文明制度建设，即要建立系统完整的、具有约束力的要求人们共同遵守的办事规程或行动准则。正如，习近平总书记所指出的："只有实行最严格的制度、最严密的法治，才能为生态文明建设提供可靠保障。"

2. 生态文明立法偏"软"

立法偏"软"，是指条文刚性不足，虽有义务性条款，但没有规定约束性的法律责任。目前，即存在相当数量的法律条文较"虚"的问题，对于生态立法这种带有强烈政策性特征的立法而言，法律责任条款是一项立法有效性的关键决定因素。以《福建省水土保持条例》为例，该法规以预防和治理水土流失，减轻水、旱灾害为目的，为政府水行政主管部门和行政相对人设定了数十项义务，但相应的法律责任条款仅有 10 个，导致实践中诸多违反法律义务的行为得不到处罚。又如，《福建省实施〈中华人民共和国土地管理法〉办法》在推动土地保护和生态文明建设中，发展规划非常明确，措施也得力，规定了众多政府义务性条款。但是在法律责任一章中，规定的基本都是土地管理人员渎职的责任，对于行政相对人违反该法的责任规定仅有两条，这显然与关于土地发展规划方面的内容要求不一致，对相对人的警示和约束意义也不明显。

综上所述，现有的生态文明立法看似能够推动生态文明建设，实际上也只能发挥被动应对生态保护的作用。制度体系的建立与完善，具有法律的约束与强制效果，是理念转换为实践的动力，是确保理念有效实施的保障。生态文明建设不仅需要规范性的制度引导，更需要强制性的制度保障。

3. 生态文明立法实践偏"难"

在具有前瞻性的试验区模式下，也存在着制度设计和规定在社会生活实践中很难施行的窘境。在此，以江西环境污染责任险推广遇尴尬的问题为典型进行说明。我国法律没有明文规定企业必须投保环境污染责任险。目前，2014 年《环境保护法》只是以鼓励为主，并不具有约束力。企业投保的费用主要与主险基础保险费、企业类别调整系数、企业风险管理调整系数、环境敏感区调整系数等有关。企业环境污染风险越低，保费就越低。但是，从实际情况看，江西省企业普遍处于中等风险状况，31 家投保企业总保费为 512.14 万元，平均每家 16.5 万元。为了鼓励企业投保，环责险推行之初，江西省曾出台了环境风险免费评估的优惠政策。实践中尴尬的是，全省企业居然都不愿投保。依照环境污染责任险的初衷，是要鼓励企业主动申请评估，让更多企业主动投保环境污染责任险。但实践的情形是环境污染责任险市场萎靡不振，投保率偏低。出现这样的情况，表面上看是因为企业环保意识差，普遍存在侥幸心理，认为自己不会出事故，所以就不愿把钱"浪费"在保险上。其实，真正的根源还在于，从立法的保险产品看，目前的环境污染责任险保费较高，保险内容不够丰富，服务不够优化，容易给企业带来较高的成本负担，很难吸引企业参与。这也导致立法创新难以在实践中推广。

（五）差异化的试验区模式与趋同化的制度成果之间的矛盾

1. 差异化的试验区模式

生态文明的制度模式必须适合我国国情和各地不同的发展阶段，考虑到我国各地区的社会经济压力、国土资源承载能力和资源环境消耗压力的差异以及各省份的生态保育水平、城乡环境健康状态、自然灾害情况、生态环境保护与投入、面源污染的治理能力、经济高度化水平等生态环境管理能力的差异，各省生态文明建设的发展过程也相应存在差异。《中国环境统计年鉴 2012》《中国环境统计年鉴 2013》的指标数据显示[868]，以省为单元，2012 年我国生态文明建设状况综合评价排名前 5 位的省份有北京、福建、重庆、江苏和浙江，排名前 10 位的省份中，东部有 8 个省，中部和西部各 1 个省；2013 年我国生态文明建设状况综合评价排名前 5 位的省份有浙江、天津、广东、福建、江西，排名前 10 位的省份中，东部有 5 个省，中部 3 个省，西部 2 个省；到了 2016 年，排名前 5 位的省份分别为北京、福建、浙江、上海、重庆，排名前 10 位的省份中，东部有 7 个省，中部 1 个省，西部 2 个省。总体而言，我国东部地区生态系统压力较中部地区小，中部地区生态系统压力较西部地区小。因此，基于不同省域的生态系统健康状态的区域性差异，《关于设立统一规范的国家生态文明试验区的意见》和《国家生态文明试验区（福建）实施方案》《国家生态文明试验区（江西）实施方案》《国家生态文明试验区（贵州）实施方案》（以下分别简称《意见》和《福建方案》《江西方案》《贵州方案》）相继出台并明确提出："针对不同实践基础、区域差异和发展阶段设立试验区"，最终选择闽赣黔三个不同类型、具有代表性的地区开展试验区建设。分处东中西部的三个综合试验点的经济社会发展和制度探索阶段不同、资源禀赋各异，通过《福建方案》《江西方案》《贵州方案》三个不同类型的方案内容，形成了差异化的生态文明建设定位与进度要求。江西省具有山、水、林、气候等独特生态优势，《江西方案》鼓励江西充分发挥地方首创精神，大力发展现代生态农业、现代工业和现代服务业。贵州省地处长江和珠江"两江"上游重要的生态屏障地带，也是全国贫困人口最多、减贫任务最重的省份，《贵州方案》侧重于支持贵州探索出一条欠发达省份经济和生态"双赢"的道路模式。福建省的生态环境基础较好、相比另外两个试验平台，又具有背山沿海、海洋渔业资源丰富的特点，《福建方案》突出要求持续保

[868]《中国环境统计年鉴 2012》《中国环境统计年鉴 2013》《中国环境统计年鉴 2016》，中国年鉴信息网，http://www.chinayearbook.com/yearbook/item/1/176094.html，2018 年 6 月 21 日访问。

持区域环境质量领先全国，进行国土空间科学开发、多元化的治水体系突破、海洋环境综合治理机制改革等代表性实践。

2. 趋同化的制度成果

不同《方案》定位下的差异化的试验区模式，决定了试验区应找准自我定位，总结好地方生态文明建设的最佳实践，通过立法创新实践彰显地域特色。但是，由于现实和历史等多方面原因，三个生态文明试验区之间的立法进程出现了趋同化的趋势，区域的差异并没有完全体现在生态文明建设制度成果中。一方面，考察闽赣黔三省的立法种类，法规规章的种类集中在综合类、空间规划类、污染防治类与水、土地、森林、生物等资源类方面，立法规模种类大同小异。国家发改委副主任张勇说："试验区是承担国家生态文明体制改革创新试验的综合性平台，鼓励发挥地方首创精神"，目前存在着照搬已有的地区立法模式，欠缺地方立法首创的问题。如青海省先行制定了《青海省生态文明建设促进条例》，贵州省模仿出台了《贵州省生态文明建设促进条例》这样的同名法规，福建省也起草了福建省的《福建省生态文明建设促进条例》，而江西省的生态文明建设促进条例也在2018年纳入立法计划进行重点调研。另一方面，相当一部分法规规章的内容表述重复，篇章结构的设计类似，缺少明显的制度创新，无法突出差异化定位下的试验区特色制度成果。立法的探索重点都基本在自然资源资产产权制度、环境产权交易、生态保护补偿机制、林下经济、河长制、生态文明评价考核机制等主要任务方面，形成叠矩重规的设计模式和制度成果。而在生态修复投入、科技支撑保障机制、环境污染强制责任保险制度等亟待立法突破的试验创新领域，不约而同地又都缺乏专门法律规范的设立。以环境污染强制责任保险立法为例，无论哪个试验区，对于环境污染强制责任保险的保险对象、具体操作模式和保障措施的探索仍存不足，对于实践中面临的保险覆盖面窄、机制不健全、服务不成熟等问题，三个试验区缺乏突破性的试点工作成果，也就难以提供可借鉴参考的有益经验。

诚然，生态规律具有的跨地区性、整体性和广泛性反映到生态立法领域时，一定程度上加速了立法基本理论、指导原则、机制制度等立法内容的趋同化。我们应做的是正视这种趋同性的存在，并努力克服相应矛盾。从长远看，无论是移植其他地区，还是试验区之间相互的法律借鉴，都应秉持经验主义与建构主义相结合的立法理念，既要注意生态文明建设法律借鉴过程中供体与受体的匹配性，又要注意回应超前性和前瞻性的需要，不可丢失地区生态法治特色。

我国的自然环境具有明显的地带性特征，需要根据不同地区特点和"山水林田湖草"的完整性，制定相应的保护和开发策略。对比差异化明显的环境和定位，三个试验区的"生态答卷"存在趋同的答案，立法现状相差无几，看似体系较健全，实际上立法的主动性、创造性依然需要加强，在秉持试点示范的基本遵循下，尚未完全探索出不同发展阶段的生态文明建设制度模式。

二、生态文明试验区立法的完善

（一）引领保障：真正落实人大主导立法机制

1. 转变立法思维，提出顺应新时代要求的生态文明立法规划

党的十九大报告提出了“新时代”的重要概念，指出中国特色社会主义进入新时代，我国社会主要矛盾已经转化为人民日益增长的美好生活需要和不平衡不充分的发展之间的矛盾，并提出了创新、协调、绿色、开放、共享五大新发展理念。新时代的到来意味着落实新目标、新要求、新规划，是人大立法工作面临的一个新课题。具体在立法顶层设计上，突出要求在今后很长一个时期内有配套和助推我国各项事业全面发展的立法规划蓝图。特别是在2018年3月新一届全国人大组成之后，全国人大常委会大刀阔斧地推进新时代的立法工程，提出要立即组织力量对党的十九大之前制定的法律、法规、规章进行全面清理，并对整体立法的实施情况进行全面评估，将在此基础上制定顺应新时代蓝图的立法规划。并将土壤污染防治法、原子能法等四部环境资源法律列入2018年立法计划，[869]中央层面对于虽然列入第十二届全国人大常委会立法规划但尚未完成的任务，如制定海洋基本法，修改森林法、矿山安全法、矿产资源法等，很有可能将继续列入第十三届全国人大常委会的立法计划。同时，以党的十九大精神为指导，将制定能源基本法、应对气候变化法、天然气法、危险化学品环境管理法、流域综合管理法、国家公园法、生态环境损害赔偿法，修改循环经济促进法、电力法、煤炭法、环境噪声污染防治法等，列入第十三届全国人大常委会立法规划。进一步强化立法项目调整、立法进度评价和立法滞后情况说明等机制以克服生态文明领域立法的复杂性带来的立法阻力，从而保障法制创新和美丽中国建设。

新时代下，生态文明试验区的地方各级人大立法机关更应通过地方立法推进生态文明建设法治化进程，才能为生态文明建设提供有效支撑。试验区各地方人大应在充分调研和广泛征求各方面意见的基础上，紧密结合生态文明建设的发展目标和重点工作，按照突出区域重点、体现区域特色、控制立法数量、提高立法质量的总要求，形成具体的立法规划，如五年立法计划、各年度立法计划等。例如，昆明市

[869]《四部环境资源法律列入今年立法计划》，法制网，http://www.legaldaily.com.cn/index/content/2018-04/24/ content_7528389.htm?node=20908，2018年7月13日访问。

人大在年初及时上报市委审查批准，确认立法条件基本成熟的前提下，出于进一步加强对昆明周边30余条出入滇池的河流进行有效管理，加快滇池污染治理进度，明确监管职责的考量，确定将《昆明市河道管理条例》纳入《2016年度昆明市立法计划》进行的法规修订项目；又如，厦门市是习近平生态文明思想的重要孕育地。早在1986年，时任厦门市委常委、副市长的习近平同志就对厦门砂石土管理和风景资源保护等提出许多站位非常高、指导性非常强的工作思路。厦门市人大历来重视生态环境保护和建设工作，将厦门拥有的良好自然资源基础与生态环境有机统一地贯彻到年度立法计划中，作为全国首个以行政区域进行生态文明建设立法的城市，其立法规划具有一定的先进性和代表性。以《厦门经济特区生态文明建设条例》为例，该法规于2013年就列入立法计划，2015年1月1日正式施行，集中体现了立法规划的前瞻性和科学性。2018年，厦门市人大又将城市园林绿化、污水收集处理等生态领域立法列入年度立法计划。如前所述，试验区各地人大的立法工作特别是制定立法规划、立法计划等，要立足于具体的省情、市情和实际，服从和服务于国家生态文明试验区建设大局，准确反映和体现经济社会发展规律，区分轻重缓急，突出立法重点，着力抓好生态文明建设有关重点领域立法，完善地方性法规与法律和行政法规相配套、与经济社会发展相适应、具有试验区地方特色的地方性法规体系，增强立法工作的前瞻性、创造性。

只有坚持以立法引领新时代改革，破解新时代社会难题，才是新时代立法工作的着力点和根本要求；才能把握新时代中国特色社会主义事业总体布局，正确处理立法中涉及生态文明建设的各种重大关系，促进各方面协调发展；才能体现节约资源和保护环境的基本国策，加大生态环境保护和资源节约利用的立法力度，推动形成人与自然和谐发展现代化建设新格局。

2. 加强立法评估，立改废并举

法规的立、改、废是一项重要的立法活动，是保证生态法制统一的重要手段，为了增强生态立法的针对性、时效性和可操作性，就必须加强立法评估，坚持立、改、废并举的手段。我国的生态文明建设已经进入全面纵深的攻坚阶段，开始触碰体制机制转变、利益格局调整等一系列层面，越来越多地涉及经济社会和资源环境的难点、热点问题。地方立法既要保证推动生态文明建设的合法性，又不能让已不合时宜的法规束缚实践进程。这就要求试验区应顺应新的改革，进行新的探索，把地方性法规评估、创设、修改和废止摆在目前立法工作的重要位置。

具体的操作层面上，一方面，试验区各级人大可有针对性地成立检查和评估工作组，对已制定的法规的执行情况、实施效果、存在的问题等方面进行评估、总结，并根据生态文明建设发展的形势和论证评价报告，及时进行修改和完善，必要时可及时废止不符合生态文明建设发展需要的法规。同时，要保障立改废始终在正确、有序的进程上开展，还需在提高认识、深入把握客观规律的坚实基础上，紧跟中央对生态文明建设的新部署（如国务院已发布的多部与生态环境保护相关的行动计划，如《大气污染防治行动计划》《水污染防治行动计划》《土壤污染防治行动计划》等），吸纳可供推广的规则体系；立足不同试验区的不同定位，即结合区域定位和区域特色环保模式，针对立法评估中发现存在的薄弱环节和不足之处进行修订和完善，以进一步激发立法的创造活力。

另一方面，将正在实施、比较成熟的关于生态文明建设的政策及时通过人大立法的方式上升为法规，赋予其更高的法律效力，成为具有普遍约束力的、全社会普遍遵守的行为规范，有利于把生态文明建设深刻、全面融入各试验区全省经济、政治、文化和社会建设，充分展现试验区生态文明建设的道路自信、理论自信、制度自信和文化自信。

总之，试验区要通过生态环境地方性法规立改废的并举，全面清理和修订地方性法规中不符合推动绿色发展、建设生态文明的内容；要适时以立法巩固探索的成果，即在更高层次上形成共识。这样才能为顶层设计提供标靶，担负起生态文明建设国家样本之责，形成严密、严谨、严格的法规体系。

3. 坚持科学立法、民主立法，提高立法质量

在庆祝全国人民代表大会成立60周年大会上，习近平总书记指出：“形势在发展，时代在前进，法律体系必须随着时代和实践发展而不断发展。”法律的时代性要求转变立法思维，适应新时代的新需求，而法律发展变动的过程中不得不提对立法质量的注重。只有扎实提高立法质量，才能更加准确、更加科学地丰富生态文明的内涵和外延，提高立法针对性、特色性和实用性。科学立法和民主立法是各级人大立法工作永葆生机和活力的源泉。

科学立法，就是要求立法必须尊重和体现规律，包括经济社会发展的规律、调整社会关系的客观规律以及法律体系的内在规律；民主立法，即要求以人为本、立法为民，坚持法律真正反映最广大人民的共同意愿、充分实现最广大人民的民主权利、切实维护最广大人民的根本利益。通过科学立法与民主立法，制定出台的地方性法规才能真正立得住、行得通、起作用。值得注意的是，立法作为一项顶层设计工程，包括了立项、起草、调研、审议等等必经程序，科学立法和民主立法也应落实到立法的各个环节，因为工作做实、做细、做到位，法规的质量才能有所保证。例如，民主立法的新尝试：可从源头上实现民主立法，在制定立法规划项目阶段，面向公众广泛征集建议和意见，实现开门立法；并且，可引入表彰奖励机制，对提出的立法建议和意见被列入规划或被计划采纳的公民予以表彰，促进社会大众与立

法机关的良性互动，使立法更好地集中民智、体现民意、符合民心。至于科学立法的落实，就是要科学把握法制统一和先行先试、经济发展和生态环境保护之间的关系，兼顾现实需要和长远目标，围绕重点领域和关键环节开展精细化立法，始终保持正确的立法方向。

当前的立法思维应从重点强调立法的数量和速度，往往更加看重生态立法的质效转变。总之，要立良善之法、管用之法、为民之法。生态文明立法也要坚持上述原则，以科学的程序和方法，科学平衡生态文明各项关系，以广开言路，集思广益，保证生态文明建设符合广大人民的根本利益。

4. 充分发挥人大的法律监督作用

要紧紧围绕建设生态文明试验区建设的目标要求，充分行使监督职权，形成"人大主导和监督，政府实施，全社会共同参与"的生态社会依法治理格局。福建省在生态文明试验区建设方面应当加强两个方面的法律监督：一是要切实加强对省级以下地方性法规规章和其他规范性文件的备案审查。省人大常委会在清理地方性法律文件的基础上重点展开专项审查，逐步将所有规范性文件都纳入备案审查范围；二是设立政府向人大进行生态文明建设情况报告制度。课题组在对江西省进行生态文明试验区立法调研时了解到，江西省政府在每年的地方"两会"期间，试验区各级人民政府对于本地区的生态文明建设情况主动向本级人民代表大会或人大常委会进行汇报，接受人大代表和社会各界的监督。建议福建省借鉴江西省做法，设立政府向人大进行生态文明建设情况报告制度，接受人大代表和社会各界的监督，有利于人大全面了解全省生态文明建设情况，保证立法计划的科学性与针对性。

防止地方立法"放水"，完善具有试验区特色的合法性审查制度。何谓地方"立法放水"，即在实践中，一些省级以下地方人大出台的涉及生态环境的法规规章乃至其他规范性文件与国家法律、省级法规规章相比，内容上有可能降低了环境保护要求，甚至出现内容抵触现象，明知有些规定与上位法相冲突、相抵触却公然实施，使某些行为从普遍的非法行为变为特殊的"合法行为"。2017 年发生的甘肃祁连山国家级自然保护区生态环境破坏事件就是立法放水、监管失守的典型案例。该省国土资源厅、省安全监管局、省林业厅等多个省级部门，在祁连山升格为国家级自然保护区划界后，仍为违法项目"开绿灯"，在修正《甘肃祁连山国家级自然保护区管理条例》过程中，明知相关规定不符合中央要求和国家法律，却让该条例一路绿灯予以通过。这种地方性立法违反上位法的禁止性规定其实是地方保护主义新形式。完善具有试验区特色的合法性审查制度，就是为了真正落实人大主导立法机制，着力提高立法质量，坚决防止立法"放水"，对规章以及规范性文件中可能与中央精神或与生态文明建设方向不一致，或在施行中引发社会广泛关注甚至重大争议，或因现实情况与立法之初相比发生重大变化而不宜继续施行等情形，都进行深入研究，适时做出调整和完善，确保有关的决策部署贯彻落实。

要切实加强对省级以下地方性法规规章和其他规范性文件的备案审查，准确界定备案审查制度的地位，充分认识其作用和意义。省人大常委会在认真清理地方性法律文件的基础上应主动"出击"，重点展开专项审查，确保有关生态文明立法得到全面落实。同时，应当加强备案审查制度和能力建设，逐步将所有规范性文件都纳入备案审查范围。通过备案审查，防止有关地方部门以文件代替甚至改变法规规章，防止规范性文件"架空"法律法规。[870]依法撤销和纠正违法的规范性文件，使生态文明相关法律、法规、规章真正落地。

5. 改革行政立法的启动和起草模式

根据我国目前的地方立法权的划分现状，在立法权限方面，除地方人大作为立法机关享有立法权外，地方各级政府及其相关职能部门基于专业性和效率性的考量，也具有相应的行政立法权。而目前的立法起草模式，政府部门各自为政的痕迹明显，现行的与环境和资源保护相关的行政规章往往带有部门立法的色彩。更有甚者，一些以各部门为主要实施主体的行政立法，视实际利益大小来衡量本部门的职责。这就造成了，对于利益大而责任小的权力划分时，各部门争先抢；对于只有责任而权力小的职责划分，各部门又都互相推卸。可以说是合意则取，不合意就舍。对于行政规章，尽管政府机关在行使行政立法权时进行了极大努力，但无论省、市政府法制办如何进行修改，制定通过后的正式文本还是多多少少地带有部门利益的色彩。特别是在行政监管体制的设置上，无论是监管体制还是监管职责，都存在一些相互冲突和覆盖遗漏的问题。对于旨在超前谋划制度框架，探索加强生态文明建设法治保障新途径的试验区而言，应当建立超越部门利益的立法启动和起草制度，现行的环保立法启动和起草制度需要改变。

超越部门利益的立法体制要求有立法权的地方政府在做出行政立法决定时（法制办决定制定或者修改行政规章时），可以由各部门提出意见，但是不得委托各部门起草草案；同时应亲自调研，充分听取有关各界意见后起草条文，部门意见只能作为参考，立法不能被部门牵着鼻子走。超越部门利益的立法体制有助于解决"权力衙门化"、监管盲点和相互推责等问题，弥补目前各个部门立法各自为政的现状，优化生态法治结构，加强环境共治，从而更加有力地保护环境资源，进行生态文明建设。

在目前的情况下，一方面，过度简单、原则化的生态法规规章不利于执行，而另一方面较为详细的部门规章则带有浓厚的部门利益色彩，为了释放环境保护的活

[870] 江必新. 生态法治元论 [J]. 现代法学，2013（3）：8.

力，促进市场化和产业化，就应在立法阶段建立超越部门利益的立法启动、起草体制和机制。正如李克强总理在 2016 年 7 月的国务院常务会议上强调："我们建设法治政府，法制办一定要超越部门利益。在起草相关法规条例和规章的过程中，既要充分听取吸收相关部门的意见和建议，更要站在'法治'的高度，超越于部门利益之上。在这一点上，法制办必须要有权威。"

6. 探索具有试验区特色的生态文明建设管理体制

在生态文明建设过程中，政府毫无疑问应当担任重要角色。特别是要求政府对生态文明建设的路径、手段、方式和进程进行设计、引导和监督。无论是环境污染防治、自然资源保护和开发还是节能循环经济倡导等领域，各级政府机关均是重要的监管或管制主体。在我国以往相关立法中，一方面，由于过于强调管制主体的权力，导致行政主体出现"监管失灵"的现象。这种"监管失灵"现象产生的主要原因就是法律、法规和规章缺乏对管制主体行为的规范和制约，在不考虑环境、生态系统承载能力的情况下开展相关行政活动或者在参与各项生态活动的过程中任意作为或不作为从而给生态建设工作造成不利的影响与损失。另一方面，环境监管体制问题仍十分突出：横向上，综合监管与行业监管之间职责界限不清，缺乏法制化的沟通协调机制；纵向上，最突出的问题是中央对地方的环境监管缺乏有效约束。生态文明建设过程中涉及多个职能部门或者跨市、区（县）的统筹协调工作还需进一步加强。生态文明建设作为系统性的工程，需要通过立法层面的制度设计，完善组织机构，构建跨部门联动统筹的长效机制。新时代生态文明建设监督管理体制的行政改革，突出要求对政府主体的行为和职责进行重新划分和设置。2018 年全国"两会"以后，"政府机构改革"进入自上而下的具体部署和落实阶段。福建、江西和贵州三省作为生态文明试验区，应以"解决系统问题和克服治理矛盾"为中心，率先对生态文明建设管理体制做出突破性规定，通过开创性立法对行政职能进行再分配，探索建设具有统一性和集中性的生态文明监管模式。

（二）补齐短板：健全生态文明制度体系

1. 从全系统视角审查和弥补现行制度体系中的重要规范缺失

要审查和补齐现行生态文明制度体系中缺失的重要规范，需要从两方面入手。一方面，《生态文明体制改革总体方案》提出了八方面重大制度设计，指明了生态文明法治的前进方向和建设重点。其中的许多规定，具体到自然资源资产产权、国土空间开发保护、应对气候变化等领域，基础性法规规章尚不健全，空间规划、自然保护、生物多样性保护等领域，立法层级还较低。同时，主体功能区划、生态环境损害赔偿等制度虽然已经在部分法规规章中有了一些宣誓性、原则性规定，但仍然缺乏全面系统的法律规范和相应的配套规定，可见，当前立法的制度供给对生态文明体制改革和建设的指引、规范和支撑显著不足，需要全面构建法律保障的体系。要通过加强环境立法相关法规规章的协调性，体现生态文明建设的关联性、整体性要求，注重配套制度的协调衔接，同步健全相关配套制度。“在法治下推进改革，在改革中完善法律。”试验区各级人大应当严格依据法定权限，审慎进行先行先试，逐步搭建起完整的立法体系框架，实现立法之间的相互关联、融合与衔接。

另一方面，要围绕亟待加强立法的重点领域和关键环节加快制度安排。例如，当前针对跨行政区的区域性、流域性资源环境问题难点，包括污染综合防治与资源综合管理，生态产品及服务的权属、范围与价值化等，都缺少必要的法律指导和可操作的制度安排。而对于市场优化方面、生态安全综合规范方面、绿色科技产业促进层面的立法，又属尚未完成的立法任务。因此，需要在系统设计下开展生态文明法制建设进程，努力克服立法的滞后性，对重点领域的立法加快制定和修订，如对公众关注的水、土壤、大气领域就亟需加快制定专门的污染防治条例。在第十三届全国人大常委会第四次会议上，栗战书委员长指出，2015 年修改《立法法》以来，截至 2017 年 12 月，新赋予地方立法权的 274 个设区的市、自治州和不设区的地级市仅出台了 14 件大气环境保护地方性法规。这样的数据，凸显了以大气环境为代表的重点领域的立法滞后和不足。当然，基于生态环境各要素的复杂性，立法往往又需要秉持一种审慎的态度，依托严谨的立法准备工作（深入调查研究和科学论证），来面对一些复杂艰深的专业问题，这就也会导致立法滞后性的不可避免，这是无可厚非的做法。这时候，就需要立法者能够用一定的方法和手段，考察和测算生态文明的发展趋势和未来状况，来应对新时代生态文明建设下的繁重立法任务。

2. 完善农村生态文明法律体系

党的十八届四中全会明确提出：“用严格的法律制度保护生态环境，加快建立有效约束开发行为和促进绿色发展、循环发展、低碳发展的生态文明法律制度。”党的十八届五中全会要求加快补齐生态环境短板，标志着我国生态文明建设从理论探索进入制度实践的新阶段。如今，我们探讨生态文明试验区立法存在的问题，需要研究解决具有核心意义的关键问题，毋庸置疑农村环境成为影响生态文明水平的主要难点与障碍。当前，需要进一步加强城乡一体化的立法保障，补齐农村生态建设短板，将农村环境立法和城市环境立法放在平等重要的位置，才能更好地建立起以可持续发展为目标的资源节约型、环境友好型社会。

要完善农村生态文明法律体系，就必须从立法层面对涉及农村环境保护、资源节约、污染治理等问题给予特别关注，摒弃过去不合理分配城市和农村立法资源的方式。[871]同时，对于野生动植物保护、林地流转、水土保持等重点农业规范对象着重进行专门立法，这种做法可以在弥补立法空白的同时，兼顾细化条文、使条文更具有可操作性，避免法律规定过于原则化，导致实操性不强的问题。根据我国幅员辽阔、不同的生态文明试验区之间经济社会、生态环境情形迥异的现状，应针对本试验区的农村环境情况制定农村环境法规规章，因地而异，鼓励区域立法创新。另外，针对当前农村环保基础设施薄弱、环保资金投入不足的问题，要建立农村环境整治财政投入机制和管理机制，在设立专项资金管理的同时，确保资金的适度倾斜，鼓励社会资本参与多元化的农村环境基础设施建设与运营。毋庸讳言，2014 年修订的《环境保护法》第 33 条提到对农业环境的保护，推动农村环境综合整治，体现了我国生态文明建设的迫切要求。[872]《固体废物污染防治法》第 49 条规定："农村生活垃圾污染防治的具体办法，由地方性法规规定。"[873]但现实是，包括贵州省在内，依然有部分省份的地方性法规迟迟没有出台。国家环境立法不可能涉及所有方面，试验区的地方立法机关应当充分发挥地方环境立法的补充作用，也为治理本行政区域的农村环境问题提供充分的法律依据。

3. 加快生态文明教育机制建设、补足生态文明教育法规缺失的短板

在"以最严格的制度最严密的法治保护生态环境"的同时，还要重视内心教化，在全社会营造尊重自然、顺应自然、保护自然的良好氛围，让保护生态文明意识深入人心。针对生态文明教育法规缺失的现实短板，需要通过尽快制定并出台法规，做好生态文明教育的顶层设计，实现生态文明教育常规化、系统化。中国政法大学教授王灿发就指出："我们在一些法律用一条两条规定环境教育不行，是强制不起来的，需要一个专门的立法。"关于立法内容如何有效地解决有关制度缺失、教育工作薄弱、经费短缺等问题，试验区有必要借鉴"贵阳样板"和"厦门样板"新模式加快开展环境教育立法的基础研究和立法推动工作。贵阳模式重视生态文明教育，在《贵阳市建设生态文明城市条例》第 21 条规定："教育行政管理部门应当将生态文明教育纳入地方课程，学校应当设置生态文明教育校本课程并且保证相应课时，托幼机构应当安排生态文明教育活动，开展儿童、青少年的生态文明养成教育。"[874]在这样的立法导向下，贵阳全市公办中小学生态文明地方课程开课率达到 100%，90% 的学校建成了生态文明绿色学校，共有 50 余万中小学生系统地接受

[871] 刘晓光，侯晓菁．中国农村生态文明建设政策的制度分析［J］．中国人口·资源与环境，2015（11）：108.

[872]《中华人民共和国环境保护法》，第 33 条。

[873]《中华人民共和国固体废物污染环境防治法》，第 49 条。

[874]《贵阳市建设生态文明城市条例》第 21 条。

了生态文明教育。厦门模式在环境宣传教育方面取得突破，2017年出台了《厦门市环境教育规定》，在学校环境教育、社会环境教育等方面均有开创性的立法建设，取得了显著成效。先进、成功的经验值得复制推广，通过借鉴贵阳、厦门等先进模式，有利于在试验区整体立法中对生态文明宣传教育的经费支持、平台搭建、公众参与等方面取得突破，有利于打造生态文明宣传教育“试验区”样板。

4. 改进生态文明建设行政职责追究制度

中共中央办公厅、国务院办公厅联合印发的《党政领导干部生态环境损害责任追究办法（试行）》，明确规定实施生态环境损害终身责任追究制，并首次明确了25种党政领导干部生态损害追责情形。这项制度的实施，必将有力增强地方领导干部的生态环境责任意识。但是，这一文件仅适用于在环境资源保护方面失职的党政领导干部，对于前面的评价考核环节，即评估生态环境质量、自然资源总量是否破坏、质量等级是否降低、投入是否到位等，尚不能作为领导干部追责的直接依据。对自然资源环境保护不力的地方政府和部门，由于自然资源不属于个人，如何追究其责任，《办法》也不能作为依据。而当前的“第一责任人离任报告制度”也还未明确，对属于生态文明建设目标责任单位第一责任人，多数仅是在拟任命干部提名理由中涵盖其在原单位生态文明建设工作中的主要情况。

因此，试验区可先行探索制定融生态文明评价考核的党内法规和行政法规性文件于一体的“联合法规”，实施环境保护的党政同责、齐抓共管的责任体制和责任制度，把环境保护责任制落到实处，为各级政府依照国家法律法规保护环境提供强有力的支持。对负有责任的党政部门和领导干部进行精准追责，建立环保责任目标考核奖惩机制，将评价考核结果纳入党政领导干部档案管理，实行严格的问责制和“一票否决”制，并向社会公开。

（三）立足实效：增强可操作性和针对性

在全面推进依法治国的背景下，在生态文明建设的框架内，建成具有强制力、权威性和高效率的规则体系，用法治来调整利益格局、规范行为秩序，是实现绿色化、生态化的重要保障。而可操作性是衡量地方立法质量和价值的主要标志之一，应大力将生态文明法“做实”，使其更具可操作性，达到制度成果可执行、易操作，具备务实、管用的效果。

1. 改善“促进型立法”并发挥其优越性

现有的生态立法多为“管理型立法”模式，例如《贵州省地质环境管理条例》《江西省生态公益林管理办法》《福建省森林公园管理办法》等，这些立法均属于“管理型立法”。“管理型立法”强调发挥国家管制手段对生态环境进行干预，事后监督和强制管理色彩较浓厚。而促进型法律是一种新兴的法律现象，与传统的管理型法律不同，促进型法律的特点是较少甚至没有设置法律责任。有人形象地说这是一种“软法”，它是国家干预经济和社会发展的新手段。三个试验区不约而同地选择了“促进型立法”的模式，来制定生态文明领域的综合性法规：《贵州省生态文明建设促进条例》《福建省生态文明建设促进条例》《江西省生态文明建设促进条例》（处于立法调研阶段）。如上所示，在“促进型立法”的发展和实践过程中出现了一些值得探讨的问题，甚至关于“促进型立法”是否适合我国生态文明建设也引发一些争论和忧虑，亟须立法工作者理清和思考。学界部分观点认为，生态促进立法的方式侧重于引导、推进和倡导，这和法律法规的强制性、规范性的属性相悖，[875]基于其“促进”的特色，法律责任必然弱化，执法力度很难到位，久而久之，在执法实践上有可能变样和走形，这就不可避免地损害了法律的权威和尊严，最终不利于生态文明整体建设。

然则，我们强调当前试验区生态促进立法模式存在的问题，并不意味着我们以“一刀切”的理念否定“促进型立法”的优越性。马克思主义发展观指出：新事物的发展是上升的、曲折的，“促进型立法”无疑属于新兴事物，其发展不会是直线演进的，更不可能是一蹴而就的。我们只能在立法实践中不断地加以完善、改进，克服问题、发挥优越性。从立法内容入手，依然鼓励“促进型立法”以法律规范的方式直接彰显立法导向，推动、促进生态文明某一领域、某一事项向预设的发展目标、发展规划接近和转向。在此基础之上，立法工作者应适时总结经验，加强理论探讨，不搞无实质内容的“重复性立法”，避免《生态文明建设促进条例》成为装点和摆设，好看不中用。在体例结构上，要跳出以往“大而全”“小而全”的常规模式，积极尝试更为灵活、多样和适用的体例；在具体条文上，以“少而精、抓重点、求实效”为核心，可适当增加一些细化、量化的规定，特别是在有关的核心、关键条款的设计上，更尽可能推动精细化。最后，应该承认，法律责任的弱化的确存在，法律促进发展机制的运作仍然需要法律责任、法律制裁等体现国家强制力保证实施。可选取若干执法环节，有意识地强化法律责任，作为丰富执法手段、加强执法力度的突破口。以此改善促进型法律规范，在丰富正面的鼓励功能的同时，加强反面的强制功能，通过两方面的结合进而达到法律促进的目的。

现代法理学认为，法律有五大功能：指引、评价、预测、教育、强制，我们不能只着眼于法律的指引性或强制性，而是要恰当运用鼓励措施与法律责任，兼顾法律功能的各个方面。

---

[875] 刘志强．促进型法律的功能模式和维度［J］．湖南科技学院学报，2010（11）：137-139.

2. 扎实推进精细化立法活动

精细化立法是保证法律法规可操作性、提高立法质量的有效途径，是科学立法的重要内容。一是确保立法前期工作的针对性和立项选题精细化，这需要针对试验区实践过程中遇到的需要解决的问题，立足实践基础上总结经验，对于哪些法规规章该立，哪些法规规章不该立，哪些先立，哪些后立，深入细致地调研论证，精挑细做年度立法项目，确保所立之法与立法需求“对铆”。为达此目的，试验区可开始探索法规预案研究机制，即在立法前就先行研究解决法规是否有可操作性的问题。在法规案进入立法程序之前，发挥立法资源优势，进行预案研究，使其作为筛选立法项目的前置程序，并逐步建立立法储备数据库。对一些比较重要和急需的立法项目，先依托专业院校和科研机构，在法规案进入工作程序之前，对立法的必要性、可行性、科学性和可操作性进行全面深入的研究。

二是在上述前期工作之后的正式立法过程中，精细化立法的开展。要使有关生态文明建设所立之法能“站得住、行得通、真管用”。意味着无论是从体例、结构编排方面，还是从语言、条文技术等方面都需反复斟酌，精益求精。立法内容重在管用好用、具体管用，突出关键性条款，能具体尽量具体，切实解决某一领域、某一方面的特定问题。同时，坚决避免贪大求全、华而不实。为此，通过创制性工作，可探索“一分为二”的路径选择。以试验区野生动物保护立法为例，我国目前有《中华人民共和国野生动物保护法》，三个试验区也制定有配套的实施办法，若试验区要寻求制定专门的地方野生动物保护法规或规章，原名应是《××省野生动物保护条例（办法）》。在认真研究上位法和本省实际情况的基础上，可探索将其“一分为二”：一方面，为了促进有针对性地保护生物多样性；另一方面，为落实富有试验区特色的立法创制工作。通过精细的立法考量，划分为《××省陆生野生动物保护条例（办法）》和《××省水生野生动物保护条例（办法）》。当然，上述建议并不是无的放矢，现有的《贵州省陆生野生动物保护办法》就是可供借鉴的立法实例。总之，无论是先行先试还是创新管理，都要做细做实地方生态立法，制定能够解决实际问题的法规规章。

三是立法后的评估工作方面，依据精细化、实效性标准进行立法论证与评价，评估内容应包括立法的指导思想、理念、过程、法规质量、实施效果、立法经验及存在的问题等方面。明确地方立法的全部空间是否贯彻并执行了：“主要缺什么补什么，需要什么就立什么”的原则，确保试验区立法绝不能简单地援引上位法的原则性规定。结合评估中发现的立法内容存在的问题，进行立项论证，并结合本试验区实际，对要提请修改甚至废弃的立法内容进行认真研究，确保把握客观规律，以增强可操作性为中心，坚持“管用几条制定几条”，使立法确实发挥规范引领作用。

（四）消解矛盾：既达成共识又避免趋同

1. 在核心制度上达成共识

中共中央、国务院陆续公布的《关于加快推进生态文明建设的意见》《关于设立统一规范的国家生态文明试验区的意见》，主要的目标和任务就是要设立统一、规范的国家生态文明试验区，统筹推进各类试点示范，在建设生态文明的行动中凝聚起共识，在共识上推进行动，把生态文明建设蓝图逐步变为现实。三个试验区作为生态文明体制改革的国家级综合试验平台，要成为传播生态文明理念、推动生态文明实践的“中国窗口”，对于三个试验区来说，相互之间更需在建设生态文明的思想观念、政策导向、核心制度等更广泛、更深入的层次上达成共识。同时，为了解决多年来我国地方生态立法存在的“各自为政”的问题，更需三个试验区走在全国前列，率先凝聚生态文明建设共识，统一生态文明建设行动，这对于全面贯彻中央有关生态文明建设的部署具有十分重要的意义。

当某个地区立法先行先试、大胆探索之后，其他地方也应着眼全局、敏锐响应，继而在立法中寻求共性、在共性上谋划治本。这种共性的寻求，对于生态文明法规体系的形成与完善具有重要的促进作用。例如，福建省自重点生态区位商品林赎买改革试点工作以来，成立重点工作领导小组，采取直接赎买、定向收储、提升改造三种模式进行赎买。对被赎买的区位林，将防火、防盗、防虫与巡河相结合，实现绿水青山一起护，形成了一套完整的赎买工作体系。在三个试验区都具有丰富的林业资源的前提下，福建的先行也能为其他试验区商品林赎买试点提供经验，诸多有关生态文明建设的重要方面和核心制度上达成共识，是引领推动生态文明建设的基本前提。关于生态文明建设的方针和原则、战略目标和基本制度，有关政府、企业、公众在生态文明建设过程中的基本权利和义务，循环经济与绿色产业的发展，资源保护与生产消费模式等诸多方面形成统一共识，无疑有利于解决地方生态法治发展中频繁出现的阶段性困境。进一步在生态保护红线制度、生态补偿制度、环境信用评价机制、环境污染第三方治理制度、第一责任人自然资源资产离任审计制度等具有开创性的核心制度上确立统一的立法保障，是整合相关法律政策与核心制度、形成规范体系的基本途径。只有坚持在核心制度层面不断凝聚共识，才能构建可复制推广、行之有效的“试验区模式”，开启我国地方生态文明建设综合立法新征程。

2. 把握协同，避免趋同

“协同”本意在于合作主义意识形态的探寻。[876] 此处我们强调把握协同，是为

[876] 杨华锋．协同治理的话语结构谱系与创新路径探析［J］．学习论坛，2013（5）：52.

了避免过于差异化的立法模式分立了生态文明理论重要内涵与构成，从而确保立法浑然一体、和谐统一的生态价值取向。在把握协同的基础上，要注重区域资源环境问题的区域差异，走特色、优势、错位的协同发展的道路，而不是盲目照搬、一概而论的趋同化的路子。生态文明试验区的立法建设应基本遵循：避免照搬其他地区样板、试验区探索：一方面，要坚持一脉相承、问题导向，推进科学、系统、共通的制度创新，根据资源环境问题的公共性特点，关注政策的转型过渡与各利益相关方的协同共治；[877]另一方面，要继承国内外可持续发展和生态文明建设相关的成熟经验与制度，以具有适度超前性、差异性的制度成果取代千篇一律、毫无特色的治理制度，由此推动生态社会走向成熟。在生态文明建设的各个方面、各个领域、各个布局不能平均用力，不切实际地“一刀切”，更不能九龙治水、单兵突进。而是要在生态文明建设的大格局中，做到从整体上全面系统把握协同共进，以“把握协同、避免趋同”为遵循和指引，把生态文明建设融入经济、政治、文化和社会建设全过程和各方面，以绿色化思维、绿色发展理念统筹谋划事物发展的各方面、各层次和各要素，从而实现治本和治标相结合、整体推进和重点突破相统一。

3. 突出地方特色、坚持多元创新

一方面，三个试验区具有彼此不同的环境系统和试验定位，江西是一个相对独立的自然生态系统，鄱阳湖流域与江西国土面积基本重合，《江西方案》中将山、水、林、田、湖、草作为生命共同体，重点在流域生态系统修复、流域综合管理、流域水环境治理等方面探索试验；贵州地处两江上游重要的生态屏障地带，也是全国贫困人口最多、减贫任务最重的省份，《贵州方案》要求贵州探索出一条欠发达省份经济和生态“双赢”的道路模式；而福建试验区的定位主要集中于四个方面：国土空间科学开发的先导区、生态产品价值实现的先行区、环境治理体系改革的示范区、绿色发展评价导向的实践区。可见，生态文明建设的工作任务和目标经由横向分解后，把更多试点试验、制度创新、先行一步的机会，赋予了试验区，需要开展一批具有地方特色的制度试验。另一方面，福建、江西和贵州三个试验区在共同针对 38 项生态文明制度开展创新试验之外，还需要结合各自实际，提出自行开展的改革试验任务合计 28 项。[878]例如，福建省开展生态系统价值核算试点，江西省推行湖长制、探索绿色生态农业推进机制、建立生态补偿扶贫机制，贵州省施行生态文明建设监督员制度、开发利用生态文明大数据、建立生态文明国际合作机制

[877] 文正邦，曹明德．生态文明建设的法哲学思考——生态法治构建刍议［J］．东方法学，2013（6）：85-96.

[878]《国家生态文明试验区建设全面铺开并加速》，新华网，http://www.xinhuanet.com/mrdx/2017-10/10/c_136668529.htm，2018 年 8 月 5 日访问。

等。可以说，为加快我国生态文明建设和生态文明体制改革进程探索实践路径，亟须调动和发挥地方主动性和改革首创精神，即必须突出地方立法特色。如果试验区缺少本地特色，地方立法就失去了存在价值。

要制定具有鲜明个性和地方特色突出的立法规范，首先，要在立项源头上把好关，紧密结合本试验区重大发展战略和重大决策实施，把着力点放在有效解决本地生态文明发展的特殊矛盾和问题上，突出地方鲜明特色、反映本省实际。其次，要针对经济发展和社会建设中出现的新情况、新问题加强立法，把有限的立法资源用在创制性立法、自主性立法攻关上，先行先试，避免盲目照搬照抄，做到明确具体、切实管用，为让试验区生态文明建设走在全国前列，交出满意的“全国答卷”，形成一批可在全国复制推广的重大制度成果。再次，要做细做实实施性地方立法，着重对上位法未做出规定的进行补充，对规定的过于原则的内容进行细化，制定出以解决实际问题为主旨、能够解决实际问题的法规规章。最后，按照《福建方案》《江西方案》《贵州方案》确定的战略定位、建设目标和主要任务，在发挥各利益相关方的合力，确保各项目标实现、各项措施落地的过程中突出侧重点、以省情特色为基础大胆探索多元创新，当好改革“试验田”，在制度创新的道路上“先行快跑”，在国家使命中展现“试验区担当”。建设国家生态文明试验区，是党中央、国务院赋予的重大使命，是三省创新发展、绿色崛起的重大机遇，也是走出一条符合生态文明发展新路子的必然抉择。

参考文献

一、著作

［1］阮荣祥．地方立法的理论与实践［M］．北京：社会科学文献出版社，2008.

［2］杜群．环境法融合论——环境·资源·生态法律保护一体化［M］．北京：科学出版社，2003.

［3］郑少华．生态主义法哲学［M］．北京：法律出版社，2002：156.

［4］陈泉生．可持续发展与法律变革［M］．北京：法律出版社，2000：213.

［5］爱蒂丝·布朗·魏伊丝．公平地对待未来人类：国际法、共同遗产与世代间衡平［M］．汪劲，于方，王鑫海，译．北京：法律出版社，2000.

［6］汪劲．环境法律的理念与价值追求［M］．北京：法律出版社，1999：191-205.

［7］约翰·罗尔斯．正义论［M］．何怀宏，何包钢，廖申白，译．北京：中国社会科学出版社，1988.

［8］李挚萍．环境基本法比较研究［M］．北京：中国政法大学出版社，2013：86.

［9］金瑞林，汪劲．20世纪环境法学研究述评［M］．北京：北京大学出版社，2003：155-156.

［10］韩德培，陈汉光．环境法教程［M］．北京：法律出版社，1998：44.

［11］韩德培．环境保护法教程［M］．北京：法律出版社，2003：78-98.

［12］吕忠梅．环境法［M］．北京：法律出版社，1997.

［13］汪劲．中国环境法原理［M］．北京：北京大学出版社，2000.

［14］金瑞林主编．环境与资源保护法学［M］．北京：高等教育出版社，1999：73-94.

［15］蔡守秋．环境资源法教程［M］．北京：高等教育出版社，2004.

［16］汪劲．环境法学［M］．北京：北京大学出版社，2006.

［17］柯坚．环境法的生态实践理性原理［M］．北京：中国社会科学出版社，2012：34.

［18］肖剑鸣．比较环境法专论［M］．北京：中国环境科学出版社，2004：162-177.

［19］肖剑茗，欧阳光明．比较环境法专论［M］．北京：中国环境科学出版社，2004：125.

[20]秦玉才，汪劲．中国生态补偿立法：路在前方［M］．北京大学出版社，2013：12-13、36-37.
[21]陆雍森，等．环境监测［M］．中国环境科学出版社，1995.
[22]张文显．法理学［M］．3版．北京：法律出版社，2007：193.
[23]蔡守秋．环境资源法教程［M］．北京：高等教育出版社，2008：398-399.
[24]张宇燕．经济发展与制度选择［M］．北京：中国人民大学出版社，1992：56.
[25]黄洪旺．我国公众立法参与的制度化研究［D］．福建师范大学，2012.
[26]张梓太．环境法律责任研究［M］．北京：商务印书馆，2004.
[27]张梓太，李传轩，陶蕾．环境法法典化研究［M］．北京：北京大学出版社，2008.
[28]张明楷．刑法学［M］．北京：法律出版社，2011：995-1004.
[29]陈泉生．环境法原理［M］．北京：法律出版社，1997：278-279.

二、期刊

[1]王灿发．论生态文明建设法律保障体系的构建［J］．中国法学，2014（3）：34-53.
[2]曹明德．生态法的理论基础［J］．法学研究，2002（5）：98-107.
[3]周旺生．论作为第三种规范的法律正义［J］．政法论坛，2003（4）：34-40.
[4]赵俊．论环境法的理论基础［J］．华中科技大学学报（社会科学版），2005（3）：39-43.
[5]郭辉．环境伦理学的过去与未来——尤金·哈格洛夫教授访谈录［J］．晋阳学刊，2018（2）：3-8.
[6]郭武，郭少青．并非虚妄的代际公平——对环境法上“代际公平说”的再思考［J］．法学评论，2012，30（4）：70-77.
[7]陈泉生．环境时代宪法对环境资源公平享用的确认［J］．现代法学，2004（6）：133-139.
[8]刘长兴．论环境法上的代际公平——从理念到基本原则的论证［J］．武汉理工大学学报（社会科学版），2006（1）：50-54.
[9]徐祥民，刘卫先．虚妄的代际公平——以对人类概念的辨析为基础驳“代际公平说”［J］．法学评论，2012，30（2）：75-82.
[10]毛庆国．市场经济与环境法制若干问题［J］．中国环境管理，1994（6）：18-21.

[11] 张梓太 . 论环境与发展——关于《环境保护法》"协调发展" 原则的几点认识［J］. 学海，1994（2）：63-67.
[12] 毛庆国 . 环境法和环境管理的经济分析［J］. 中国环境管理，1995（5）：23-27.
[13] 陈泉生 . 当代环境法理论基础初探［J］. 云南法学，1998（3）：1-14.
[14] 王曦 . 论国际环境法的可持续发展原则［J］. 法学评论，1998（3）：73-78.
[15] 邓楠 . 实施可持续发展保护全球生态环境促进全人类的共同繁荣——在《中国 21 世纪议程》国际研讨会开幕式上的讲话［J］. 中国人口 · 资源与环境，1993（4）：1-2.
[16] 潘存德 . 实践可持续发展的哲学观基础［J］. 北京林业大学学报，1994，16（S1）：15-21.
[17] 孙佑海 . 法制建设：可持续发展的重要保障［J］. 中外法学，1994（3）：32-34，59.
[18] 蔡守秋 . 论当代环境法学的发展［J］. 法商研究（中南政法学院学报），1998（3）：22-30.
[19] 蔡守秋 . 论加强可持续发展的法制建设［J］. 中国人口 · 资源与环境，1998（4）：58-62.
[20] 丁元竹 . 可持续发展战略与经济政策的结合：问题与对策［J］. 社会学研究，1998（3）：108-120.
[21] 李挚萍 . 论实施可持续发展战略对完善我国环境立法的影响［J］. 中山大学学报（社会科学版），1998（2）：99-105.
[22] 陈泉生 . 论可持续发展与我国环境法制建设［J］. 亚太经济，1997（4）：63-68.
[23] 庞淑萍 . 可持续发展战略下的环境立法［J］. 山西财经学院学报，1996（4）：31-34.
[24] 张世秋 . 可持续发展环境指标体系的初步探讨［J］. 世界环境，1996（3）：8-9.
[25] 王静芝 . 强化环境法制保障经济和社会的可持续发展［J］. 经济经纬，1996（2）：66-67，23.
[26] 倪振峰 . 可持续发展法应成为独立法律部门［J］. 法学杂志，1999（6）：45-47.
[27] 陈泉生 . 论可持续发展与我国立法体系的重新架构［J］. 现代法学，2000（5）：130-133.

[28] 蔡守秋，万劲波，刘澄．环境法的伦理基础：可持续发展观——兼论“人与自然和谐共处”的思想［J］．武汉大学学报（社会科学版），2001（4）：389-394.
[29] 史玉成．西部生态环境建设的法律思考——兼论我国环境立法的完善［J］．兰州大学学报，2002（4）：24-28.
[30] 金慧华．预防原则在国际法中的演进和地位［J］．华东政法学院学报，2005（6）：48-53.
[31] 柯坚．论污染者负担原则的嬗变［J］．法学评论，2010，28（6）：82-89.
[32] 沈乐平．略论我国自然资源立法的原则和体系［J］．中南政法学院学报，1987（4）：56-58.
[33] 陈泉生．论环境法的基本原则［J］．中国法学，1998（4）：116-121.
[34] 曹明德．论生态法的基本原则［J］．法学评论，2002（6）：60-68.
[35] 李挚萍，叶媛博．我国环境基本法中基本原则的立法探析［J］．政法论丛，2013（5）：56-64.
[36] 蔡守秋．论欧盟环境政策和法律中的污染综合控制［J］．欧洲，2000（1）：81-88.
[37] 张艳．欧盟环境法律制度及其借鉴意义［J］．辽宁教育行政学院学报，2005（7）：1-3.
[38] 赵绘宇，姜琴琴．美国环境影响评价制度40年纵览及评介［J］．当代法学，2010，24（1）：133-143.
[39] 袁伟彦，周小柯．生态补偿问题国外研究进展综述［J］．中国人口·资源与环境，2014，24（11）：76-82.
[40] 李挚萍．我国环境法基本制度的总体评价和未来走向［J］．现代法学，1998（1）：81-84.
[41] 汪劲．对我国环境法基本制度由来的回顾与反思［J］．郑州大学学报（哲学社会科学版），2017，50（5）：25-28.
[42] 马骧聪，程正康．违反环境保护法规的法律责任［J］．法学研究，1981（5）：33-38.
[43] 罗典荣，吴长德．完善环境保护法中关于权利、义务和法律责任的规定［J］．中国政法大学学报，1984（2）：77-79.
[44] 廖经．《环境保护法》应补充法律责任条款［J］．法学，1985（1）：36-37.
[45] 张新宝，庄超．扩张与强化：环境侵权责任的综合适用［J］．中国社会科学，2014（3）：125-141.

[46]竺效．论环境侵权原因行为的立法拓展［J］．中国法学，2015（2）：248-265.
[47]夏凌．国外环境立法模式的变迁及中国的路径选择［J］．南京大学法律评论，2009（1）：246-255.
[48]黄锡生，史玉成．中国环境法律体系的架构与完善［J］．当代法学，2014，28（1）：120-128.
[49]于彦梅，耿保江．对中国环境法法典化路径的反思［J］．河北学刊，2014，34（4）：135-138.
[50]曹明德．生态法的理论基础［J］．法学研究，2002（5）：98-107.
[51]刘卫先．我国环境法学研究中的盲目交叉及其克服［J］．郑州大学学报，2015，48（6）：51-55.
[52]柯坚，刘志坚．我国环境法学研究十年（2008—2017年）：热议题与冷思考［J］．南京工业大学学报，2018，17（1）：52-70.
[53]孙佑海．生态文明建设需要法治的推进［J］．中国地质大学学报，2013，13（1）：11-14.
[54]马国霞，赵学涛，吴琼，等．生态系统生产总值核算概念界定和体系构建［J］．资源科学，2015（9）1709-1715.
[55]王澜明．改革开放以来我国六次集中的行政管理体制改革的回顾与思考［J］．中国行政管理，2009（10）：14.
[56]舒旻．论生态补偿资金的来源于构成［J］．南京工业大学学报，2015（1）：54-63.
[57]周建国，熊烨．“河长制”：持续创新何以可能——基于政策文本和改革实践的双维度分析［J］．江苏社会科学，2017（4）：38-47.
[58]张丹丹．环境监测工作在环境保护中作用探讨［J］．资源节约与环保，2018（5）：67.
[59]杨基富，毛俊杰．环境监测与治理技术的发展研究［J］．环境与发展，2017，29（8）：161，163.
[60]王海芹，高世楫．生态环境监测网络建设的总体框架及其取向［J］．改革，2017（5）：15-34.
[61]柏仇勇．深化环境监测改革 助力生态文明建设［J］．环境经济，2018（Z2）：32-35.
[62]汪涛，包存宽．生态文明建设绩效评价要更精准［J］．环境经济，2017（Z2）：86-87.
[63]郑备．关于地方党政领导干部差别化考核评价机制的思考［J］．中国人力资源

开发，2013（19）：80-82，97.
［64］黄爱宝．论中国特色的生态行政问责制［J］．探索，2013（4）：60-65.
［65］王艳芳，李亮国．生态文明视角下环境损害责任终身追究制探析［J］．学习论坛，2015，31（7）：75-77.
［66］于书霞，尚金城，郭怀成．生态系统服务功能及其价值核算［J］．中国人口·资源与环境，2004（5）：44-46.
［67］周宏春．生态价值核算回顾与评价［J］．中国生态文明，2016（6）：54-61.
［68］李轶．湖长制的缘起、推行及其与河长制的异同［J］．环境保护，2018，46（8）：7-10.
［69］邹雄．论环境侵权中因果关系的认定［J］．中国政法大学学报，2010（2）：75-84，159.
［70］薄晓波．倒置与推定：对我国环境污染侵权中因果关系证明方法的反思［J］．中国地质大学学报（社会科学版），2014，14（6）：68-81.
［71］胡学军．环境侵权中的因果关系及其证明问题评析［J］．中国法学，2013（5）：163-177.
［72］马栩生，吕忠梅．环境侵权诉讼中的举证责任分配［J］．法律科学．西北政法学院学报，2005（2）：80-88.
［73］陈伟．疫学因果关系及其证明［J］．法学研究，2015，37（4）：127-146.
［74］滕玉军．中国水资源管理体制改革研究［J］．宏观经济研究，2006（6）：41-46.
［75］谢丹．江西生态立法现状及完善对策研究［J］．老区建设，2017（14）：55-58.
［76］张莽．当前我国生态文明建设的核心问题研究［J］．生态经济，2017，33（4）：182-185.
［77］李一丁．论我国地方生态文明建设立法及其关系协调问题［J］．天津滨海法学，2015，5（0）：158-167.
［78］江必新．生态法治元论［J］．现代法学，2013，35（3）：3-10.
［79］刘晓光，侯晓菁．中国农村生态文明建设政策的制度分析［J］．中国人口·资源与环境，2015，25（11）：105-112.
［80］刘志强．促进型法律的功能模式和维度［J］．湖南科技学院学报，2010，31（11）：135-138.
［81］杨华锋．协同治理的话语结构谱系与创新路径探析［J］．学习论坛，2013，29（5）：52-56.
［82］文正邦，曹明德．生态文明建设的法哲学思考——生态法治构建刍议［J］．东

方法学，2013（6）：83-94.
［83］徐祥民，刘卫先．虚妄的代际公平——以对人类概念的辨析为基础驳“代际公平说”［J］．法学评论，2012，30（2）：75-82.
［84］柯坚，刘志坚．我国环境法学研究十年（2008—2017年）：热议题与冷思考［J］．南京工业大学学报（社会科学版），2018，17（1）：52-70.
［85］汪劲．中国环境法学研究的现状与问题——1998—2003年中国环境法学研究状况调查报告［J］．法律科学．西北政法学院学报，2005（4）：49-57.
［86］张梓太，陶蕾，李传轩．我国环境法典框架设计构想［J］．东方法学，2008（2）：28-36.
［87］李挚萍．可持续发展原则基石上的环境法法典化——瑞典《环境法典》评析［J］．学术研究，2006（12）：69-74.
［88］毕金平，汪永福．我国生态补偿税费体系之厘清［J］．华东经济管理，2015，29（9）：90-96.
［89］田义文，田晨，徐堃．再论生态补偿“谁保护、谁受益、获补偿”原则的确立［J］．理论导刊，2011（4）：60-62.
［90］张宝．环境侵权归责原则之反思与重构——基于学说和实践的视角［J］．现代法学，2011，33（4）：89-96.
［91］张梓太．环境犯罪归责的主观要件分析［J］．现代法学，2003（5）：69-72.
［92］黄爱宝．责任政府构建与政府生态责任［J］．理论探讨，2007（6）：10-14.
［93］唐瑭．生态文明视阈下政府环境责任主体的细分与重构［J］．江西社会科学，2018，38（7）：172-180.
［94］薄晓波．回归传统：对环境污染侵权责任归责原则的反思［J］．中国地质大学学报（社会科学版），2013，13（6）：17-26.
［95］王利明．我国侵权责任法的体系构建——以救济法为中心的思考［J］．中国法学，2008（4）：3-15.
［96］童光法．环境侵害的归责原则［J］．东方法学，2015（3）：27-38.
［97］李轶．湖长制的缘起、推行及其与河长制的异同［J］．环境保护，2018，46（8）：7-10.

三、学位论文

［1］马晶．环境正义的法哲学研究［D］．吉林大学，2005.
［2］巩固．环境伦理学的法学批判［D］．中国海洋大学，2008.

[3]苑银和 . 环境正义论批判［D］. 中国海洋大学，2013.
[4]张百灵 . 正外部性理论与我国环境法新发展［D］. 武汉大学，2011.
[4]胡真真 . 我国矿产资源开发生态补偿法律制度研究［D］. 四川省社会科学院，2015.
[5]谭柏平 . 我国海洋资源保护法律制度研究［D］. 中国人民大学，2007.
[6]钟小琴 . 论环境法预防原则与风险防范原则的关系［D］. 广西大学，2015.
[7]黄润源 . 生态补偿法律制度研究［D］. 华东政法大学，2009.
[8]庄超 . 环境法律责任制度的反思与重构［D］. 武汉大学，2014.
[9]黄辉 . 论生态法律责任［D］. 福州大学，2014.
[10]夏凌 . 环境法的法典化［D］. 华东政法大学，2007.
[12]尹志军 . 美国环境法史论［D］. 中国政法大学，2005.
[13]李亮 . 法律责任条款规范设置研究［D］. 山东大学，2015.
[14]王旭 . 中国特色社会主义生态文明制度研究——基于马克思主义基本原理的当代发展视角［M］. 东北大学，2015.

四、外文文献

[1]Tory W. Hartley. Environmental justice：An Environmental Civil Rights Value Acceptable to All World Views［J］. Environmental Ethics，277-278 vol. 17（Fall1995）.
[2]Andrew Dobson. Justice and the Environment［M］. London：Oxford University Press，20（1998）.
[3]Christopher D. Stone. Should Trees Have Standing? -Toward Legal Rights for Natural Objects［J］. 45 SCAL. L. REV，450（1972）.
[4]Dan Tarlock. Environmental Law：Ethics or Science?［J］. Duke Envtl. L. &Poly F，193（1996）.
[5]Holly Doremus. Environmental Ethics and Environmental Law：Harmony，Dissonance，Cacophony，or Irrelevance［J］. 27Environs：Envtl. L. & PolyJ，（2003）.
[6]Jedediah Purdy. Our Place in the World：A New Relationship for Environmental Ethics and Law［J］. 62 Duke Law Journal（2013）：857-932.
[7]Simmons I G. Humanity and environment：a cultural ecology［J］. Addison Wesley Longman. 1997：204.

[8] Karen Morrow. Environmental Law, the Economy, and Sustainable Development [J] . Journal of Environmental Law, Vol. 14 Issue 2 (2002): 270–272.

[9] Benjamin J. Richardson. The economic dynamics of environmental law by David M. Driesen [J] . Journal of environmental law, 15. J. Envtl. L. s22 (2003) 3.

[10] 1893 Bering Sea Fur–Seals Case.

[11] Andrew Steer, Will Wade–Gery. Sustainable development: Theory and practice for a sustainable future [J] . Sustainable development Vol. 1No. 3. 1992: 23–35.

[12] Robert A. Rubin, Bettina Carbajal–Quintas. Sustainable Development and National Laws [J] . Journal of Professional Issues in Engineering Education and Practice Vol, 119 No. 3. 1993: 241–245.

[13] D. Pearce, Blueprint 3 – Measuring sustainable development (1993) at 15. 转引自 Andrea Ross. Modern Interpretations of Sustainable Development [J] . Journal of Law and Society Vol. 36, Issue1 (2009) .

[14] M. Wackneragel and W. E. Rees. Our Ecological Footprint – Reducing Human Impact on the Earth (1996) at 4. 转引自 Andrea Ross. Modern Interpretations of Sustainable Development [J] . Journal of Law and Society Vol. 36, Issue1 (2009) .

[15] Riley, P. The precautionary principle and its practice [environmental law][J] . Engineering Management Journal, Vol. 10 NO. 6 2000: 281–287.

[16] Luppi B, Parisi F, Rajagopalan S. The rise and fall of the polluter–pays principle in developing countries [J] . International Review of Law & Economics, 2012, 32 (1): 135–144.

[17] R. Helmer. Socio–Economic Development Levels and Adequate Regulatory Policy for Water Quality Management [J] . Water Science and Technology, Vol. 19 No. 9, 1987: 257–272.

[18] Francesco Testa, Tiberio Daddi, Maria Rosa De Giacomo, Fabio Iraldo, Marco Frey. The effect of Integrated Pollution Prevention and Control regulation on facility performance [J] . Journal of Cleaner Production, Vol. 64, 2014: 91–97.

[19] Derden, A. Vercaemst, P. Dijkmans, R. Best available techniques (BAT) for the fruit and vegetable processing industry [M] . Resour. Conserv. Recycl, 2002, 34, 261–271.

[20] Rave, T. Triebswetter, U. Implementation of the IPPC Directive and its economic impact: Evidence from the EU steel and glass industry [M] . Eur. Environ, 2008, 18: 186–201.

[21] Tiberio Daddi，Maria Rosa De Giacomo，Evelien Dils，Caroline Polders，Gloria Rodríguez Lepe，Víctor Vázquez Calvo. Transferring the Integrated Pollution Prevention and Control（IPPC）Approach and Best Available Techniques（BAT）Concepts to Egypt，Tunisia and Morocco [J] . Sustainability，Vol. 5 No. 7，2013：2944–2959.

[22] Vázquez，Víctor Luis1（vlvazquez@iat. es），Rodríguez，Gloria1，Daddi，Tiberio 2，De Giacomo，Maria Rosa2，Polders，Caroline3，Dils，Evelien3. Policy challenges in transferring the integrated pollution Prevention and control approach to Southern Mediterranean countries：a case study [J] . Journal of Cleaner Production，Vol. 107，2015：486–497.

[23] Houck. Is That All? [J] . 11 Duke Envtl. L. &Poly F，2000：173.

[24] James Salzman. The law and policy beginnings of ecosystem services [J] . Journal of land use and environmental law，spring 2007：160.

[25] Brian C. Steed. Government payments for ecosystem services–lessons from Costa Rica [J]，Journal of Land Use and Environmental Law，fall 2007：180.

[26] Thomas C. Brown，John C. Bergstom. Valuing，and providing ecosystem goods and service [J] . Nature Resource Journal，spring 2007：338.

[27] Joshua C. Gellers，Chris Jeffords. Toward Environmental Democracy? Procedural Environmental Rights and Environmental Justice [J] . Global Environmental Politics，No. 1 Vol. 18 2018：99–121.

[28] Ross，A. It' s time to get serious—Why legislation is needed to make sustainable development a reality in the UK [J] . Sustainability，2，2010：1101–1127.

[29] Tanya Howard. From international principles to local practices：a sociolegal framing of public articipation research [J] . Environ Dev Sustain，Vol. 17 2015 ：747–763.

[30] Margherita Pieraccini. Rethinking Participation in Environmental Decision-Making：Epistemologies of Marine Conservation in South-East England [J] . Journal of Environmental Law，Vol. 27 2015：45–67.

[31] Kenneth S. Abraham. Environmental Liability and the Limits of Insurance [J] . Columbia Law Review，Vol. 88 No. 5 1988：942–988.

[32] Gaines Sanford E. Rethinking Tort and Environmental Liability Laws：Needs and Objectives of the Late 20th Century and Beyond：Foreword [J] . Houston Law Review，Vol. 24，1987.

［33］Joshua Safran Reed. Reconciling Environmental Liability Standards after Iverson and Bestfoods［J］. Ecology Law Quarterly，Vol. 27 No. 3，2000：673-698.

［34］Monika Hinteregger. Environmental Liability and Ecological Damage in European Law［M］. London：Cambridge University Press，2008.

［35］Hannes Veinia. Codification of Environmental Law：Major Challenges and Options［J］. Juridica，I. 58-67（2000）.

［36］H. Bocken and D. Ryckbost ed. The codification of environmental law［J］. Kluwer Law International，1996.

［37］Daily G. Nature services：societal dependence on natural ecosystem［M］. Washington D. C，Island Press，1997.

五、报纸

［1］吕忠梅. 用“绿色法典”开启生态文明法治建设新征程［N］. 光明日报，2018-01-06（9）.

［2］黄雪梅. 生态产品价值实现——从绿水青山到金山银山［N］. 福建日报，2017-09-15（9）.

［3］华燕. 环境污染责任保险“强制化”的立法态势［N］. 福建日报，2017-08-28（9）.

［4］顾阳. 我国生态文明试验区建设进入加速推进阶段［N］. 经济日报，2017-10-03（1）.

［5］赵永平. 高位推动部门联动一竿子到底全面推行河长制战役打响［N］. 人民日报，2017-06-16（1）.

［6］王继文、梁益、赵文忠. 武夷山生态系统服务价值核算的探索与实践［N］. 中国环境报，2018-01-04（3）.

六、会议论文

［1］王树义，汪再祥. 中国环境法学三十年（1978—2008）［A］. 北京大学宪法与行政法研究中心. 中国法学三十年（1978—2008）［C］. 北京大学宪法与行政法研究中心：北京大学宪法与行政法研究中心，2008：28.

［2］朱艳丽. 我国环境法法典化困境及突破研究［A］. 环境保护部政策法规司、中国环境资源法学研究会［Chinese Society of Environment and Resources Law（CSERL）］、上海财经大学、上海政法学院. 2014 年《环境保护法》的实施问

题研究——2015 年全国环境资源法学研讨会（年会）论文集［C］. 环境保护部政策法规司、中国环境资源法学研究会［Chinese Society of Environment and Resources Law（CSERL）］、上海财经大学、上海政法学院：中国法学会环境资源法学研究会，2015：6.

［3］蔡守秋，王欢欢 . 欧盟环境法发展的历程与趋势［A］. 中国欧洲学会欧洲法律研究会 . 中国欧洲学会欧洲法律研究会 2008 年年会论文集［C］. 中国欧洲学会欧洲法律研究会：武汉大学国际法研究所，2008：12.

［4］蒙培元 . 人对自然界有没有义务？——从儒家人学与可持续发展谈起［A］. 国际儒学联合会 . 国际儒学研究（第六辑）［C］. 国际儒学联合会：国际儒学联合会，1988：15.

［5］黄定堂 . 树立新的资源观 走可持续发展的钨业之路［A］. 中国钨业协会、中国稀有稀土金属集团公司 . 中国钨工业回顾与展望研讨会论文集［C］. 中国钨业协会、中国稀有稀土金属集团公司：中国钨业协会，1993：5.

［6］傅剑清 . 论代际公平理论及其对环境法发展的影响［A］. 国家环境保护总局武汉大学环境法研究所、福州大学法学院 . 探索·创新·发展·收获——2001 年环境资源法学国际研讨会论文集（上册）［C］. 国家环境保护总局武汉大学环境法研究所、福州大学法学院：中国法学会环境资源法学研究会，2001：6.

［7］胡德胜 . 论环境与资源保护法的基本原则［A］. 国家林业局政策法规司、中国法学会环境资源法学研究会、东北林业大学 . 生态文明与林业法治——2010 全国环境资源法学研讨会（年会）论文集（下册）［C］. 国家林业局政策法规司、中国法学会环境资源法学研究会、东北林业大学：中国法学会环境资源法学研究会，2010：9.

七、电子文献

［136］刘一鸣 . 十九大报告提出加快生态文明体制改革 专家认为 推进我国环境立法法典化恰逢其时［EB/OL］.［2018-07-28］. http://www. legaldaily. com. cn/zt/content/2017-10/31/content_7372682. htm?node=89301.

八、相关法律

［1］《中华人民共和国环境保护法》

［2］《中华人民共和国水污染防治法》

[3]《中华人民共和国侵权责任法》
[4]《中华人民共和国立法法》
[5]《中华人民共和国固体废物污染环境防治法》
[6]《中华人民共和国渔业法》
[7]《赤水河流域横向生态保护补偿实施方案》
[8]《贵州省生态文明建设促进条例》
[9]《贵州省生态文明建设促进条例》
[10]《福建省海洋环境保护条例》
[11]《福建省海域使用管理条例》
[12]《福建省海岸带保护与利用管理条例》
[13]《福建省沿海防护林条例》
[14]《贵州省生活垃圾分类制度实施方案》
[15]《贵州省土壤污染状况详查总体方案》。
[16]《贵州省控制污染物排放许可制实施方案》。
[17]《江西省湿地保护条例》
[18]《沿海滩涂围垦办法》
[19]《鄱阳湖生态经济区环境保护条例》
[20]《贵州省生态文明建设促进条例》
[21]《福建省土地登记条例》
[22]《贵州省土地登记条例》
[23]《江西省土地登记办法》
[24]《贵州省土地管理条例》
[25]《福建省实施〈中华人民共和国土地管理法〉办法》
[26]《江西省实施〈中华人民共和国土地管理法〉办法》
[27]《福建省水资源条例》
[28]《福建省环境保护条例》
[29]《福建省土壤污染防治办法》
[30]《福建省海洋环境保护条例》
[31]《福建省海域使用管理条例》
[32]《福建省海岸带保护与利用管理条例》
[33]《福建省沿海防护林条例》
[34]《福建省沿海滩涂围垦办法》
[35]《贵阳市建设生态文明城市条例》

[36]《福建省人民政府关于印发大气污染防治行动计划实施细则的通知》
[37]《福建省实施〈中华人民共和国野生动物保护法〉办法》
[38]《福建省人民政府关于印发大气污染防治行动计划实施细则的通知》
[39]《贵州省人民政府办公厅关于推进农业水价综合改革的实施意见》